21世纪高等职业教育信息技术类规划教材

21 Shiji Gaodeng Zhiye Jiaoyu Xinxi Jishulei Guihua Jiaocai

计算机应用基础实用教程

JISUANJI YINGYONG JICHU SHIYONG JIAOCHENG

魏功 李莹 主编

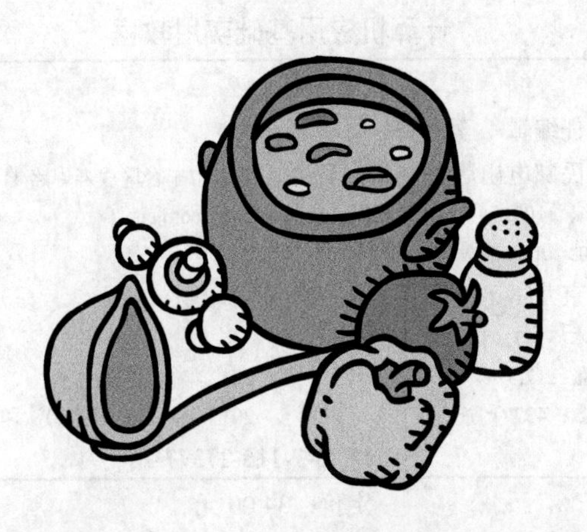

人 民 邮 电 出 版 社

北 京

图书在版编目（CIP）数据

计算机应用基础实用教程 / 魏功，李莹主编. -- 北京 : 人民邮电出版社，2012.2（2017.7重印）
21世纪高等职业教育信息技术类规划教材
ISBN 978-7-115-27377-2

Ⅰ. ①计… Ⅱ. ①魏… ②李… Ⅲ. ①电子计算机－高等职业教育－教材 Ⅳ. ①TP3

中国版本图书馆CIP数据核字(2012)第006503号

内容提要

本书主要介绍计算机的基础知识和 Windows XP 中文版、Word 2007 中文版、Excel 2007 中文版、PowerPoint 2007 中文版、常用工具软件、Internet Explorer 7.0、Outlook Express 等软件的使用，以及计算机网络基础。

本书在结构上，既注重系统性，又注重完整性；在内容安排上，既注重理论，又注重实践；在书写风格上，既简洁明了，又用例丰富。

本书适合作为高等职业院校“大学计算机基础”课程的教材，也可作为计算机初学者的自学参考书。

21 世纪高等职业教育信息技术类规划教材

计算机应用基础实用教程

♦ 主　编　魏　功　李　莹
　责任编辑　李海涛
♦ 人民邮电出版社出版发行　北京市丰台区成寿寺路 11 号
　邮编　100164　电子邮件　315@ptpress.com.cn
　网址　http://www.ptpress.com.cn
　北京九州迅驰传媒文化有限公司印刷
♦ 开本：787×1092　1/16
　印张：17.5　2012 年 2 月第 1 版
　字数：437 千字　2017 年 7 月北京第10次印刷

ISBN 978-7-115-27377-2

定价：34.00 元

读者服务热线：(010)81055256　印装质量热线：(010)81055316
反盗版热线：(010)81055315

前 言

随着计算机技术和网络技术的快速发展和广泛应用，计算机逐渐成为人们学习、工作和生活中不可或缺的工具，掌握计算机的基础知识和基本操作技能，成为当今社会各类从业人员必须具备的能力。

高等职业院校担负着培养社会应用型人才的重任。“计算机应用基础”是高等职业院校各专业的公共基础课，该课程要求学生掌握计算机的基础知识，熟练使用常用计算机软件，为学习后续课程以及将来从事各项工作打下坚实的基础。

本书根据高等职业院校教学的特点，对全书的总体结构进行了精心组织，既考虑到了各方面知识的系统性和完整性，又突出了学习的重点和难点；既考虑到了基本知识和理论，又兼顾了实际操作和应用。

本书直接面向高等职业院校的教学，充分考虑了高等职业院校教师和学生的实际需求，叙述简洁明了，用例经典恰当，使教师教起来方便，学生学起来实用。

为方便教师教学，本书配备了内容丰富的教学资源包，包括素材、所有案例的效果演示、PPT 电子教案、习题答案、教学大纲和两套模拟试题及答案。任课老师可登录人民邮电出版社教学服务与资源网（www.ptpedu.com.cn）免费下载使用。

本书的参考学时数为 64 学时，配合《计算机应用基础上机指导》一书，辅以 32 个学时的上机实践，即可较好地完成教学任务，各章的参考学时参见下面的学时分配表。

章 节	课 程 内 容	学 时 分 配	
		上 课	上 机
第 1 章	计算机基础知识	4	0
第 2 章	中文 Windows XP	8	4
第 3 章	中文 Word 2007	14	8
第 4 章	中文 Excel 2007	14	8
第 5 章	中文 PowerPoint 2007	12	4
第 6 章	常用工具软件介绍	6	4
第 7 章	计算机网络基础	6	4
课 时 总 计		64	32

本书由魏功、李莹任主编，田保慧任副主编。全书第 1～2 章由魏功编写，第 3～5 章由李莹编写，第 6～7 章由田保慧编写，全书由魏功统稿。由于编者水平有限，书中难免存在疏漏之处，敬请各位读者指正。

编者

2011 年 11 月

目录

第 1 章　计算机基础知识

电子计算机是 20 世纪最伟大的发明之一。随着微型计算机的出现以及计算机网络的发展，计算机的应用已渗透到社会的各个领域，它不仅改变了人类社会的面貌，而且正改变着人们的生活方式。掌握和使用计算机逐渐成为人们必不可少的技能。

本章主要介绍计算机的基础知识，包括以下内容。

- 计算机发展简介。
- 计算机的分类、特点与应用。
- 计算机中信息的表示。
- 计算机系统。
- 微型计算机的硬件组成。
- 多媒体计算机。

1.1　计算机发展简介

自从第一台电子计算机诞生以来，计算机以惊人的速度发展，在短短 60 多年的时间里，已经发展了 4 代。其中第 4 代电子计算机——微型计算机出现后，发展速度异常迅猛，在不到 40 年的时间里，微型计算机已经发展了 5 代。

1.1.1　第一台电子计算机

20 世纪初，电子技术得到了迅猛的发展。1904 年，英国电气工程师弗莱明（A. Flomins）研制出了真空二极管；1906 年，美国发明家、科学家福雷斯特（D. Forest）发明了真空三极管。这些都为电子计算机的出现奠定了基础。

1943 年，正值第二次世界大战，由于军事上的需要，美国军械部与宾夕法尼亚大学的莫尔学院签订合同，研制一台电子计算机，取名为 ENIAC（Electronic Numerical Integrator And Computer），意为“电子数值积分和计算机”。在莫奇里（J. W. Mauchly）和艾克特（W. J. Eckert）的领导下，ENIAC 于 1945 年年底研制成功。1946 年 2 月 15 日，人们为 ENIAC 举行了揭幕典礼。所以通常认为，世界上第一台电子计算机诞生于 1946 年。

ENIAC 重 30t，占地 167m^2，用了 18 000 多个电子管、1 500 多个继电器、70 000 多个电阻、10 000 多个电容，功率为 150 千瓦。ENIAC 每秒可完成 5 000 次加减法运算，这虽然远不及现在的计算机，但它的诞生宣布了电子计算机时代的到来。

1.1.2　电子计算机的发展

自 ENIAC 被发明以来，由于人们不断将最新的科学技术成果应用在计算机上，同时科学技术的发展也对计算机提出了更高的要求，再加上各计算机制造公司之间的激烈竞争，所以在短短的 60 多年中，计算机得到了突飞猛进的发展，其体积越来越小、功能越来越强、价格越来越低、应用越来越广。通常人们按电子计算机所采用的器件将其划分为 4 代。

一、第 1 代计算机（1945—1958 年）

这一时期计算机的元器件大都采用电子管，因此称为电子管计算机。这时的计算机软件还处于初始发展阶段，人们使用机器语言与符号语言编制程序，应用领域主要是科学计算。第一代计算机不仅造价高、体积大、耗能多，而且故障率高。

二、第 2 代计算机（1959—1964 年）

这一时期计算机的元器件大都采用晶体管，因此称为晶体管计算机。其软件开始使用计算机高级语言，出现了较为复杂的管理程序，在数据处理和事务处理等领域得到应用。这一代计算机的体积大大减小，具有运算速度快、可靠性高、使用方便、价格便宜等优点。

三、第 3 代计算机（1965—1970 年）

这一时期计算机的元器件大都采用中小规模集成电路，因此称为中小规模集成电路计算机。软件出现了操作系统和会话式语言，应用领域扩展到文字处理、企业管理、自动控制等。第三代计算机的体积和功耗都得到进一步减小，可靠性和速度也得到了进一步提高，产品实现了系列化和标准化。

四、第 4 代计算机（1971 年至今）

这一时期计算机的元器件大都采用大规模集成电路或超大规模集成电路（VLSI），因此称为大规模或超大规模集成电路计算机。软件也越来越丰富，出现了数据库系统、可扩充语言、网络软件等。这一代计算机在各种性能上都得到了大幅度提高，并随着计算机网络的出现，其应用已经涉及国民经济的各个领域，在办公自动化、数据库管理、图像识别、语音识别、专家系统、家庭娱乐等众多领域中大显身手。

1.1.3 微型计算机的发展

在第 4 代计算机的发展过程中，人们采用超大规模集成电路技术，将计算机的中央处理器（CPU）制作在一块集成电路芯片内，并将其称作微处理器。由微处理器、存储器和输入输出接口等部件构成的计算机称为微型计算机。

1971 年，美国英特尔（Intel）公司研制成功第一台微处理器 Intel 4004，同年以这台微处理器构造了第一台微型计算机 MSC-4。自 Intel 4004 问世以来，微处理器发展极为迅速，大约每两三年就换代一次。依据微处理器的发展进程，微型计算机的发展也大致可分为 4 代。

一、第 1 代微型计算机（1973—1977 年）

第 1 代微型计算机采用的微处理器是 8 位微处理器，这一代微型计算机也称 8 位微型计算机。其代表性产品有 Radio Shack 公司的 TRS-80 和 Apple 公司的 Apple II。特别是 Apple II，被誉为微型计算机发展史上的第一个里程碑。

二、第 2 代微型计算机（1978—1983 年）

第 2 代微型计算机采用的微处理器是 16 位微处理器，这一代微型计算机也称 16 位微型计算机。其代表性产品有 DEC 公司的 LSI 11、DGC 公司的 NOVA 和 IBM 公司的 IBM PC。

特别是 IBM PC，其性能优良、功能强大，被誉为微型计算机发展史上的第二个里程碑。

三、第 3 代微型计算机（1983—2003 年）

第 3 代微型计算机采用的微处理器是 32 位微处理器，这一代微型计算机也称 16 位微型计算机。这一时期的微型计算机如雨后春笋，发展异常迅猛。

四、第 4 代微型计算机（2003 年至今）

第 4 代微型计算机采用的微处理器是 64 位微处理器。2003 年 AMD 公司推出了 64 位的 Athlon64 CPU，标志着 64 位微处理器时代的到来。与 32 位 CPU 相比，64 位 CPU 在性能上又上了一个台阶。

1.2　计算机的分类、特点与应用

随着计算机应用领域的不断扩大，人们研制出了各种不同种类的计算机。这些计算机尽管种类不同，但它们有许多共同的特点。正是由于计算机的这些特点，才使其在各个领域发挥了巨大作用。

1.2.1　计算机的分类

以往人们按照计算机的性能，将计算机分为巨型机、大型机、中型机、小型机和微型机 5 类。随着计算机的迅猛发展，以往的分类已不能反映计算机的现状，因此美国电气和电子工程师协会（IEEE）于 1989 年 11 月对计算机重新分类，把计算机分为巨型机、小巨型机、大型主机、小型机、工作站和个人计算机 6 类。

一、巨型机

巨型机也称为超级计算机，其性能最强、价格最贵，其运算速度一般都超过每秒几万亿次。目前，巨型机多用于核武器的设计、空间技术、石油勘探、天气预报等领域。巨型机已成为一个国家经济实力和科技水平的重要标志。我国 2008 年 9 月 16 日诞生的“曙光 5000A”巨型计算机，其运算速度已达到每秒 2 300 000 亿次。

二、小巨型机

小巨型机也称桌上超级计算机，性能略低于巨型机，其运算速度一般都超过每秒几十亿次，主要用于计算量大、速度要求高的科研领域。

三、大型主机

大型主机即通常所说的大、中型机，其特点是处理能力强、通用性好，每秒可执行几亿到几十亿条指令，主要用于大银行、大公司和大科研部门。

四、小型机

小型机的性能低于大型主机，但其结构简单、可靠性高、价格相对便宜、使用维护费用低，广泛用于中小型公司和企业。

五、工作站

工作站是介于小型机和个人计算机之间的高档微型计算机，是专长于处理某类特殊事务（如图像）的计算机，主要用于一些特殊事务的处理。

六、个人计算机

个人计算机即平常所说的微型计算机，也称 PC。个人计算机软件丰富、价格便宜、功能齐全，主要用于办公、联网终端、家庭等。

1.2.2 计算机的特点

现代计算机以电子器件为基本部件，内部数据采用二进制编码表示，工作原理采用“存储程序”原理，有自动性、快速性、通用性、可靠性等特点。

一、自动性

计算机是由程序控制其操作的，程序的运行是自动的、连续的，除了输入/输出操作外，无须人工干预。所以只要根据应用需要，事先将编制好的程序输入计算机，计算机就能自动执行它，完成预定的处理任务。

二、快速性

计算机采用电子器件为基本部件，这些电子器件通常工作在极高的速度下，并且随着电子技术的发展，其工作速度还会越来越快。现在的超级巨型计算机的向量运算速度已超过每秒百亿次，微型计算机每秒执行的指令数也超过 1 亿条。

三、通用性

最初设计的计算机仅能执行几百条非常初级、非常简单的指令，但人们可用这些指令来编写解决各种问题的程序，使计算机在各个领域都能发挥作用。现在的计算机由于性能的提高，再加上系统软件、工具软件和应用软件越来越丰富，使其更具通用性。

四、可靠性

电子器件有相当高的可靠性，并且随着电子技术的发展，电子器件的可靠性会越来越高。在计算机的设计过程中，还可以通过采用新的结构使其具有更高的可靠性。

1.2.3 计算机的应用领域

计算机自出现以来，被广泛应用于各个领域，遍及社会的各个方面，并且仍然呈上升和扩展趋势。目前计算机的应用可概括为以下几个方面。

一、科学计算

利用计算机可以解决科学技术和工程设计中大量繁杂并且用人力难以完成的计算问题。早期的计算机主要用于科学计算。目前，科学计算仍然是计算机应用的一个重要领域。由于计算机具有很高的运算速度和精度，使得过去用手工无法完成的计算成为可能，如卫星轨道的计算、气象资料分析、地质数据处理、大型结构受力分析等。

二、信息管理

信息管理是指利用计算机来收集、加工和管理各种形式的数据资料，如库存管理、财务管理、成本核算、情报检索等。信息管理是目前计算机应用最广泛的一个领域。近年来，许多单位开发了自己的管理信息系统（MIS），许多企业开始采用制造资源规划（MRP）软件，这些都是计算机在信息管理方面的应用实例。

三、实时控制

实时控制是指在某一过程中，利用计算机自动采集各种参数，监测并及时控制相应设备工作状态的一种控制方式。例如，数控机床、自动化生产线、导弹控制等均涉及实时控制问题。实时控制应用于生产可节省劳动力，减轻劳动强度，提高劳动生产率，节约原材料，提高产品质量，从而产生显著的经济效益。

四、办公自动化

办公自动化是指利用现代通信技术、自动化设备和计算机系统来实现事务处理、信息管理和决策支持的一种现代办公方式。办公自动化大大提高了办公的效率和质量，同时也对办公方式产生了重要影响。

五、生产自动化

生产自动化是指在生产的各个环节利用计算机完成产品的设计与制作，包括计算机辅助设计（CAD）、计算机辅助制造（CAM）等。利用计算机实现生产自动化，可缩短产品设计周期，提高产品质量和提高劳动生产率。

六、人工智能

人工智能是利用计算机模拟人类的某些智能行为，使计算机具有“学习”、“联想”和“推理”等功能。人工智能主要应用在机器人、专家系统、模式识别、自然语言理解、机器翻译、定理证明等方面。

七、网络通信

网络通信是指利用计算机网络实现信息的传递、交换和传播。随着 Internet 的快速发展，人们很容易实现地区间、国际间的通信与各种数据的传输与处理，从而改变了人们的时空概念。

1.3　计算机中信息的表示

计算机通过电子器件来表示和存储信息，而这些信息都采用二进制进行编码。二进制信息有其特有的信息单位和数量关系。字符和汉字是计算机中常用的信息，它们都有各自的编码标准。

1.3.1　常用数制及其转换

在日常生活中，人们所用的数大都是十进制数。在计算机中，为了表示数据方便以及实现运算的电路简单可靠，数据都采用二进制数表示。在实际应用中人们还用到其他进制，使书写和记忆更方便。

一、常用数制

(1)　十进制

十进制是平常最常用的数制，十进制数有以下特点：每一位上出现的数字有 10 个（0～9）；从右往左每位上的权分别是 10^0、10^1、10^2、…、10^n；运算时“逢十进一”、“借一当十”。例如，123 按权展开为

$$123 = 1\times10^2 + 2\times10^1 + 3\times10^0$$

(2) 二进制

计算机以电子器件为基本部件，信息在计算机中是以电子器件的物理状态来表示的。如果计算机内部采用十进制数，不仅电子器件很难表示0～9这10个数字，而且实现运算的电路也相当复杂。由于电子器件很容易确定两种不同的稳定状态，可直接表示二进制数的0和1，并且实现运算的电路相当简单，所以计算机中的信息都是用二进制数表示的。

二进制数的特点是：每一位上出现的数字有两个（0和1）；从右往左每位上的权分别是2^0、2^1、2^2、…、2^n；运算时"逢二进一"、"借一当二"。在表示非十进制数时，通常用小括号将其括起来，数制以下标形式注在括号外。例如，$(10101101)_2$表示为

$$(10101101)_2 = 1\times2^7 + 0\times2^6 + 1\times2^5 + 0\times2^4 + 1\times2^3 + 1\times2^2 + 0\times2^1 + 1\times2^0 = 173$$

(3) 八进制和十六进制

不难看出，用二进制表示十进制数时需要很多位，这在书写和记忆时都很不方便。因此为了方便，人们还采用八进制数和十六进制数。

八进制数的特点是：每一位上出现的数字有8个（0～7）；从右往左每位上的权分别是8^0、8^1、8^2、…、8^n；运算时"逢八进一"、"借一当八"。例如，$(135)_8$表示为

$$(135)_8 = 1\times8^2 + 3\times8^1 + 5\times8^0 = 93$$

十六进制数的特点是：每一位上出现的数字有16个，它们是0～9及A、B、C、D、E、F（分别等于10、11、12、13、14、15）；从右往左每位上的权分别是16^0、16^1、16^2、…、16^n；运算时"逢十六进一"、"借一当十六"。例如，$(2C7)_{16}$表示为

$$(2C7)_{16} = 2\times16^2 + 12\times16^1 + 7\times16^0 = 711$$

二、数制的转换

(1) 二、八、十六进制数转换为十进制数

转换方法是：把要转换的数按位权展开，然后进行相加计算。

【例1-1】 把$(10101.101)_2$、$(2345.6)_8$和$(2EF.8)_{16}$转换成十进制数。

解：

$$(10101.101)_2 = 1\times2^4+0\times2^3+1\times2^2+0\times2^1+1\times2^0+1\times2^{-1}+0\times2^{-2}+1\times2^{-3} = 21.625$$

$$(2345.6)_8 = 2\times8^3 + 3\times8^2 + 4\times8^1 + 5\times8^0 + 6\times8^{-1} = 1253.75$$

$$(2EF.8)_{16} = 2\times16^2 + 14\times16^1 + 15\times16^0 + 8\times16^{-1} = 751.5$$

(2) 十进制数转换为二、八、十六进制数

转换分两步：整数部分用2（或8、16）一次次地去除，直到商为0为止，将得到的余数按出现的逆顺序写出；小数部分用2（或8、16）一次次地去乘，直到小数部分为0或达到有效的位数为止，将得到的整数按出现的顺序写出。

【例1-2】 把13.6875转换为二进制数。

解： 整数部分（13）

$13\div2 = 6 \cdots1$

$6\div2 = 3 \cdots0$

$3\div2 = 1 \cdots1$

$1\div2 = 0 \cdots1$

$13 = (1101)_2$

小数部分（0.6875）

$0.6875\times2 = \underline{1}.375$

$0.375\times2 = \underline{0}.75$

$0.75\times2 = \underline{1}.5$

$0.5\times2 = \underline{1}.0$

$0.6875 = (0.1011)_2$

13.6875 ＝ （1101.1011）$_2$

【例 1-3】把 654.3 转换为八进制数，小数部分精确到 4 位。

解：整数部分（654）

654÷8 ＝ 81 …6
81÷8 ＝ 10 …1
10÷8 ＝ 1 …2
1÷8 ＝ 0 …1
654 ＝ （1216）$_8$

小数部分（0.3）

0.3×8 ＝ 2.4
0.4×8 ＝ 3.2
0.2×8 ＝ 1.6
0.6×8 ＝ 4.8
0.3 ≈ （0.2314）$_8$

654.3 ≈ （1216.2314）$_8$

【例 1-4】把 6699.7 转换为十六进制数，小数部分精确到 4 位。

解：整数部分（6699）

6699÷16 ＝ 418 …11（B）
418÷16 ＝ 26 …2
26÷16 ＝ 1 …10（A）
1÷16 ＝ 0 …1
6699 ＝ （1A2B）$_{16}$

小数部分（0.7）

0.7×16 ＝ 11.2（B）
0.2×16 ＝ 3.2
0.2×16 ＝ 3.2
0.2×16 ＝ 3.2
0.7 ≈ （0.B333）$_{16}$

6699.7 ≈ （1A2B. B333）$_{16}$

(3) 二进制数转换为八、十六进制数

因为 2^3＝8、2^4＝16，所以 3 位二进制数相当于 1 位八进制数，4 位二进制数相当于 1 位十六进制数。二进制数转换为八、十六进制数时，以小数点为中心分别向两边按 3 位或 4 位分组，最后一组不足 3 位或 4 位时，用 0 补足，然后把每 3 位或 4 位二进制数转换为八进制数或十六进制数。

【例 1-5】把（1010101010.1010101）$_2$ 转换为八进制数和十六进制数。

解：

```
001 010 101 010 . 101 010 100
 1   2   5   2  .  5   2   4
```

即（1010101010.1010101）$_2$＝（1252.524）$_8$

```
0010 1010 1010 . 1010 1010
 2    A    A   .  A    A
```

即（1010101010.1010101）$_2$＝（2AA.AA）$_{16}$

(4) 八、十六进制数转换为二进制数

这个过程是上述（3）的逆过程，1 位八进制数相当于 3 位二进制数，1 位十六进制数相当于 4 位二进制数。

【例 1-6】把（1357.246）$_8$ 和（147.9BD）$_{16}$ 转换为二进制数。

解：

```
 1   3   5   7  .  2   4   6
001 011 101 111 . 010 100 110
```

即（1357.246）$_8$＝（1011101111.01010011）$_2$

```
 1    4    7   .  9    B    D
0001 0100 0111 . 1001 1011 1101
```

即（147.9BD）$_{16}$＝（101000111.100110111101）$_2$

1.3.2 计算机中的信息单位

由于计算机中的所有信息都是以二进制表示的，所以计算机中的信息单位都基于二进制。常用的信息单位有位和字节。

- 位，也称比特，记为 bit，是最小的信息单位，表示 1 个二进制数位。例如，$(10101101)_2$占有 8 位。
- 字节，记为 Byte 或 B，是计算机中信息的基本单位，表示 8 个二进制数位。例如，$(10101101)_2$占有 1 个字节。

在计算机领域中，为了便于二进制数的表示和处理，还有 4 个与物理学稍有不同的量：K、M、G、T。

- $1K = 1024 = 2^{10}$
- $1M = 1024K = 2^{20}$
- $1G = 1024M = 2^{30}$
- $1T = 1024G = 2^{40}$

1K 字节记为 1KB，1M 字节记为 1MB，1G 字节记为 1GB，1T 字节记为 1TB。

1.3.3 计算机中数值信息的表示

计算机的一个重要功能是进行数值计算，数值信息在计算机中是用二进制数表示的。数值信息按小数点的位置是否固定，分为定点数和浮点数。

一、 定点数及其表示

所谓定点数，即约定数据的小数点位置是固定不变的。在计算机中通常采用两种简单的约定：将小数点的位置固定在数据的最高位之前，或者是固定在最低位之后。一般常称前者为定点小数，后者为定点整数。

定点小数是纯小数，约定的小数点位置在符号位之后、有效数值部分最高位之前。若数据 x 的形式为 $x=x_0.x_1x_2\cdots x_n$（其中 x_0 为符号位，x_1～x_n 是数值的有效部分），则在计算机中的表示形式如图 1-1 所示。

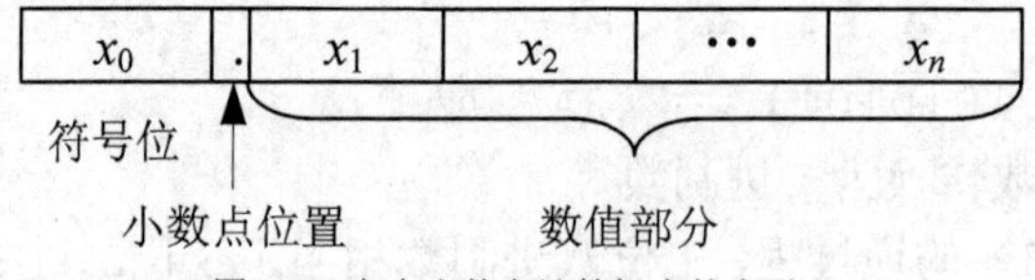

图 1-1 定点小数在计算机中的表示

定点整数是纯整数，约定的小数点位置在有效数值部分最低位之后。若数据 x 的形式为 $x= x_0x_1x_2\cdots x_n$（其中 x_0 为符号位，x_1～x_n 是尾数），则在计算机中的表示形式如图 1-2 所示。

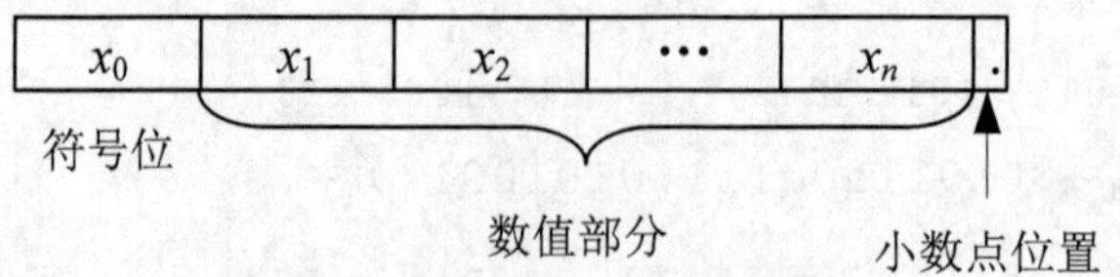

图 1-2 定点整数在计算机中的表示

在计算机中，常采用数的符号和数值一起编码的方法来表示数据。常用的表示法有原码、反码、补码等，这几种表示法都将数据的符号数码化。为了区分一般书写时表示的数和机器中编码表示的数，称前者为真值，后者为机器数或机器码。

(1) 原码表示法

原码表示法是一种比较直观的表示方法，其符号位表示该数的符号，正用“0”表示，负用“1”表示；而数值部分仍保留着其真值的特征。

若定点小数的原码形式为 $x_0.x_1x_2\cdots x_n$，则原码表示的定义是：

$$[x]_{原}=\begin{cases} x & 1>x\geqslant 0 \\ 1-x=1+|x| & 0\geqslant x>-1 \end{cases}$$

例如，$x=+0.1001$，则$[x]_{原}=0.1001$；$x=-0.1001$，则$[x]_{原}=1.1001$。

若定点整数的原码形式为 $x_0x_1x_2\cdots x_n$，则原码表示的定义是：

$$[x]_{原}=\begin{cases} x & 2^n>x\geqslant 0 \\ 2^n-x=2^n+|x| & 0\geqslant x>-2^n \end{cases}$$

原码表示法有如下两个特点。

0 的表示有“+0”和“-0”之分，故有两种形式：

$[+0]_{原}=0.000\cdots0$　　　　$[-0]_{原}=1.000\cdots0$

原码表示法的优点是比较直观、简单易懂，但它的最大缺点是加法运算复杂。这是因为当两数相加时，如果是同号则数值相加；如果是异号，则要进行减法。而在进行减法时，还要比较绝对值的大小，然后减去小数，最后还要给结果选择恰当的符号。

(2) 反码表示方法

反码表示法中，符号的表示法与原码相同。正数的反码与正数的原码形式相同；负数的反码符号位为 1，数值部分通过将负数原码的数值部分各位取反（0 变 1，1 变 0）得到。

若定点小数的反码形式为 $x_0.x_1x_2\cdots x_n$，则反码表示的定义是：

$$[x]_{反}=\begin{cases} x & 1>x\geqslant 0 \\ (2-2^{-n})+x & 0\geqslant x>-1 \end{cases}$$

对于 0，在反码情况下只有两种表示形式：

$[+0]_{反}=0.000\cdots0$　　　　$[-0]_{反}=1.111\cdots1$

对于定点整数 $x_0x_1x_2\cdots x_n$，反码表示的定义是：

$$[x]_{反}=\begin{cases} x & 2^n>x\geqslant 0 \\ (2^{n+1}-1)+x & 0\geqslant x\geqslant -2^n \end{cases}$$

与原码相同，反码的加减法也非常复杂，为了解决这一问题，人们又提出了补码表示法。

(3) 补码表示法

若定点小数的补码形式为 $x_0.x_1x_2\cdots x_n$，则补码表示的定义是：

$$[x]_{补}=\begin{cases} x & 1>x\geqslant 0 \\ 2+x=2-|x| & 0\geqslant x\geqslant -1 \end{cases}$$

对于 0，在补码情况下只有一种表示形式，即

$[+0]_{补}=[-0]_{补}=0.000\cdots0$

对于定点整数 $x_0x_1x_2\cdots x_n$，补码表示的定义是：

$$[x]_{补}=\begin{cases} x & 2^n>x\geqslant 0 \\ 2^{n+1}+x=2^{n+1}-|x| & 0\geqslant x\geqslant -2^n \end{cases}$$

采用补码表示法进行减法运算就比原码方便得多。因为不论数是正还是负，机器总是做加法，减法运算可变成加法运算。但根据补码定义，正数的补码与原码形式相同，而求负数的补码要减去|x|。对于一个负数，通过反码可以快速求出补码，即把反码的最后一位加 1 即可。

【例 1-7】 将十进制真值 x=−127、−1、−0、+0、+1、+127 分别表示为 8 位原码、反码、补码值。

解：

	原码	反码	补码
−127	11111111	10000000	10000001
−1	10000001	11111110	11111111
−0	10000000	11111111	00000000
+0	00000000	00000000	00000000
+1	00000001	00000001	00000001
+127	01111111	01111111	01111111

二、 浮点数及其表示

与科学计数法相似，任意一个 J 进制数 N，总可以写成

$$N=J^E\times M$$

式中，M 称为数 N 的尾数，是一个纯小数；E 为数 N 的阶码，是一个整数，J 称为比例因子。这种表示方法相当于数的小数点位置随比例因子的不同而在一定范围内可以自由浮动，所以称为浮点表示法。

在计算机中底数是 2，并且在浮点数的表示中不出现。在计算机中表示一个浮点数时，一是要给出尾数，用定点小数形式表示。尾数部分给出有效数字的位数，因而决定了浮点数的表示精度。二是要给出阶码，用整数形式表示，阶码指明小数点在数据中的位置，因而决定了浮点数的表示范围。浮点数也要有符号位。因此一个机器浮点数应当由阶码和尾数及其符号位组成，如图 1-3 所示。

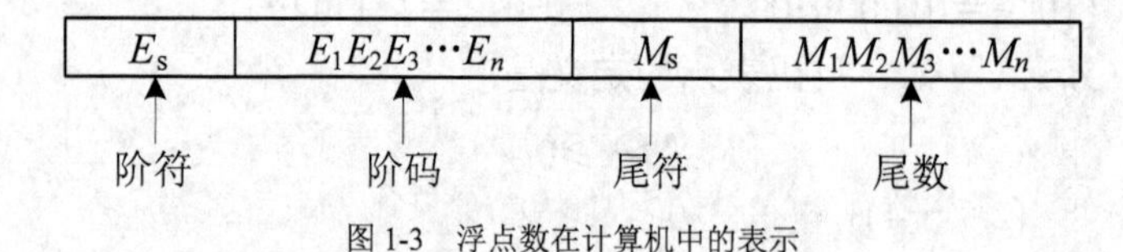

图 1-3 浮点数在计算机中的表示

其中，E_s 表示阶码的符号，占一位；E_1～E_n 为阶码值，占 n 位；尾符是数 N 的符号，也要占一位。当底数取 2 时，二进制数 N 的小数点每右移一位，阶码减小 1，相应尾数右移一位；反之，小数点每左移一位，阶码加 1，相应尾数左移一位。

若不对浮点数的表示做出明确规定，同一个浮点数的表示就不是唯一的。例如，11.01 也可以表示成 0.011012^{-3} 或 0.1101×2^{-2} 等。为了提高数据的表示精度，当尾数的值不为 0 时，其绝对值应大于等于 0.5，即尾数域的最高有效位应为 1；否则要以修改阶码同时左右移小数点的方法，使其变成这一要求的表示形式。这称为浮点数的规格化表示。

1.3.4 计算机中字符信息的表示

计算机不仅能进行数值型数据的处理，而且还能进行非数值型数据的处理。最常见的非

数值型数据是字符数据。字符数据包括西文字符和汉字，这些在计算机中也是用二进制数表示的，每个字符对应一个二进制数，称为二进制编码。

一、ASCII

字符的编码在不同的计算机上应是一致的，这样便于交换与交流。目前计算机中普遍采用的是 ASCII（American Standard Code for Information Interchange），中文含义是美国标准信息交换码。ASCII 由美国国家标准局制定，后被国际标准化组织（ISO）采纳，作为一种国际通用信息交换的标准代码。

ASCII 由 7 位二进制数组成，共能表示 128 个字符数据，包括计算机处理信息常用的英文字母、数字符号、算术运算符号、标点符号等。ASCII 码表见表 1-1。

表 1-1　　ASCII 码表

ASCII 编码	编码的值	控制符号	ASCII 编码	编码的值	控制符号	ASCII 编码	编码的值	控制符号	ASCII 编码	编码的值	控制符号
0000000	0	NUL	0100000	32	空格	1000000	64	@	1100000	96	`
0000001	1	SOH	0100001	33	!	1000001	65	A	1100001	97	a
0000010	2	STX	0100010	34	“	1000010	66	B	1100010	98	b
0000011	3	ETX	0100011	35	#	1000011	67	C	1100011	99	c
0000100	4	EOT	0100100	36	$	1000100	68	D	1100100	100	d
0000101	5	ENQ	0100101	37	%	1000101	69	E	1100101	101	e
0000110	6	ACK	0100110	38	&	1000110	70	F	1100110	102	f
0000111	7	DEL	0100111	39	‘	1000111	71	G	1100111	103	g
0001000	8	BS	0101000	40	(	1001000	72	H	1101000	104	h
0001001	9	HT	0101001	41	)	1001001	73	I	1101001	105	i
0001010	10	LF	0101010	42	*	1001010	74	J	1101010	106	j
0001011	11	VT	0101011	43	+	1001011	75	K	1101011	107	k
0001100	12	FF	0101100	44	,	1001100	76	L	1101100	108	l
0001101	13	CR	0101101	45	−	1001101	77	M	1101101	109	m
0001110	14	SO	0101110	46	.	1001110	78	N	1101110	110	n
0001111	15	SI	0101111	47	/	1001111	79	O	1101111	111	o
0010000	16	DLE	0110000	48	0	1010000	80	P	1110000	112	p
0010001	17	DC1	0110001	49	1	1010001	81	Q	1110001	113	q
0010010	18	DC2	0110010	50	2	1010010	82	R	1110010	114	r
0010011	19	DC3	0110011	51	3	1010011	83	S	1110011	115	s
0010100	20	DC4	0110100	52	4	1010100	84	T	1110100	116	t
0010101	21	NAK	0110101	53	5	1010101	85	U	1110101	117	u
0010110	22	SYN	0110110	54	6	1010110	86	V	1110110	118	v
0010111	23	ETB	0110111	55	7	1010111	87	W	1110111	119	w
0011000	24	CAN	0111000	56	8	1011000	88	X	1111000	120	x
0011001	25	EM	0111001	57	9	1011001	80	Y	1111001	121	y
0011010	26	SUB	0111010	58	:	1011010	90	Z	1111010	122	z
0011011	27	ESC	0111011	59	;	1011011	91	[	1111011	123	{
0011100	28	FS	0111100	60	<	1011100	92	\	1111100	124	|
0011101	29	GS	0111101	61	=	1011101	93	]	1111101	125	}
0011110	30	RS	0111110	62	>	1011110	94	^	1111110	126	～
0011111	31	US	0111111	63	?	1011111	95	_	1111111	127	DEL

ASCII 是 7 位编码，但计算机大都以字节为单位进行信息处理。为了方便，人们一般

将 ASCII 的最高位前增加一位 0，凑成一个字节，便于存储和处理。

二、 汉字编码

汉字也是一种字符数据，在计算机中同样也用二进制数表示，称为汉字的机内码。用二进制数对汉字进行编码时应按标准进行编制。常用汉字编码标准有 GB2312—80、BIG—5、GBK。汉字机内码通常占两个字节，第一个字节的最高位是 1，这样不会与存储 ASCII 的字节混淆。

(1) GB2312—80

GB 2312—80（GB 是“国标”二字的汉语拼音缩写）由国家标准总局发布，于 1981 年 5 月 1 日实施。GB 2312—80 习惯上称国标码或 GB 码，是一个简化汉字的编码，通行于我国大陆地区。

GB2312—80 包括了图形符号（序号、汉字制表符、日文和俄文字母等 682 个）和常用汉字（6 763 个，其中一级汉字 3 755 个，二级汉字 3 008 个）。GB2312—80 将这些字符分成 94 个区，每个区包含 94 个字符。其中 1～15 区是图形符号，16～55 区是一级汉字（按拼音顺序排列），56～87 区是二级汉字（按部首顺序排列），88～94 区没有使用，可以自定义汉字。

根据国标码，每个汉字与一个区号和位号对应，反过来，给定一个区号和位号，就可确定一个汉字或汉字符号。例如，“青”在 39 区 64 位，“岛”在 21 区 26 位。

(2) BIG—5

BIG—5 是通行于中国台湾省、香港特别行政区等地区的一个繁体字编码方案，俗称“大五码”。它并不是一个法定的编码方案，但它被广泛地应用于计算机业，尤其是 Internet 中，从而成为一种事实上的行业标准。

BIG—5 是一个双字节编码方案，其第一字节的值在十六进制的 A0～FE 之间，第二字节的值在 40～7E 和 A1～FE 之间。因此，其第一字节的最高位总是 1，第二字节的最高位可能是 1，也可能是 0。

BIG—5 收录了 13 461 个符号和汉字，包括符号 408 个、汉字 13 053 个。汉字分常用字和次常用字两部分，各部分中汉字按笔画/部首排列，其中常用字 5 401 个、次常用字 7 652 个。

(3) GBK

GBK 是另一个汉字编码标准，全称是“汉字内码扩展规范”，于 1995 年 12 月 15 日发布和实施。GB 即“国标”，K 是“扩展”的汉语拼音第一个字母。

GBK 是对 GB2312—80 的扩充，并且与 GB2312—80 兼容，即 GB2312—80 中的任何一个汉字，其编码与在 GBK 中的编码完全相同。GBK 共收入 21 886 个汉字和图形符号，其中汉字（包括部首和构件）21 003 个、图形符号 883 个。Microsoft 自 Windows 95 简体中文版开始采用 GBK 编码。

1.4 计算机系统

计算机系统是包括计算机在内的能够完成一定功能的完整系统。计算机系统的每一部分都有自己的组成和功能，各有不同的特点。不同的计算机系统其性能也不一样，衡量其性能的高低有特定的指标。

1.4.1　计算机系统的组成

计算机系统由硬件系统和软件系统两部分组成。

计算机硬件是指组成一台计算机的各种物理装置，它是计算机工作的物质基础。计算机硬件系统是指能够相互配合、协调工作的各种计算机硬件，包括运算器、控制器、存储器、输入设备和输出设备。

计算机软件是指在硬件设备上运行的各种程序及其有关的资料。所谓程序是用于指挥计算机执行各种动作以便完成指定任务的指令序列。计算机软件系统是指能够相互配合、协调工作的各种计算机软件。计算机软件系统包括系统软件和应用软件。系统软件又包括操作系统、语言处理程序、数据库管理系统和实用程序。

计算机系统的组成如图 1-4 所示。

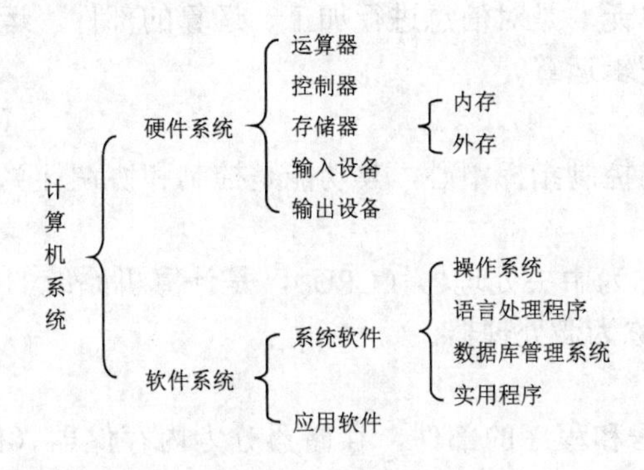

图 1-4　计算机系统的组成

硬件系统和软件系统是相互依存的。计算机硬件系统和软件系统作为计算机系统的组成部分，任何一方不能脱离另一方而发挥作用。有了硬件，软件才得以运行；有了软件，硬件才知道去做什么。

硬件系统和软件系统是相互补充的。计算机的许多功能既可以用硬件实现也可以用软件实现。例如，早期的一些计算机没有乘除运算的指令，乘除运算都是通过程序来完成的。再如，早期的微机，需要解压卡才能看电影，而现在解压卡的功能都被软件取代了。

硬件系统和软件系统是相互促进的。无论是硬件还是软件的发展，最终都会给对方以推动和促进。例如，早期计算机软件很贫乏，随着其硬件的发展，软件多种多样。再如，许多新推出的操作系统（如 Windows Vista）非常庞大，在低档硬件上无法发挥其优势，这又迫使计算机硬件不断发展。

1.4.2　计算机硬件系统

现代计算机的体系结构和工作原理是由美籍匈牙利数学家冯·诺依曼（J.Von Neumann）提出的，并且一直影响到现在。

一、计算机的组成与结构

计算机硬件系统由运算器、控制器、存储器、输入设备和输出设备 5 部分组成，其结

构如图 1-5 所示。

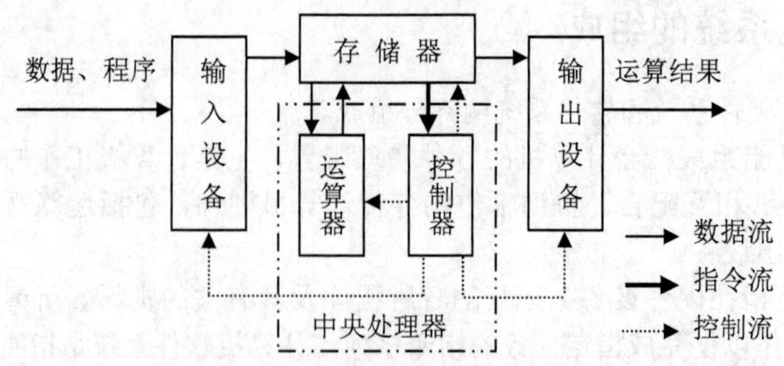

图 1-5　计算机硬件结构

(1)　运算器

运算器又称算术逻辑单元，是对信息进行加工、运算的部件。运算器的主要功能是对二进制数据进行算术运算和逻辑运算。

(2)　控制器

控制器是整个计算机的控制指挥中心，其功能是控制和协调计算机各部件自动、连续地执行各条指令。

运算器和控制器又统称为中央处理器（CPU），是计算机系统的核心硬件。用超大规模集成电路制成的 CPU 芯片称为微处理器。

(3)　存储器

存储器是用来存放数据和程序的部件。存储器分为内存储器（简称内存）和外存储器（简称外存）两大类。现在的内存储器几乎都是半导体存储器。内存储器又可分为随机存储器（RAM）和只读存储器（ROM）两大类。CPU 对 RAM 既可以读出数据，也可以写入数据，断电后 RAM 中的内容消失。ROM 中的内容在制作时就存储在里面了，CPU 只能读出原有的内容，而不能写入新内容，断电后 ROM 中的内容不会消失。

(4)　输入设备

输入设备的任务是接受操作者提供给计算机的原始信息，如文字、图形、图像、声音等，并将其转变为二进制信息，然后顺序地把它们送入存储器中。

(5)　输出设备

输出设备的主要作用是把计算机存储器中的二进制信息转换为人们习惯接受的形式（如字符、图像、声音等），或者转换为能被其他机器所接受的信息形式输出。

二、计算机的工作原理

尽管计算机发展了 4 代，但其工作原理基本没变，仍然采用冯·诺依曼（J. Von Neumann）提出的“存储程序”原理，其核心内容如下。

- 计算机硬件包括控制器、运算器、存储器、输入设备和输出设备 5 部分。
- 计算机的指令和数据都是用二进制数表示的。
- 程序存放在存储器中，计算机自动执行程序中的指令。

由“存储程序”原理可知，计算机要完成一项任务，首先要编写该任务的程序，然后将程序装入计算机的存储器，最后运行该程序。计算机运行程序的过程就是执行程序中指令的过程，执行指令有以下 3 个步骤。

- 取指令：CPU 根据其内部的程序计数器的内容，从存储器中取出对应的指令，同时改变程序计数器值，使其为下一条指令的地址。
- 分析指令：CPU 分析所取出的指令，确定要进行的操作。
- 执行指令：CPU 根据指令的分析结果，向有关的部件发出相应的控制信号，相关的部件进行工作，完成指令规定的操作。

1.4.3　计算机软件系统

系统软件是为管理、监控和维护计算机资源所设计的软件，包括操作系统、语言处理程序、数据库管理系统、实用程序等。应用软件是为解决各种实际问题而专门研制的软件，如文字处理软件、会计账务处理软件等。

一、　操作系统

操作系统是为了提高计算机的利用率，方便用户使用计算机以及加快计算机响应时间而配备的一种软件。操作系统是最重要的系统软件，用户通过操作系统使用计算机，其他软件则在操作系统提供的平台上运行。离开了操作系统，计算机便无法工作。Windows XP、Windows Vista、Linux 等都是操作系统。

操作系统通常有处理器管理、存储器管理、设备管理、作业管理和文件（信息）管理 5 大功能。操作系统按功能可分为实时操作系统、分时操作系统和作业处理系统；按所管理用户的数目可分为单用户操作系统和多用户操作系统。

二、　语言处理程序

要用计算机解决实际问题，就需要编写程序。编写计算机程序所用的语言称为计算机语言，也称程序设计语言。计算机语言分为机器语言、汇编语言和高级语言 3 类。

机器语言就是计算机指令代码的集合，它是最底层的计算机语言。用机器语言编写的程序，CPU 可直接识别并执行。对于不同种类 CPU 的计算机，其机器语言是不同的，它们的机器语言程序不能互用。虽然机器语言的程序执行效率比较高，但用其编写程序的难度较大，非常容易出错。

汇编语言是采用能帮助记忆的英文缩写符号代替机器语言的操作码和操作地址所形成的计算机语言，又称符号语言。由于汇编语言采用了助记符，因此它比机器语言直观，容易理解和记忆，并且容易查错和排错。CPU 不能直接识别和运行用汇编语言编写的程序（称为源程序），必须将源程序翻译成机器语言程序（称为目标程序）。这个翻译过程称为“汇编”，负责翻译的程序称为汇编程序。

机器语言和汇编语言都是面向机器的语言，称为低级语言。低级语言依赖于机器，用它们开发的程序通用性很差。后来人们发明了高级语言。高级语言用简单英语来表达，人们容易理解，编写程序简单，而且编写的程序可在不同类型的计算机上运行。常用的高级语言有 FORTRAN（第一个高级语言，主要用于科学计算）、BASIC（适合初学者学习）、Pascal（结构化的编程语言，适合专业教学）、C（适合编写系统软件）、C++（面向对象程序设计语言）和 Java（跨平台分布式面向对象程序设计语言）。

用高级语言编写的程序（也称源程序）也不能被计算机直接识别和运行，必须通过翻译程序翻译成机器指令序列后才能被计算机识别和运行。高级语言的翻译程序有两种不同类型：编译程序和解释程序。

编译程序是将源程序全部翻译成机器语言程序（也称目标程序），计算机通过运行目标程序来完成程序的功能。解释程序是逐条翻译源程序的语句，翻译完一句执行一句。程序解释后执行的速度要比编译后运行慢，但调试与修改特别方便。

三、 数据库管理系统

数据库管理系统是操纵和管理数据库的软件。数据库是在计算机存储设备上存放的相关的数据集合，这些数据可服务于多个程序。数据库按结构可分为网状数据库、层次数据库和关系数据库。关系数据库由于具有良好的数学性质及严格性，因而成为数据库系统的主流。

四、 实用程序

实用程序是为其他系统软件和应用软件及用户提供某些通用支持的程序。典型的实用程序有诊断程序、调试程序、网络防火墙、杀病毒程序等。

1.4.4 计算机系统的性能指标

计算机系统的性能不是由单一指标来决定的，而是由许多指标综合决定的。衡量一个计算机系统的性能主要有字长、速度、内存容量、外存容量、外部设备等指标。

一、 字长

计算机每次作为一个整体处理的固定长度的二进制数称为计算机的字（word），字的位数称为计算机的字长，字长以位（bit）为单位。通常称一台计算机是 16 位还是 32 位，指的就是其字长。计算机的字长越大，它所表示数的范围越大，精度越高，处理能力越强。

二、 速度

计算机的速度是衡量其性能的重要指标。微型计算机的速度通常用平均每秒执行指令的条数来衡量，单位是 MIPS，1MIPS 表示平均每秒执行 100 万条指令。大型计算机的速度通常用每秒完成浮点数运算的次数来衡量，单位是 FLOPS，1FLOPS 表示每秒执行 1 次浮点运算。巨型计算机的速度通常用每秒完成向量运算的次数来衡量。向量运算是指两组数参加运算，每一组称为一个向量。

三、内存容量

计算机的内存被分成若干个存储单元，每个存储单元通常存放一个字节。内存的容量就是内存所能存放的字节数。字节（B）是存储容量的基本单位，常用的单位有 KB、MB、GB 等。

四、外存容量

外存容量指计算机外部存储器的大小，以字节为单位。常见的外存储器有磁盘（包括硬盘和软盘）、磁带、光盘等。

五、外部设备

外部设备指系统允许配置外部设备的种类和数量，这一指标体现计算机输入/输出数据的能力。外部设备的种类越多，表示计算机输入/输出数据的种类越多；外部设备的数量越多，表示计算机输入/输出数据的速度越高。

1.5　微型计算机的硬件组成

微型计算机是计算机发展到第 4 代的产物，其基本原理与一般计算机没有本质区别。由于微型计算机有体积小、价格便宜、灵活方便等特点，因此是目前普及最广、使用最多的计算机。微型计算机的硬件分为主机和外部设备两大部分，如图 1-6 所示。

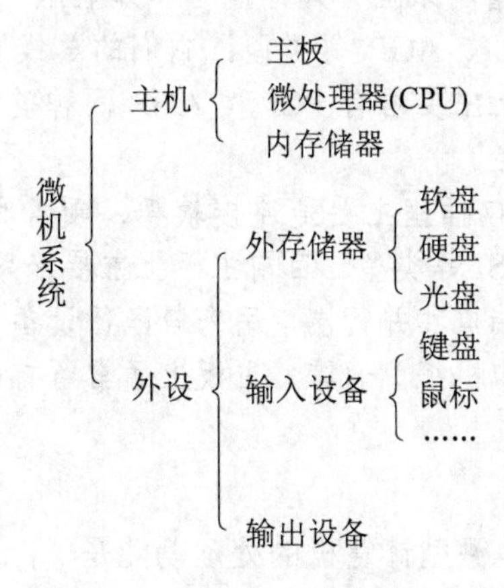

图 1-6　微型计算机硬件系统的组成

1.5.1　主机

主机是计算机最主要的组成部分，包括主板、微处理器和内存储器。

一、 主板

主板也称系统主板或母板，它是一块电路板，用来控制和驱动整个微型计算机，是微处理器与其他部件连接的桥梁。系统主板主要包括 CPU 插座、内存插槽、总线扩展槽、外设接口插座、串行和并行端口几部分。图 1-7 所示即为一块系统主板。

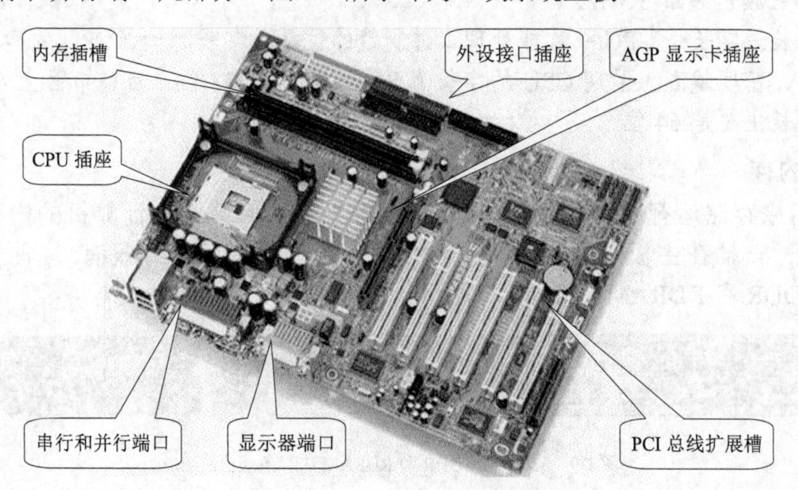

图 1-7　华硕公司的 P4B266 系统主板

- CPU 插座：CPU 插座用来连接和固定 CPU。早期的 CPU 通过管脚与主板连

接，主板上设计了相应的插座。Pentium Ⅱ和 Pentium Ⅲ通过插卡与主板连接，因此主板上设计了相应的插槽。Pentium 4 又恢复了插座形式。

- 内存插槽：内存插槽用来连接和固定内存条。内存插槽通常有多个，可以根据需要插入不同数目的内存条。早期的计算机内存插槽有 30 线、72 线两种，现在主板上大多采用 168 线的插槽，这种插槽只能插 168 线的内存条。
- 总线扩展槽：总线扩展槽用来插接外部设备（如显卡、声卡）。总线扩展槽有 ISA、EISA、VESA、PCI、AGP 等类型。它们的总线宽度越来越宽，传输速度越来越快。目前主板上主要留有 PCI 和 AGP 两种类型的扩展槽，ISA 扩展槽已经逐渐退出历史舞台。
- 外设接口插座：外设接口插座主要是连接软盘、硬盘和光盘驱动器的电缆插座，有 IDE、EIDE、SCSI 等类型。目前主板上主要采用 IDE 类型。
- 串行和并行端口：串行端口和并行端口用来与串行设备（如调制解调器、扫描仪等）和并行设备（打印机等）通信。主板上通常留有两个串行端口和一个并行端口。

二、 CPU

CPU 是微型计算机的心脏。微型计算机的处理功能是由 CPU 来完成的，CPU 的性能直接影响微型计算机的性能。图 1-8 所示为 Intel 公司的酷睿 2CPU。CPU 有以下几个主要指标。

图 1-8 Intel 公司的酷睿 2CPU

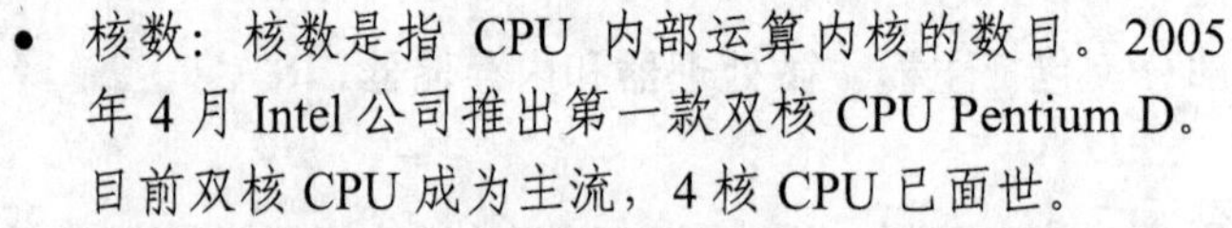

- 核数：核数是指 CPU 内部运算内核的数目。2005 年 4 月 Intel 公司推出第一款双核 CPU Pentium D。目前双核 CPU 成为主流，4 核 CPU 已面世。
- 主频：主频是指 CPU 时钟的频率。主频越高，单位时间内 CPU 完成的操作越多。主频的单位是 MHz。早期 CPU 的主频是 4.77MHz，现在一些高端 CPU 的主频已超过 3GHz。
- 字长：字长是 CPU 一次能处理二进制数的位数。字长越大，CPU 的运算范围越大，精度越高。早期 CPU 的字长为 8 位、16 位、32 位。目前市面上的 CPU 的字长主要是 64 位。

三、 内存

内存用来存储运行的程序和数据，CPU 可直接访问。微型计算机的内存制作成条状（称内存条），插在主板的内存插槽中。目前市场上常见的内存条有 3 种型号，分别是 SDRAM、DDR 和 RDRAM，如图 1-9 所示。

图 1-9 SDRAM、DDR 和 RDRAM 内存条（自左至右）

3 种内存型号中，SDRAM 最便宜，但性能也最差，濒临淘汰。RDRAM 性能最高，也最昂贵，通常用于高级的计算机系统。DDR 内存的价格比 SDRAM 高一点，但性能却高出不少，并且大有发展前途，是目前装机的首选。内存有以下两个主要指标。

- 存储容量：存储容量反映了内存存储空间的大小。常见的内存条每条的容量有 64MB、128MB、256MB、512MB 等多种规格。一台微型计算机可根据需要同时插多个内存条。目前市面上微型计算机内存的容量一般为 256MB 或 512MB，有的甚至为 1GB 或 2GB。
- 存取速度：存取速度是指从存储单元中存（或取）一次数据所用的时间，以 ns（纳秒）为单位。其数值越小，存取速度越快。目前内存存（或取）一次数据所用的时间大都小于 10ns，也就是说，可以在 100MHz 以上的频率下工作。

1.5.2　外存储器

外存储器主要包括软盘、硬盘、光盘、U 盘和移动硬盘。随着 U 盘和可移动硬盘的广泛使用，软盘已很少使用，这里不再介绍软盘。

一、 硬盘

硬盘是微型计算机非常重要的外存储器，它由一个盘片组（可包括多个盘片）和硬盘驱动器组成，被固定在一个密封的盒内。硬盘的精密度高，存储容量大，存取速度快。除特殊需要外，一般的微型计算机都配有硬盘，有些还配有多个硬盘。系统和用户的程序、数据等信息通常保存在硬盘上。图 1-10 所示为一块硬盘。硬盘有以下 4 个主要指标。

- 接口：硬盘接口是指硬盘与主板的接口。主板上的外设接口插座有 IDE、EIDE、SCSI 等类型，硬盘接口也有这些类型。目前常用的硬盘接口大多为 EIDE。硬盘的接口不同，支持的硬盘容量不一样，传输速率也不一样。
- 容量：硬盘容量是指硬盘能存储信息量的大小。早期计算机硬盘的容量只有几 MB，现在的硬盘容量为几十 GB。硬盘容量越大，存储的信息越多。
- 转速：硬盘转速是指硬盘内主轴的转动速度，单位是 r/min（转/分）。目前常见的硬盘转速有 5 400r/min、7 200r/min 等几种。转速越大，硬盘与内存之间的传输速率越高。

图 1-10　硬盘

- 缓存：硬盘自带的缓存越大，硬盘与内存之间的数据传输速率越高。通常缓存有 512KB、1MB、2MB、4MB、8MB 等几种。

二、 光盘与光盘驱动器

光盘利用塑料基片的凹凸来记录信息。光盘主要有只读光盘（CD-ROM）、一次写入光盘（CD-R）、可擦写光盘（CD-RW）、DVD 光盘等几类。只读光盘使用最广泛，其存储容量约为 640MB，其中的信息是在制造时写入的，只能读出而不能写入。

光盘中的信息是通过光盘驱动器来读取的。最初光驱的数据传输速率是 150kbit/s，现在光驱的数据传输速率一般都是这个速率的整数倍，称为倍速，如 40 倍速光驱甚至 52 倍速光驱等。光盘驱动器有 3 类：普通光驱、DVD 光驱和光盘刻录机。

- 普通光驱：普通光驱能读取 CD-ROM、CD-R、CD-RW 光盘，但不能读取

DVD 光盘，也不能往 CD-R 和 CD-RW 光盘中写入数据。图 1-11 所示为一台普通光驱。

- DVD 光驱：DVD 光驱能读取 CD-ROM、CD-R、CD-RW 光盘和 DVD 光盘，但不能往 CD-R 和 CD-RW 光盘中写入数据。图 1-12 所示为一台 DVD 光驱。
- 光盘刻录机：光盘刻录机分普通刻录机和 DVD 刻录机两种。普通刻录机既能读取 CD-ROM、CD-R、CD-RW 光盘，还能往 CD-R 或 CD-RW 光盘中刻写数据，但不能读取 DVD。DVD 刻录机除了普通刻录机的功能外，还能读取和刻录 DVD。图 1-13 所示为一台普通光盘刻录机。

图 1-11　普通光驱

图 1-12　DVD 光驱

图 1-13　光盘刻录机

三、 U 盘

U 盘也称闪存盘，是一种利用低成本的半导体集成电路制造而成的大容量固态存储器，其中的信息是在一瞬间被存储的，之后即使除去电源，所存储的信息也不会消失，使用过程中既可读出信息，又可随时写入新的信息。图 1-14 所示为一个 U 盘。

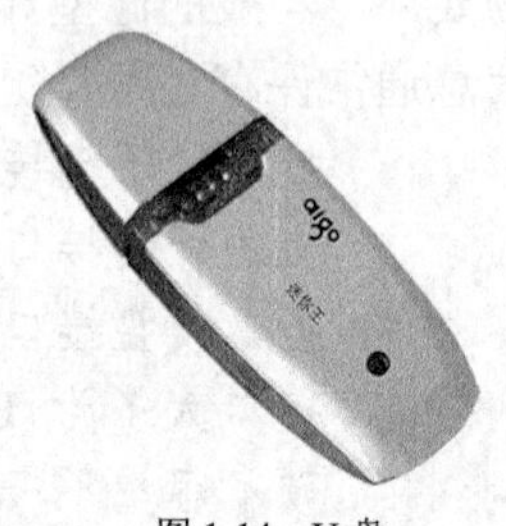

图 1-14　U 盘

由于 U 盘具有存储容量大（目前常用的 U 盘容量大多在 64MB 到几 GB）、体积小、存取速度快、保存数据期长且安全可靠和携带方便等特点，因此被人们视为理想的计算机外部存储器，是软盘的理想替代产品。

U 盘除了在 Windows 98 操作系统上需要安装相应的驱动程序外，在 Windows 2000、Windows Me、Windows XP 中只需将其插接在计算机的 USB 口上即可使用，非常方便。

四、 移动硬盘

移动硬盘是将一个小尺寸硬盘和 USB 接口卡封装在一个硬盘盒内构成的，与普通硬盘的容量和存取速度相当，但它重量轻，便于携带，不需要外接电源。

与 U 盘类似，除了在 Windows 98 上需要安装相应的驱动程序外，在 Windows 2000、Windows Me、Windows XP 中只需通过 USB 电缆接到主机的 USB 接口就可使用。图 1-15 所示为一个移动硬盘。

图 1-15　移动硬盘

尽管移动硬盘有一定的防震功能，但使用时要尽量避免剧烈震动，以免将其损伤。

1.5.3　输入设备

最常用的输入设备是键盘和鼠标，它们已成为计算机的标准配置。此外，扫描仪、摄像头、话筒也是常见的输入设备。另外，数码相机、带拍照功能的手机也可作为输入设备。

一、键盘

键盘是最常用的输入设备，用户通过按下键盘上的键输入命令或数据，还可以通过键盘控制计算机的运行，如热启动、命令中断、命令暂停等。

早期的键盘大都是 89 个键，现在使用的键盘大都是 101 个键。近年来，为了方便 Windows 系统的操作，在原有 101 键盘上增加了 3 个 Windows 功能键。

二、鼠标

随着 Windows 操作系统的广泛应用，鼠标已成为计算机必不可少的输入设备。通过单击或拖曳鼠标，用户可以很方便地对计算机进行操作。鼠标按工作原理分为机械式、光电式和光学式 3 大类。

- 机械式鼠标：机械式鼠标的底部有一个滚球，当鼠标移动时，滚球随之滚动，产生移动信号给操作系统。机械式鼠标价格便宜，使用时无须其他辅助设备，只需在光滑平整的桌面上即可进行操作。
- 光电式鼠标：光电式鼠标的底部有两个发光二极管，当鼠标移动时，发出的光被下面的平板反射，产生移动信号给操作系统。光电式鼠标的定位精确度高，但必须在反光板上操作。
- 光学式鼠标：光学式鼠标的底部有两个发光二极管，当鼠标移动时，利用图像识别技术，计算出移动信号并传送给操作系统。光学式鼠标的定位精确度高，不需任何形式的鼠标垫板或反光板。

三、扫描仪

扫描仪是一种将纸张上的图片和文字转换为数字信息的输入设备。扫描仪有手持式扫描仪和平板式扫描仪两种。图 1-16 所示为一个平板式扫描仪。

扫描仪能将照片扫描并存储到计算机中，在图像处理应用中尤为重要。此外，扫描仪还能把纸张上的文本信息扫描并存储到计算机中，通过文字识别软件可迅速地转换成文本文字，大大提高了输入效率。

图 1-16　平板式扫描仪

四、摄像头

摄像头是一种数字视频的输入设备，利用光电技术采集影像，通过内部的电路把影像转换成数字信息。随着 Internet 的广泛普及，摄像头成为常用的输入设备。图 1-17 所示为一个摄像头。

传感器是摄像头最重要的部件，它的性能直接决定了摄像头的性能。视频捕获速度是摄像头的一个重要指标，对于一般用户，20 帧/秒的视频捕获速度基本上能够满足需要。

图 1-17　摄像头

1.5.4　输出设备

最常用的输出设备是显示器和打印机。显示器要有一块插在主机板上的显示适配卡（简称显卡）与之配套使用，打印机通常连接到主机板的并行通信口上。此外，音箱也是计算机的常用输出设备。

一、 显示器

显示器用来显示字符或图形信息，是微型计算机必不可少的输出设备。显示器连接到显卡上。早期的计算机使用单色显示器，现在多为彩色显示器。目前市面上常见的显示器有两种：CRT（阴极射线管）显示器（见图1-18）和LCD（液晶）显示器（见图1-19）。

CRT 显示器体积大，比较笨重，且工作时有辐射，但价格相对低廉，色彩还原效果好。LCD 显示器轻巧，没有辐射污染，但价格高，色彩还原效果不如前者。由于 LCD 显示器对人体健康的危害较小，已经成为越来越多的家用计算机用户的首选。

图1-18 CRT（阴极射线管）显示器

图1-19 LCD（液晶）显示器

CRT 显示器有以下 5 个主要指标。

- 尺寸：显示器的尺寸即显示器屏幕的大小，常见的有 14 英寸、15 英寸、17 英寸、19 英寸等。尺寸越大，支持的分辨率往往也越高，显示效果也越好。
- 分辨率：显示器的分辨率是指显示器屏幕能显示的像素数目。目前低档显示器的分辨率为 800×600 像素，中、高档的分辨率为 1024×768 像素、1280×1024 像素、1600×1200 像素或更高。分辨率越高，显示的图像越细腻。
- 点距：显示器的点距是指显示器上相邻两个像素之间的距离。目前显示器常见的点距有 0.28mm 和 0.26mm 两种。点距越小，显示器的分辨率越高。在图形、图像处理等应用中，一般要求使用点距较小的显示器。
- 扫描方式：CRT 显示器的扫描方式分为逐行扫描和隔行扫描两种。逐行扫描是指在显示一屏内容时，逐行扫描屏幕上的每一个像素。隔行扫描是指在显示一屏内容时，只扫描偶数行或奇数行。逐行扫描的显示器显示的图像稳定，清晰度高，效果好。
- 刷新频率：CRT 显示器的刷新频率是指 1s 刷新屏幕的次数。目前显示器常见的刷新频率有 60Hz、75Hz、85Hz、100Hz 等几种。刷新频率越高，刷新一次所用的时间越短，显示的图像越稳定。

二、 显卡

显卡是主机与显示器之间的接口电路。显卡直接插在系统主板的总线扩展槽上，它的主要功能是将要显示的字符或图形的内码转换成图形点阵，并与同步信息形成视频信号输出给显示器。有的主板集成了视频接口电路，无须外插显卡。

显卡有 MDA 卡、CGA 卡、EGA 卡、VGA 卡、SVGA 卡、AGP 卡等多种型号。目前微型计算机上常用的显卡基本上是 AGP 卡，如图 1-20 所示。显卡有以下 3 个主要指标。

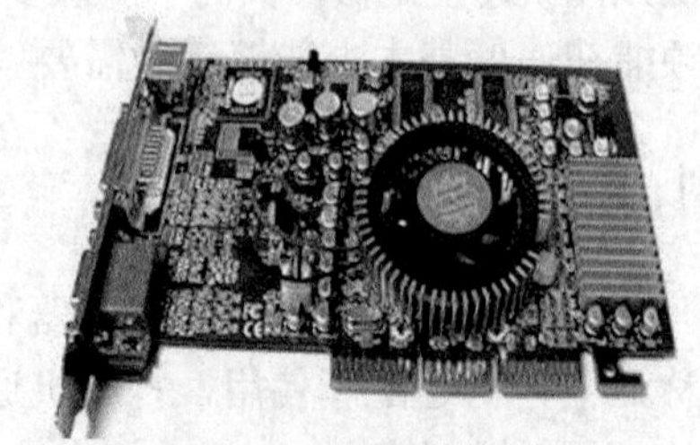

图1-20 AGP 显卡

- 色彩数：色彩数是指显卡能支持的最多的颜色数，显卡的色彩数一般有 256、64K、16M、4G 等几种。
- 图形分辨率：图形分辨率是指显卡能支持的最大的水平像素数和垂直像素数。AGP 卡的图形分辨率至少是 640×480 像素，还有 800×600 像素、1024×768 像素、1280×1024 像素、1600×1200 像素等多种规格。
- 显示内存容量：显示内存容量是指在显卡上配置的显示内存的大小，一般有 4MB、8MB、16MB、32MB、64MB 等不同规格。显示内存容量影响显卡的色彩数和图形分辨率。

三、　打印机

打印机将信息输出到打印纸上，以便长期保存。打印机主要有针式打印机、喷墨打印机和激光打印机 3 类。

- 针式打印机：针式打印机在打印时，打印头上的钢针撞击色带，将字印在打印纸上。针式打印机常见的有 9 针和 24 针打印机，所谓××针打印机就是打印头上有××根钢针。图 1-21 所示为一台针式打印机。
- 喷墨打印机：喷墨打印机在工作时，打印机的喷头喷出墨汁，将字印在打印纸上。由于喷墨打印机是非击打式的，所以工作时噪声较小。图 1-22 所示为一台喷墨打印机。
- 激光打印机：激光打印机是采用激光和电子放电技术，通过静电潜像，再用碳粉使潜像变成粉像，加热后碳粉固定，最后印出内容。激光打印机打印噪声低、效果好、速度快，但打印成本较高。图 1-23 所示为一台激光打印机。

图 1-21　针式打印机

图 1-22　喷墨打印机

图 1-23　激光打印机

1.6　多媒体计算机

多媒体技术是一门新兴的信息处理技术，是信息处理技术的一次新的飞跃。多媒体计算机不再是供少数人使用的专门设备，现已被广泛普及和使用。

1.6.1　多媒体的基本概念

媒体是指承载信息的载体，早期的计算机主要用来进行数值运算，运算结果用文本方式显示和打印，文本和数值是早期计算机所处理的信息的载体。随着信息处理技术的发展，计算机能够处理图形、图像、音频、视频等信息，它们成为计算机所处理信息的新载体。所谓多媒体就是这些媒体的综合。多媒体计算机就是具有多媒体功能的计算机。

多媒体技术具有3大特性：载体的多样性、使用的交互性、系统的集成性。

- 载体的多样性：载体的多样性指计算机不仅能处理文本和数值信息，而且还能处理图形、图像、音频、视频等信息。
- 使用的交互性：使用的交互性指用户不再是被动地接收信息，而是能够更有效地控制和使用各种信息。
- 系统的集成性：系统的集成性指将多种媒体信息以及处理这些媒体的设备有机地结合在一起，成为一个完整的系统。

1.6.2 多媒体计算机的基本组成

目前的计算机已经具备部分多媒体功能。一台完整的多媒体计算机除了包括普通计算机的基本配置外，还应包括声卡和视频卡。

- 声卡：声卡是一块对音频信号进行数/模和模/数转换的电路板，插在计算机主板的插槽中。平常听到的声音是模拟信号，计算机不能对模拟信号进行直接处理，声卡的一个功能就是采集音频的模拟信号，并将其转换为数字信号，以便计算机存储和处理。计算机内部的音频数字信号不能直接在音箱等设备上播放，声卡的另一个功能就是把这些音频数字信号转换为音频模拟信号，以便在音箱等设备上播放。声卡有多个输入/输出插口，可以接音箱、话筒等设备。
- 视频卡：视频卡是一块处理视频图像的电路板，也插在计算机主板的插槽中。视频卡有多种类型：能解压视频数字信息，播放VCD电影的设备——解压卡；能直接接收电视节目的设备——电视接收卡；能把摄像头、录像机、影碟机获得的视频信号进行数字化的设备——视频捕捉卡；能把VGA信号输出到电视机、录像机上的设备——视频输出卡。为保证以上设备能够正常工作，安装这些设备后，还应该安装相应的软件或驱动程序。

1.6.3 多媒体系统的软件

伴随着多媒体技术的发展，多媒体系统的软件也不断得到更新和完善。Windows 98/XP系统本身带有多媒体软件，如录音机、CD播放器、媒体播放器等程序。此外，Windows 98/XP的应用软件也附加了多媒体功能，如Word、Excel、PowerPoint中都能插入图片、音频、视频等对象，与原文档成为一体。另外，一些专门的多媒体软件也不断出现，如超级解霸、RealOne Player等。

小结

本章主要介绍了以下内容。

- 计算机发展简介：介绍了第一台电子计算机的诞生、电子计算机和微型计算机的发展。
- 计算机的分类、特点和应用：介绍了计算机的分类、计算机的特点、计算机的应用领域。
- 计算机中信息的表示：介绍了常用数制及其转换、计算机中的信息单位、数值信息和字符信息的表示。

- 计算机系统：介绍了计算机系统的组成、计算机硬件系统和计算机软件系统，还介绍了计算机系统的性能指标。
- 微型计算机的硬件组成：介绍了微型计算机的主要部件及其主要指标。主要部件包括：主机、外存储器、输入设备、输出设备。
- 多媒体计算机：介绍了多媒体的基本概念、多媒体计算机的基本组成、多媒体系统的软件。

习题

一、判断题

1. 第一台电子计算机是为商业应用而研制的。（　）
2. 第一代电子计算机的主要元器件是晶体管。（　）
3. 微型计算机是第 4 代计算机的产物。（　）
4. 正数的原码、补码和反码是相同的。（　）
5. 信息单位“位”指的是一个十进制位。（　）
6. ASCII 是 8 位编码，因而一个 ASCII 可用一个字节表示。（　）
7. 运算器不仅能进行算术运算，而且还能进行逻辑运算。（　）
8. 计算机不能直接运行用高级语言编写的程序。（　）
9. 最重要的系统软件是操作系统。（　）
10. “存储程序”原理是由数学家冯·诺依曼提出的。（　）

二、选择题

1. 第一台电子计算机每秒可完成大约（　　）次加法运算。
   A. 50　　B. 500　　C. 5 000　　D. 50 000
2. 第二代电子计算机的主要元器件是（　　）。
   A. 电子管　　B. 晶体管　　C. 小规模集成电路　　D. 大规模集成电路
3. 微型计算机的分代是根据（　　）划分的。
   A. 体积　　B. 速度　　C. 微处理器　　D. 内存
4. 用计算机管理图书馆的借书和还书，这种计算机应用属于（　　）。
   A. 科学计算　　B. 信息管理　　C. 实时控制　　D. 人工智能
5. 以下十进制数（　　）能用二进制数精确表示。
   A. 1.15　　B. 1.25　　C. 1.35　　D. 1.45
6. 在计算机中，1KB 等于（　　）。
   A. 1024B　　B. 1204B　　C. 1402B　　D. 1240B
7. 11111101 是−12 的 8 位（　　）。
   A. 原码　　B. 反码　　C. 补码　　D. ASCII
8. CPU 对 ROM（　　）。
   A. 可读可写　　B. 只可读　　C. 只可写　　D. 不可读不可写
9. 以下选项中不属于计算机输入设备的是（　　）。
   A. 鼠标　　B. 键盘　　C. 扫描仪　　D. 光盘

10. 以下选项中不属于计算机输出设备的是（　　）。

A. 显示器　　B. 打印机　　C. 扫描仪　　D. 绘图仪

三、填空题

1. 第一台电子计算机的名字是________，诞生于________年。
2. 微型计算机是由________、________和________接口部件构成的。
3. 十进制数 12.625 转换成二进制数是________，转换成八进制数是________，转换成十六进制数是________。
4. 八进制数 1234.567 转换成十进制数是________，转换成二进制数是________，转换成十六进制数是________。
5. 数字 0 的 ASCII 码值是________，把该二进制数转换成十进制等于________；字母 a 的 ASCII 码值是________，把该二进制数转换成十进制等于________；字母 A 的 ASCII 码值是________，把该二进制数转换成十进制等于________。
6. 计算机系统由________和________组成。
7. 计算机语言有________语言、________语言和________语言 3 类。
8. 中央处理器的英文缩写是________，它由________和________组成。
9. 鼠标按工作原理可分为________鼠标、________鼠标和________鼠标 3 类。
10. 常见的打印机有________打印机、________打印机和________打印机 3 类。

四、问答题

1. 计算机的发展经历了哪几代？各代计算机采用的主要元器件是什么？
2. IEEE 把计算机分为哪几类？
3. 计算机有哪些特点？
4. 计算机有哪些应用领域？
5. 计算机系统有哪些性能指标？
6. 汉字编码标准有哪些？各有什么特点？
7. 计算机硬件系统包括哪几部分？计算机系统软件包括哪些软件？
8. CPU、内存、硬盘、显示器、显卡有哪些重要指标？
9. 什么是多媒体技术？多媒体技术有哪些特性？

第 2 章　中文 Windows XP

计算机只有安装了操作系统才能使用。目前个人计算机上所安装的操作系统软件基本上都是 Microsoft 公司的 Windows 系列产品，其中 Windows XP 功能更强大、界面更华丽、使用更方便，是目前流行的操作系统。

本章主要介绍 Windows XP 的基础知识和使用方法，包括以下内容。

- Windows XP 的基本操作。
- Windows XP 的汉字输入。
- Windows XP 的文件管理。
- WindowsXP 的附件程序。
- Windows XP 的系统设置。

2.1　Windows XP 的基本操作

Windows XP 的基本操作包括：Windows XP 的启动与退出，键盘和鼠标的使用方法，桌面和窗口的操作方法，对话框和剪贴板的基本操作，启动应用程序的方法。

2.1.1　Windows XP 的启动与退出

一、 Windows XP 的启动

打开计算机电源，计算机完成硬件检测后，便启动操作系统。如果计算机中只安装了 Windows XP，会自动启动它。如果还安装有其他操作系统，屏幕上会列出所安装的操作系统，通过键盘上的方向键选择【Windows XP】，然后按 Enter 键，即可启动 Windows XP。

系统正常启动后，出现图 2-1 所示的【欢迎】画面，其中列出了已建立的所有的用户账户及其对应的图标。刚安装的 Windows XP，只有“Administrator”一个账户。

要以某个用户账户的身份进入 Windows XP，只需在【欢迎】画面中单击相应的账户名或对应的图标。如果该用户账户没有设置密码，系统自动以该用户的身份进入系统，否则系统提示用户输入密码（见图 2-2），用户正确输入密码后，按 Enter 键或单击➔按钮，即以该用户的身份进入系统。

如果用户输入的密码不正确，系统会给出如图 2-3 所示的提示。只有输入了正确的密码，才能进入 Windows XP。

以某一个用户的身份成功进入系统后，会出现如图 2-4 所示的画面，该画面称为 Windows XP 的桌面。Windows XP 的桌面要比 Windows 95/98 的桌面简洁得多，桌面上只有【回收站】这一个图标。Windows XP 安装了某些软件后，或者用户在桌面上建立对象后，Windows XP 桌面上会增加相应的图标。

图 2-1 【欢迎】画面

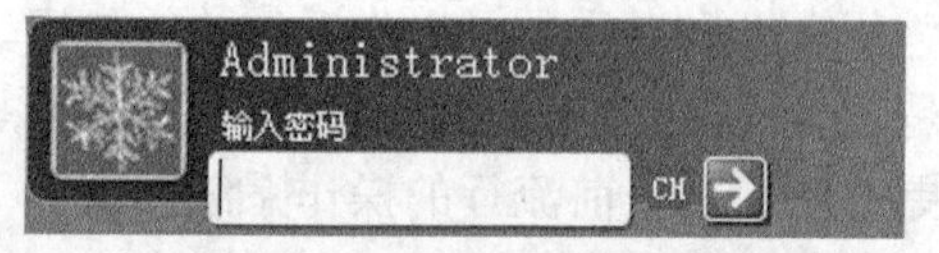

图 2-2 输入密码

图 2-3 密码错误提示

图 2-4 Windows XP 的桌面

二、 Windows XP 的退出

用户使用 Windows XP 完毕后，应该先退出 Windows XP，再关闭主机电源，然后关闭显示器电源。退出 Windows XP 之前，先退出所有的应用程序。

图 2-5 【关闭计算机】对话框

退出 Windows XP 的操作是：单击任务栏左端的 开始 按钮，在出现的【开始】菜单中选择【关闭计算机】命令，这时系统弹出如图 2-5 所示的【关闭计算机】对话框。在该对话框中，可进行以下操作。

- 单击按钮，将关闭计算机。这时系统会关闭所有的应用程序，退出 Windows XP。目前的计算机成功退出后都会自动关闭电源。
- 单击按钮，重新启动计算机。这时系统会关闭所有的应用程序，退出 Windows XP。成功退出后，立即重新启动计算机。
- 单击按钮，使计算机处于待机（低功耗）状态。按任意键、移动鼠标或单击鼠标的一个键，会唤醒计算机，并能保持立即使用。
- 单击 取消 按钮，则取消关闭计算机的操作，返回原来的状态。

不能在 Windows XP 仍在运行时强行关闭电源，否则可能会丢失一些未保存的数据，并且在下一次启动时系统要花很长的时间检查硬盘。

2.1.2　键盘及其使用方法

使用计算机时，无论是控制程序的运行，还是输入需要的字符或汉字，都离不开键盘。下面介绍键盘的结构与使用键盘的指法。

一、　键盘的结构

目前计算机上常用的键盘是 Windows 键盘，如图 2-6 所示。

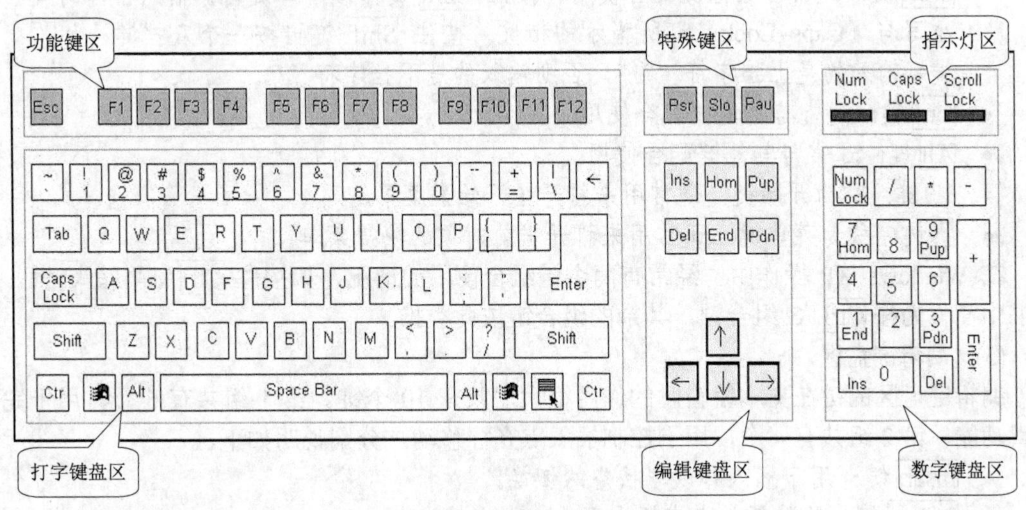

图 2-6　Windows 键盘

Windows 键盘可划分为 6 个区域：功能键区、特殊键区、指示灯区、打字键盘区、编辑键盘区和数字键盘区。

(1)　功能键区

功能键区有 13 个键，它们各有不同的特定功能，这些功能随软件的不同而不同，但以下两个键在大部分软件中的功能大致相同。

- Esc 键：通常用来取消操作。
- F1 键：通常用来请求帮助。

(2)　特殊键区

特殊键区有 3 个键，用来完成特殊的功能。

- Print Screen 键：用来把屏幕图像保存到剪贴板。
- Scroll Lock 键：用来锁定屏幕滚动，在 Windows XP 中很少用到。
- Pause 键：用来暂停运行的程序，在 Windows XP 中很少用到。

(3)　指示灯区

指示灯区有 3 个指示灯，用来表示当前键盘的输入状态。

- Num Lock 灯：用来指示数字键盘区是否锁定为数字输入状态。
- Caps Lock 灯：用来指示打字键盘区是否锁定为大写输入状态。
- Scroll Lock 灯：用来指示目前屏幕是否处于锁定滚动状态。

(4)　打字键盘区

打字键盘区是键盘最重要的区域，平常的文字输入和命令控制大都使用打字键盘区的

键。打字键盘区中，以下键的功能需要特别说明。

- Caps Lock 键：用来开关【Caps Lock】灯，如果灯亮，输入的是大写字母，否则输入的是小写字母。
- Enter 键：称为回车键，通常用来换行或把输入的命令提交给系统。
- Backspace 键：称为退格键，通常用来删除插入点光标左面的一个字符。
- Tab 键：称为制表键，通常用来将插入点光标移动到下一个制表位上。
- Shift 键：通常与其他键配合使用。按住 Shift 键再按字母键时，输入字母的大小写与【Caps Lock】灯所指示的相反。按住 Shift 键再按一个双挡键，如 ?/ 键，输入的是上挡字符"？"，否则输入的是下挡字符"/"。
- Ctrl 键：通常与其他键配合使用。
- Alt 键：通常与其他键配合使用。
- ⊞键：称为开始键，通常用来打开【开始】菜单。
- ▤键：称为菜单键，通常用来打开当前对象的快捷菜单。

在 Windows XP 操作中，经常有两个键组合使用的情况，如按住 Ctrl 键再按 C 键，在本书中简称为按 Ctrl+C 组合键，其余的组合键依此类推。

(5) 编辑键盘区

编辑键盘区的键在文本编辑时的作用很大，共有 10 个键。第 1 组共有 6 个，用于完成编辑功能，第 2 组共有 4 个，用于控制插入点光标移动，分别说明如下。

- Insert 键：用于插入和改写状态的切换。
- Delete 键：删除插入点光标右面的一个字符。
- Home 键：将插入点光标移动到当前行的行首。
- End 键：将插入点光标移动到当前行的行尾。
- Page Up 键：翻到前一屏。
- Page Down 键：翻到后一屏。
- ↑ 键：将插入点光标上移一行。
- ↓ 键：将插入点光标下移一行。
- ← 键：将插入点光标左移一个字符的位置。
- → 键：将插入点光标右移一个字符的位置。

(6) 数字键盘区

数字键盘区将数字键、编辑键和运算符键集中在一起。Num Lock 键和 Enter 键的功能需要特别说明。

- Num Lock 键：用于开关 Num Lock 灯，如果灯亮，数字键盘区的键作为数字键，否则作为编辑键。
- Enter 键：功能与打字键盘区上的 Enter 键相同。

二、 键盘指法

为了以最快的速度按键盘上的每个键位，人们对双手的 10 个手指进行了合理分工，使每个手指负责一部分键位。当输入文字时，遇到哪个字母、数字或标点符号，便用那个负责该键的手指按相应的键位，这便是键盘指法。经过这样合理的分配，再加上有序地练习，当能够"十指如飞"地按各个键位时，就是一个文字录入高手了。下面介绍 10 个手指的具体分工，也就是键盘指法的具体规定。

(1) 基准键位

在打字键区的正中央有 8 个键位，即左边的 A、S、D、F 键和右边的 J、K、L、; 键，这 8 个键被称作基准键，其中，F、J 两个键上都有一个凸起的小棱杠，以便于盲打时手指能通过触觉定位。当开始打字时，左手的小指、无名指、中指和食指应分别虚放在 A、S、D、F 键上，右手的食指、中指、无名指和小指分别虚放在 J、K、L、; 键上，两个大拇指则虚放在空格键上，如图 2-7 所示。

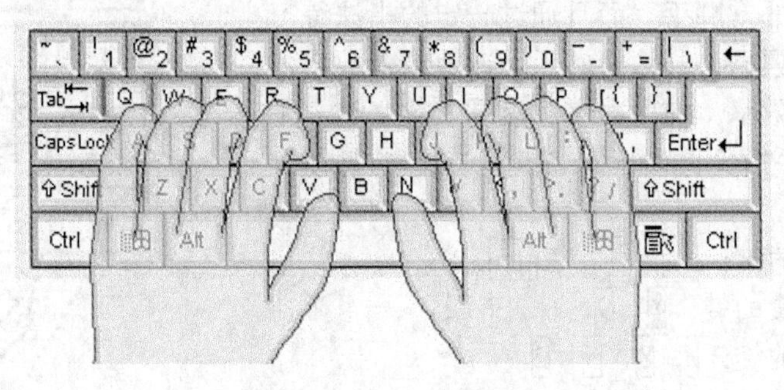

图 2-7　手指的基准键位

(2) 手指的分工

除了 8 个基准键外，人们对每个手指所负责的主键盘上的其他键位也进行了分工，每个手指负责一部分，如图 2-8 所示。

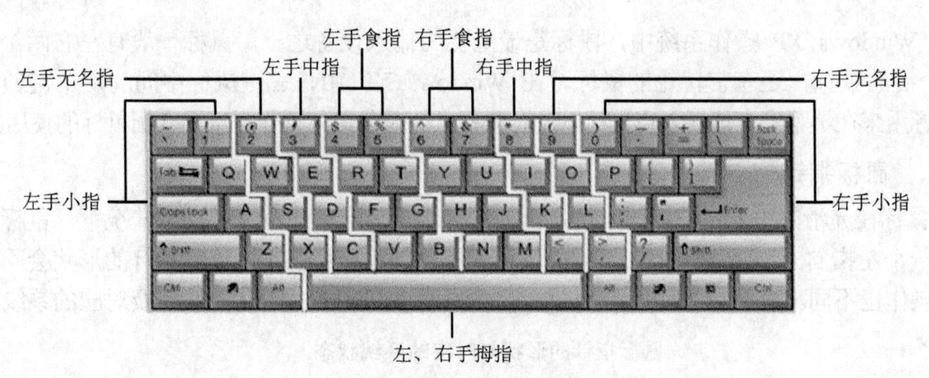

图 2-8　每个手指的键位分工

① 左手分工

- 小指负责的键：1、Q、A、Z 和它们左边的所有键。
- 无名指负责的键：2、W、S、X。
- 中指负责的键：3、E、D、C。
- 食指负责的键：4、R、F、V、5、T、G、B。

② 右手分工

- 小指负责的键：0、P、;、/ 和它们右边的所有键。
- 无名指负责的键：9、O、L、.。
- 中指负责的键：8、I、K、,。
- 食指负责的键：7、U、J、M、6、Y、H、N。

③ 大拇指

大拇指专门负责击打空格键。当左手击完字符键需击空格键时，用右手大拇指，反之则用左手大拇指。

(3) 数字键盘

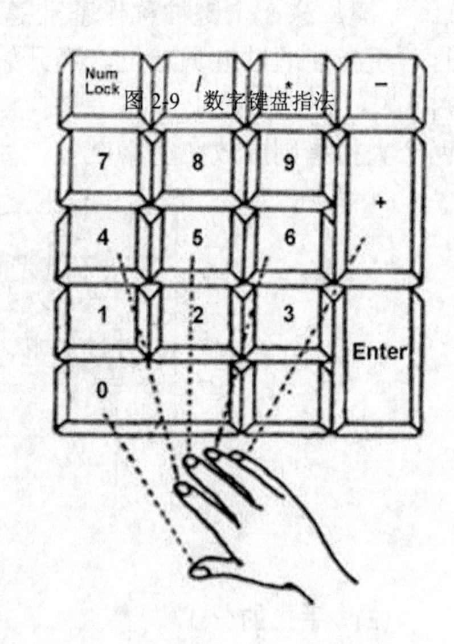

图 2-9 数字键盘指法

财会人员使用计算机录入票据上的数字时，一般都使用数字键盘。这是因为数字键盘的数字和编辑键位比较集中，操作起来非常顺手。而且通过一定的指法练习后，一边用左手翻票据，一边用右手迅速地录入数字，可以大大提高工作效率。使用数字键盘录入数字时，主要由右手的 5 个手指负责（见图 2-9），它们的具体分工如下。

- 小指负责的键：-、+、Enter。
- 无名指负责的键：*、9、6、3、.。
- 中指负责的键：/、8、5、2。
- 食指负责的键：7、4、1。
- 拇指负责的键：0。

2.1.3 鼠标及其使用方法

在 Windows XP 操作系统中，鼠标是最重要的输入设备之一。鼠标一般有左右两个键，也有 3 个键的鼠标，还有带转轮的鼠标。在 Windows XP 中，三键鼠标中间的那个键通常用不到。鼠标用来在屏幕上定位插入点光标以及对屏幕上的对象进行操作。下面介绍鼠标的使用方法。

一、 鼠标指针

当鼠标在光滑的平面上移动时，屏幕上的鼠标指针就会随之移动。通常情况下，鼠标指针的形状是一个左指向的箭头。但在不同的位置和不同的系统状态下，鼠标指针的形状会不同，对鼠标的操作也不同。表 2-1 中列出了 Windows XP 中常见的鼠标指针的形状以及对应的系统状态。

表 2-1　　鼠标指针的形状与对应的系统状态

指针形状	系统状态	指针形状	系统状态
	标准选择	↕	垂直调整
?	帮助选择	↔	水平调整
	后台运行	↘	正对角线调整
	忙	↗	负对角线调整
	链接选择		移动
I	选定文本	↑	其他选择
+	精确定位	⊘	不可用
	手写		

二、 鼠标操作

在 Windows XP 中，鼠标有以下 6 种基本操作。

- 移动：在不按鼠标键的情况下移动鼠标，将鼠标指针指到某一项上。
- 单击：快速按下和释放鼠标左键。单击可用来选择屏幕上的对象。除非特别说明，本书中所出现的单击都是指按鼠标左键。
- 双击：快速连续单击鼠标左键两次。双击可用来打开对象。除非特别说明，本书中所出现的双击都是指按鼠标左键。
- 拖动：按住鼠标左键拖曳鼠标，将鼠标指针移动到新位置后释放鼠标左键。拖动可用来选择、移动、复制对象。除非特别说明，本书中所出现的拖动都是指按住鼠标左键。
- 右击：快速按下和释放鼠标右键。这个操作通常弹出一个快捷菜单。
- 右拖曳：按住鼠标右键拖曳鼠标，将鼠标指针移动到新位置后释放鼠标右键。右拖曳操作通常也弹出一个快捷菜单。

2.1.4　桌面及其操作方法

以某一用户的身份成功进入 Windows XP 系统后，首先看到的画面就是桌面。桌面上放置了若干个图标，桌面的底端是任务栏。

一、 桌面图标及其操作

图标是代表程序、文件、文件夹等各种对象的小图像。Windows XP 用图标来区分不同类型的对象，图标的下面有其所对应对象的名称。

用鼠标拖曳桌面上的图标可移动图标的位置。如果把图标移动到【回收站】图标上，将删除该图标所代表的对象。

二、 任务栏及其操作

Windows XP 任务栏默认的位置是在桌面的底端，如图 2-10 所示。

图 2-10　任务栏

对任务栏的各部分说明如下。

(1)　【开始】菜单按钮

【开始】菜单按钮 开始 位于任务栏的最左边，单击该按钮弹出【开始】菜单，可从中选择所需要的命令。几乎所有 Windows XP 的应用程序都可以从【开始】菜单启动。

(2)　快速启动区

快速启动区通常位于 开始 按钮的右边，其中有常用程序的图标。单击某个图标，会马上启动对应的程序，这要比从【开始】菜单启动程序方便得多。以下是默认情况下快速启动区中的图标。

- : Windows Media Player 图标，用来播放数字媒体，包括 CD、VCD 等。
- : Internet Explorer 图标，用来查找和浏览 Internet 上的网页。

- ：显示桌面图标，将所有打开的窗口最小化显示在任务栏上，只显示桌面。
- ：Microsoft Outlook 图标，用来发送和接收电子邮件。

(3) 任务按钮区

任务按钮区通常位于快速启动区的右边。每当用户启动一个程序或者打开一个窗口，系统在任务按钮区会增加一个任务按钮。单击一个任务按钮，可切换该任务的活动和非活动状态。

(4) 通知区

通知区位于任务栏的最右边，包含一个数字时钟，也可能包含快速访问程序的快捷方式（见图 2-10 中的），还可能出现其他图标（如）用来提供有关活动的状态信息。

三、【开始】菜单及其操作

单击按钮，弹出如图 2-11 所示的【开始】菜单。由于【开始】菜单随系统安装的应用程序以及用户的使用情况自动进行调整，因此不同计算机上的 Windows XP 系统的【开始】菜单也不一定相同。对【开始】菜单的主要组成部分说明如下。

(1) 用户账户区

用户账户区位于【开始】菜单的顶部。其中显示的是进入 Windows XP 时用户所选择的账户名称和图标。单击该图标，出现【用户账户】对话框，在该对话框中可为当前账户选择一个新的图标。

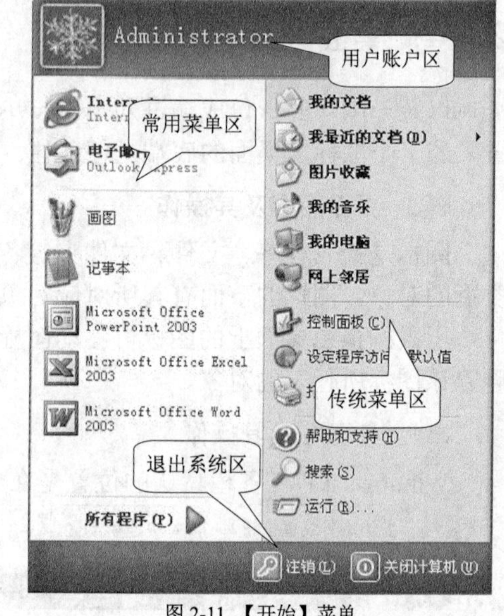

图 2-11 【开始】菜单

(2) 常用菜单区

常用菜单区位于【开始】菜单的左边，其中包含了用户最常用的命令以及【所有程序】菜单项。常用菜单区中的命令随用户的使用情况不断调整，使用频繁的命令会出现在常用菜单区，不常使用的命令会被挤出常用菜单区。【所有程序】菜单项中包含了系统安装的所有应用程序。

(3) 传统菜单区

传统菜单区位于【开始】菜单的右边，其中除保留有 Windows 95/98 中的菜单外，还增加了一些新命令，如【我的音乐】、【我的电脑】等。

传统菜单区中的菜单选项有以下 3 类。

- 右边带有省略号“…”的选项：如【运行(R)…】选项，选择该项后，将弹出一个对话框。
- 右边带有三角 ▸ 的选项：如【我最近的文档】，选择该项后，将弹出一个子菜单，进行下一级选择。
- 右边无其他符号的选项：如【我的电脑】，选择该项后，将执行相应的程序。

(4) 退出系统区

退出系统区位于【开始】菜单的底部，包括【注销】按钮和【关闭计算机】按钮。单击按钮，则结束所有运行的程序，重新启动系统，并可以用新用户名登录 Windows XP。单击按钮，则结束所有运行的程序，关闭或重新启动计算机。

四、 语言栏及其操作

语言栏是一个浮动的工具条，它总在桌面的最底层，显示当前所使用的语言和输入法，如图 2-12 所示。

图 2-12　英文语言栏和中文语言栏

对语言栏可进行以下操作。

- 单击语言指示按钮（如EN），弹出语言选择菜单，可从中选择一种语言。
- 单击输入法指示按钮（如拼），弹出输入法选择菜单，可从中选择一种输入法。
- 拖曳语言栏中的停靠把手，可将其移动到屏幕的任何位置。
- 单击语言栏中的【最小化】按钮，可将其最小化到任务栏上。

2.1.5　窗口及其操作方法

Windows XP 是一个图形界面的操作系统，用户使用 Windows XP 或运行一个基于 Windows XP 的程序时，一般都要打开一个窗口，然后在窗口内进行操作。

一、 窗口的组成

所有的窗口在结构上基本都是一致的，包括标题栏、菜单栏、工具栏、状态栏、地址栏、任务窗格以及工作区等几部分。图 2-13 所示为【我的文档】窗口。

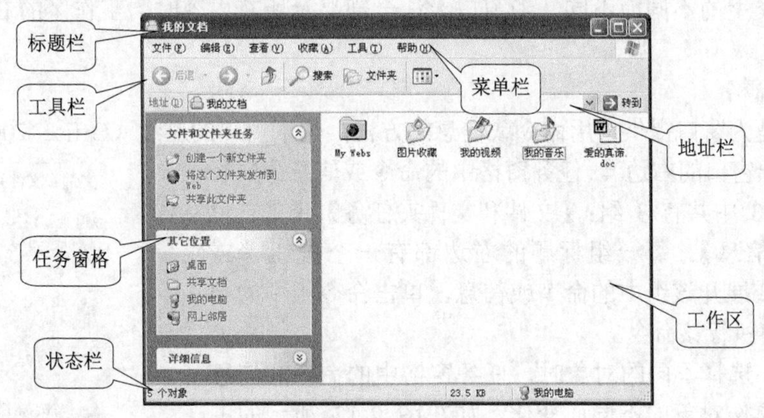

图 2-13　【我的文档】窗口

下面以图 2-13 所示的【我的文档】窗口为例，来说明 Windows XP 窗口的组成。

(1) 标题栏

标题栏位于窗口顶部，自左至右分别是窗口控制菜单图标、窗口名和窗口控制按钮。

- 窗口控制菜单图标：在图 2-13 中是，单击它会弹出一个菜单，菜单中的命令用来控制窗口。窗口或应用程序不同，其窗口控制菜单图标一般也不同，但是窗口控制菜单大致相同。
- 窗口名：窗口名是打开的窗口或应用程序的名字，如果应用程序中打开了文档，窗口名还包含文档名。
- 窗口控制按钮：这 3 个窗口控制按钮在所有的窗口几乎都相同，自左至右分别是最小化窗口按钮、最大化窗口按钮和关闭窗口按钮。

(2) 菜单栏

菜单栏是 Windows 窗口的重要组成部分，用于把程序所实现的基本操作按类别组织在菜单栏的菜单中。用鼠标单击菜单栏中的某个菜单，会弹出一个下拉式菜单，选择其中的某个命令，便可以完成相应的操作。

菜单名后面通常有一个用括号括起来的带下画线的字母，表示该菜单的快捷键，按 Alt ＋“字母对应的键”将打开相应的菜单，如按 Alt＋F 组合键，将打开【文件(F)】菜单。

(3) 工具栏

工具栏位于菜单栏的下方，其中提供了一些功能和命令的按钮，如【后退】按钮后退、【向上】按钮、【文件夹】按钮文件夹和【查看】按钮等。单击一个按钮将执行相应的功能和命令，有时会弹出一个菜单，让用户从中选择所需要的命令。

(4) 地址栏

地址栏位于工具栏的下方，用来指示打开对象所在的地址，也可在此栏中填写一个地址，按 Enter 键后，在工作区中显示该地址中的对象。有的窗口没有地址栏。

(5) 状态栏

状态栏位于窗口的底部，显示窗口的状态信息。在图 2-13 所示的【我的文档】窗口中，共有“My Webs”、“图片收藏”等 5 个对象，所以在状态栏中显示“5 个对象”的字样。

(6) 工作区

窗口的内部区域称为工作区或工作空间。工作区的内容可以是对象图标，也可以是文档内容，随窗口类型的不同而不同。当窗口无法全部显示所有内容时，工作区的右侧或底部会显示滚动条。

(7) 任务窗格

任务窗格是为窗口提供常用命令或信息的方框，位于窗口的左边（Office 2003 应用程序的任务窗格位于窗口的右边）。任务窗格中的命令或信息分成若干组，在图 2-13 中共有 3 组：【文件和文件夹任务】、【其它位置】和【详细信息】。每一组标题的右边都有一个按钮或，用来折叠或展开该组中的命令或信息。单击命令组中的一个命令，系统将执行该命令。

在工作区中选择不同的对象时，任务窗格中的命令或信息会根据用户所操作对象的不同而变化，如在图 2-13 所示的工作区中，单击“爱的真谛.doc”文件，【文件和文件夹任务】组显示的内容如图 2-14 所示。

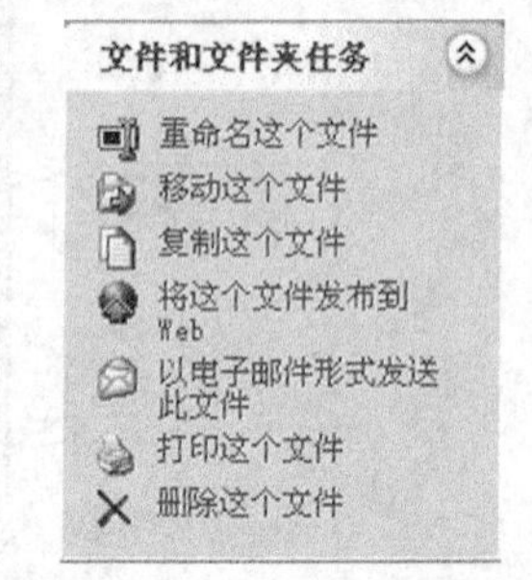

图 2-14 【文件和文件夹任务】组

二、窗口的操作

对窗口的基本操作包括打开窗口、移动窗口、改变窗口大小、最大化/复原窗口、最小化/复原窗口、滚动窗口中的内容、排列窗口和关闭窗口。

(1) 打开窗口

在 Windows XP 中，启动一个程序或打开一个对象（文件、文件夹、快捷方式等）都会打开一个窗口。

(2) 移动窗口

如果某窗口没有处在最大化状态，可以移动该窗口。移动窗口有以下方法。

- 用鼠标拖曳窗口的标题栏，会出现一个方框随鼠标指针移动，方框的位置就是窗口当前所处的位置，位置合适后松开鼠标左键，窗口就移动到新位置上。
- 单击窗口标题栏上的控制菜单图标，或右击窗口标题栏，或按 Alt+空格键，或右击任务栏上与窗口对应的按钮，都会弹出如图 2-15 所示的【窗口控制】菜单，选择【移动】命令，再按↑、↓、←、→键，出现一个方框随之移动，方框的位置是窗口当前所处的位置，位置合适后按 Enter 键，窗口就移动到新位置上。

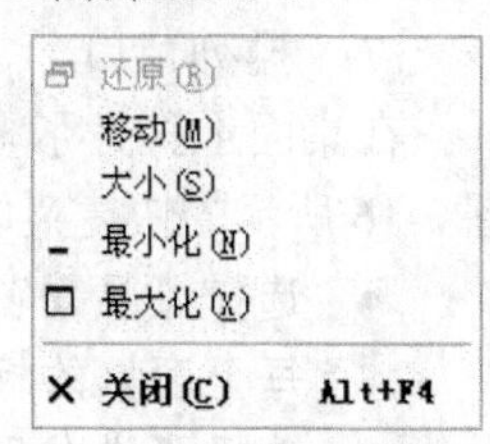

图 2-15 【窗口控制】菜单

(3) 改变窗口大小

如果某窗口没有处在最大化状态，可以改变它的大小。改变窗口大小有以下方法。

- 将鼠标指针移动到窗口的两侧边框上，当鼠标指针变成↔形状时，左右拖曳鼠标可以改变窗口的宽度。
- 将鼠标指针移动到窗口的上下边框上，当鼠标指针变成↕形状时，上下拖曳鼠标可以改变窗口的高度。
- 将鼠标指针移动到窗口的边角上，当鼠标指针变成↘或↗形状时，沿对角线方向拖曳鼠标可以同时改变窗口的高度和宽度。
- 在【窗口控制】菜单中选择【大小】命令后，按↑、↓、←、→键，出现一个方框随着按键变化，方框的大小就是变化后窗口的大小，按 Enter 键后，窗口即改变为该方框的大小。

(4) 最大化/复原窗口

窗口最大化就是将窗口放大为充满整个屏幕。使窗口最大化有以下方法。

- 双击窗口标题栏。
- 单击窗口上的【最大化】按钮。
- 在【窗口控制】菜单中选择【最大化】命令。

窗口最大化后，窗口的边框便消失，同时最大化按钮变成【还原】按钮，此时，窗口既不能移动也不能改变大小。如果想使最大化窗口还原到原来大小，可以用以下方法。

- 双击窗口标题栏。
- 单击窗口上的【还原】按钮。
- 在【窗口控制】菜单中选择【还原】命令。

(5) 最小化/复原窗口

窗口最小化就是把窗口缩小为任务栏上的一个按钮。使窗口最小化有以下方法。

- 单击窗口上的【最小化】按钮。
- 在【窗口控制】菜单中选择【最小化】命令。

如果想使最小化窗口恢复到原来大小，可以用以下方法。

- 单击任务栏上对应的按钮。
- 右击任务栏上对应的按钮，在弹出的【窗口控制】菜单中选择【还原】命令。

(6) 滚动窗口中的内容

当窗口容纳不下所要显示的内容时，窗口的右边和下边会各自出现一个垂直和水平滚动条。对滚动条可进行以下操作。

- 拖曳滚动条中间的滚动块，窗口中的内容水平或垂直滚动。

- 单击滚动条两端的按钮，窗口中的内容水平滚动一小步或垂直滚动一行。
- 单击滚动块两边的空白处，窗口内容水平滚动一大步或垂直滚动一屏。

(7) 排列窗口

在桌面上打开了多个窗口时，系统可以将窗口自动排列。右击任务栏的空白处，弹出如图 2-16 所示的快捷菜单，从中可作以下选择。

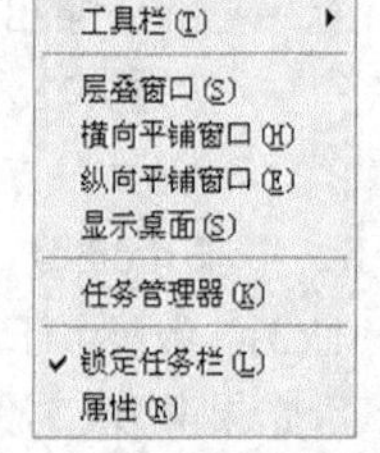

图 2-16 任务栏快捷菜单

- 选择【层叠窗口】命令，窗口将按顺序依次摆放在桌面上。每个窗口的标题栏和左边缘都露出来。
- 选择【横向平铺窗口】命令，窗口按水平方向逐个铺开。
- 选择【纵向平铺窗口】命令，窗口按垂直方向逐个铺开。

如果想取消窗口的层叠或平铺排列状态，在任务栏的空白处单击鼠标右键，在弹出的快捷菜单中选择【撤销层叠】或【撤销平铺】命令即可。

(8) 关闭窗口

关闭窗口有以下方法。

- 单击窗口右上角的【关闭】按钮☒。
- 选择【文件】/【退出】命令。
- 按 Alt+F4 组合键。
- 双击窗口标题栏左端的控制菜单图标。
- 打开【窗口控制】菜单，从中选择【关闭】命令。

如果要关闭的窗口是一个应用程序窗口，并且该应用程序修改过的文件没有保存，系统会弹出一个对话框，询问是否保存文件，用户可根据需要决定是否保存文件。

2.1.6 对话框及其操作方法

对话框是一种特殊的窗口，当 Windows XP 或应用程序需要用户提供信息时便会弹出相应的对话框。在对话框中，用户可以输入信息或做出某种选择。

Windows XP 的对话框都是针对特定的任务而设计的，它们之间的差别很大。图 2-17 所示的【页面设置】对话框是一个较复杂的对话框。

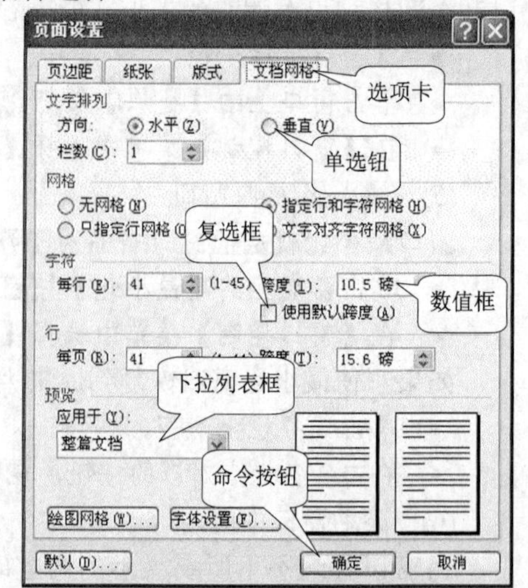

图 2-17 【页面设置】对话框

对话框中有许多种构件，不同的构件其功能和用途也不同。下面介绍对话框中常用的构件及其使用方法。

(1) 选项卡

内容很多的对话框通常按类别分为几个选项卡，每个选项卡包含需要用户输入或选择的信息。选项卡都有一个名称，标注在选项卡的标签上，如图 2-17 中的【页边距】、【纸张】等，单击任一个选项卡上的标签，会打开相应的选项卡。本书下面将此操作称为“打开【××】选项卡”。

(2)　下拉列表框

下拉列表框是一个下凹的矩形框，右侧有一个按钮。下拉列表框中显示的内容有时为空，有时为默认的选择项。单击按钮，弹出一个列表（见图 2-18），可从弹出的列表中选择所需要的项，这时下拉列表框中显示的内容为用户从列表中选择的项。

图 2-18　下拉列表

(3)　数值框

数值框是一个下凹的矩形框，右侧有一个微调按钮。数值框中的数值是当前值。单击【微调递增】按钮（微调按钮的上半部分），数值按固定步长递增。单击【微调递减】按钮（微调按钮的下半部分），数值按固定步长递减。也可以在数值框中直接输入数值。

(4)　复选框

复选框是一个下凹的小正方形框，没被选择时，内部为空白，被选择时，内部有一个对号。单击复选框可选择或取消选择该项。

(5)　单选钮

单选钮是一个下凹的小圆圈，没被选择时，内部为空白，被选择时，内部有一个黑点。单选钮通常分组，每组不少于两个，每组的单选钮只能有一个被选中。

(6)　命令按钮

命令按钮是一个凸出的矩形块，上面标注有按钮的名称。单击某一个命令按钮，就执行相应的命令。命令按钮名称后面含有省略号“...”，如 默认(D)... 按钮，表明单击该按钮后，将弹出另一个对话框。

(7)　文本框

文本框是一个下凹的矩形框（图 2-17 所示的【页面设置】对话框中无文本框），用来输入文本信息。单击文本框时，文本框中出现光标，用户可输入或编辑文本信息。

2.1.7　剪贴板及其操作方法

剪贴板是 Windows XP 提供的一个实用工具，用户可以将选定的文本、文件、文件夹或图像等对象“复制”或“剪切”到剪贴板的临时存储区中，然后可以将该对象“粘贴”到同一程序或不同程序所需要的位置上。

一、　剪贴板的常用操作

(1)　把对象复制到剪贴板

把对象复制到剪贴板的操作方法是：单击工具栏上的【复制】按钮，或按 Ctrl+C 组合键，或选择【编辑】/【复制】命令。

(2)　把对象剪切到剪贴板

把对象剪切到剪贴板的操作方法是：单击工具栏上的【剪切】按钮，或按 Ctrl+X 组合键，或选择【编辑】/【剪切】命令。

(3)　把屏幕或窗口图像复制到剪贴板

把屏幕或窗口图像复制到剪贴板的操作方法是：按键盘上的 Print Screen 键，把整个屏幕上的图像复制到剪贴板。按键盘上的 Alt+Print Screen 组合键，把当前活动窗口的图像复制到剪贴板。

(4)　从剪贴板中粘贴对象

从剪贴板中粘贴对象的操作方法是：单击工具栏上的【粘贴】按钮，或按 Ctrl+V 组

合键，或选择【编辑】/【粘贴】命令。

二、 使用剪贴板的注意事项

- 除了把屏幕或窗口图像复制到剪贴板外，把对象复制到剪贴板之前，应选定相应的对象，否则系统不会复制任何对象到剪贴板。
- Windows XP 的剪贴板可保留最近 24 次复制或剪切的对象，但通过工具栏上的【粘贴】按钮、快捷键或菜单命令只能粘贴最近一次复制或剪切的对象。在 Office 2007 应用程序（如 Word 2007、Excel 2007、PowerPoint 2007）中，在【剪贴板】任务窗格中会看到最近 24 次复制或剪切的对象，用户可以从这 24 次复制或剪切的对象中选择一个进行粘贴。
- 对象被剪切到剪贴板上后，若所选定的对象是文本或图像，则文本或图像被删除，若所选定的对象是文件或文件夹，则文件或文件夹只有在粘贴成功后才被删除。
- 剪贴板中的对象粘贴到目标位置后，剪贴板中的内容依旧保持不变，所以可以进行多次粘贴。
- 在应用程序（如记事本、Word 2007、Excel 2007、PowerPoint 2007）窗口中粘贴文本或图像，文本或图像粘贴到插入点光标处。因此，应先根据需要定位插入点光标。
- 在【我的电脑】或【资源管理器】窗口中粘贴文件或文件夹，文件或文件夹粘贴到该窗口打开的当前文件夹中。

2.1.8 启动应用程序的方法

在 Windows XP 中，人们要想通过计算机完成某项任务，需要先启动相应的应用程序。启动应用程序有以下常用方法。

一、 通过快速启动区

在任务栏的快速启动区中，单击某一个图标即可启动相应的程序，这是最便捷的方法。

二、 通过快捷方式

文件（程序文件或文档文件）、文件夹都可建立快捷方式。快捷方式的图标与对象图标相似，只是在左下角比对象图标多了一个标志。

打开一个快捷方式，就是打开该快捷方式所对应的对象。如果是程序文件的快捷方式，则启动该程序；如果是文档文件的快捷方式，则启动相应的程序，同时加载该文档。用以下方法可打开快捷方式。

- 双击快捷方式名或图标。
- 单击快捷方式名或图标，然后按回车键。
- 右击快捷方式名或图标，在弹出的快捷菜单中选择【打开】命令。

三、 通过【开始】菜单

单击 开始 按钮，弹出【开始】菜单，如果要启动的程序名出现在菜单区，那么选择相应的菜单选项即可，否则需要从【所有程序】组中选择。

四、 通过文档文件

Windows XP 注册了系统所包含的文档文件类型，每种类型都分配一个文件图标和打开文档文件的应用程序，表 2-2 中列出了常见的文档类型及其图标。打开文档文件会在启动与之相关的应用程序的同时，装载该文档文件。打开文档文件的方法与打开快捷方式的方法相同，这里不再赘述。

表 2-2　　文档类型及其图标

图标	类型	启动的应用程序	图标	类型	启动的应用程序
	文本文档	Notepad		Excel 2003 文档	Excel 2003
	画图文档	MSPaint		PowerPoint 2003 文档	PowerPoint 2003
	Word 2003 文档	Word 2003		网页文档	Internet Explorer

五、 通过程序文件

在 Windows XP 中，每个文件都有一个类型，类型是由文件的扩展名决定的（参见“2.3.1 文件系统的基本概念”一节）。文件扩展名为“.exe”或“.com”的文件是程序文件，打开程序文件就能启动该程序。打开程序文件的方法与打开快捷方式的方法相同，不再赘述。

六、 通过【运行】命令

选择【开始】/【运行】命令，弹出如图 2-19 所示的【运行】对话框。

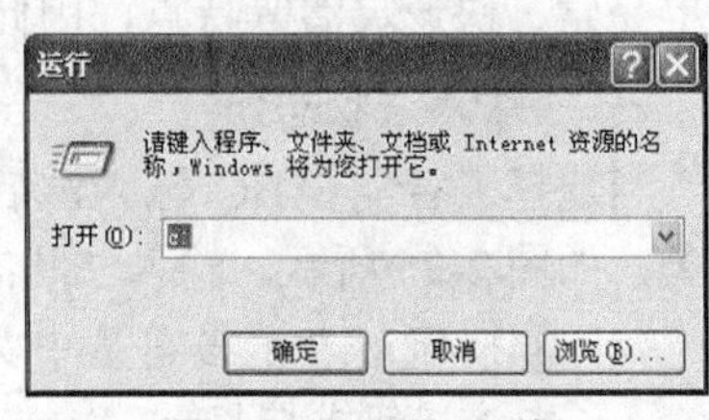

图 2-19 【运行】对话框

在【运行】对话框中的【打开】下拉列表框中输入或选择程序名，或单击浏览(B)...按钮，打开一个对话框，从该对话框中浏览文件夹，找到所需的程序文件，确定所需要的程序文件后，单击确定按钮，运行所选择的程序。

2.2 Windows XP 的汉字输入

Windows XP 中文版提供了多种中文输入方法，如智能 ABC、微软拼音、全拼、区位、和郑码等。智能 ABC 输入法功能强大而且简单易学，特别适合初学者使用。最新版的微软拼音输入法在整句输入方面很有特色，也是常用的汉字输入法。

2.2.1 中文输入法的选择

Windows XP 启动后，在桌面的右下角有一个语言栏，语言栏指示当前选择的语言以及该语言的输入方法。Windows XP 默认的语言是英文，默认的输入法是“英语（美国）”，如图 2-20 所示。输入汉字前应先打开汉字输入法，打开汉字输入法（以“智能 ABC 输入法”为例）的操作步骤如下。

- 单击语言栏上的语言指示按钮EN，弹出如图 2-21 所示的语言选择菜单。

图 2-20　英文语言栏

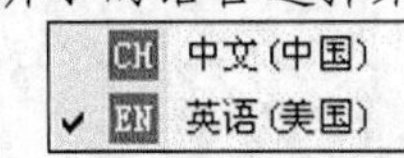

图 2-21　语言选择菜单

- 在语言选择菜单中选择【中文（中国）】，则当前语言为“中文”，当前输入法是最近一次使用的输入法（假定为“全拼”输入法），其语言栏如图 2-22 所示。

- 单击输入法语言指示按钮，弹出如图 2-23 所示的菜单。
- 选择【智能 ABC 输入法 5.0 版】，语言栏如图 2-24 所示。

图 2-22 中文语言栏

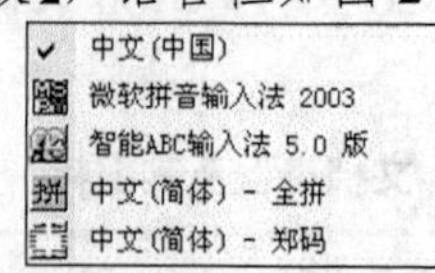

图 2-23 输入法菜单

图 2-24 智能 ABC 输入法

除了以上方法外，按 Ctrl+Shift 组合键，可切换到下一种输入法；按 Ctrl+空格键，可关闭或启动先前选择的中文输入法。

要点提示 需要说明的是，所选择的输入法是针对当前窗口的，而不是针对所有的窗口，所以用户经常会遇到这种情况：在一个窗口选择一种输入法后，到另外一个窗口输入法变了。

2.2.2 智能 ABC 输入法

智能 ABC 输入法是内置的汉字输入法，选择后即可直接使用。智能 ABC 输入法具有简单易学、快速灵活等特点，因此被广泛使用。

一、 输入法状态条

当选择了智能 ABC 输入法后，屏幕上会出现该输入法的状态条，如图 2-25 所示。输入法状态条中各按钮的含义如下。

图 2-25 智能 ABC 输入法状态条

- 按钮：表示当前是中文输入状态，输入的英文字母当做拼音字母处理。单击该按钮或按 Caps Lock 键，按钮变成 A，表示当前是英文输入状态，输入的英文字母不再被当做拼音字母处理。
- 标准按钮：表示当前是标准智能 ABC 输入状态，单击该按钮，按钮变成双打，表示当前是双拼打字输入状态。
- 按钮：表示当前是半角字符输入状态，输入的字符是英文字符。单击该按钮，按钮变成●，表示当前是字符全角输入状态，输入的字符是汉字字符。
- 按钮：表示当前是中文标点符号输入状态（表 2-3 是中文标点符号键位对照表）。单击该按钮，按钮变成，表示当前是英文标点符号输入状态。

表 2-3 中文标点键位对照

中文标点	对应的键	中文标点	对应的键	中文标点	对应的键
，逗号	,	（ 小左括号	(	‘ 左单引号	' 奇数次
。句号	.	）小右括号	)	’ 右单引号	' 偶数次
：冒号	:	[中左括号	[	“ 左双引号	" 奇数次
；分号	;	] 中右括号	]	” 右双引号	" 偶数次
、顿号	\	{ 大左括号	{	《 左书名号	< 奇数次
？问号	?	} 大右括号	}	》 右书名号	> 偶数次
！感叹号	!	—— 破折号	Shift+-	…… 省略号	^
·实心点	@	— 连字符	&	￥人民币符号	$

- 软键盘按钮：单击该按钮，可打开或关闭软键盘。右击该按钮，弹出软键盘菜单，从中可选择一种软键盘，这时屏幕上出现一个键盘画面，按键盘上与

软键盘相对应的键位或单击软键盘上的键位，可输入特定的字符。

二、 输入规则

智能 ABC 输入法的输入规则是输入单个字或词的全部拼音（拼音必须是小写字母，拼音ü用 v 来代替），再按空格键弹出【同音字词候选框】，然后按所需汉字左侧对应的数字键，若所需汉字没有出现在当前的同音字列表中，可按= （-）键向后（前）翻查找。若要取消所输入的拼音，按 Esc 键即可。

(1) 输入单字

例如，要输入“中”字，则输入拼音“zhong”后按空格键，出现如图 2-26 所示的“中”同音字词候选框，然后按 1 键即可。输入单字时，以下情况应引起注意。

- 无论使用哪种汉字输入法，都必须注意当前键盘的大小写状态为小写状态。
- 汉语拼音中韵母 ü 用字符 v 来替代，例如“女”的拼音为“nv”。
- 若需要输入的汉字出现在【默认字词框】中，按空格键可直接输入。

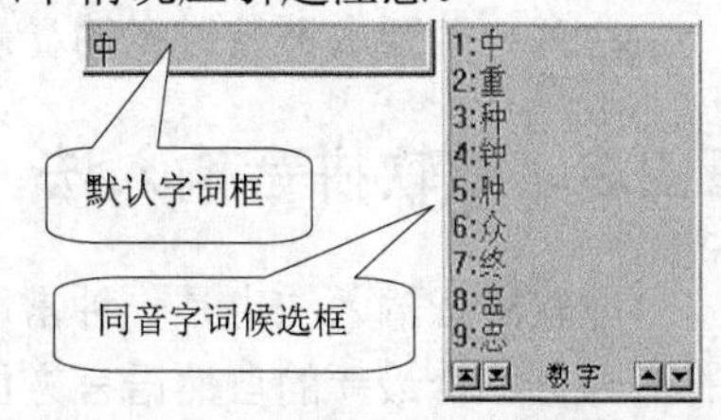

图 2-26 “zhong”同音字词候选框

(2) 输入词组

智能 ABC 输入法具有丰富的词库。使用词组输入不仅可以提高打字效率，而且还可以减少差错。

输入词组时，直接输入一个词的拼音，拼音可以是全部拼音，也可以只输入声母，而对于包含 zh、ch、sh 的也可取前两个字母。例如，词组“计算机”、“经常”的简拼分别为“jsj”、“jc”或“jch”。词组输入时通常不需要在字与字的拼音中加分隔符，但没有声母的字需要在其拼音中加上分隔符“’”。例如，“西安”的拼音为“xi’an”。

与单字输入相同，输入一个词的拼音后，默认字词框和候选字词框中会出现相应的词（见图 2-27），选择方法相同。

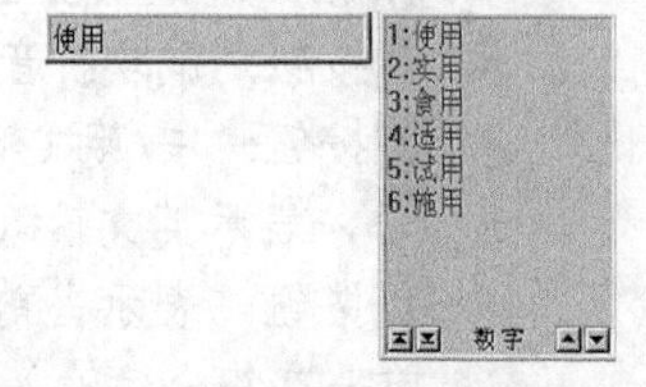

图 2-27 “shiyong”同音词候选框

三、 使用技巧

利用智能 ABC 输入法输入汉字的过程中有许多小的技巧或特点，了解这些小的技巧或特点有助于提高汉字的输入效率。

(1) 直接输入英文

汉字的输入过程中若要输入英文，常规的办法是先切换到英文输入法。但是在智能 ABC 汉字输入法状态下亦可直接输入英文，无须转换，直接在要输入的英文前加上 v 即可。例如，输入“windows”应输入“vwindows”，然后按空格键。

(2) 自动组词并记忆

智能 ABC 输入法能够依照汉语的语法规则将一次输入的拼音字串划分成若干个简单语段，然后转换成一个较长的词并记忆。例如，若希望将“使用电脑的方法”组词，则可首先直接输入“shiyongdiannaodefangfa”，按空格键后弹出如图 2-28 所示的同音字词候选框，依次选定后续需要的汉字，然后按空格键。完成后，若需要再次输入这个长词，则直接输入

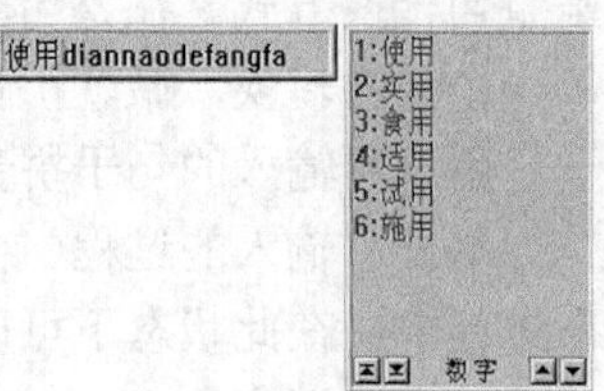

图 2-28 自动组词并记忆

“shiyongdiannaodefangfa”，这个词会出现在默认字词框中，无须在候选框中选取。

(3) 中文数量词的简化输入

智能 ABC 输入法对于需要输入的例如“一”、“二”和“壹”、“贰”等中文数量词提供了一种简便的输入方法。在汉字输入状态下，先输入小写字母“i”，再输入一个 1～9 的数字，然后按空格键，即可输入“一”到“九”等；先输入大写字母“I”，再输入一个 1～9 的数字，然后按空格键，即可输入“壹”到“玖”等。例如，“i7”、“I7”分别对应“七”、“柒”。

(4) 特殊符号的输入

若要输入键盘上不能直接输入的特殊符号，如β、①等，可用鼠标右键单击软键盘按钮，在弹出的软键盘列表中选择一种，然后进行输入。

注意：若要取消软键盘的显示，用鼠标左键单击软键盘按钮即可。

2.2.3 微软拼音输入法

微软拼音输入法也是一种常用的拼音输入法，微软拼音输入法 2003 版，是在先前版本的基础上结合最新的自然语言方面的研究成果，并遵循以用户为中心的设计理念而特别设计的一款多功能汉字输入工具。与智能 ABC 输入法一样，微软拼音输入法采用拼音作为汉字输入的编码方案，是内置的汉字输入法。

一、 输入法状态条

切换到微软拼音输入法后，一般会出现如图 2-29 所示的输入法状态条。状态条中各按钮的含义如下。

图 2-29 微软拼音输入法状态条

- 按钮：微软拼音输入法图标，单击该按钮可选择其他的输入法。
- 按钮：微软拼音输入法 2003 版，单击该按钮可选择其他版本。
- 中按钮：中/英文输入法切换按钮，默认为中文输入法，单击该按钮后切换成英，表示英文输入法。
- 按钮：表示当前是字符半角输入状态。单击该按钮，按钮变成，表示当前是字符全角输入状态。
- 按钮：表示当前是中文标点输入状态。单击该按钮，按钮变成，表示当前是英文标点输入状态。
- 按钮：单击该按钮打开功能选择菜单。

二、 输入规则

微软拼音输入法是基于句子的智能型汉字拼音输入法，微软拼音输入法的默认转换方式是整句转换方式。在整句转换方式下，只需要连续地输入句子的拼音，不必关注每一个字、每一个词的转换，微软拼音输入法会根据用户所输入的上下文智能地将拼音转换成汉字的句子。用户所输入的句子拼音越完整，转换的准确率越高。

另外，输入的过程中会发现在输入的汉字下方有一条虚线，用于表示汉字的输入过程仍在进行中，在此状态下可以根据需要进行修改。用户确认整个句子没有错误后，按 Enter 键确认，虚线消失。

例如，要输入“微软拼音输入法是基于句子的智能型汉字拼音输入法”，则按如图 2-30 所示的过程直接输入。

全句的拼音输入结束后，若发现虚线框中的汉字不符合要求，则按空格键后，按方向键

←、→移动到需要修改的位置，出现类似如图 2-31 所示的提示，然后选择正确的文字。

微软拼音输入法世纪 yu_

图 2-30　微软拼音输入整句

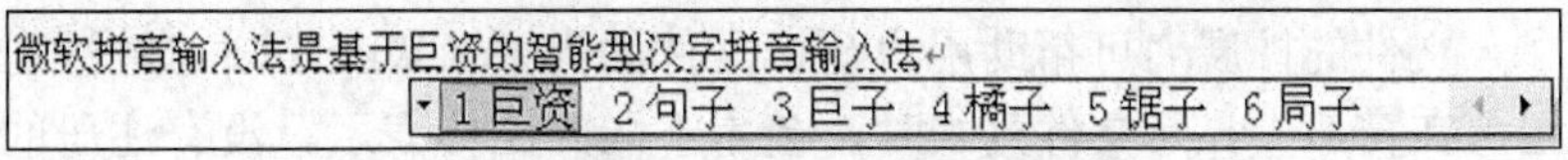

微软拼音输入法是基于巨资的智能型汉字拼音输入法

1 巨资　2 句子　3 巨子　4 橘子　5 锯子　6 局子

图 2-31　修改不符合要求的文字

需要注意的是，用微软拼音输入法在输入句子的过程中，若发现汉字不符合要求时不要急着修改，最好是在整个句子输入完毕后、确认之前对整个句子一起修改。

2.3　Windows XP 的文件管理

Windows XP 中的程序、数据等都存放在文件中，文件被组织在文件夹中。对文件、文件夹的操作是 Windows XP 中的基本操作，用户通常在【我的电脑】窗口或【资源管理器】窗口中对文件进行管理操作，包括创建、查看、选择、重命名、复制、删除、移动、查找等操作。

2.3.1　文件系统的基本概念

在 Windows XP 中，文件是一组相关信息的集合，它们存放在计算机的外存储器上，每个文件都有一个名字，文件被组织在文件夹中，文件的这种管理方式称为文件系统。

一、软盘、硬盘和光盘的编号

“A:”和“B:”是软盘驱动器的编号。计算机最主要的外存储器是硬盘，计算机上至少有一个硬盘。一个硬盘通常分为几个区，Windows XP 给每个分区都编一个号，依次是“C:”、“D:”等。如果系统有多个硬盘，其他硬盘分区的编号紧接着前一个硬盘最后一个分区的编号。光盘的编号紧接着最后一个硬盘的编号。如果系统插入 U 盘和移动硬盘，则它们的编号紧接着光盘的编号。

二、文件与文件夹

Windows XP 把文件组织到文件夹中，文件夹中除了存放文件外，还能再存放文件夹，称为子文件夹。Windows XP 中的文件、文件夹的组织结构是树型结构，即一个文件夹中可包含多个文件和文件夹。

三、文件和文件夹的命名规则

在 Windows XP 中，文件和文件夹都有名字，系统是根据它们的名字来存取的。文件和文件夹的命名规则如下。

- 文件、文件夹名不能超过 255 个字符，1 个汉字相当于 2 个字符。
- 文件、文件夹名中不能出现下列字符：斜线（/），反斜线（\），竖线（|），小于号（<），大于号（>），冒号（:），引号（”、’），问号（？）和星号（*）。
- 文件、文件夹名不区分大小写字母。
- 文件、文件夹名最后一个句点（.）后面的字符（通常为 3 个）为扩展名，用来表示文件的类型。文件夹通常没有扩展名，但有扩展名也不会出错。
- 同一个文件夹中，文件与文件不能同名，子文件夹与子文件夹不能同名，文件与文件夹不能同名。所谓的同名是指主名与扩展名都完全相同。

四、 文件类型及其图标

文件的扩展名可帮助用户辨认文件的类型。Windows XP 注册了系统所能识别的文件类型，在窗口中显示文件列表时，会用不同的图标表示。没有注册的文件类型，显示文件列表时用图标表示。通常情况下，文件夹的图标是。

表 2-4 中列出了常见的 Windows XP 注册的文件扩展名、对应的图标及其所代表的类型。

表 2-4　　　　图标、扩展名、类型对照表

图标	扩展名	类型	图标	扩展名	类型
	txt	文本文件		com	DOS 命令文件
	docx	Word 2007 文档文件		exe	DOS 应用程序
	xlsx	Excel 2007 文档文件		bat	DOS 批处理程序文件
	pptx	PowerPoint 2007 文档文件		sys	DOS 系统配置文件
	htm	网页文档文件		ini	系统配置文件
	bmp	位图图像文件		drv	驱动程序文件
	jpg	一种常用的图像文件		dll	动态链接库
	gif	一种常用的图像文件		hlp	帮助文件
	pcx	一种常用的图像文件		fon	字体文件
	wav	声音波形文件		ttf	TrueType 字体文件
	mid	乐器数字化接口文件		avi	声音影像文件

2.3.2 【我的电脑】窗口和【资源管理器】窗口

文件管理操作既可在【我的电脑】窗口中进行，也可在【资源管理器】窗口中进行。由于【资源管理器】窗口不仅能查看文件夹中的文件，还能查看文件系统的结构，因而可以非常方便地管理文件和文件夹。

一、 【我的电脑】窗口

选择【开始】/【我的电脑】命令即可打开【我的电脑】窗口，如图 2-32 所示。窗口的工作区中包含了软盘、硬盘、光盘等图标。

在【我的电脑】窗口中，双击某个图标后，会打开该对象，将其中的内容显示在窗口中。例如，双击软盘、硬盘或光盘图标后，在窗口中会显示该对象所包含的文件夹和文件。

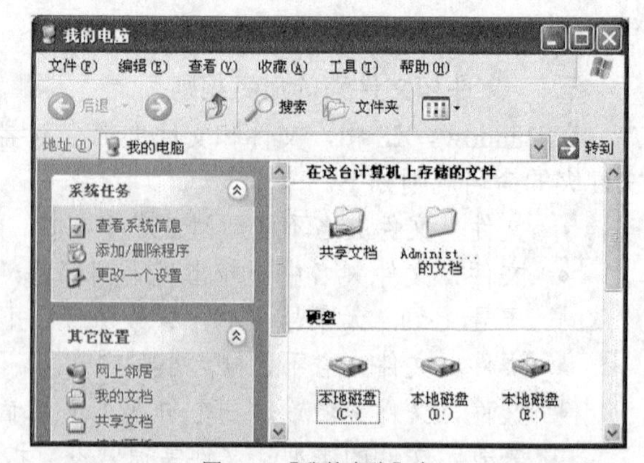

图 2-32 【我的电脑】窗口

二、 【资源管理器】窗口

打开【资源管理器】窗口有以下方法。

- 选择【开始】/【所有程序】/【附件】/【Windows 资源管理器】命令。
- 右击开始按钮，在弹出的快捷菜单中选择【资源管理器】命令。

- 右击已打开窗口（如【我的电脑】窗口）中的驱动器或文件夹，在弹出的快捷菜单中选择【资源管理器】命令。

启动资源管理器后，出现如图 2-33 所示的【资源管理器】窗口。

【资源管理器】窗口与其他窗口类似，不同的是资源管理器的工作区包含两个窗格。

- 左窗格显示一个树型结构图，表示计算机资源的组织结构，最顶层是“桌面”图标，计算机的大部分资源都组织在该图标下。
- 右窗格显示左窗格中选定的对象所包含的内容。

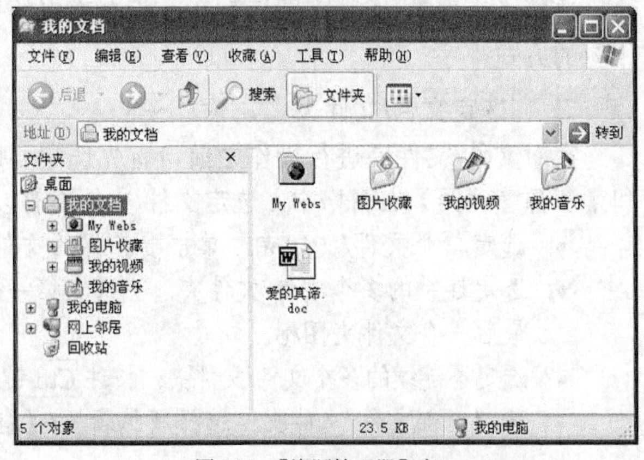

图 2-33 【资源管理器】窗口

在【资源管理器】左窗格中，如果一个文件夹包含下一层子文件夹，则该文件夹的左边有一个方框，方框内有一个加号“+”或减号“−”。“+”表示该文件夹没有展开，看不到下一级子文件夹。“−”表示该文件夹已被展开，可看到下一级子文件夹。

文件夹的展开与折叠有以下操作。

- 单击文件夹左侧的“+”号，展开该文件夹，并且“+”号变成“−”号。
- 单击文件夹左侧的“−”号，折叠该文件夹，并且“−”号变成“+”号。
- 双击文件夹，展开或折叠该文件夹。

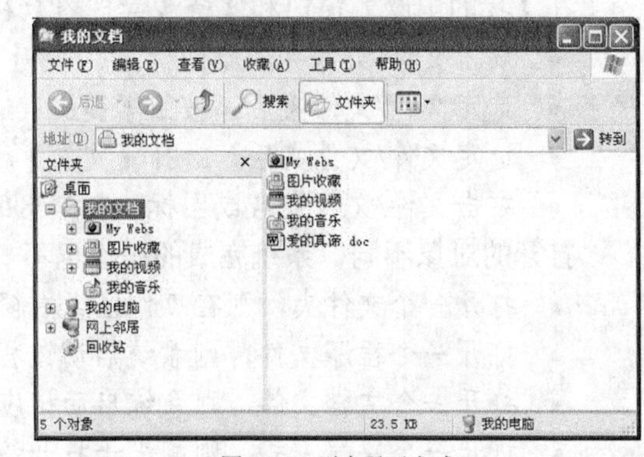

图 2-34　列表显示方式

2.3.3　文件/文件夹的操作

在【我的电脑】窗口或【资源管理器】窗口中，可以改变文件/文件夹的查看方式，查看时还可以对文件/文件夹排序。

一、　文件/文件夹的查看方式与排序

(1) 改变文件/文件夹的查看方式

在【我的电脑】窗口和【资源管理器】右窗格中，文件/文件夹有 5 种查看方式：缩略图、平铺、图标、列表和详细资料。改变文件/文件夹的查看方式有以下方法。

- 单击▦按钮换成下一种查看方式。
- 单击▦按钮旁的▾按钮，在打开的列表中选择查看方式。
- 在【查看】菜单中选择所需要的查看方式。
- 在右窗格中单击鼠标右键，从弹出的快捷菜单的【查看】菜单中选择所需要的查看方式。

图 2-33 所示为图标显示方式，图 2-34 所示为列表显示方式。

(2) 文件/文件夹排序

在【我的电脑】窗口和【资源管理器】右窗格中，文件/文件夹有 4 种排序方式：按名称、按类型、按大小和按日期。

选择【查看】/【排列图标】命令，在弹出的子菜单中选择一个命令，文件/文件夹就按相应的方式排序。

二、 选定文件/文件夹

在对文件/文件夹进行操作之前，首先选定要操作的文件/文件夹。在【我的电脑】窗口和【资源管理器】右窗格中，选定文件/文件夹有以下方法。

- 选定单个文件/文件夹：单击要选择的文件/文件夹图标。
- 选定连续的多个文件/文件夹：先选定第一个文件夹图标，再按住 Shift 键，单击最后一个文件夹图标。
- 选定不连续的多个文件/文件夹：按住 Ctrl 键，逐个单击要选择的文件/文件夹图标。
- 选定全部文件/文件夹：选择【编辑】/【全部选定】命令或按 Ctrl+A 组合键。

三、 打开文件/文件夹

在【我的电脑】窗口和【资源管理器】右窗格中，打开文件/文件夹有以下方法。

- 双击文件/文件夹名或图标。
- 选定文件/文件夹后，按回车键。
- 选定文件/文件夹后，选择【文件】/【打开】命令。
- 右击文件/文件夹名或图标，在弹出的快捷菜单中选择【打开】命令。

打开的对象不同，系统完成的操作也不一样，说明如下。

- 打开一个文件夹，则在工作区或右窗格中显示该文件夹中的文件和子文件夹。
- 打开一个程序文件，则系统启动该程序。
- 打开一个文档文件，则系统启动相应的应用程序，并自动装载该文档文件。
- 打开一个快捷方式，则相当于打开该快捷方式所指的对象。

四、 创建文件/文件夹

在【我的电脑】窗口和【资源管理器】右窗格中，可以创建空文件或空文件夹。所谓空文件是指该文件中没有内容，所谓空文件夹是指该文件夹中没有文件和子文件夹。创建文件/文件夹有以下方法。

- 选择【文件】/【新建】命令。
- 在工作区或右窗格的空白处单击鼠标右键，在弹出的快捷菜单中选择【新建】命令。

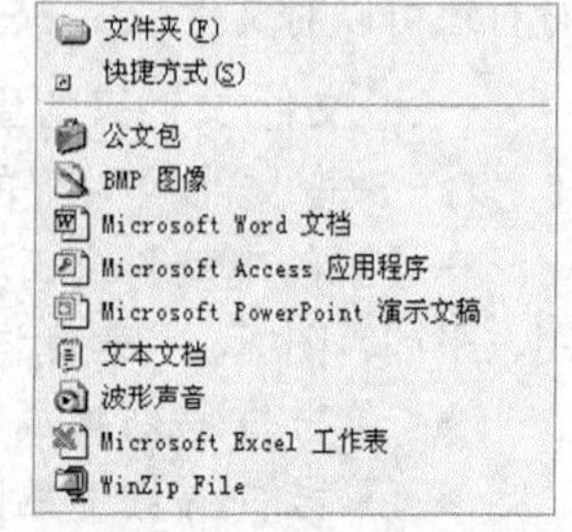

图 2-35 【新建】子菜单

以上任何操作，都弹出如图 2-35 所示的【新建】子菜单，选择其中的一个命令，即可建立相应的文件或文件夹。

系统会为新建的文件或文件夹自动取一个名字，然后马上让用户更改名字，这时，用户在文件或文件夹名称框中输入新的名称后按回车键，即可为此文件或文件夹改名。

五、 创建快捷方式

快捷方式是系统对象（文件、文件夹、磁盘驱动器）的一个链接。快捷方式有以下特点。

- 快捷方式的图标与其所链接对象的图标相似，只是在左下角多了一个↗标志。
- 原对象的位置和名称发生变化后，快捷方式能自动跟踪所发生的变化。
- 删除快捷方式后，所链接的对象不会被删除。
- 删除链接的对象后，快捷方式不会随之删除，但已经无实际意义了。

在【我的电脑】窗口和【资源管理器】右窗格中，创建快捷方式有两种常用方法：通过菜单命令创建和通过拖曳对象创建。

(1) 通过菜单命令

如同创建文件/文件夹一样，在如图 2-35 所示的【新建】子菜单中选择【快捷方式】命令，弹出如图 2-36 所示的【创建快捷方式】对话框。在【请键入项目的位置】文本框中，输入要链接对象的位置和文件名，或者单击 浏览(R)... 按钮，在弹出的对话框中选择所需要的对象，再单击 下一步(N) > 按钮，【创建快捷方式】对话框变成【选择程序标题】对话框，如图 2-37 所示（以“爱的真谛.doc”文件为例）。在【选择程序标题】对话框中，如果有必要，在【键入该快捷方式的名称】文本框中修改快捷方式的名称，单击 完成 按钮，即在当前位置创建所选对象的快捷方式。

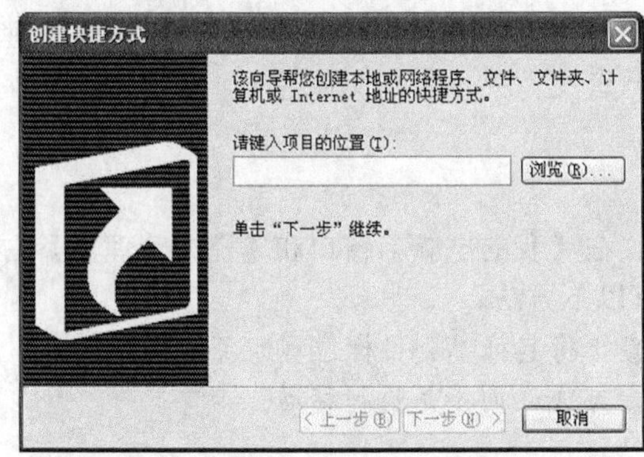

图 2-36 【创建快捷方式】对话框

图 2-37 【选择程序标题】对话框

(2) 通过拖曳对象

通过拖曳对象建立快捷方式有以下方法。

- 按住鼠标右键把链接的对象拖曳到目标位置（可以在本窗口外，如桌面），弹出如图 2-38 所示的快捷菜单，选择【在当前位置创建快捷方式】命令，则在目标位置创建该对象的快捷方式。

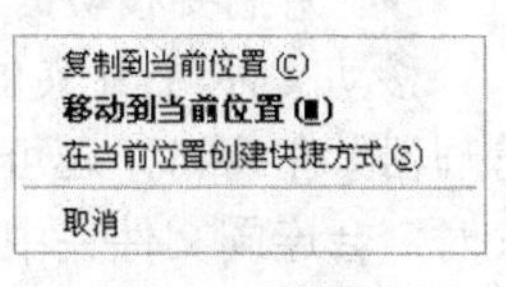

图 2-38　快捷菜单

- 把程序文件直接拖曳到目标位置（可以在本窗口外，如桌面），则在目标位置创建该程序文件的快捷方式。

用以上方法创建的快捷方式，快捷方式名称为原对象名前加上“快捷方式”字样。

六、　重命名文件/文件夹

要重命名文件/文件夹，应先选定文件/文件夹。在【我的电脑】窗口和【资源管理器】右窗格中，选定文件/文件夹后，重命名文件/文件夹有以下方法。

- 单击文件/文件夹名框，在文件/文件夹名框中输入新名。
- 选择【文件】/【重命名】命令，在文件/文件夹名框中输入新名。
- 右击文件/文件夹，在弹出的快捷菜单中选择【重命名】命令，在文件/文件夹名框中输入新名。

重命名文件/文件夹时应注意以下几点。

- 在重命名过程中，按回车键完成重命名的操作，按Esc键则取消重命名操作。
- 文件/文件夹的新名不能与同一文件夹中的其他文件/文件夹名相同。
- 如果更改文件的扩展名，系统会给出提示。

七、 复制文件/文件夹

要复制文件/文件夹，应先选定文件/文件夹。在【我的电脑】窗口和【资源管理器】右窗格中，选定文件/文件夹后，复制文件/文件夹有以下方法。

- 若目标位置和原位置不是同一磁盘分区，直接将其拖曳到目标位置即可。注意，对于程序文件，用这种方法建立的是快捷方式，而不是进行复制。
- 按住Ctrl键将其拖曳到目标位置。
- 按住鼠标右键将其拖曳到目标位置，在弹出的快捷菜单（见图 2-38）中选择【复制到当前位置】命令。
- 先把要复制的文件/文件夹复制到剪贴板，然后在目标位置从剪贴板粘贴。

复制文件/文件夹的目标位置必须是一个文件夹，通过【我的电脑】窗口、【资源管理器】右窗格、【资源管理器】左窗格都可以指定一个文件夹。复制文件夹时，会连同文件夹中的所有内容一同复制。

八、 移动文件/文件夹

要移动文件/文件夹，应先选定文件/文件夹。在【我的电脑】窗口和【资源管理器】右窗格中，选定文件/文件夹后，移动文件/文件夹有以下方法。

- 若目标位置和原位置是同一磁盘分区，直接将其拖曳到目标位置即可。注意，对于程序文件，用这种方法建立的是快捷方式，而不是进行移动。
- 按住Shift键将其拖曳到目标位置。
- 按住鼠标右键将其拖曳到目标位置，在弹出的快捷菜单（见图 2-38）中选择【移动到当前位置】命令。
- 先把要移动的文件/文件夹剪切到剪贴板，然后在目标位置从剪贴板粘贴。

移动文件/文件夹的目标位置可以是【我的电脑】窗口、【资源管理器】右窗格、【资源管理器】左窗格，还可以是【我的电脑】窗口和【资源管理器】窗口以外的窗口。移动文件夹时，会连同文件夹中的所有内容一同移动。

九、 删除文件/文件夹

删除文件/文件夹有两种方式：临时删除和彻底删除。

(1) 临时删除

要临时删除文件/文件夹，应先选定文件/文件夹。在【我的电脑】窗口和【资源管理器】右窗格中，选定文件/文件夹后，临时删除文件/文件夹有以下方法。

- 单击✕按钮。
- 按Delete键。
- 选择【文件】/【删除】命令。
- 直接将其拖曳到【回收站】中。
- 单击鼠标右键，在弹出的快捷菜单中选择【删除】命令。

用以上任何一种方法，系统都会弹出如图 2-39 所示的【确认文件删除】对话框（以删除“爱的真谛.doc”文件为例）。如果确实要删除，单击 是(Y) 按钮，否则单击 否(N) 按钮。

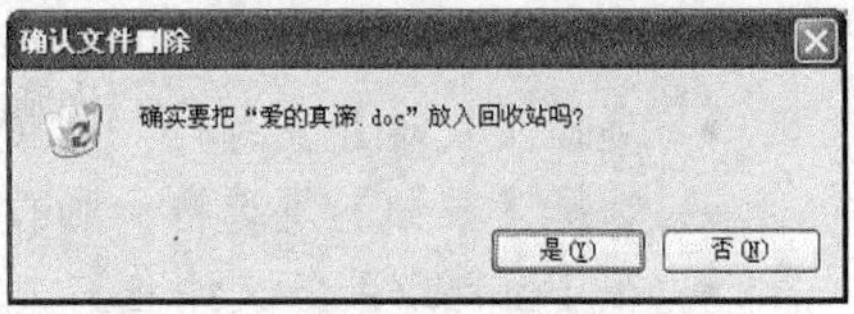

图 2-39 【确认文件删除】对话框

临时删除只是将文件/文件夹移动到【回收站】，并没有从磁盘上清除，如果还需要它们，可以从【回收站】中恢复。

(2) 彻底删除

彻底删除文件/文件夹有以下方法。

- 先临时删除，再打开【回收站】，删除相应的文件/文件夹。
- 选定要删除的文件/文件夹，按 Shift+Delete 组合键。

用以上任何一种方法，都会弹出如图 2-40 所示的【确认文件删除】对话框（以删除“爱的真谛.doc”文件为例）。如果确实要删除，单击 是(Y) 按钮，否则单击 否(N) 按钮。

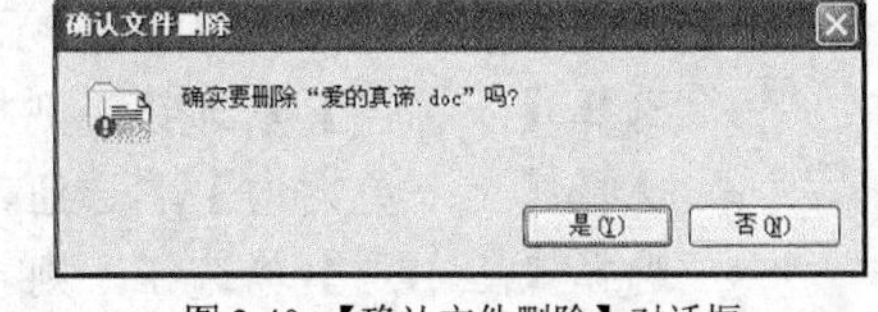

图 2-40 【确认文件删除】对话框

与临时删除不同，彻底删除将文件从磁盘上清除，不能再恢复，因此应特别小心。

十、 恢复临时删除的文件/文件夹

临时删除的文件/文件夹可以恢复，恢复文件/文件夹通常有以下方法。

- 在【我的电脑】窗口或【资源管理器】窗口中，如果刚做完了删除操作，可单击 按钮或选择【编辑】/【撤销】命令，撤销删除操作，恢复原来的文件。
- 打开【回收站】，选定要恢复的文件，再选择【文件】/【还原】命令。

十一、 搜索文件/文件夹

如果只知道文件/文件夹名，要想确定它在哪个文件夹中，可使用【搜索】命令。执行【搜索】命令有以下方法。

- 在【资源管理器】中，单击 搜索 按钮。
- 在任务栏上，选择【开始】/【搜索】命令。

用以上任何一种方法，【资源管理器】窗口或新打开的【搜索结果】窗口的左窗格（称为【搜索助理】任务窗格）都如图 2-41 所示。

(1) 搜索多媒体文件

在图 2-41 所示的【搜索助理】任务窗格中，选择【图片、音乐或视频】命令，此时的任务窗格如图 2-42 所示。

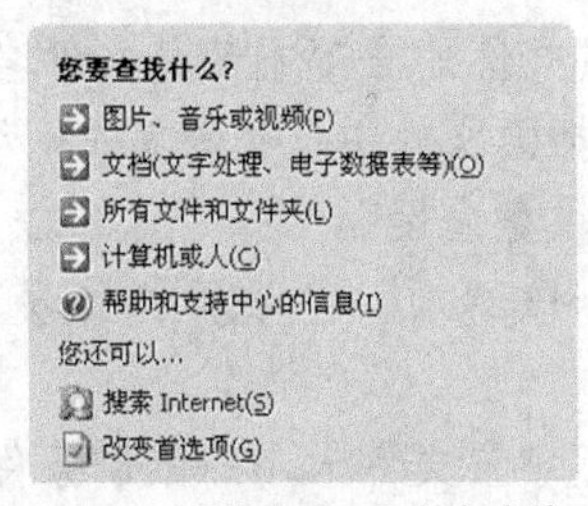

图 2-41 【搜索助理】任务窗格

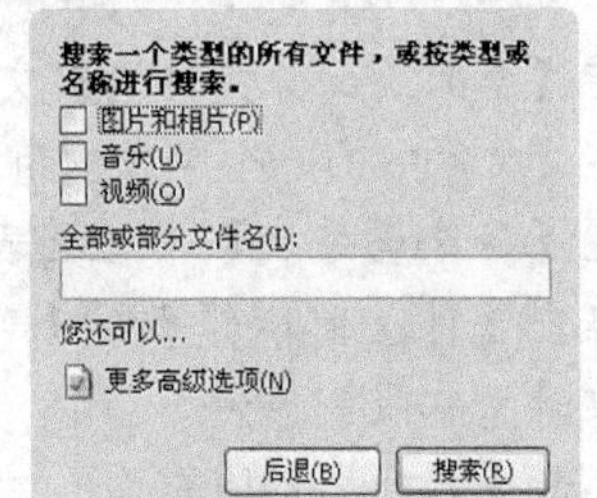

图 2-42 【搜索图片、音乐或视频】任务窗格

在图 2-42 所示的【搜索图片、音乐或视频】任务窗格中，可进行以下操作。

- 选择【图片和相片】复选框，则搜索图片和相片文件。
- 选择【音乐】复选框，则搜索音乐文件。
- 选择【视频】复选框，则搜索视频文件。
- 在【全部或部分文件名】文本框中，输入所要搜索文件的全部或部分文件名。
- 选择【更多高级选项】命令，展开高级选项，从中可设置文件中包含的文字、文件的位置、文件的最后修改时间、文件的大小等。
- 单击 后退(B) 按钮，可返回上一步。
- 单击 搜索(R) 按钮，开始按所做设置搜索，搜索结果在窗口的工作区中显示。

(2) 搜索文档文件

在图 2-41 所示的【搜索助理】任务窗格中，选择【文档（文字处理、电子数据表等）】命令，此时的任务窗格如图 2-43 所示，可进行以下操作。

- 选择【不记得】单选钮，则搜索没有修改时间限制的文档文件。
- 选择【上个星期内】单选钮，则搜索上个星期内修改过的文档文件。
- 选择【上个月】单选钮，则搜索上个月修改过的文档文件。
- 选择【去年一年内】单选钮，则搜索去年一年内修改过的文档文件。
- 在【完整或部分文档名】文本框中，输入所要搜索文件的完整或部分文件名。
- 选择【更多高级选项】命令，展开高级选项，从中可设置文件中包含的文字、文件的位置、文件的大小等。
- 单击 后退(B) 按钮，可返回上一步。
- 单击 搜索(R) 按钮，开始按所做设置搜索，搜索结果在窗口的工作区中显示。

(3) 搜索所有文件和文件夹

在图 2-41 所示的【搜索助理】任务窗格中，选择【所有文件和文件夹】命令，此时的任务窗格如图 2-44 所示，可进行以下操作。

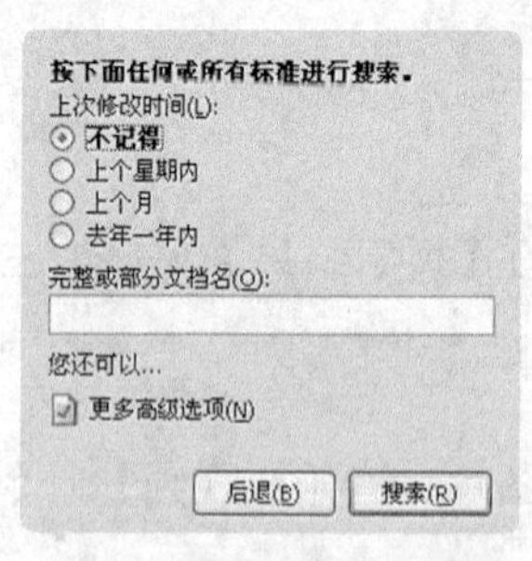

图 2-43 【搜索文档】任务窗格

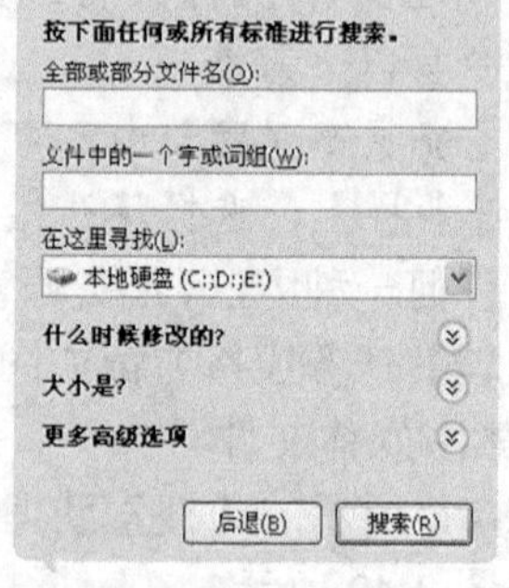

图 2-44 【搜索文件】任务窗格

- 在【全部或部分文件名】文本框中，输入所要搜索文件的全部或部分文件名。
- 在【文件中的一个字或词组】文本框中，输入所要搜索文件中包含的字或词组。
- 在【在这里寻找】下拉列表框中，选择要搜索的磁盘分区。
- 单击【什么时候修改的】项右边的按钮，展开该选项，可设置文件最后修改时间的限制条件。
- 单击【大小是】项右边的按钮，展开该选项，可设置文件大小的限制条件。
- 单击【更多高级选项】项右边的按钮，展开该选项，可设置高级搜索条件。
- 单击 后退(B) 按钮，可返回上一步。

- 单击【搜索(R)】按钮，开始按所做设置搜索，搜索结果在窗口的工作区中显示。

2.4　Windows XP 的附件程序

Windows XP 中文版提供了一些短小、实用的应用程序，这些程序被组织到【开始】/【程序】/【附件】程序组中，方便了用户操作。附件程序很多，这里只介绍记事本和画图两个附件程序。

2.4.1　记事本

记事本是一个文本编辑器，只能查看或编辑文本（“.txt”）文件，不能进行格式设置以及表格、图形处理。Windows XP 的记事本不能编辑大于 64KB 的文本文件。记事本的常用操作有启动与退出、文本编辑、文件操作等。

一、　启动与退出

(1)　启动记事本

启动记事本有以下方法。

- 选择【开始】/【程序】/【附件】/【记事本】命令。
- 打开一个文本文件。

以上方法都能启动记事本，前者自动建立一个名为“无标题”的空白文本文件（见图 2-45），后者自动装载打开的文本文件。

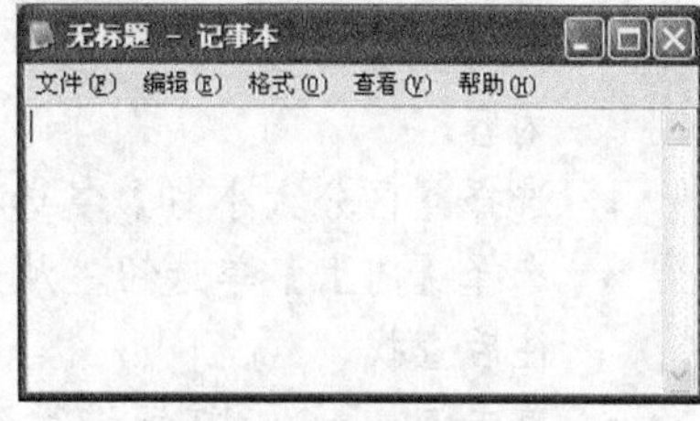

图 2-45　【记事本】窗口

(2)　退出记事本

退出记事本实际上就是关闭【记事本】窗口。

二、　文本编辑

在记事本中，编辑操作有移动光标、插入文本、选定文本、复制文本、移动文本、删除文本、查找文本等。

(1)　移动光标

在编辑区中有一个闪动的细竖条，称为光标，光标指示当前进行操作的位置。在文本中单击鼠标，光标移动到目标位置。用编辑键盘上的按键也可移动光标。表 2-5 所示为常用移动光标按键。

表 2-5　常用移动光标按键

按键	移动到	按键	移动到	按键	移动到
←	左侧一个字符	Home	行首	Ctrl+←	左侧一个词
→	右侧一个字符	End	行尾	Ctrl+→	右侧一个词
↑	上一行	Page Up	上一屏	Ctrl+Home	文件开始
↓	下一行	Page Down	下一屏	Ctrl+End	文件末尾

(2)　插入文本

先把光标移动到要插入的位置，再从键盘上输入文字，输入的文字插入到光标处。如果

输入文字后按回车键，光标后的文本作为新的一段。

(3) 选定文本

用鼠标在文本中拖曳，或者按住 Shift 键移动光标，就可选定鼠标指针或光标经过的文本，按 Ctrl+A 组合键，可选定全部文本。选定的文本以“反白”方式显示（蓝底白字）。

(4) 复制文本

先选定文本，再把选定的文本复制到剪贴板上，然后把光标移动到目标位置，最后把剪贴板上的内容复制到当前位置。剪贴板操作见“2.1.7 剪贴板及其操作方法”。

(5) 移动文本

先选定文本，再把选定的文本剪切到剪贴板上，然后把光标移动到目标位置，最后把剪贴板上的内容复制到当前位置。

(6) 删除文本

按 Backspace 键，删除光标左边的字符。按 Delete 键，删除光标右边的字符。如果选定了文本，按以上操作删除选定的文本。

(7) 查找文本

按 Ctrl+F 组合键，或选择【编辑】/【查找】命令，弹出如图 2-46 所示的【查找】对话框。

图 2-46 【查找】对话框

在【查找】对话框中，可进行以下操作。

- 在【查找内容】文本框中，输入要查找的内容。
- 选择【区分大小写】复选框，则查找时区分英文字母的大小写。
- 选择【向上】单选钮，从光标处往前查找。选择【向下】单选钮，则从光标处往后查找。
- 单击 查找下一个(F) 按钮进行查找，查找到的内容以“反白”方式显示，同时【查找】对话框不关闭。

(8) 替换文本

按 Ctrl+H 组合键，或者选择【编辑】/【替换】命令，弹出如图 2-47 所示的【替换】对话框。

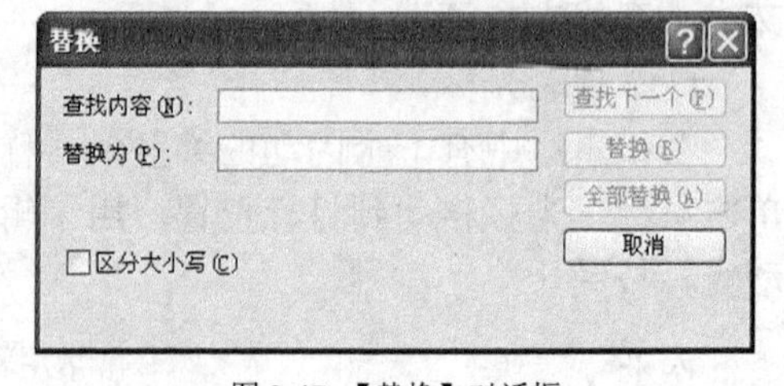

图 2-47 【替换】对话框

在【替换】对话框中，可进行以下操作。

- 在【查找内容】文本框中输入要替换的内容。
- 在【替换为】文本框中输入替换后的内容。
- 选择【区分大小写】复选框，则替换时区分英文字母的大小写。
- 单击 查找下一个(F) 按钮，查找要替换的内容。
- 单击 替换(R) 按钮，替换查找到的一个内容。
- 单击 全部替换(A) 按钮，替换查找到的所有内容。

三、 文件操作

在记事本中，文件操作有新建文件、打开文件、保存文件、另存文件、页面设置和打印文件。

(1) 新建文件

选择【文件】/【新建】命令，自动建立一个名为“无标题”的空白文本文件。新建文件时，如果先前的文件已修改而没保存，系统会询问是否保存修改过的文件。

(2) 打开文件

选择【文件】/【打开】命令，系统弹出【打开】对话框，让用户选择要打开的文件。用户选择文件后，记事本中显示该文件的内容，用户可以查看和编辑。打开文件时，如果先前的文件已修改而没保存，系统会询问是否保存修改过的文件。

(3) 保存文件

选择【文件】/【保存】命令，保存当前内容。如果编辑的文件从未保存过，系统执行另存文件操作。

(4) 另存文件

选择【文件】/【另存为】命令，系统弹出【另存为】对话框，让用户确定新文件的位置和名称（文件扩展名通常为“.txt”）。

(5) 页面设置

选择【文件】/【页面设置】命令，系统弹出【页面设置】对话框，在该对话框中可设置纸张的大小、来源、方向、页边距、页眉、页脚等。详细操作略。

(6) 打印文件

选择【文件】/【打印】命令，在打印机上打印当前文件。

2.4.2 画图

画图是个绘图工具，可以创建图画。图画可以是黑白的，也可以是彩色的，并可以存为位图（“.bmp”）文件。画图程序还可以处理“.jpg”、“.gif”或“.bmp”格式的图片文件。画图程序的常用操作有启动与退出、设置颜色、绘制图片、设置图片、文件操作等。

一、启动与退出

(1) 启动画图

选择【开始】/【程序】/【附件】/【画图】命令，即可启动画图程序。启动后自动建立一个名为“未命名”的空白图画（见图 2-48），空白图画的大小是上一次建立图画的大小。第 1 次使用画图程序，图画的默认大小是“400 × 300”像素。【画图】窗口包括标题栏、菜单栏、工具箱、工作区（也称绘图区）、染料盒和状态栏。

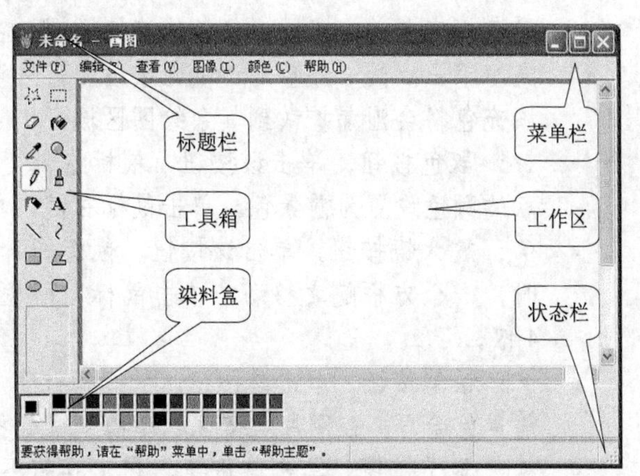

图 2-48 【画图】窗口

(2) 退出画图

退出画图实际上就是关闭【画图】窗口。

二、 设置颜色

染料盒的最左边是颜色指示框（见图 2-49），用来指示绘图时的前景色和背景色。常用的设置颜色操作有设置前景色、设置背景色和编辑颜色。

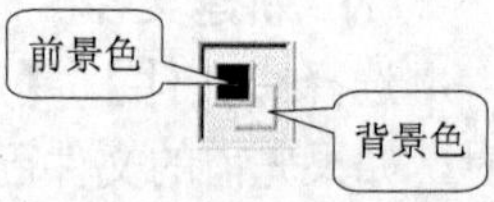

前景色
背景色

图 2-49 颜色指示框

(1) 设置前景色

前景色是用于线条、图形边框和文本的颜色。单击染料盒中的一种颜色，该颜色设置为前景色。

(2) 设置背景色

背景色是用于填充封闭图形和文本框的背景以及使用橡皮擦时的颜色。右击染料盒中的一种颜色，该颜色设置为背景色。

(3) 编辑颜色

双击（或用鼠标右键双击）染料盒中的一种颜色，弹出如图 2-50 所示的【编辑颜色】对话框。在该对话框中，单击【基本颜色】列表中的一种颜色，将该颜色设置为前景色（或背景色）。单击 规定自定义颜色(D) >> 按钮，展开对话框，选择其他颜色。

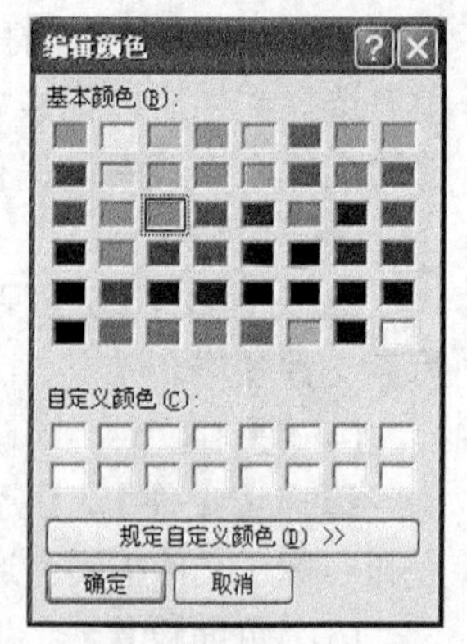

图 2-50 【编辑颜色】对话框

三、 绘制图片

利用工具箱中的工具按钮，可以绘制所需要的图片。工具箱中被按下的工具按钮为当前工具按钮，在绘图区中可进行相应的绘图操作。工具箱中各工具按钮的功能如下。

- : 任意形选定按钮。单击该按钮，鼠标指针变成十状。在图片上拖曳鼠标指针，被围起来的图形被选定，可复制、移动、删除选定的区域。
- : 矩形选定按钮。单击该按钮，鼠标指针变成十状。在图片上拖曳鼠标指针，选定鼠标指针起点和终点为对角的矩形区域，可复制、移动、删除选定的区域。
- : 橡皮按钮。单击该按钮，在工具箱下方列出橡皮样式列表和当前样式，可从中选择一种样式，鼠标指针变成相应大小的块。在图片上拖曳鼠标指针，橡皮块经过的地方被涂成背景色。
- : 填充按钮。单击该按钮，鼠标指针变成状。在图片上单击鼠标，用前景色填充与单击点同一颜色的连续区域。在图片上单击鼠标右键，用背景色填充与单击点同一颜色的连续区域。应当注意，如果待填充对象的边线不连续，填充色将会泄漏扩散到其余绘图区域。
- : 取色按钮。单击该按钮，鼠标指针变成状。在图片上单击鼠标，单击点的颜色设置为前景色。单击鼠标右键，单击点的颜色设置为背景色。
- : 放大镜按钮。单击该按钮，鼠标指针变成状。在图片上移动鼠标指针时，一个方框随之移动，单击鼠标，所框住的图片被放大，默认放大倍数是 4 倍。
- : 铅笔按钮。单击该按钮，鼠标指针变成状。在图片上拖曳鼠标指针，用前景色绘写。在图片上按住右键拖曳鼠标指针，用背景色绘写。
- : 刷子按钮。单击该按钮，在工具箱下方列出刷子样式列表和当前样式，可从中选择一种样式，鼠标指针变成相应的样式。在图片上拖曳鼠标指针，用前景色涂刷。在图片上按住右键拖曳鼠标指针，用背景色涂刷。

- ：喷枪按钮。单击该按钮，鼠标指针变成 状，在工具箱下方列出喷枪样式列表和当前样式，可从中选择一种样式。在图片上单击鼠标，用前景色喷涂单击点附近的区域。在图片上单击鼠标右键，用背景色喷涂单击点附近的区域。
- A：文字按钮。单击该按钮，鼠标指针变成十状。在图片上拖曳鼠标指针，出现一个被背景色填充的文本区，在文本区中出现一个光标，同时在屏幕上弹出【文字】工具栏。在文本区中可输入文字，文字的颜色是前景色。利用【文字】工具栏可设置字体、字号、加粗、斜体、下画线、竖排等格式。
- ：直线按钮。单击该按钮，鼠标指针变成十状，在工具箱下方列出直线样式列表和当前样式，可从中选择一种样式。在图片上拖曳鼠标指针，用前景色画直线。在图片上按住右键拖曳鼠标指针，用背景色画直线。按住 Shift 键拖曳或按住右键拖曳鼠标指针时，绘制 45° 或 90° 的线。
- ：曲线按钮。单击该按钮，鼠标指针变成十状，在工具箱下方列出曲线样式列表和当前样式，可从中选择一种样式。在图片上拖曳鼠标指针，用前景色画一条曲线。在图片上按住右键拖曳鼠标指针，用背景色画一条曲线。单击曲线的一个弧所在的位置，然后拖曳鼠标指针调整曲线形状。单击曲线的另一个弧所在的位置，然后拖曳鼠标指针调整曲线形状。曲线最多有两条弧。
- ：矩形按钮。单击该按钮，鼠标指针变成十状，在工具箱下方列出矩形的填充样式列表（有"只绘边线"、"绘边线并填充"、"只填充"等选项）和当前填充样式，可从中选择一种填充样式。在图片上拖曳鼠标指针，用前景色绘制矩形边线，用背景色填充矩形内部。在图片上按住右键拖曳鼠标指针，用背景色绘制矩形边线，用前景色填充矩形内部。绘制的矩形以鼠标指针起点和终点为对角，按住 Shift 键拖曳或按住右键拖曳鼠标指针时，绘制正方形。
- ：多边形按钮。单击该按钮，鼠标指针变成十状，在工具箱下方列出多边形的填充样式列表（有"只绘边线"、"绘边线并填充"、"只填充"等选项）和当前填充样式，可从中选择一种填充样式。在图片上拖曳鼠标指针，绘出一条直线，再单击一次鼠标，增加多边形的一个顶点，在最后一个顶点上双击或右键双击鼠标。如果在最后一个顶点上双击鼠标，则用前景色绘制多边形边线，用背景色填充多边形内部。如果在最后一个顶点上单击鼠标右键，则用背景色绘制多边形边线，用前景色填充多边形内部。按住 Shift 键单击时，绘制 45° 或 90° 的线。
- ：椭圆按钮。单击该按钮，鼠标指针变成十状，在工具箱下方列出椭圆的填充样式列表（有"只绘边线"、"绘边线并填充"、"只填充"等选项）和当前填充样式，可从中选择一种填充样式。在图片上拖曳鼠标指针，用前景色绘制椭圆边线，用背景色填充椭圆内部。在图片上按住右键拖曳鼠标指针，用背景色绘制椭圆边线，用前景色填充椭圆内部。绘制的椭圆位于以鼠标指针起点和终点为对角的矩形中，椭圆的长轴为矩形的长，椭圆的短轴为矩形的宽。按住 Shift 键拖曳或按住右键拖曳鼠标指针时，绘制圆。
- ：圆角矩形按钮。单击该按钮，鼠标指针变成十状，在工具箱下方列出圆

角矩形的填充样式列表（有"只绘边线"、"绘边线并填充"、"只填充"）和当前填充样式，可从中选择一种填充样式。在图片上拖曳鼠标指针，用前景色绘制圆角矩形边线，用背景色填充圆角矩形内部。在图片上按住右键拖曳鼠标指针，用背景色绘制圆角矩形边线，用前景色填充圆角矩形内部。按住 Shift 键拖曳或按住右键拖曳鼠标指针时，绘制圆角正方形。

四、 编辑图片

在画图中，图片的编辑操作有选定图片、复制图片、移动图片和删除图片。

(1) 选定图片

单击工具箱上的按钮或按钮，可选定多边形或矩形区域的图片。选择【编辑】/【全选】命令或按 Ctrl+A 组合键，则选定全部图形。

(2) 复制图片

选定图片后，按住 Ctrl 键拖曳选定的图片，图片被复制到目标位置。也可以先将选定的图片复制到剪贴板，再粘贴到图片左上角，然后拖曳粘贴的图片到目标位置。

(3) 移动图片

选定图片后，拖曳选定的图片，图片被移动到目标位置。也可以先将选定的图片剪切到剪贴板，再将剪贴板上的图片粘贴到图片左上角，然后拖曳粘贴的图片到目标位置。

(4) 删除图片

选定图片后，选择【编辑】/【清除选定区域】命令或按 Delete 键，删除选定的图片。选择【图像】/【清除图像】命令或按 Ctrl+Shift+N 组合键，删除整个图片。

五、 设置图片

在画图中，对图片的设置操作有翻转和旋转、拉伸和扭曲、设置大小和色彩、反色处理。

(1) 翻转和旋转

选择【图像】/【翻转和旋转】命令，或者按 Ctrl+R 组合键，弹出如图 2-51 所示的【翻转和旋转】对话框。在该对话框中可选择翻转的方式或旋转的角度。若事先选定了图片，翻转或旋转选定的图片，否则翻转或旋转整个图片。

(2) 拉伸和扭曲

选择【图像】/【拉伸和扭曲】命令，或者按 Ctrl+W 组合键，弹出如图 2-52 所示的【拉伸和扭曲】对话框。在该对话框中可设置水平和垂直拉伸的百分比、水平和垂直扭曲的度数。如果事先选定了图片，对选定的图片拉伸或扭曲，否则对整个图片拉伸或扭曲。

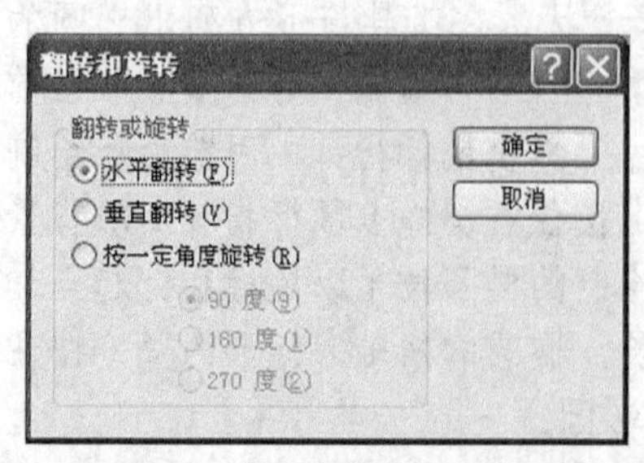

图 2-51 【翻转和旋转】对话框

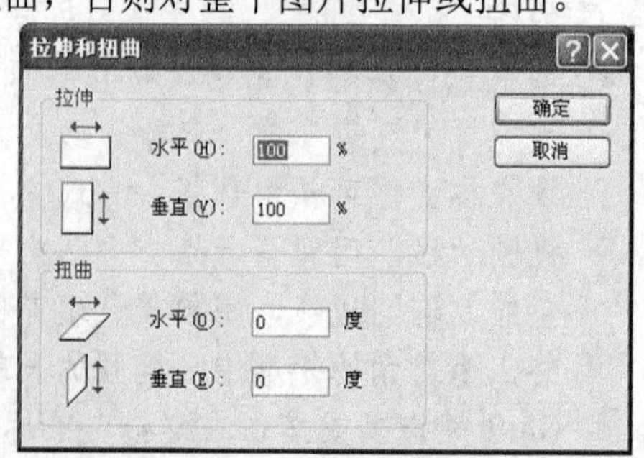

图 2-52 【拉伸和扭曲】对话框

(3) 设置大小和色彩

选择【图像】/【属性】命令，或者按 Ctrl+E 组合键，弹出如图 2-53 所示的【属性】对话框。在该对话框中可设置图片的大小（减小的部分被去掉，增大的部分用背景色填充），还可设置图片为黑白图片或彩色图片（彩色图片变成黑白图片后，不能再还原为彩色图片）。

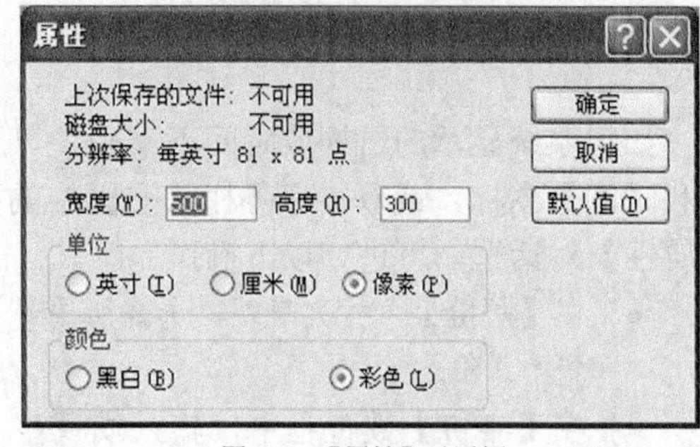

图 2-53 【属性】对话框

(4) 反色处理

选择【图像】/【反色】命令，或者按 Ctrl+I 组合键，如果事先选定了图片，选定的图片设置为反色，否则整个图片设置为反色。

六、 文件操作

画图的文件操作与记事本的文件操作类似，不再重复。

2.5 Windows XP 的系统设置

Windows XP 中有一个控制面板，是对 Windows XP 进行设置的工具集，使用该工具集中的工具能够对系统进行各种设置，可个性化用户的计算机。

选择【开始】/【设置】/【控制面板】命令，或在【我的电脑】窗口中双击【控制面板】图标，弹出如图 2-54 所示的【控制面板】窗口，该窗口中包含近 30 个系统设置工具的图标，每个图标对应一种系统设置。

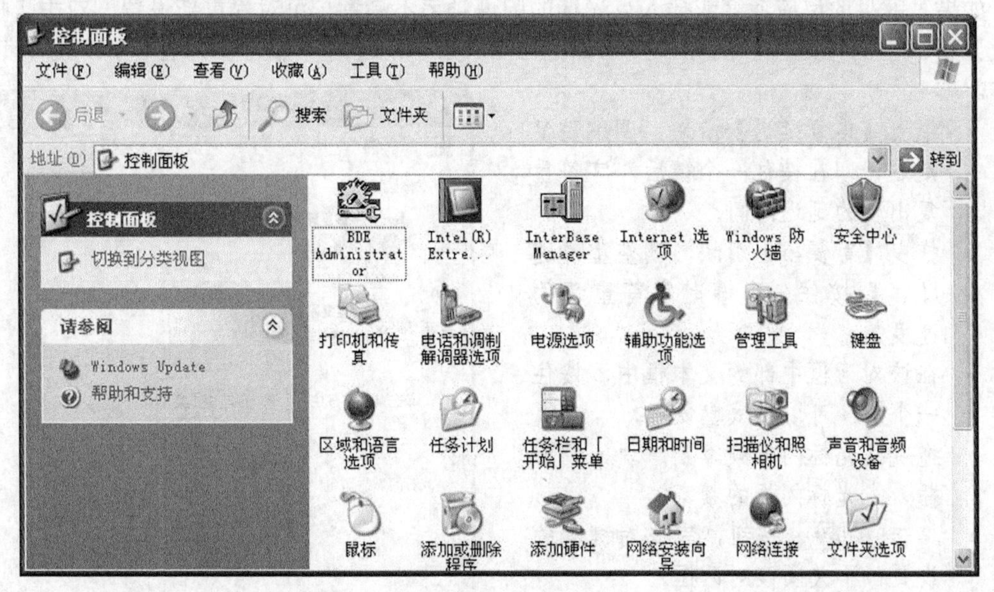

图 2-54 【控制面板】窗口

在【控制面板】窗口中，双击某个图标，或单击某个图标后按回车键，即可启动该设置程序，系统会打开一个窗口或对话框。在窗口或对话框中可以对系统进行相应的设置。最常用的设置有设置日期时间、设置键盘、设置鼠标、设置显示和设置打印机。

2.5.1 设置日期和时间

如果系统显示的日期或时间不准确，可对其重新设置。双击【控制面板】窗口中的【日期和时间】图标，或双击任务栏状态区中的数字时钟，将弹出如图 2-55 所示的【日期和时间属性】对话框，可进行以下操作。

- 在【月份】下拉列表中，选择所要设置的月份。
- 在【年份】数值框中，输入或调整所要设置的年份。
- 在【日期】列表框中，单击所要设置的日期。
- 将插入点光标定位到【时间】数值框中的时、分、秒域上，输入或调整相应的值。
- 单击 应用(A) 按钮，完成对日期和时间的设置，不关闭该对话框。
- 单击 确定 按钮，完成对日期和时间的设置，同时关闭该对话框。

图 2-55 【日期和时间属性】对话框

2.5.2 设置键盘

如果对键盘的反应速度或插入点光标的闪烁频率不满意，可对其重新设置。双击【控制面板】窗口中的【键盘】图标，弹出如图 2-56 所示的【键盘属性】对话框，可进行以下操作。

- 拖曳【重复延迟】滑块，调整重复延迟，即在按住一个键后，字符重复出现的延迟时间。
- 拖曳【重复率】滑块，调整重复速度，即按住一个键时字符重复的速度。
- 在该对话框中部的文本框中，按住一个键，可以测试重复率。
- 拖曳【光标闪烁频率】滑块，调整插入点光标闪烁的频率。
- 单击 应用(A) 按钮，完成对键盘的设置，不关闭该对话框。
- 单击 确定 按钮，完成对键盘的设置，同时关闭该对话框。

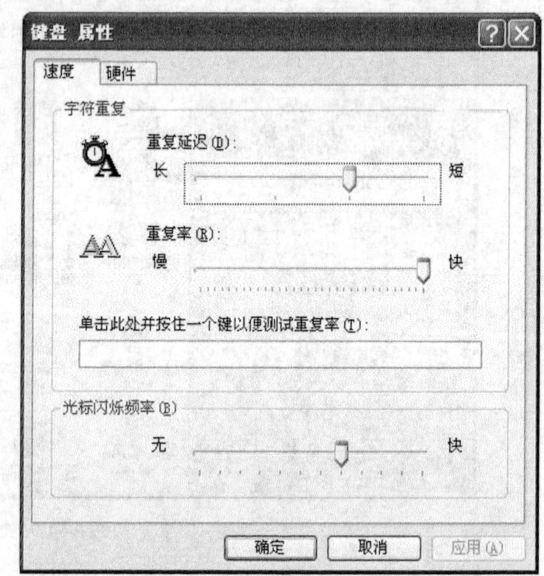

图 2-56 【速度】选项卡

2.5.3 设置鼠标

如果对鼠标的设置不满意，可对其重新设置。双击【控制面板】窗口中的【鼠标】图标，弹出【鼠标属性】对话框，在该对话框中可对鼠标进行以下设置。

一、 设置鼠标键

在【鼠标属性】对话框中，打开【鼠标键】选项卡，如图 2-57 所示。在【鼠标键】选项卡中，可进行以下操作。

- 如果选择【切换主要和次要的按钮】复选框，则右键用来选择对象，左键用来弹出快捷菜单，与默认的设置刚好相反。除非真的需要，一般不要选择该复选框。
- 拖曳【双击速度】组中的【速度】滑块，调整鼠标的双击速度。如果对鼠标的使用比较生疏，可将滑块拖曳至左侧，这样双击就较容易一些。
- 双击【双击速度】组中的文件夹图标，根据是否有小丑的形象出现来检测双击的速度。

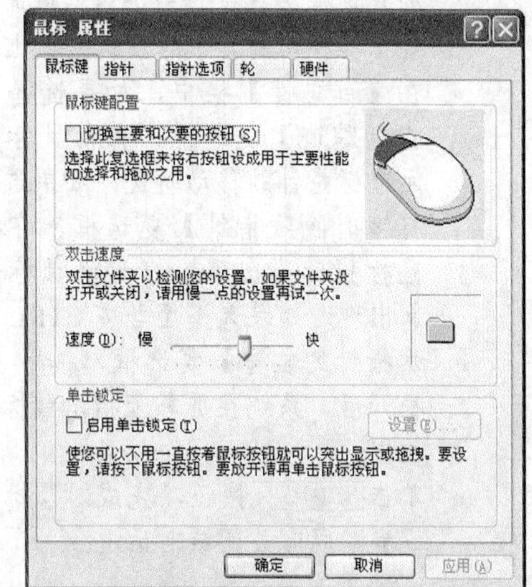

图 2-57 【鼠标键】选项卡

二、 设置指针

在【鼠标属性】对话框中，打开【指针】选项卡，如图 2-58 所示。在【指针】选项卡中，可进行以下操作。

- 在【方案】下拉列表中选择一种指针方案，下面的列表框中将列出该方案中各种指针的形状。
- 单击[另存为(V)...]按钮，系统将弹出一个对话框，在该对话框中，可将当前的指针方案另取名保存。
- 单击[删除(D)]按钮，则删除所选择的指针方案。
- 在列表框中选择一个指针形状后，单击[浏览(B)...]按钮，系统将弹出一个【浏览】窗口，可从中选择一个鼠标指针形状，用来取代鼠标指针当前的形状。
- 选择【启用指针阴影】复选框，则鼠标指针带有阴影，否则不带阴影。
- 如果替换了列表框中的指针形状，单击[使用默认值(F)]按钮，可把指针形状还原为原先的形状。

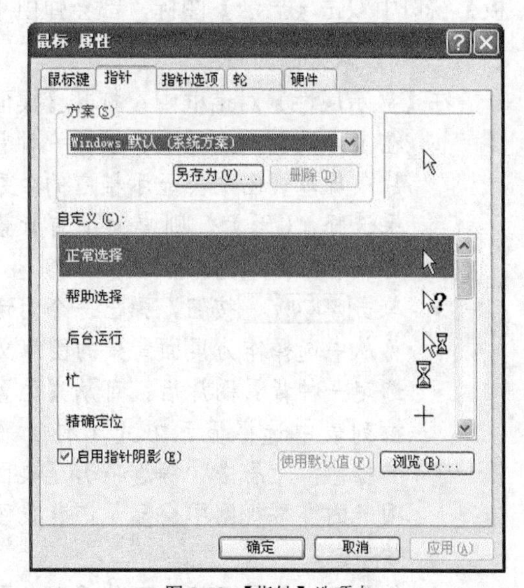

图 2-58 【指针】选项卡

三、 设置指针选项

在【鼠标属性】对话框中，打开【指针选项】选项卡，如图 2-59 所示。在【指针选项】选项卡中，可进行以下操作。

- 在【移动】组中，拖曳【选择指针移动速度】滑块，可调整指针移动的速度。
- 在【取默认按钮】栏中，如果选择其中的复选框，当打开一个对话框时，指针会自动移动到其中的默认按钮上。
- 在【可见性】栏中，如果选择【显示指针踪迹】复选框，移动鼠标时，显示鼠标指针的移动轨迹；如果选择【在打字时隐藏指针】复选框，在打字时鼠标指针不出现，当移动鼠标时又重新出现；如果选择【当按 CTRL 键时显示指针的位置】复选框，按下 Ctrl 键松开后，系统在屏幕上指示鼠标指针的位置。
- 单击 确定 按钮，完成对鼠标指针的设置，同时关闭该对话框。

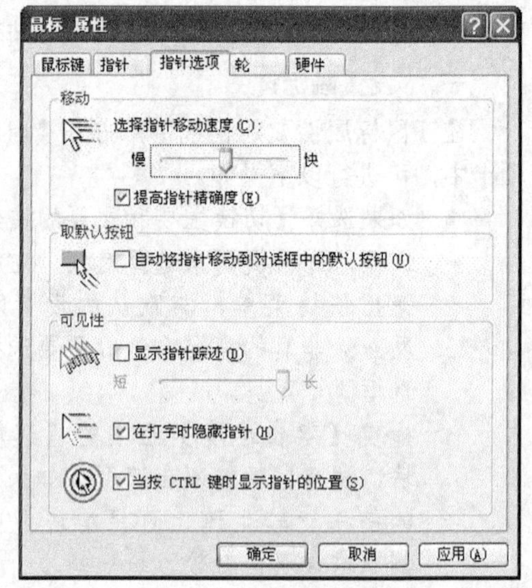

图 2-59 【指针选项】选项卡

2.5.4 设置显示

在桌面的空白处单击鼠标右键，在弹出的快捷菜单中选择【属性】命令，或在【控制面板】窗口中双击【显示】图标，都会弹出【显示属性】对话框，可对显示进行以下设置。

一、 设置桌面背景

在【显示属性】对话框中，打开【桌面】选项卡，如图 2-60 所示，可进行以下操作。

- 在【背景】列表框中，选择一种背景图片，屏幕视图中会显示相应的效果，如果选择“(无)”，则桌面没有背景图片而只有背景颜色。
- 单击 浏览(B)... 按钮，弹出一个对话框，可从中选择作为桌面背景的图片文件。
- 选定一种背景图片后，可从【位置】下拉列表中选择显示方式（有“平铺”、“拉伸”、“居中”等选项），【桌面】选项卡的屏幕视图中会显示该背景图片的效果。
- 如果没有背景图片，可从【颜色】下拉列表中选择一种颜色，以该颜色作为桌面的背景色。

图 2-60 【桌面】选项卡

二、 设置屏幕保护程序

在【显示属性】对话框中，打开【屏幕保护程序】选项卡，如图 2-61 所示，可进行以下操作。

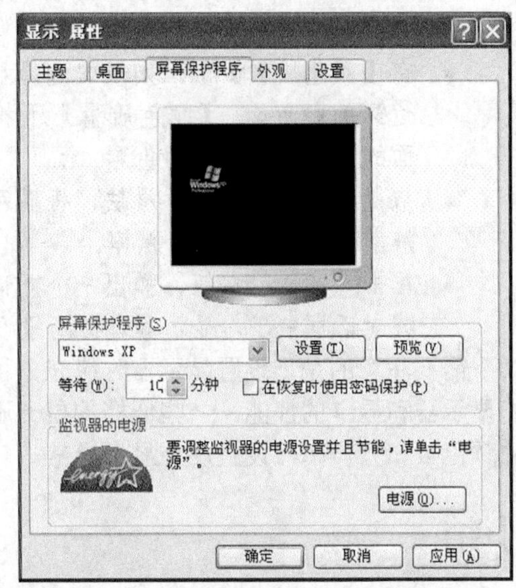

图 2-61 【屏幕保护程序】选项卡

- 在【屏幕保护程序】下拉列表中，选择所需要的屏幕保护程序。
- 在【等待】数值框中，输入或调整分钟值。超过这个时间没按鼠标或键盘上的键，并且没有移动鼠标，系统将启动屏幕保护程序。
- 如果已经选择了屏幕保护程序，单击 设置(T) 按钮，弹出一个对话框。可在该对话框中设置屏幕保护程序的参数。
- 单击 预览(V) 按钮，可预览屏幕保护程序的效果。在预览过程中，如果按下了鼠标或键盘上的键，或者移动了鼠标，则会返回【屏幕保护程序】选项卡。
- 如果选择了【在恢复时使用密码保护】复选框，当屏幕保护开始后，必须正确输入用户的登录密码才能结束屏幕保护程序。
- 单击 电源(O)... 按钮，弹出一个对话框。在该对话框中，可调节监视器的电源节能设置。

三、 设置外观

在【显示属性】对话框中，打开【外观】选项卡，如图 2-62 所示，可进行以下操作。

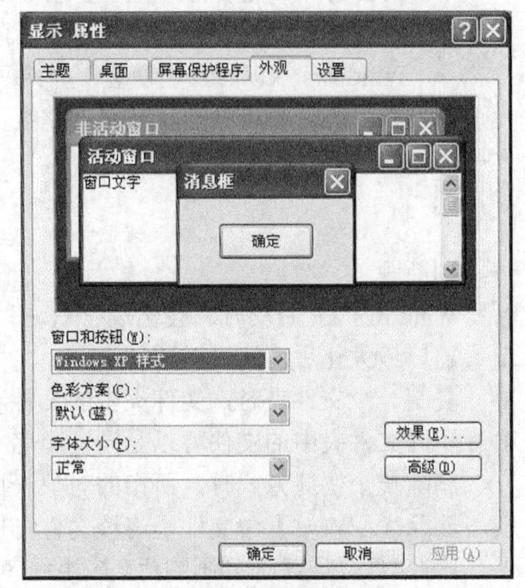

图 2-62 【外观】选项卡

- 在【窗口和按钮】下拉列表中选择一种外观样式，对话框上面的区域显示该样式的效果。
- 在【色彩方案】下拉列表中选择一种色彩方案，对话框上面的区域显示该方案的效果。
- 在【字体大小】下拉列表中选择一种字体大小，对话框上面的区域显示该方案的效果。
- 单击 效果(E)... 按钮，弹出一个对话框。在该对话框中，可设置外观效果的其他细节。
- 单击 高级(D) 按钮，系统弹出一个对话框。在该对话框中，可对外观效果进行高级设置。

四、 设置显示器

在【显示属性】对话框中，打开【设置】选项卡，如图 2-63 所示。在【设置】选项卡中，可进行以下操作。

- 在【颜色质量】下拉列表中选择显示器要达到的颜色数。【颜色质量】下拉列表下面的区域显示相应的色彩。
- 拖曳【屏幕分辨率】滑块，将显示器的分辨率改变为指定的分辨率。
- 单击 高级(D) 按钮，弹出一个对话框。在该对话框中，对显示器进行高级设置。

需要注意的是，设置显示器时应充分了解自己的显示器和显卡的性能。一些低档的显卡不支持高的颜色数和分辨率，设置后会显示异常。

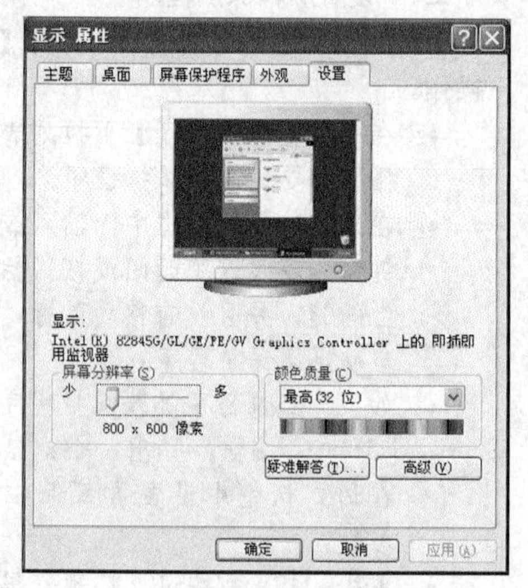

图 2-63 【设置】选项卡

小结

本章主要包括以下内容。

- Windows XP 的基本操作：介绍了 Windows XP 的启动与退出、键盘及其使用方法、鼠标及其使用方法、窗口及其操作方法、对话框及其操作方法、桌面及其操作方法、剪贴板及其操作方法、启动应用程序的方法。
- Windows XP 的汉字输入：介绍了中文输入法的选择、智能 ABC 输入法和微软拼音输入法的使用方法。
- Windows XP 的文件管理：介绍了 Windows XP 文件系统的基本概念、【我的电脑】窗口和【资源管理器】窗口、文件/文件夹的操作。
- Windows XP 的附件程序：介绍了记事本和画图的操作。
- Windows XP 的系统设置：介绍了 Windows XP 的控制面板以及常用的系统设置：设置日期与时间、设置键盘、设置鼠标和设置显示。

习题

一、判断题

1. Windows XP 启动时总会出现“欢迎”画面让用户登录。 （ ）
2. 窗口最大化后，还可以移动。 （ ）
3. 复制一个文件夹时，文件夹中的文件和子文件夹一同被复制。 （ ）
4. 不同文件夹中的文件可以是同一个名字。 （ ）
5. 删除一个快捷方式时，所指的对象一同被删除。 （ ）
6. 删除【回收站】中文件是将该文件彻底删除。 （ ）
7. 附件中只有记事本和画图两个应用程序。 （ ）
8. 附件中的记事本程序只能编辑文本文件。 （ ）

9. 用户不能调换鼠标左右键的功能。（ ）
10. 屏幕保护程序中的密码是在启动屏幕保护程序时输入的。（ ）

二、选择题

1. 以下按键（　　）能打开【文件(F)】菜单。
   A. F　　B. Ctrl + F　　C. Alt + F　　D. Shift + F
2. 以下鼠标指针形状中的（　　）表示系统忙。
   A.　　B.　　C.　　D.
3. 以下（　　）是程序文件。
   A. chess.txt　　B. chess.doc　　C. chess.xls　　D. chess.exe
4. 关闭【MS-DOS 方式】窗口的命令是（　　）。
   A. EXIT　　B. QUIT　　C. STOP　　D. CLOSE
5. 以下组合键（　　）用来切换到下一种输入法。
   A. Ctrl + Shift　　B. Ctrl + Enter　　C. Alt + Shift　　D. Alt + Enter
6. 在智能 ABC 输入法中，以下拼音（　　）不能拼出“中国”。
   A. zhg　　B. zg　　C. zguo　　D. zgu
7. Windows XP 中的文件、文件夹的组织结构是（　　）型结构。
   A. 树　　B. 环　　C. 网　　D. 星
8. 以下（　　）是合法的 Windows XP 文件名。
   A. a=b　　B. a>b　　C. a<b　　D. a/b
9. 在【资源管理器】的左窗格中，若一个文件夹左边的方框内有一个加号“+”，表示该文件夹（　　）。
   A. 有子文件夹且已经展开　　B. 有子文件夹且没有展开
   C. 有子文件夹且有文件　　D. 有子文件夹且没有文件
10. 在【回收站】中，选择一个文件后，选择【文件】/（　　）可恢复该删除的文件。
   A. 恢复　　B. 还原　　C. 撤销　　D. 复原

三、填空题

1. 【开始】菜单中的选项有以下 3 类：右边带有省略号“…”的选项，选择后会________；右边带有小黑三角 ▸ 的选项，选择后会________；右边无其他符号的选项，选择后会________。
2. 把选择的对象复制到剪贴板的按键是________，把选择的对象剪切到剪贴板的按键是________，把剪贴板上的对象粘贴到光标处的按键是________。
3. Windows XP 文件/文件夹名不能超过______个字符，其中 1 个汉字相当于_____个字符。
4. 按下键盘上的键，通常打开________；按下键盘上的键，通常打开________。
5. 使用键盘时，要输入上档字符应按下________键再按相应键，删除光标左侧的字符应按________键。
6. 智能 ABC 输入法状态条上的表示当前是________输入状态，表示当前是________输入状态，表示当前是________输入状态。
7. 双击窗口的标题栏会________或________窗口，拖曳窗口的标题栏会________窗口。
8. 在附件的画图程序中，单击染料盒中的一种颜色，该颜色设置为________，用鼠标右键单击染料盒中的一种颜色，该颜色设置为________。

9. 在附件的画图程序中，画圆需要按住________键。橡皮涂过的区域被设置成________色。

四、问答题

1. 对话框中通常有哪些组件？各有什么功能？
2. 窗口有哪些基本操作？
3. 在桌面上自动排列窗口有哪几种方式？
4. 剪贴板有哪些基本操作？
5. 在【资源管理器】和【我的电脑】窗口中，文件/文件夹有哪几种查看方式？有哪几种排序方式？
6. 在记事本程序中，有哪些编辑操作？有哪些文件操作？
7. 在画图程序中，有哪些图片编辑操作？有哪些图片设置操作？

第 3 章　中文 Word 2007

Word 2007 是 Microsoft 公司开发的办公软件 Office 2007 中的一个组件，利用它可以方便地完成打字、排版、制作表格、图形处理等工作，是计算机办公的得力工具。

本章主要介绍文字处理软件 Word 2007 的基础知识与基本操作，包括以下内容。

- Word 2007 的基本操作。
- Word 2007 的文档操作。
- Word 2007 的文本编辑。
- Word 2007 的文字排版。
- Word 2007 的段落排版。
- Word 2007 的页面排版。
- Word 2007 的表格处理。
- Word 2007 的对象处理。

3.1　Word 2007 的基本操作

本节介绍启动和退出 Word 2007 的方法、Word 2007 主窗口的组成及其操作、Word 2007 中的视图方式及其操作、Word 2007 对文档的操作。

3.1.1　Word 2007 的启动

Word 2007 有多种启动方法，用户可根据自己的习惯或喜好选择其中的一种方法。以下是一些常用的方法。

- 选择【开始】/【所有程序】/【Microsoft Office】/【Microsoft Office Word 2007】命令。
- 如果建立了 Word 2007 的快捷方式，双击该快捷方式。
- 双击一个 Word 文档文件图标（Word 2007 文档文件的图标是，Word 2007 先前版本文档文件的图标是）。

使用前两种方法启动 Word 2007 后，系统自动建立一个名为“文档 1”的空白文档。使用第 3 种方法启动 Word 2007 后，系统自动打开相应的文档，如果是 Word 2007 先前版本的文档文件，则以“兼容方式”打开。

3.1.2　Word 2007 的退出

退出 Word 2007 有以下常用方法。

- 单击按钮，在打开的菜单中选择【退出 Word】命令。
- 如果 Word 2007 只打开了一个文档，关闭 Word 2007 窗口即可。

退出 Word 2007 时，系统会关闭所打开的所有文档。如果有的文档（如“文档 1”）改动过并且没有保存，系统会弹出如图 3-1 所示的对话框，询问用户是否保存文档。如果有多个改动过的文档没有保存，系统会提示多次。有关保存文档的操作，参见“3.2 Word 2007 的文档操作”一节。

图 3-1 【Microsoft Office Word】对话框

3.1.3 Word 2007 的窗口组成

与先前的版本相比，Word 2007 的窗口有了较大变动，把原来的菜单栏和工具栏整合为功能区。启动 Word 2007 后，出现如图 3-2 所示的窗口。

Word 2007 的窗口由 4 个区域组成：标题栏、功能区、文档区和状态栏。

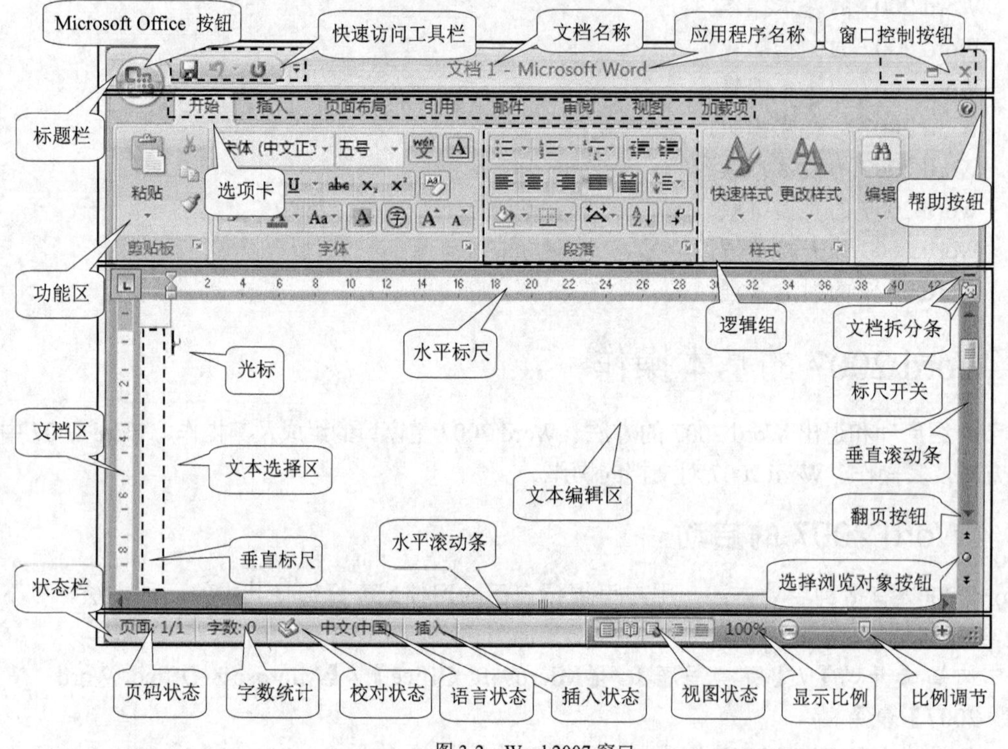

图 3-2 Word 2007 窗口

一、 标题栏

标题栏位于 Word 2007 窗口的顶端，其中包括 Microsoft Office 按钮、快速访问工具栏、标题和窗口控制按钮。

- Microsoft Office 按钮：该按钮取代了 Word 2007 先前版本中的【文件】菜单，单击该按钮将打开一个菜单，用户可从中选择相应的文件操作命令。
- 快速访问工具栏：默认有保存（）、撤销（）和重复（）3 个命令按钮。单击最右边的按钮，可重新设置其中的命令按钮。
- 标题：标题包含文档名称（如“文档 1”）和应用程序名称（Microsoft Word），其中应用程序名称是固定不变的，文档名称随所操作文档的名称而不同。
- 窗口控制按钮：分别是最小化按钮、最大化按钮和关闭按钮。

二、 功能区

Word 2007 的功能区取代了 Word 2007 先前版本中的菜单栏和工具栏，其中包含若干个与某种功能相关的选项卡。选项卡中包含与之相关的逻辑组，逻辑组中包含与之相关的工具。

三、 文档区

文档区占据了 Word 2007 窗口的大部分区域，包含以下内容。

- 标尺：标尺分为垂直标尺和水平标尺。设定标尺有两个作用，一是查看正文的宽度，二是设定左右界限、首行缩进的位置以及制表符的位置。
- 滚动条：滚动条位于文档区的右边和下边，分别称为垂直滚动条和水平滚动条。使用滚动条可以滚动文档区中的内容，以显示窗口以外的部分。
- 文档拆分条：文档拆分条位于垂直滚动条的上方，拖曳它可把文档区分成两部分。
- 标尺开关：标尺开关位于文档拆分条的下方，单击该按钮可显示或隐藏标尺。
- 文本选择区：文本选择区位于垂直标尺的右侧，在这个区域中可选定文本。
- 文本编辑区：文本编辑区位于文档区中央，文本编辑工作就在这个区域中进行。文档在进行编辑时，有一个闪动的光标，以指示当前编辑操作的位置。
- 翻页按钮：翻页按钮有两个，一个是前翻页按钮，另一个是后翻页按钮，位于垂直滚动条下方。默认情况下，单击其中一个按钮将前翻一页或后翻一页。如果单击了选择浏览对象按钮，则选择的不是【页面】对象，单击该按钮用来浏览前一个对象或后一个对象。
- 选择浏览对象按钮：位于翻页按钮中间，单击该按钮，弹出一个菜单，用户可从中选择要浏览的对象（如页面、表格、图等）。

四、 状态栏

状态栏位于 Word 2007 窗口的最下面，用于显示文档的当前状态，包括页码状态、字数统计、校对状态、语言状态、插入状态、视图状态、显示比例和比例调节滑尺。在状态栏中，利用比例调节按钮或滑块，可改变文档的显示比例。

3.1.4 Word 2007 的视图方式

Word 2007 提供了 5 种视图方式：页面视图、阅读版式视图、Web 版式视图、大纲视图和普通视图。单击状态栏中的某个视图按钮，或选择功能区的【视图】选项卡【文档视图】逻辑组中的相应视图按钮，就会切换到相应的视图方式。

- 页面视图：在页面视图中，文档的显示与实际打印的效果一致。在页面视图中可以编辑页眉和页脚、调整页边距、处理栏和图形对象。
- 阅读版式视图：在阅读版式视图中，文档的内容根据屏幕的大小以适合阅读的方式显示。在阅读版式视图中，还可以进行文档的编辑工作。
- Web 版式视图：在 Web 版式视图中，可以创建能显示在屏幕上的 Web 页或文档，文本与图形的显示与在 Web 浏览器中的显示是一致的。
- 大纲视图：在大纲视图中，系统根据文档的标题级别显示文档的框架结构。该视图特别适合用来组织编写大纲。
- 普通视图：在普通视图中，主要显示文档中的文本及其格式，可便捷地进行内容的输入和编辑工作。

3.2 Word 2007 的文档操作

Word 2007 中常用的文档操作包括新建文档、保存文档、打开文档、打印文档、关闭文档等。

3.2.1 新建文档

启动 Word 2007 时，系统会自动建立一个空白文档，默认的文档名是“文档 1”。在 Word 2007 中，还可以再新建文档，新建文档有以下方法。

- 按 Ctrl+N 组合键。
- 单击按钮，在打开的菜单中选择【新建】命令。

使用第 1 种方法，系统会自动建立一个默认模板的空白文档。使用第 2 种方法，将弹出如图 3-3 所示的【新建文档】对话框。

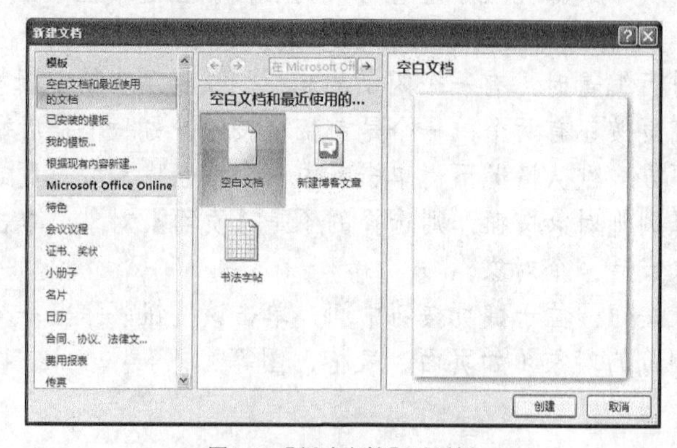

图 3-3 【新建文档】对话框

在【新建文档】对话框中，可进行以下操作。

- 单击【模板】窗格（最左边的窗格）中的一个命令，【模板列表】窗格（中间的窗格）显示该组模板中的所有模板。
- 单击【模板列表】窗格中的一个模板将其选择，【模板效果】窗格（最右边的窗格）显示该模板的效果。
- 单击 创建 按钮，基于所选择模板，建立一个新文档。

3.2.2 保存文档

Word 2007 工作时，文档的内容驻留在计算机内存和磁盘的临时文件中，没有正式保存。保存文档有两种方式：保存和另存为。

一、保存

在 Word 2007 中，保存文档有以下方法。

- 按 Ctrl+S 组合键。
- 单击【快速访问工具栏】中的按钮。
- 单击按钮，在打开的菜单中选择【保存】命令。

如果文档已被保存过，系统自动将文档的最新内容保存起来。如果文档从未保存过，系统需要用户指定文件的保存位置以及文件名，相当于执行另存为操作（见下面内容）。

二、 另存为

另存为是指把当前编辑的文档以新文件名或新的保存位置保存起来。在 Word 2007 中，按 F12 键或单击按钮，在打开的菜单中选择【另存为】命令，弹出如图 3-4 所示的【另存为】对话框。

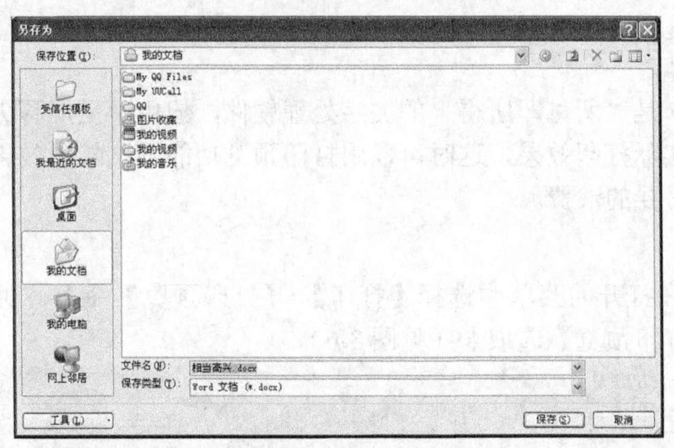

图 3-4 【另存为】对话框

在【另存为】对话框中，可进行以下操作。

- 在【保存位置】下拉列表中，选择要保存到的文件夹，也可在窗口左侧的预设保存位置列表中，选择要保存到的文件夹。
- 在【文件名】下拉列表框中，输入或选择一个文件名。
- 在【保存类型】下拉列表中，选择所要保存文件的类型。应注意：Word 2007 先前版本默认的保存类型是.doc 型文件，Word 2007 则是.docx 型文件。
- 单击 保存(S) 按钮，按所做设置保存文件。

3.2.3 打开文档

在 Word 2007 中，按 Ctrl+O 组合键，或单击按钮，在打开的菜单中选择【打开】命令，弹出如图 3-5 所示的【打开】对话框。

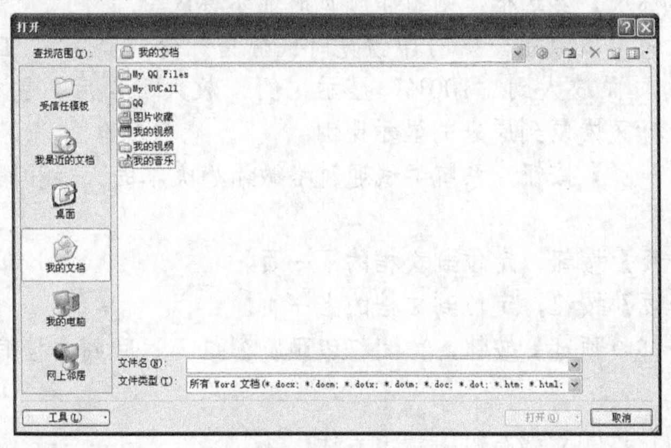

图 3-5 【打开】对话框

在【打开】对话框中，可进行以下操作。

- 在【查找范围】下拉列表中，选择要打开文件所在的文件夹，也可在窗口左侧的预设位置列表中，选择要打开文件所在的文件夹。

- 在打开的文件列表中，单击一个文件图标，选择该文件。
- 在打开的文件列表中，双击一个文件图标，打开该文件。
- 在【文件名】下拉列表中，输入或选择所要打开文件的名称。
- 单击 打开(O) 按钮，打开所选择的文件或在【文件名】框中指定的文件。

3.2.4 打印文档

虽然 Word 2007 是“所见即所得”的文字处理软件，但由于受屏幕大小的限制，往往不能看到一个文档的实际打印效果，这时可以用打印预览功能预览打印效果，一切满意后再打印，这样可避免不必要的浪费。

一、 打印预览

单击按钮，在打开的菜单中选择【打印】/【打印预览】命令，进入打印预览状态，这时功能区只有【打印预览】选项卡（见图 3-6）。

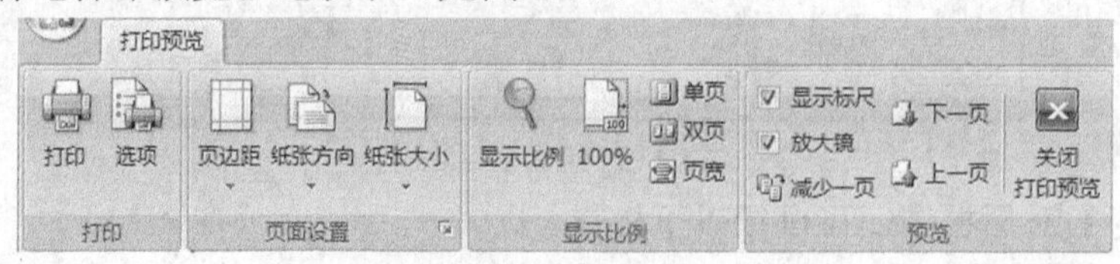

图 3-6 【打印预览】选项卡

【显示比例】组中工具的功能如下。

- 单击【显示比例】按钮，弹出【显示比例】对话框，可在该对话框中设置显示比例，默认的显示比例是【整页】。
- 单击【100%】按钮，将文档缩放为正常大小的 100%显示。
- 单击【单页】按钮，一次只能预览文档的一页。
- 单击【双页】按钮，一次只能预览文档的两页。
- 单击【页宽】按钮，更改文档的显示比例，使页面宽度与窗口宽度一致。

【预览】组中工具的功能如下。

- 选择【显示标尺】复选框，则打印预览时显示标尺。
- 选择【放大镜】复选框，则打印预览时鼠标指针变成状，在页面上单击鼠标，预览的页面放大到“100%”显示比例。放大页面后，鼠标指针变成状，单击鼠标又恢复到原来的显示比例。
- 单击【减少一页】按钮，系统尝试通过略微缩小文本的大小和间距，将文档缩成一页。
- 单击【下一页】按钮，定位到文档的下一页。
- 单击【上一页】按钮，定位到文档的上一页。
- 单击【关闭打印预览】按钮，关闭打印预览窗口，返回到文档编辑状态。

二、 打印文档

在 Word 2007 中，打印文档有以下常用方法。

- 按 Ctrl+P 组合键。
- 单击按钮，在打开的菜单中选择【打印】/【打印】命令。
- 单击按钮，在打开的菜单中选择【打印】/【快速打印】命令。

用最后一种方法将按默认方式打印全部文档一份，用前两种方法则弹出如图 3-7 所示的【打印】对话框。

在【打印】对话框中，可进行以下操作。

- 在【名称】下拉列表中，选择所用的打印机。
- 单击［属性(P)］按钮，弹出一个【打印机属性】对话框，从中可以选择纸张大小、方向、纸张来源、打印质量、打印分辨率等。
- 选择【打印到文件】复选框，则把文档打印到某个文件上。
- 选择【手动双面打印】复选框，则在一张纸的正反面打印文档。
- 选择【全部】单选钮，则打印整个文档。
- 选择【当前页】单选钮，则只打印光标所在页。
- 选择【页码范围】单选钮，可以在其右侧的文本框中输入打印的页码。
- 如果事先已选定打印内容，则【所选内容】单选钮被激活，否则未被激活（按钮呈灰色），不能使用。
- 在【份数】数值框中，可输入或调整要打印的份数。
- 选择【逐份打印】复选框，则打印完从起始页到结束页一份后，再打印其余各份，否则起始页打印够指定张数后，再打印下一页。
- 在【每页的版数】下拉列表中选择一页打印的版数。
- 在【按纸张大小缩放】下拉列表中选择一种纸张类型。
- 单击［选项(O)...］按钮，弹出一个【Word 选项】对话框，在对话框的【打印选项】组（见图 3-8）中，可设置相应的打印选项。
- 单击［确定］按钮，按所做设置进行打印。

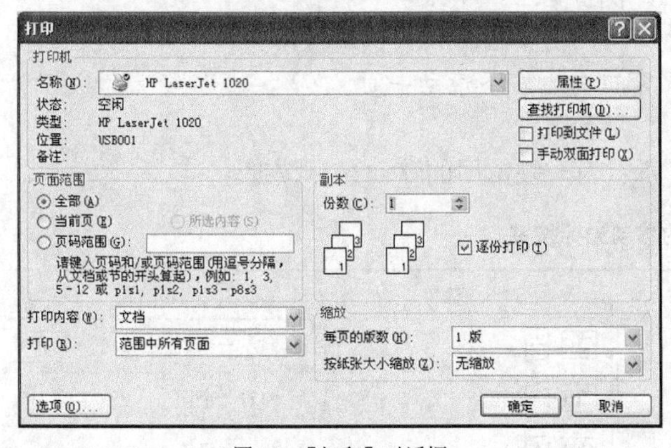

图 3-7 【打印】对话框

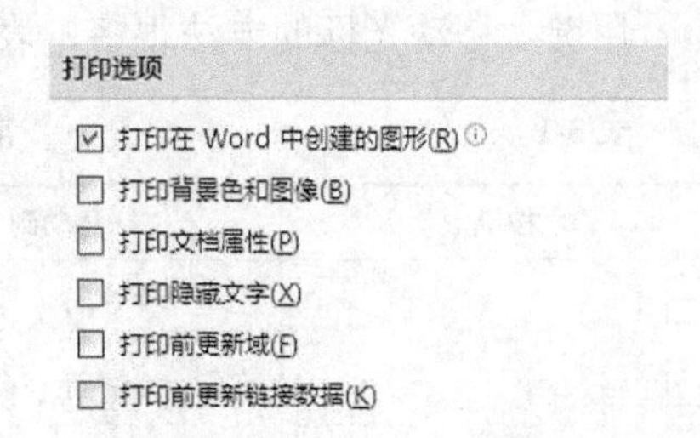

图 3-8 【打印选项】组

3.2.5　关闭文档

在 Word 2007 中，关闭文档有以下常用方法。

- 单击 Word 2007 窗口右上角的【关闭】按钮。
- 双击按钮。
- 单击按钮，在打开的菜单中选择【关闭】命令。

关闭文档时，如果文档改动过并且没有保存，系统会弹出【Microsoft Office Word】对话框（见图 3-1，以“文档 1”为例），以确定是否保存，操作方法同前。

3.3 Word 2007 的文本编辑

使用 Word 2007 时，大量的工作是对文本进行编辑，这也是对文本进行格式化的前期工作。文本编辑的常用操作包括移动插入点光标，选定文本，插入、删除和改写文本，复制与移动文本，查找、替换与定位文本等。

3.3.1 移动插入点光标

在 Word 2007 的文档编辑区内，有一个闪动的细竖条光标，称为插入点光标。在编辑文本的过程中，通常根据插入点光标的位置进行操作，所以在做某个操作之前，要将插入点光标移动到所需要的位置上，用鼠标和键盘都可以移动插入点光标。

(1) 用鼠标移动插入点光标

用鼠标可以把插入点光标移动到文本的某个位置上，有以下常用方法。

- 当鼠标指针为I状时，表明鼠标在文本区，这时单击鼠标，插入点光标就移动到文本区的指定位置。
- 当鼠标指针为I≡、I或≡I状时，说明鼠标在编辑空白区，这时双击鼠标，插入点光标就移到空白区的相应位置，并自动设置该段落的对齐格式为左对齐（I≡）、居中（I）或右对齐（≡I）。

如果要移动到的位置不在窗口中，可先滚动窗口，使目标位置出现在窗口中。滚动窗口有以下常用方法。

- 单击水平滚动条上的<、>按钮，使窗口左、右滚动。
- 单击垂直滚动条上的∧、∨按钮，使窗口上、下滚动一行。
- 拖曳水平或垂直滚动条上的滚动滑块，使文档窗口较快地滚动。
- 默认状态下，单击⇞、⇟按钮，窗口向上、下滚动一页。

(2) 用键盘移动插入点光标

用键盘移动光标的方法很多，表 3-1 所示为一些常用的移动光标按键。

表 3-1　　常用的移动光标按键

按键	移动到	按键	移动到
←	左侧一个字符	Ctrl+←	向左一个词
→	右侧一个字符	Ctrl+→	向右一个词
↑	上一行	Ctrl+↑	前一个段落
↓	下一行	Ctrl+↓	后一个段落
Home	行首	Ctrl+Home	文档开始
End	行尾	Ctrl+End	文档最后
PageUp	上一屏	Ctrl+PageUp	上一页的开始
PageDown	下一屏	Ctrl+PageDown	下一页的开始
Alt+Ctrl+PageUp	窗口的顶端	Alt+Ctrl+PageDown	窗口的底端

3.3.2　选定文本

Word 2007 中的许多操作都需要先选定文本。用鼠标和键盘都可选定文本，被选定的文本底色为黑色。选定文本后，按任意光标移动键，或在文档任意位置单击鼠标，可取消所选定文本的选定状态。

(1) 用鼠标选定文本

用鼠标选定文本有两种方法：在文本编辑区内选定和在文本选择区内选定。

在文本编辑区内选定文本有以下方法。

- 在文档中拖曳鼠标，到要选定文本的结束位置时松开鼠标左键，选定鼠标光标经过的文本。
- 双击鼠标，选定插入点光标所在位置的单词。
- 快速单击鼠标 3 次，选定插入点光标所在位置的段。
- 按住 Ctrl 键单击鼠标，选定插入点光标所在位置的句子。
- 按住 Alt 键拖曳鼠标，选定竖列文本。

文档正文左边的空白区域为文本选择区，在文本选择区中，鼠标指针变为↗状。在文本选择区内选定文本有以下方法。

- 单击鼠标，选定插入点光标所在的行。
- 双击鼠标，选定插入点光标所在的段。
- 拖曳鼠标，选定从开始行到结束行。
- 快速单击鼠标 3 次（或选择【编辑】/【全选】命令），选定整个文档。
- 按住 Ctrl 键单击鼠标，选定整个文档。

(2) 用键盘选定文本

使用键盘选定文本有以下方法。

- 按住 Shift 键的同时，按键盘上的快捷键使插入点光标移动，就可选定插入点光标经过的文本。表 3-2 所示为选定文本的快捷键。

表 3-2　选定文本用的快捷键

按键	将选定范围扩大到	按键	将选定范围扩大到
Shift+↑	上一行	Ctrl+Shift+↑	段首
Shift+↓	下一行	Ctrl+Shift+↓	段尾
Shift+←	左侧一个字符	Ctrl+Shift+←	单词开始
Shift+→	右侧一个字符	Ctrl+Shift+→	单词结尾
Shift+Home	行首	Ctrl+Shift+Home	文档开始
Shift+End	行尾	Ctrl+Shift+End	文档结尾

- 按 F8 键后移动插入点光标，再按 Esc 键，从插入点光标起始位置到插入点光标最后位置间的文本被选定。
- 按 Ctrl+Shift+F8 组合键后移动插入点光标，从插入点光标起始位置到插入点光标最后位置间的竖列文本被选定。按 Esc 键可取消所选定竖列文本的选定状态。
- 按 Ctrl+A 组合键（或选择【编辑】/【全选】命令），选定整个文档。

3.3.3 插入、删除与改写文本

在文档中插入、删除与改写文本是最常用的文本编辑操作，在操作过程中要注意当前是插入还是改写状态。

一、 切换插入/改写状态

如果状态栏的【插入/改写】状态区中显示的是“插入”二字，则表明当前状态为插入状态。如果显示的是“改写”二字，则表明当前状态为改写状态。单击【插入/改写】状态区或按 Insert 键，可切换插入/改写状态。

二、 插入文本

在插入状态下，从键盘上输入的字符或通过汉字输入法输入的汉字会自动插入到光标处。从键盘上无法直接输入的符号（如“※”），可用以下方法插入。

(1) 通过【符号】组插入特殊符号

在 Word 2007 功能区【插入】选项卡的【符号】组（见图 3-9）中，单击 Ω符号 按钮，打开如图 3-10 所示的【符号】列表。

在【符号】列表中，单击一个符号，可插入相应的符号；选择【其他符号】命令，弹出如图 3-11 所示的【符号】对话框，可进行以下操作。

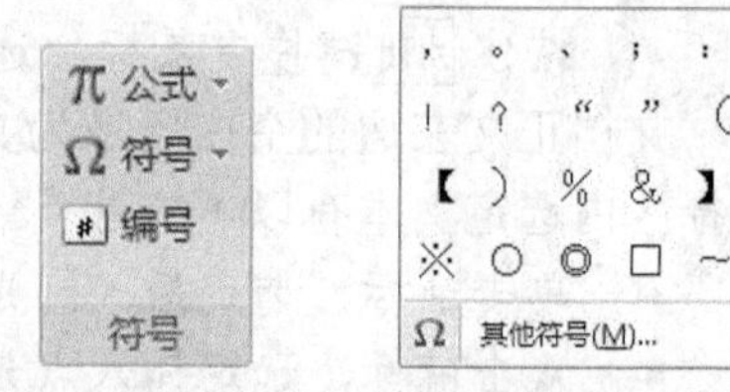

图 3-9 【符号】组　　图 3-10 【符号】列表

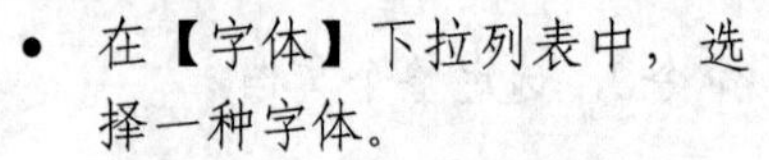

- 在【字体】下拉列表中，选择一种字体。
- 在【子集】下拉列表中，选择一个子集，符号列表中显示相应的符号。
- 在符号列表中，单击要插入的符号，选择该符号。
- 单击 自动更正(A)... 按钮，弹出【自动更正】对话框，让用户输入一串字符。在文档的编辑过程中，一旦输入这串字符，系统即自动更正为所选择的字符。

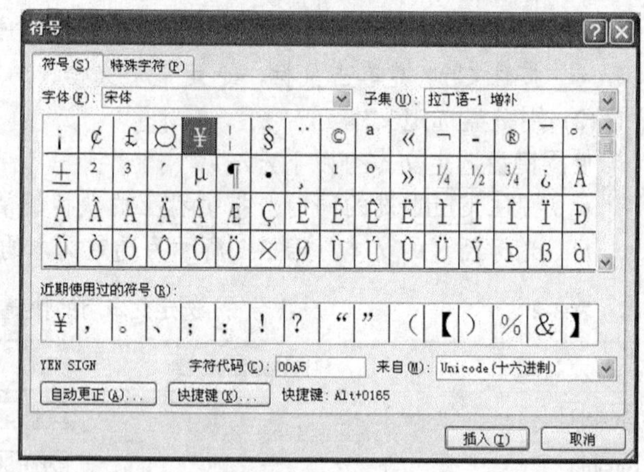

图 3-11 【符号】对话框

- 单击 快捷键(K)... 按钮，弹出【自定义键盘】对话框，让用户为所选择的字符定义一个快捷键。
- 单击 插入(I) 按钮，选择的符号插入到光标处，对话框不关闭，但并不影响文档的编辑操作。

(2) 通过【特殊符号】组插入特殊符号

在 Word 2007 功能区【插入】选项卡的【特殊符号】组（见图 3-12）中，单击预设的符号按钮，可插入相应的符号；单击 ，符号 按钮，打开如图 3-13 所示的【特殊符号】列表。在【特殊符号】列表中，单击一个符号，可插入相应的符号；选择【更多】命令，弹出如图 3-14 所示的【插入特殊符号】对话框。

图 3-12 【特殊符号】组

图 3-13 【特殊符号】列表

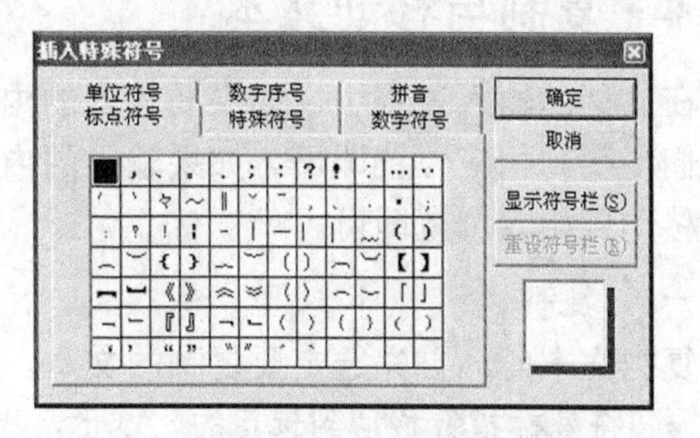

图 3-14 【插入特殊符号】对话框

在【插入特殊符号】对话框中，打开不同的选项卡，会出现不同的特殊符号页，选择一个符号后，单击确定按钮，在文档中的光标处插入该符号，同时关闭该对话框。

(3) 插入日期时间

单击【插入】选项卡中【文本】组的按钮，弹出如图 3-15 所示的【日期和时间】对话框，可进行以下操作。

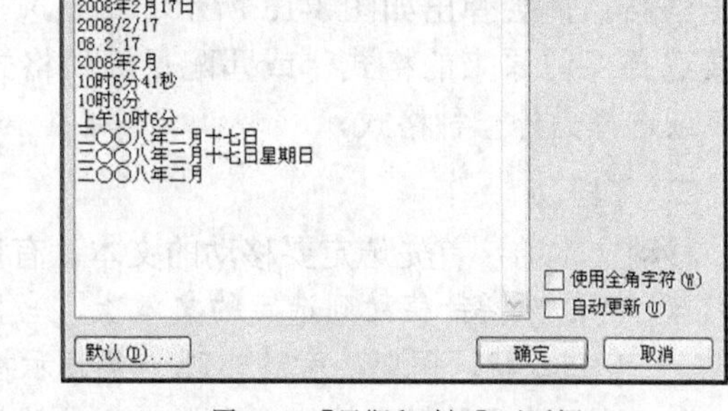

图 3-15 【日期和时间】对话框

- 在【语言】下拉列表中，选择一种语言的日期格式。
- 在【可用格式】列表框中，选择一种日期或时间格式。
- 选择【使用全角字符】复选框，则日期或时间中的字符使用全角字符。
- 选择【自动更新】复选框，则日期和时间按域方式插入，通过命令能自动更新。
- 单击默认(D)...按钮，把选择的日期或时间格式作为默认的格式。
- 单击确定按钮，在光标处插入日期和时间。

三、 删除文本

删除文本有以下方法。

- 按Backspace键，删除光标左面的汉字或字符。
- 按Delete键，删除光标右面的汉字或字符。
- 按Ctrl+Backspace组合键，删除光标左面的一个词。
- 按Ctrl+Delete组合键，删除光标右面的一个词。
- 如果选定了文本，按Backspace键或Delete键，删除选定的文本。
- 如果选定了文本，把选定的文本剪切到剪贴板，删除选定的文本。

四、 改写文本

改写文本有以下方法。

- 在改写状态下输入文本，会覆盖掉光标处原有的文本。
- 选定要改写的文本，输入改写后的文本。
- 删除要改写的文本，输入改写后的文本。

3.3.4 复制与移动文本

在文档的输入过程中，如果要输入的内容在前面已经出现，无须每次都重复输入，只要把它们复制到相应位置即可。如果输入的内容位置不对，也无须删除后再重新输入，只要把它们移动到相应位置即可。

一、 复制

复制文本前，首先选定要复制的文本。有以下复制方法。

- 将鼠标指针移动到选定的文本上，当鼠标指针变为状时，按住 Ctrl 键的同时拖曳鼠标，鼠标指针变成状，同时，旁边有一条表示插入点的虚竖线，当虚竖线到达目标位置后，松开鼠标左键和 Ctrl 键，选定的文本被复制到目标位置。
- 先将选定的文本复制到剪贴板上，再将插入点光标移动到目标位置，然后把剪贴板上的文本粘贴到插入点光标处。

复制完成后，如果复制内容的字符格式与目标位置的字符格式不同，则在复制内容的右下方有一个粘贴选项按钮，单击按钮，会弹出如图 3-16 所示的粘贴选项，用户可根据需要选择保留原来的格式，或匹配目标的格式，或仅保留文本，或选择另外一种格式。

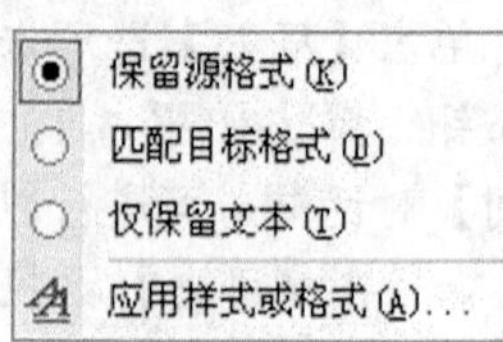

图 3-16 粘贴选项

二、 移动

移动文本前，首先选定要移动的文本。有以下移动方法。

- 将鼠标指针移动到选定的文本上，当鼠标指针变为状时拖曳鼠标，鼠标指针变成状，同时，旁边出现一条表示插入点的虚竖线，当虚竖线到达目标位置后，松开鼠标左键，选定的文本被移动到目标位置。
- 先将选定的文本剪切到剪贴板上，再将插入点光标移动到目标位置，然后把剪贴板上的文本粘贴到插入点光标处。

3.3.5 查找、替换与定位文本

文档编辑过程中，经常要在文档中查找某些内容，或对某一内容进行统一替换，或把光标定位到文档的某处。对于较长的文档，如果手工逐字逐句去查找或替换，不仅费时费力，而且可能会有遗漏。利用 Word 2007 提供的查找、替换和定位功能，可以很方便地完成这些工作。

一、 查找文本

按 Ctrl+F 组合键或单击【开始】选项卡中【编辑】组的 查找 按钮，弹出【查找和替换】对话框，当前选项卡是【查找】，如图 3-17 所示。

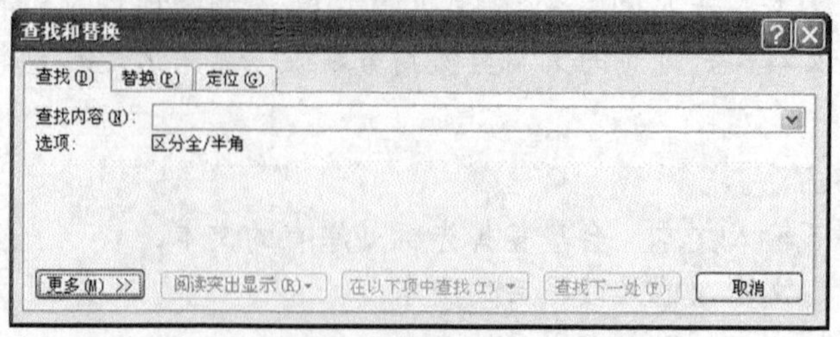

图 3-17 【查找】选项卡

在【查找】选项卡中，可进行以下操作。

- 在【查找内容】文本框中，输入要查找的文本。
- 单击 查找下一处(F) 按钮，系统从光标处开始查找，查找到的内容被选定。可多次单击该按钮，进行多处查找。
- 单击 更多(M) >> 按钮，展开搜索选项（见图 3-18），可设置查找选项。

图 3-18　搜索选项

二、　替换文本

按 Ctrl+H 组合键或单击【开始】选项卡中【编辑】组的 替换 按钮，弹出【查找和替换】对话框，当前选项卡是【替换】（见图 3-19）。

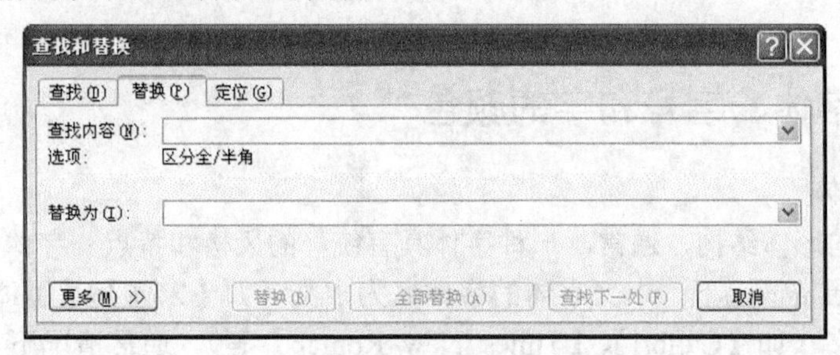

图 3-19 【替换】选项卡

将【替换】选项卡与【查找】选项卡不同之处介绍如下。

- 在【替换为】文本框中，输入替换后的文本。
- 单击 替换(R) 按钮，替换查找到的内容。
- 单击 全部替换(A) 按钮，替换全部查找到的内容，并在替换完后弹出一个对话框，提示完成了多少处替换。

三、　定位文本

在【查找和替换】对话框中，打开【定位】选项卡，如图 3-20 所示。

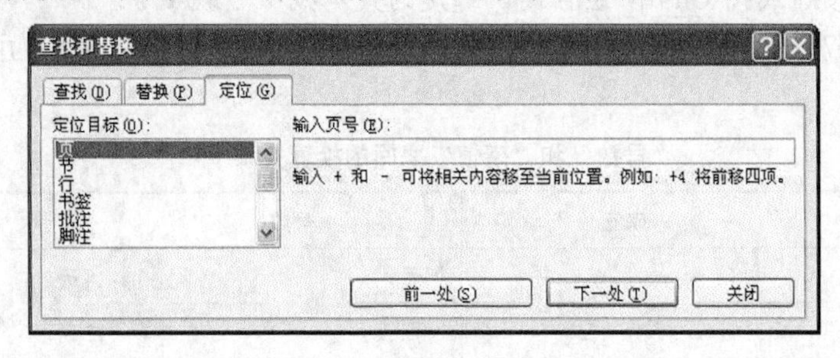

图 3-20 【定位】选项卡

在【定位】选项卡中，可进行以下操作。

- 在【定位目标】列表框中，选择要定位的目标。
- 在【输入页号】文本框中，输入一个数，指示要定位到哪一页。
- 单击 前一处(S) 按钮，定位到前一处。
- 单击 下一处(T) 按钮，定位到下一处。

3.4 Word 2007 的文字排版

在 Word 2007 中，文本排版常用的格式设置包括字体、字号、字颜色、粗体、斜体、下画线、删除线、上标、下标、大小写、边框、底纹、突出显示等。文本排版通常使用【开始】选项卡【字体】组（见图 3-21）中的工具来完成。

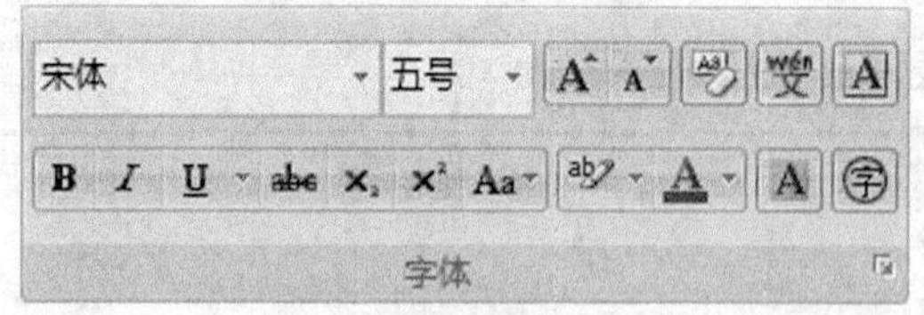

图 3-21 【字体】组

在设置文本格式时，如果选定了文本，那么设置对选定的文本生效，否则对光标后输入的文本生效。

3.4.1 设置字体、字号和字的颜色

一、 设置字体

字体是指字的形体结构，通常，一种字体具有统一的风格和特点。字体分中文字体和英文字体两大类，通常情况下，中文字体的字体名为中文（如【宋体】、【黑体】等），英文字体的字体名为英文（如【Calibri】、【Times New Roman】等）。通常情况下，英文的字体名对英文字符起作用，中文的字体名对英文、汉字都起作用。

Word 2007 默认的英文字体是【Calibri】，默认的中文字体是【宋体】。单击【字体】组 宋体 (中文正文) 中的 按钮，打开字体下拉列表，从中可选择要设置的字体。

二、 设置字号

字号体现字符的大小，Word 2007 默认的字号是【五号】。设置字号有以下常用方法。

- 单击【字体】组 五号 中的 按钮，打开字号下拉列表，从中选择一种字号。
- 单击 A 按钮或按 Ctrl+> 组合键，选定的文本增大一级字号。
- 单击 A 按钮或按 Ctrl+< 组合键，选定的文本减小一级字号。

在 Word 2007 中，字号有“号数”和“磅值”两种单位，表 3-3 所示为两种单位之间的换算关系。

表 3-3 “号数”和“磅值”之间的换算关系

号数	磅值	号数	磅值
初号	42 磅	四号	14 磅
小初	36 磅	小四	12 磅
一号	26 磅	五号	10.5 磅

续表

号数	磅值	号数	磅值
小一	24 磅	小五	9 磅
二号	22 磅	六号	7.5 磅
小二	18 磅	小六	6.5 磅
三号	16 磅	七号	5.5 磅
小三	15 磅	八号	5 磅

三、 设置字的颜色

Word 2007 默认的字颜色是黑色。【字体】组中A按钮上所显示的颜色为最近使用过的颜色。单击【字体】组中的A按钮右边的▾按钮，打开颜色列表，单击其中一种颜色，文字的颜色设置为该颜色。

3.4.2 设置粗体、斜体、下画线和删除线

一、 设置粗体

设置粗体有以下常用方法。

- 按 Ctrl+B 组合键。
- 单击【字体】组中的B按钮。

文本设置了文字的粗体效果后，再次单击B按钮或按 Ctrl+B 组合键，取消文本所设置的粗体效果。

二、 设置斜体

设置斜体有以下常用方法。

- 按 Ctrl+I 组合键。
- 单击【字体】组中的I按钮。

文本设置了文字的斜体效果后，再次单击I按钮或按 Ctrl+I 组合键，取消文本所设置的斜体效果。

三、 设置下画线

设置下画线有以下常用方法。

- 单击【字体】组中的U按钮或按 Ctrl+U 组合键，文字的下画线设置为最近使用过的下画线类型。
- 单击【字体】组中的U按钮右边的▾按钮，打开一个下画线类型列表，单击其中的一种类型，文字的下画线设置为该类型。

文本设置了下画线后，再次单击【字体】组中的U按钮或按 Ctrl+U 组合键，则取消文本所设置的下画线。

四、 设置删除线

删除线就是文字中间的一条横线，单击【字体】组中的abc按钮，给文字加上删除线。再次单击该按钮，则取消所加的删除线。

3.4.3 设置上标、下标和大小写

一、 设置上标

设置上标有以下常用方法。

- 按 Ctrl+I++ 组合键。
- 单击【字体】组中的 x^2 按钮。

文本设置上标后，再次单击【字体】组中的 x^2 按钮或按 Ctrl+I++ 组合键，则取消文本上标的设置。

二、 设置下标

设置下标有以下常用方法。

- 按 Ctrl+I+- 组合键。
- 单击【字体】组中的 x_2 按钮。

文本设置下标后，再次单击【字体】组中的 x_2 按钮或按 Ctrl+I+- 组合键，则取消文本下标的设置。

三、 设置大小写

单击【字体】组中的 Aa 按钮，打开如图 3-22 所示的【大小写】菜单，从中选择一个命令，即可进行相应的大小写设置。

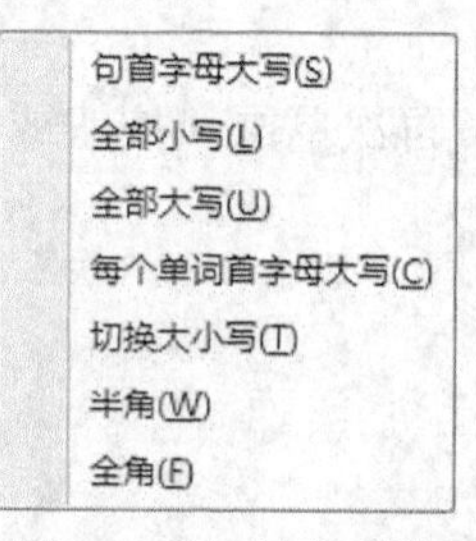

图 3-22 【大小写】菜单

3.4.4 设置边框、底纹和突出显示

一、 设置边框

单击【字体】组中的 A 按钮，给文字加上边框。再次单击该按钮，取消所加的边框。单击【段落】组中 按钮右边的 按钮，在打开的框线类型列表中选择【外侧框线】，也可给文字加上边框。

二、 设置底纹

单击【字体】组中的 A 按钮，给文字加上灰色底纹。再次单击该按钮，则取消所加的底纹。单击【段落】组中 中的 按钮，在打开的颜色列表中选择一种颜色，给文字加上该种颜色的底纹，如果选择【无颜色】，则取消文字的底纹。

三、 设置突出显示

突出显示就是将文字设置成看上去像是用荧光笔做了标记一样。单击【字体】组

中的按钮，突出显示的颜色为最近使用过的突出显示颜色。单击【字体】组中按钮右边的按钮，打开一个颜色列表，单击其中的一种颜色，即选择该颜色为突出显示的颜色。

如果选定了文本，该文本用相应的突出显示颜色标记，如果没有选定文本，鼠标指针变成状，用鼠标选定文本，该文本用相应的突出显示颜色标记。再次用相同的突出显示的颜色标记该文字，则取消突出显示的设置。

【例 3-1】 建立以下文档，并以“计算机之父.docx”为文件名保存到“我的文档”文件夹中。

> 冯·诺依曼小传
>
> 冯·诺依曼（Von Neumann，1903.12.28—1957.2.8），是 20 世纪最伟大的数学家之一。他提出了对现代计算机影响深远的“存储程序”体系结构，因而被誉为“**计算机之父**”。
>
> 冯·诺依曼 1903 年 12 月 28 日生于匈牙利的布达佩斯，家境富裕，父亲是一个银行家，十分注意对孩子的教育。冯·诺依曼从小聪颖过人、兴趣广泛、读书过目不忘。1921 年，冯·诺依曼在布达佩斯的卢瑟伦中学读书时，与费克特老师合作发表了他的第一篇数学论文，*此时冯·诺依曼还不到 18 岁*。
>
> 1921 年—1925 年，冯·诺依曼在苏黎世大学学习化学。很快又在 1926 年以优异的成绩获得了布达佩斯大学数学博士学位，*此时冯·诺依曼年仅 22 岁*。1930 年，冯·诺依曼接受了普林斯顿大学客座教授的职位，1931 年成为该校的终身教授。1933 年，他又与爱因斯坦一起被聘为普林斯顿高等研究院第一批终身教授，*此时冯·诺依曼还不到 30 岁*。此后冯·诺依曼一直在普林斯顿高等研究院工作。他于 1951 年—1953 年任美国数学学会主席，1954 年任美国原子能委员会委员。1954 年夏，冯·诺依曼被诊断患有癌症，1957 年 2 月 8 日在华盛顿去世，终年 54 岁。
>
> 冯·诺依曼在纯粹数学和应用数学的诸多领域都进行了开创性的工作，并做出了重大贡献。他早期主要从事算子理论、量子理论、集合论等方面的研究，后来在格论、连续几何、理论物理、动力学、连续介质力学、气象计算、原子能、经济学等领域都做过重要的工作。
>
> 1945 年，冯·诺依曼在分析了第一台电子计算机 ENIAC 的不足后，执笔起草了一个全新的计算机方案——EDVAC 方案。在这个方案中，他提出了“存储程序”的计算机体系结构，后来人们称他提出的“存储程序”计算机体系结构为“冯·诺依曼体系结构”或“冯·诺依曼机”。至今，计算机仍然采用“存储程序”计算机体系结构。

操作步骤如下。

1. 启动 Word 2007。
2. 先不考虑文档的格式，输入文档中的全部文字。
3. 选定文章标题，设置字体为“黑体”、字号为“二号”。

4. 单击【开始】选项卡【字体】组右下角的按钮，弹出【字体】对话框，当前选项卡为【字体】，如图 3-23 所示。
5. 在【字体】选项卡中，勾选【空心】复选项，单击确定按钮。
6. 选定文章正文中“冯·诺依曼”，设置字体（分隔符除外）为“楷体_GB2312”，用同样方法设置正文中的其他“冯·诺依曼”文本的字体。
7. 选定正文中的“计算机之父”，单击【开始】选项卡【字体】组中的B按钮。
8. 按照步骤 3 的方法打开【字体】对话框，在【字体】选项卡中的【着重号】下拉列表中选择【·】，单击确定按钮。
9. 选定正文中的“爱因斯坦”，设置字体为“楷体_GB2312”，单击【字体】组中的U按钮右边的按钮，在打开的下拉列表中选择下画线类型。

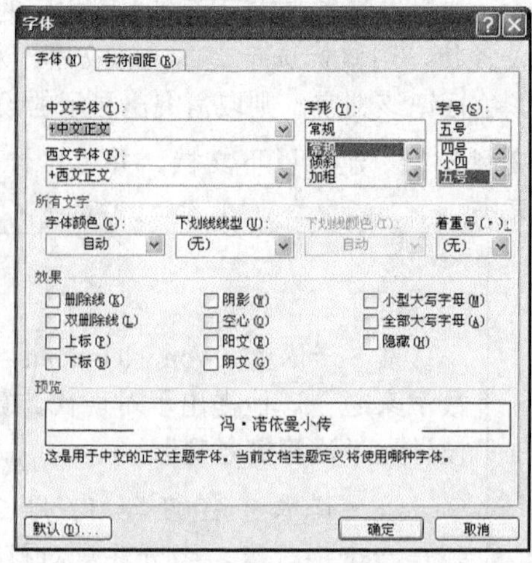

图 3-23 【字体】选项卡

10. 选定正文中的“存储程序”，单击【字体】组中的U按钮右边的按钮，在打开的下拉列表中选择“波浪线”类型。用同样的方法设置正文中的“EDVAC 方案”、“冯·诺依曼体系结构”、“冯·诺依曼机”和“存储程序”。
11. 选定正文中的“此时冯·诺依曼还不到 18 岁。”，单击【字体】组中的I按钮。用同样方法设置正文中的“此时冯·诺依曼年仅 22 岁。”和“此时冯·诺依曼还不到 30 岁。”。
12. 单击按钮，以“计算机之父.docx”为文件名保存文档到“我的文档”文件夹中，然后关闭文档。

3.5 Word 2007 的段落排版

两个回车符之间的内容（包括后一个回车符）为一个段落。段落格式主要包括对齐、缩进、行间距、段间距以及边框和底纹等。段落排版通常使用【开始】选项卡的【段落】组（见图 3-24）中的工具来完成。

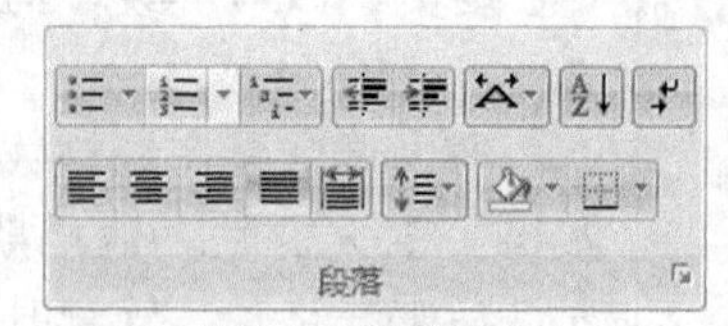

图 3-24 【段落】组

在设置段落格式时，如果选定了段落，那么设置对选定的段落生效，否则对光标所在的段落生效。

3.5.1 设置对齐方式

Word 2007 中段落的对齐方式主要有“左对齐”、“居中”、“右对齐”、“两端对齐”和“分散对齐”。其中，“两端对齐”是默认对齐方式。设置对齐方式有以下几种方法。

- 单击【段落】组中的按钮，将当前段或选定的各段设置成“左对齐”方式，正文沿页面的左边对齐。
- 单击【段落】组中的按钮，将当前段或选定的各段设置成“居中”方式，段落最后一行正文在该行中间。

- 单击【段落】组中的按钮，将当前段或选定的各段设置成“右对齐”方式，段落最后一行正文沿页面的右边对齐。
- 单击【段落】组中的按钮，将当前段或选定的各段设置成“两端对齐”方式，正文沿页面的左右边对齐。
- 单击【段落】组中的按钮，将当前段或选定的各段设置成“分散对齐”，段落最后一行正文均匀分布。

3.5.2　设置段落缩进

段落缩进是指正文与页边距之间保持的距离，有“左缩进”、“右缩进”、“首行缩进”、“悬挂缩进”等方式。用工具按钮设置段落缩进有以下方法。

- 单击【段落】组中的按钮一次，当前段或选定各段的左缩进位置减少一个汉字的距离。
- 单击【段落】组中的按钮一次，当前段或选定各段的左缩进位置增加一个汉字的距离。

Word 2007 的水平标尺（见图 3-25）上有 4 个小滑块，这几个滑块不仅体现了当前段落或选定段落相应缩进的位置，还可以设置相应的缩进。

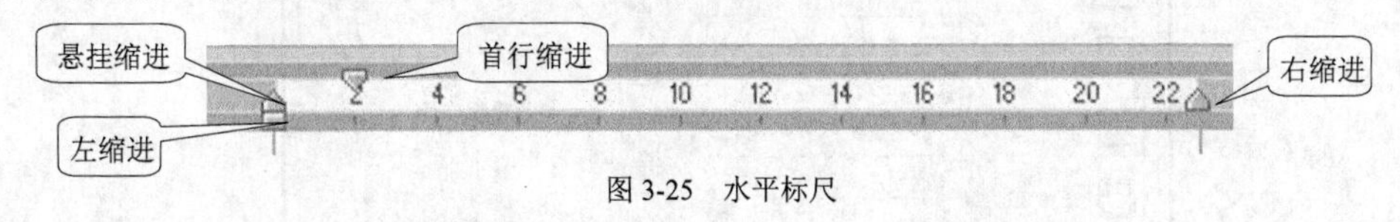

图 3-25　水平标尺

用水平标尺设置段落缩进有以下方法。

- 拖曳首行缩进滑块，调整当前段或选定各段第 1 行缩进的位置。
- 拖曳左缩进滑块，调整当前段或选定各段左边界缩进的位置。
- 拖曳悬挂缩进滑块，调整当前段或选定各段中首行以外其他行缩进的位置。
- 拖曳右缩进滑块，调整当前段或选定各段右边界缩进的位置。

3.5.3　设置行间距

行间距是段落中各行文本间的垂直距离。Word 2007 默认的行间距称为基准行距，即单倍行距。

单击【段落】组中的按钮，打开如图 3-26 所示的【行距】列表，列表中的数值是基准行距的倍数，选择其中一个，即可将当前段落或选定段落的行距设置成相应倍数的基准行距。如果选择【行距选项】命令，则弹出一个对话框，通过该对话框，可设置更精确的行间距。

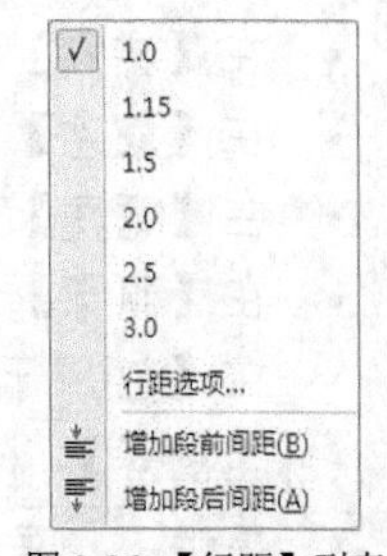

图 3-26 【行距】列表

3.5.4　设置段落间距

段落间距是指相邻两段除行距外加大的距离，分为段前间距和段后间距。段落间距默认的单位是“行”，段落间距的单位还可以是“磅”。Word 2007 默认的段前间距和段后间距都是 0 行。

单击【段落】组中的按钮，打开如图 3-26 所示的【行距】列表，选择【增加段前间距】命令，即可将当前段落或选定段落的段落前间距增加 12 磅；选择【增加段后间距】命令，即可将当前段落或选定段落的段落后间距增加 12 磅。

增加了段前间距或段后间距后，【行距】列表中的【增加段前间距】命令将变成【删除段前间距】命令，【增加段后间距】命令将变成【删除段后间距】命令。选择一个命令，可删除段前间距或段后间距，恢复成默认的段前间距或段后间距。

3.5.5 设置边框和底纹

一、 设置边框

选定整个段落，单击【段落】组中的按钮，在打开的边框列表中选择【外围框线】命令，选定的段落加上边框，如果选择【无框线】，则取消段落边框，如果选择【边框和底纹】命令，弹出如图 3-27 所示【边框和底纹】对话框，当前选项卡是【边框】选项卡。

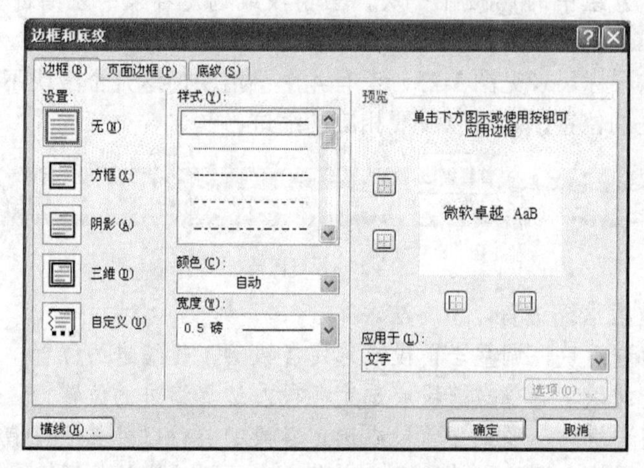

图 3-27 【边框和底纹】对话框

在【边框】选项卡中，可进行以下操作。

- 在【设置】组中，选择边框的类型。
- 在【样式】列表框中，选择边框的线型。
- 在【颜色】下拉列表中，选择边框的颜色。
- 在【宽度】下拉列表中，选择边框的宽度。
- 在【预览】组中，单击相应的某个按钮，设置或取消边线。
- 在【应用于】下拉列表中，选择设置边框的对象，设置段落的边框应选择【段落】。
- 单击 确定 按钮，完成边框的设置。

如果要取消边框，只要在图 3-27 所示的【边框和底纹】对话框中的【设置】选项中选择【无】即可。

二、 设置底纹

在图 3-27 所示的【边框和底纹】对话框中，打开【底纹】选项卡，结果如图 3-28 所示，可进行以下操作。

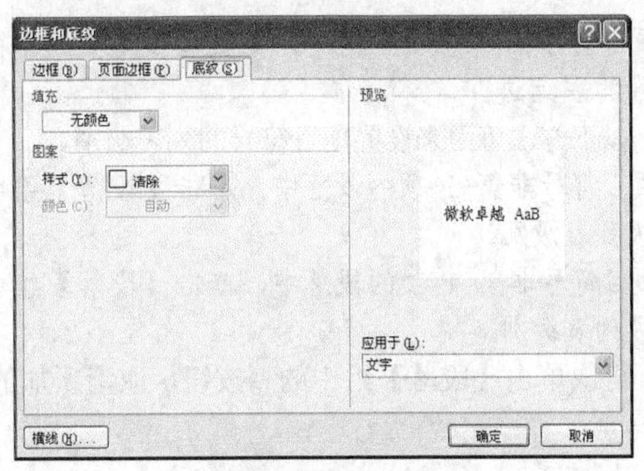

图 3-28 【底纹】选项卡

- 在【填充】下拉列表中，选择填充颜色。
- 在【样式】下拉列表中，选择填充图案的样式。
- 在【颜色】下拉列表中，选择图案的颜色。
- 在【应用于】下拉列表框中，选择设置底纹的对象，设置段落的底纹应选择“段落”。
- 单击 确定 按钮，完成底纹的设置。

如果要取消底纹，只要在图 3-28 所示的【底纹】选项卡中的【填充】下拉列表中选择“无颜色”，并且在【样式】下拉列表中选择“清除”即可。

3.5.6 设置项目符号

项目符号是放在段落前的圆点或其他符号，以增加强调效果。段落加上项目符号后，该段自动设置成悬挂缩进方式。项目符号有不同的列表级别，第一级没有左缩进，每增加一级，左缩进增加相当于两个汉字的位置。不同级别的项目符号，采用不同的符号。设置项目符号有以下常用方法。

- 单击【段落】组中的☰按钮，用最近使用过的项目符号和列表级别设置当前段或选定各段的项目符号。
- 单击【段落】组☰按钮右边的▾按钮，打开如图 3-29 所示的【项目符号】列表，从中选择一种项目符号后，给当前段或选定各段加上该项目符号，列表级别是最近使用过的列表级别。
- 在图 3-29 所示的【项目符号】列表中，选择【定义新项目符号】命令，打开【定义新项目符号】对话框，从中可选择一个新的项目符号，或设置项目符号的字体和字号，还可选择一个图片作为项目符号。

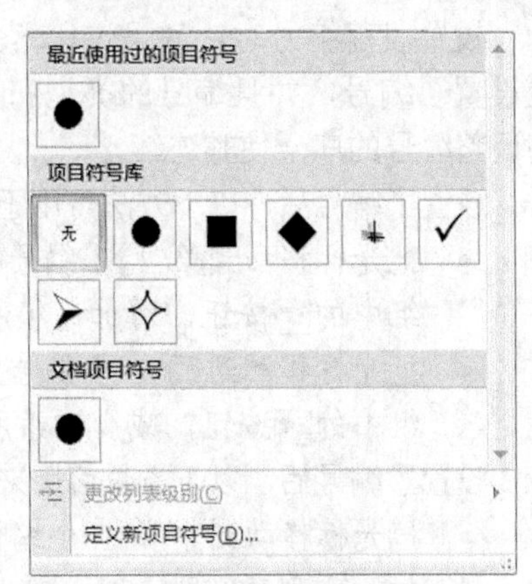

图 3-29 【项目符号】列表

设置了项目符号后，以下方法可用来设置项目符号的缩进。

- 把光标移动到项目符号第 1 项的段落中，单击【段落】组中的☰按钮，增加该组所有项目符号的左缩进。

- 把光标移动到项目符号第 1 项的段落中，单击【段落】组中的按钮，减少该组所有项目符号的左缩进。

设置了项目符号后，以下方法可用来设置项目符号的列表级别。

- 把光标移动到项目符号非第 1 项的段落中，单击【段落】组中的按钮，为项目符号增加一级列表级别。
- 把光标移动到项目符号非第 1 项的段落中，单击【段落】组中的按钮，为项目符号减少一级列表级别。

设置了项目符号后，再次单击【段落】组中的按钮，取消所加的项目符号。

3.5.7 设置编号

编号是放在段落前的序号，以增强顺序性。段落加上编号，该段自动设置成悬挂缩进方式。段落编号是自动维护的，添加和删除段落后，Word 2007 自动调整编号，以保持编号的连续性。编号也有列表级别，其定义与项目符号的列表级别类似，只不过不同的列表级别，用不同的编号式样。有以下常用的设置方法。

- 单击【段落】组中的按钮，用最近使用过的编号方式和列表级别设置当前段或选定各段的编号。
- 单击【段落】组按钮右边的按钮，打开如图 3-31 所示【编号】列表，从中选择一种编号后，给当前段或选定各段加上这种编号，列表级别是最近使用过的列表级别。
- 在图 3-30 所示的【编号】列表中，选择【定义新编号格式】命令，打开【定义新编号格式】对话框，在该对话框中可选择一个新的编号类型，还可设置编号的字体和字号。

图 3-30 【编号】列表

设置段落编号时，如果该段落的前一段落或后一段落已经设置了编号，并且编号的类型和列表级别相同，系统会自动调整编号的序号使其连续。

设置了编号后，以下方法可用于编号的缩进。

- 把光标移动到第 1 个编号的段落中，单击【段落】组中的按钮，增加该组所有编号的左缩进。
- 把光标移动到第 1 个编号的段落中，单击【段落】组中的按钮，减少该组所有编号的左缩进。

设置了编号后，以下方法可用来设置编号的列表级别。

- 把光标移动到非第 1 个编号的段落中，单击【段落】组中的按钮，为编号增加一级列表级别。
- 把光标移动到非第 1 个编号的段落中，单击【段落】组中的按钮，为编号减少一级列表级别。

设置了编号后，再次单击【段落】组中的按钮，取消所加的编号。

【例 3-2】 建立以下文档，并以“一封信.docx”为文件名保存到“我的文档”文件夹中。

尊敬的申老师：

您好！

今天是大年初一，给您拜年了。这几天一直在做您给我的几何题。可能是我的见识太窄，我从未见过如此难的几何题。这些题的结论看上去都很明显，但证明起来却很困难。不过令人欣喜的是，我终于在吃年夜饭前，证出了所有的题。随后，我会把我的证明整理出来，给您寄去，望给评判。

我家是卖茶叶的，全国各地的名茶比比皆是。证明几何题时，为了提神，我不停地喝茶，几乎每 3 小时换一种名茶，边饮茶边证题，虽然单调，但很充实。所有题证明完后，我惊奇地发现：您的几何题就像名茶一样，不仅提神，而且回味无穷。

您的弟子每年都在国际数学奥林匹克竞赛中摘金夺银，真是让我羡慕。我也希望将来成为这个队伍中的一员。请申老师相信，我会努力的，我会一直努力的。

此致

敬礼！

您的学生：葛傲

2009 年 1 月 26 日

附：我从这些题中归纳的常用定理：

- ❖ Ceva 定理
- ❖ Pappus 定理
- ❖ Ptolemy 定理
- ❖ Menelaus 定理

操作步骤如下。

1. 启动 Word 2007。
2. 在输入书信内容前，先设置字号为“小五”。
3. 不考虑任何格式，在文档中输入书信的全部内容。
4. 选定落款的 2 段，单击【段落】组中的按钮。
5. 选定从“您好!”到“此致”之间各段，单击【段落】组右下角的按钮，弹出【段落】对话框，当前选项卡为【缩进和间距】选项卡，如图 3-31 所示。
6. 在【缩进和间距】选项卡中的【特殊格式】下拉列表中选择“首行缩进”，在【度量值】数值框中输入或调整为“2 字符”，单击 确定 按钮。
7. 选定从“您好!”到“此致”之间各段，按照步骤 5 的方法打开【段落】对话框，在【缩进和间距】选项卡中的【段前】数值框中输入“0.25 行”，在【段后】数值框中输入“0.25 行”，单击 确定

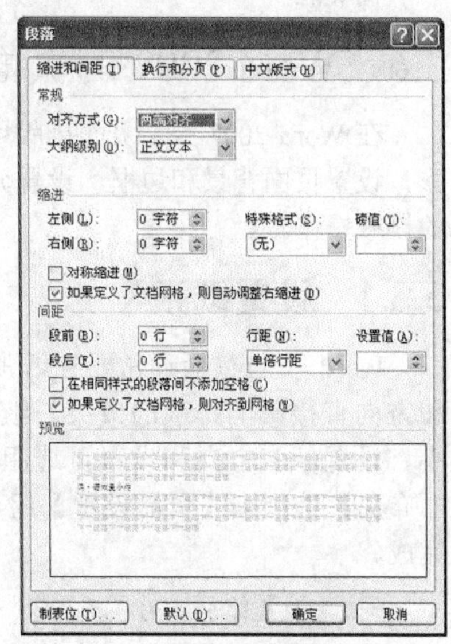

图 3-31 【缩进和间距】选项卡

按钮。

8. 将鼠标指针移动到“您的学生：葛傲”段中，在【缩进和间距】选项卡中，在【段前】数值框中输入或调整为“1 行”，单击 确定 按钮。
9. 选定最后 4 行，单击【开始】选项卡【段落】组☰按钮右边的▾按钮，打开【项目符号】列表。
10. 在【项目符号】列表中，选择【定义新项目符号】选项，弹出如图 3-32 所示的【定义新项目符号】对话框。
11. 在【定义新项目符号】对话框中，单击 字符(C)... 按钮，弹出如图 3-33 所示的【符号】对话框。

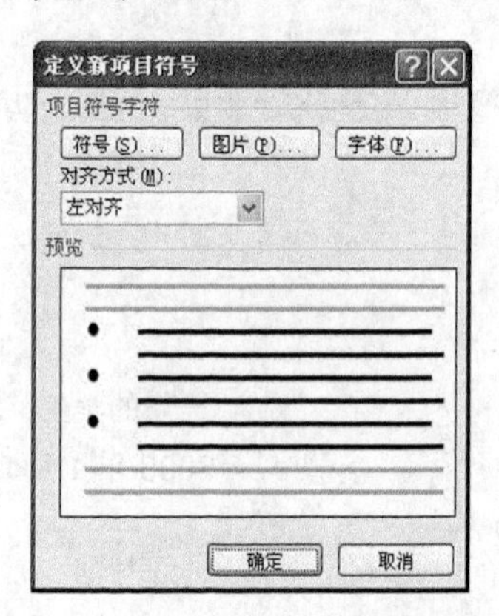

图 3-32 【定义新项目符号】对话框

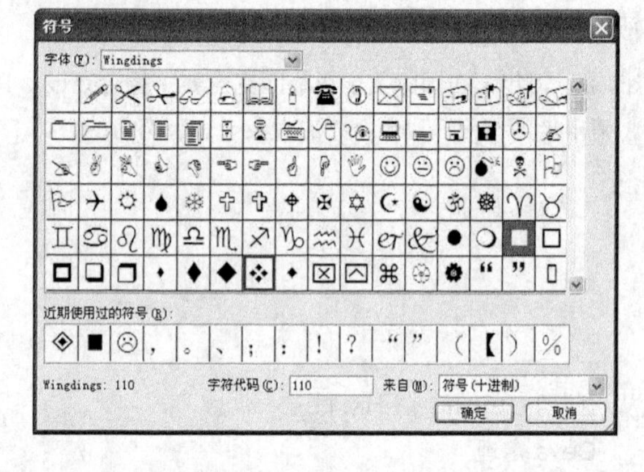

图 3-33 【符号】对话框

12. 在【符号】对话框的【符号】列表中选择最后一行第 7 个符号，单击 确定 按钮，返回【定义新项目符号】对话框。
13. 在【定义新项目符号】对话框中，单击 确定 按钮。
14. 单击💾按钮，以“一封信.docx”为文件名保存文档到“我的文档”文件夹中，然后关闭文档。

3.6 Word 2007 的页面排版

在 Word 2007 中，页面排版用来设置整个页面的效果。页面排版常用的设置包括设置纸张，设置页面背景和边框，设置分栏，插入分隔符，插入页眉、页脚和页码。本节介绍页面的排版操作。

3.6.1 设置纸张

Word 文档最后通常要在纸张上打印出来，纸张的大小和方向直接影响排版的效果。纸张的设置包括设置纸张大小、设置纸张方向和设置页边距。设置纸张通常使用【页面布局】选项卡【页面设置】组（见图 3-34）中的工具来完成。

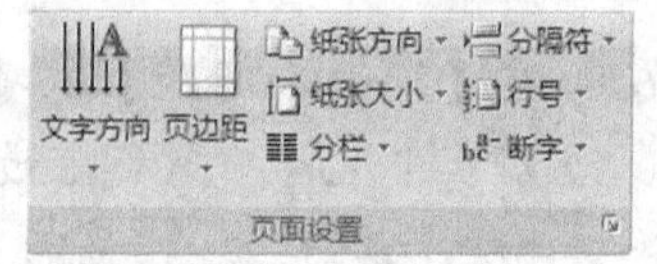

图 3-34 【页面设置】组

一、 设置纸张大小

单击【页面设置】组中的 纸张大小 按钮，打开如图 3-35 所示的【纸张大小】列表。

从【纸张大小】下拉列表中选择一种纸张类型，将当前文档的纸张设置为相应的大小。如果选择【其他页面大小】命令，则弹出【页面设置】对话框，当前选项卡是【纸张】，如图 3-36 所示。

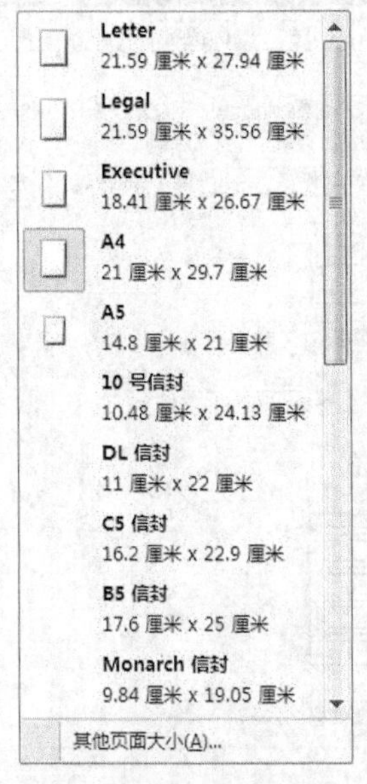

图 3-35　【纸张大小】列表

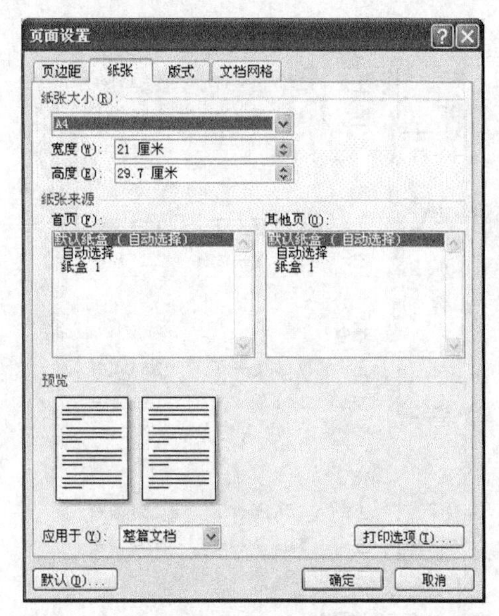

图 3-36　【纸张】选项卡

在【纸张】选项卡中，可进行以下操作。

- 在【纸张大小】下拉列表中选择所需要的标准纸张类型，Word 2007 中默认设置为“A4（210 × 297 毫米）”纸。
- 如果标准纸张类型不能满足需要，可在【宽度】和【高度】数值框内输入或调整宽度或高度数值。
- 在【应用于】下拉列表中，选择要应用的文档范围，默认范围是“整篇文档”。
- 单击 确定 按钮，完成纸张设置。

二、　设置纸张方向

纸张的方向有横向和纵向两种，通常情况下，默认的纸张方向是纵向。根据需要，用户可以改变纸张的方向。单击【页面设置】组中的 纸张方向 按钮，打开如图 3-37 所示的【纸张方向】列表，从中选择一种方向，即可将当前文档的纸张设置为相应的方向。

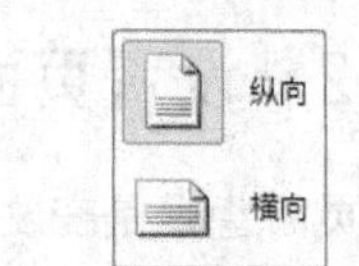

图 3-37　【纸张方向】列表

三、　设置页边距

页边距是页面四周的空白区域。通常可以在页边距的可打印区域中插入文字和图形，也可以将某些项放在页边距中，如页眉、页脚、页码等。页边距包括 4 项：距纸张上边缘的距离、距纸张下边缘的距离、距纸张左边缘的距离、距纸张右边缘的距离。除了页边距外，有时还需要设置装订线边距，装订线边距在要装订的文档两侧或顶部添加额外的边距空间，以免因装订而遮住文字。

单击【页面设置】组中的【页边距】按钮，打开如图 3-38 所示的【页边距】列表。在【页边距】列表中，选择一种页边距类型，即可将当前文档的纸张设置为相应的边距。如果选择【自定义边框】命令，弹出【页面设置】对话框，当前选项卡是【页边距】，如图 3-39 所示。

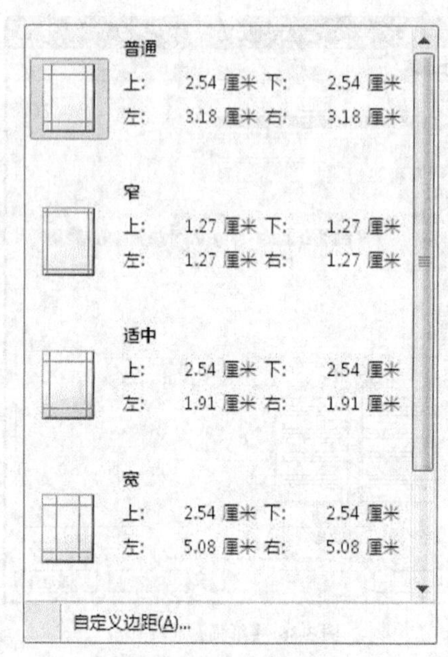

图 3-38 【页边距】列表

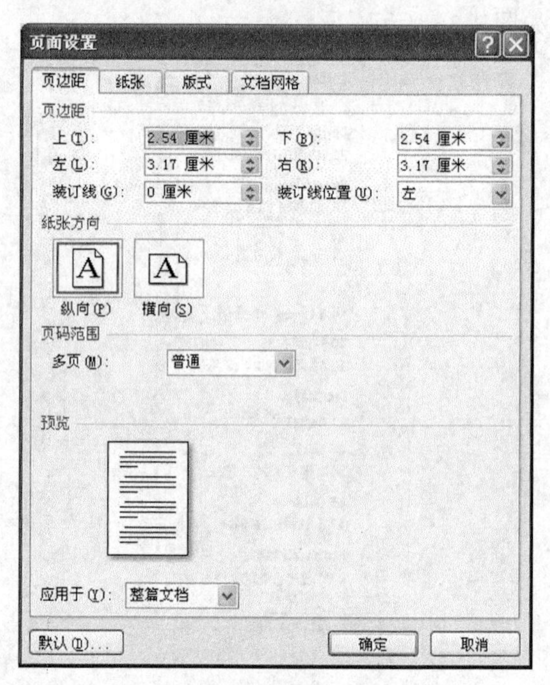

图 3-39 【页边距】选项卡

在【页边距】选项卡中，可进行以下操作。

- 在【上】、【下】、【左】、【右】数值框中，输入数值或调整数值，改变上、下、左、右边距。
- 在【装订线】数值框中，输入或调整数值，打印后保留出装订线距离。
- 在【装订线位置】下拉列表中选择装订线的位置。
- 在【应用于】下拉列表中，选择页边距的作用范围。
- 单击 确定 按钮，完成页边距的设置。

3.6.2 设置页面背景和边框

页面背景是在文本后面的文本或图片，页面背景通常用于增加趣味或标识文档状态。页面背景设置包括设置水印、设置页面颜色等。通常使用【页面布局】选项卡【页面背景】组（见图 3-40）中的工具来完成。

图 3-40 【页面背景】组

一、 设置水印

水印是出现在文档文本后面的浅色文本或图片。单击【页面背景】组中的 水印 按钮，打开如图 3-41 所示的【水印】列表，可进行以下操作。

- 选择一种水印类型，页面的背景设置为相应的水印效果。
- 选择【删除水印】命令，可取消页面背景的水印效果。
- 选择【自定义水印】命令，弹出如图 3-42 所示的【水印】对话框。

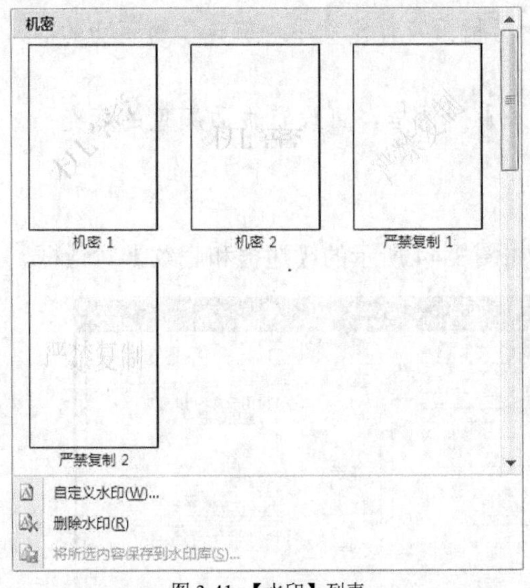

图 3-41 【水印】列表

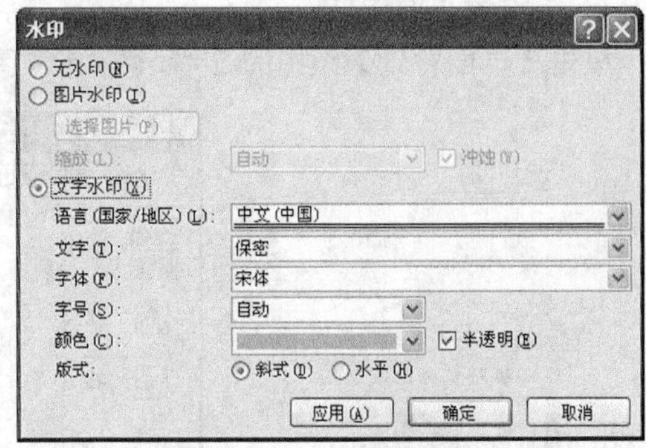

图 3-42 【水印】对话框

在【水印】对话框中，可进行以下操作。

- 选择【无水印】单选钮，则页面无水印。
- 选择【图片水印】单选钮，则以图片为页面水印，该组中其他选项被激活。
- 选择【图片水印】单选钮后，单击 选择图片(P)... 按钮，打开【插入图片】对话框，可从中选择一个图片作为水印。
- 选择【图片水印】单选钮后，在【缩放】下拉列表中选择图片的缩放比例。
- 选择【图片水印】单选钮后，如果选择【冲蚀】复选框，所选择的图片淡化处理后作为水印。
- 选择【文字水印】单选钮，则以文字作为页面水印，该组中的选项被激活。
- 选择【文字水印】单选钮后，在【语言】下拉列表中选择语言的种类，以该语言的文字作为水印。
- 选择【文字水印】单选钮后，在【文字】下拉列表中选择或输入水印的文字。
- 选择【文字水印】单选钮后，在【字体】下拉列表中选择水印文字的字体。
- 选择【文字水印】单选钮后，在【字号】下拉列表中选择水印文字的字号。
- 选择【文字水印】单选钮后，在【颜色】下拉列表中选择水印文字的颜色。
- 选择【文字水印】单选钮后，如果选择【版式】组中的【斜式】单选钮，水印文字斜排。如果选择【版式】组中的【水平】单选钮，水印文字水平排列。
- 选择【文字水印】单选钮后，如果选择【半透明】复选框，水印文字半透明。
- 单击 应用(A) 按钮，按所做的设置水印，不关闭该对话框。
- 单击 确定 按钮，按所做的设置水印，关闭该对话框。

二、 设置页面颜色

单击【页面背景】组中的 页面颜色 按钮，打开如图 3-43 所示的【页面颜色】列表，可进行以下操作。

- 在【主题颜色】列表中选择一种颜色，页面的背景色设置为相应的颜色。
- 选择【无颜色】命令，取消页面背景色的设置。

- 选择【其他颜色】命令，弹出【颜色】对话框，可自定义一种颜色作为页面的背景色。
- 选择【填充效果】命令，弹出【填充效果】对话框，可设置页面颜色的填充效果。

三、 设置页面边框

单击【页面背景】组中的页面边框按钮，弹出如图 3-44 所示的【边框和底纹】对话框。

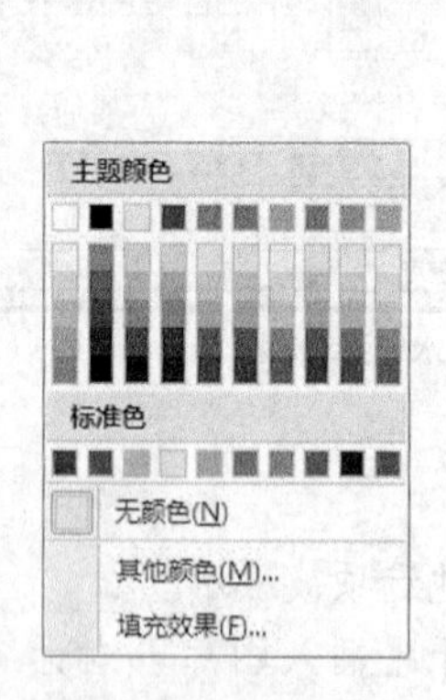

图 3-43 【页面颜色】列表

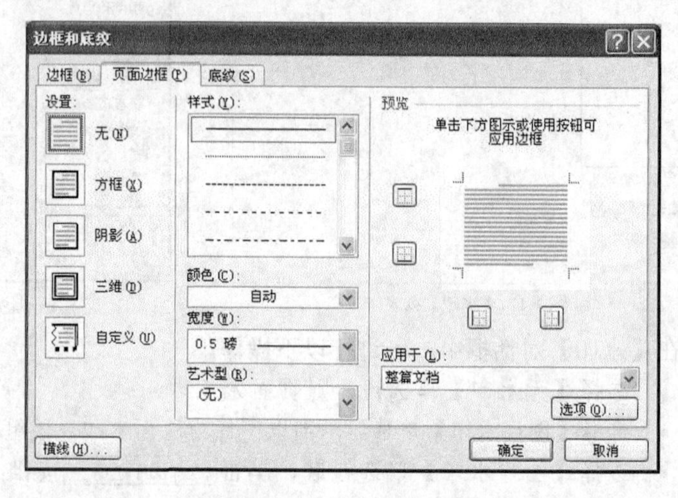

图 3-44 【边框和底纹】对话框

在【边框和底纹】对话框中，可进行以下操作。

- 在【设置】组中选择一种类型的页面边框，如果选择【无】类型，设置页面没有边框。
- 在【样式】列表框中，选择页面边框线的样式。
- 在【颜色】下拉列表中，选择页面边框的颜色。
- 在【宽度】下拉列表中，选择页面边框线的宽度。
- 在【艺术型】下拉列表中，选择一种艺术型的页面边框。
- 在【应用于】下拉列表中，选择页面边框应用的范围，默认是整篇文档。
- 单击选项(O)...按钮，弹出【边框和底纹选项】对话框，在该对话框中可设置边框在页面中的位置。
- 单击确定按钮，设置页面边框。

3.6.3 设置分栏

分栏就是将文档的内容分成多列显示，每一列称为一栏。设置分栏时，如果选定了段落，选定的段落设置成相应的分栏格式；如果没有选定段落，则当前节内的所有段落设置成相应的分栏格式。有关节的概念，参见“3.6.4 插入分隔符”一节。

单击【页面设置】组中的分栏按钮，打开如图 3-45 所示的【分栏】列表，可进行以下操作。

- 选择【一栏】类型，取消分栏的设置。
- 选择【两栏】类型，设置两栏格式的分栏。

- 选择【三栏】类型，设置三栏格式的分栏。
- 选择【偏左】类型，设置两栏格式的分栏，并且左栏窄右栏宽。
- 选择【偏右】类型，设置两栏格式的分栏，并且左栏宽右栏窄。
- 选择【更多分栏】命令，弹出如图 3-46 所示的【分栏】对话框。

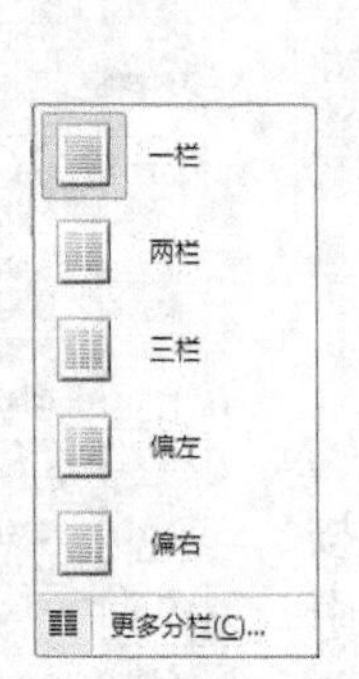

图 3-45 【分栏】列表

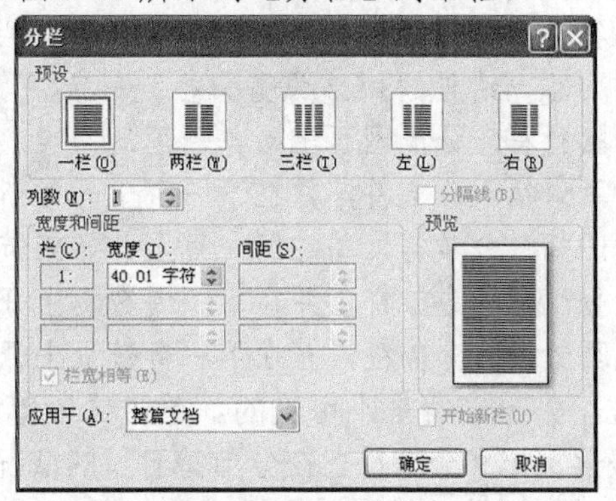

图 3-46 【分栏】对话框

在【分栏】对话框中，可进行以下操作。

- 在【预设】组中，选择所需要的分栏样式，【一栏】表示不分栏。
- 在【列数】数值框中输入或调整所需的栏数。
- 在各【宽度】数值框中输入所需的栏宽度，在各【间距】数值框中输入本栏与其右边栏之间的间距。
- 如果选择【分隔线】复选框，各栏间加分隔线。
- 如果选择【栏宽相等】复选框，各栏的宽度相同。
- 单击 确定 按钮，按所做设置进行分栏。

没选定段落设置分栏后，常常会出现最后一页的最后一栏与前面栏的高度不同（见图 3-47）的情况。只要在最后一栏的末尾插入一个【连续】分节符（参见“3.6.4 插入分隔符”一节），即可使各栏的高度相同，如图 3-48 所示。

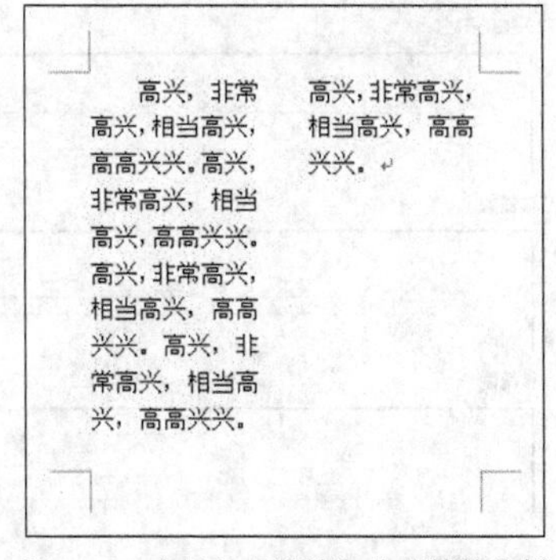

图 3-47　未插入【连续】分节符的分栏

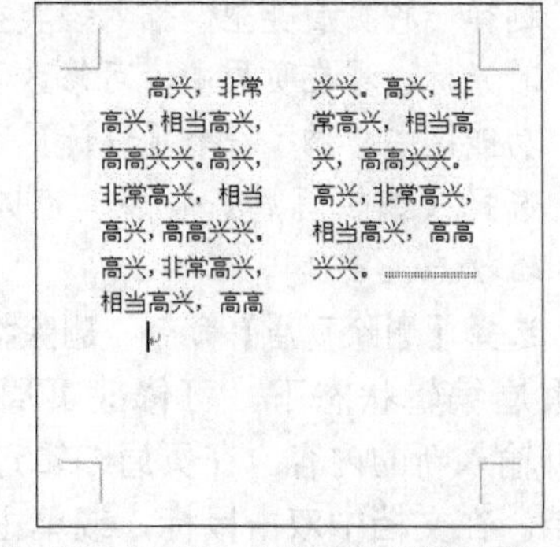

图 3-48　插入【连续】分节符的分栏

3.6.4　插入分隔符

分隔符分为分页符和分节符，分页符用来开始新的一页，分节符用来开始新的一节，不同的节内可设置不同的排版方式，默认情况下整个文档是一节。

单击【页面设置】组中的分隔符按钮，打开如图 3-49 所示的【分隔符】列表，从中选择一种分隔符，即可在光标处插入该分隔符。【分隔符】列表中各种分隔符的作用如下。

- 分页符：标记一页终止，并开始下一页。
- 分栏符：指示分栏符后面的文字将从下一栏开始。有关分栏的内容，请见“3.6.3 设置分栏”一节。
- 自动换行符：分隔网页上对象周围的文字。
- 下一页：插入分节符，并在下一页上开始新节。
- 连续：插入分节符，并在同一页上开始新节。
- 偶数页：插入分节符，并在下一偶数页上开始新节。
- 奇数页：插入分节符，并在下一奇数页上开始新节。

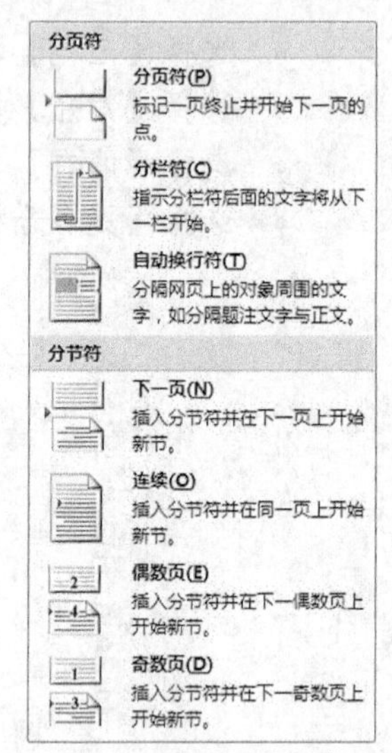

图 3-49 【分隔符】列表

默认情况下，分节符是不可见的。单击【段落】组中的按钮，可显示段落标记和分节符。在分节符可见的情况下，在文档中选定分节符后，按 Delete 键即可将其删除。

3.6.5 插入页眉、页脚和页码

页眉和页脚是文档中每个页面的顶部、底部和两侧的页边距中的区域。在页眉和页脚中可插入文本或图形。页码是为文档每页所编的号码，通常添加在页眉或页脚中。通常使用【插入】选项卡【页眉和页脚】组（见图 3-50）中的工具，插入页眉、页脚和页码。

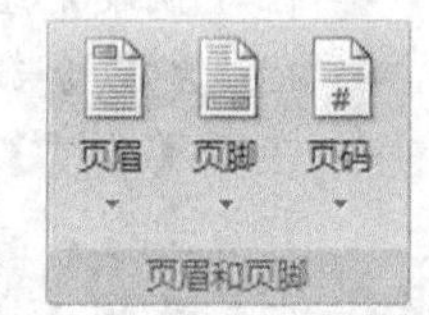

图 3-50 【页眉和页脚】组

一、 插入页眉

单击【页眉和页脚】组中的【页眉】按钮，打开如图 3-51 所示的【页眉】列表，可进行以下操作。

- 选择一种页眉类型，插入该类型的页眉。这时光标出现在页眉中，可修改页眉。同时，功能区中增添了一个【设计】选项卡。
- 选择【编辑页眉】命令，可以进入页眉编辑状态。
- 选择【删除页眉】命令，删除插入的页眉。

在页眉编辑状态下，可修改页眉中各域的内容，也可输入新的内容。在页眉编辑过程中，不能编辑文档。在文档中双击鼠标，或单击【设计】选项卡【关闭】组中的【关闭页眉和页脚】命令，可退出页眉编辑状态，返回到文档编辑状态。

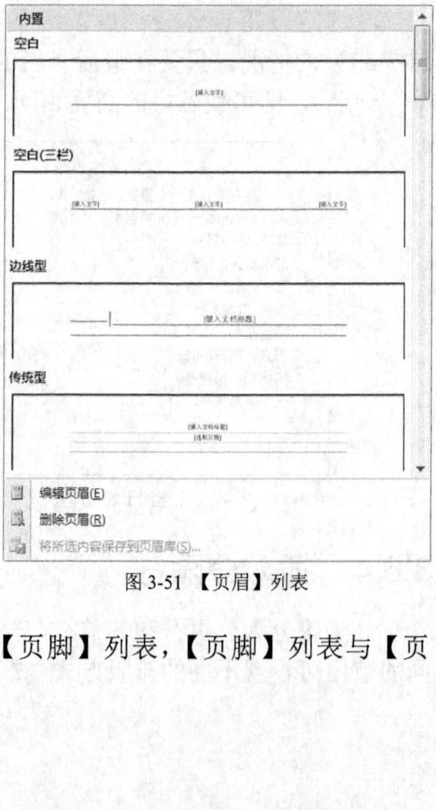

图 3-51 【页眉】列表

二、 插入页脚

单击【页眉和页脚】组中的【页脚】按钮，打开【页脚】列表，【页脚】列表与【页眉】列表类似，相应的操作也类似，这里不再重复。

三、 插入页码

页码是文档页数的编号，页码通常插入在页眉或页脚中。单击【页眉和页脚】组中的【页码】按钮，打开如图 3-52 所示的【页码】菜单，可进行以下操作。

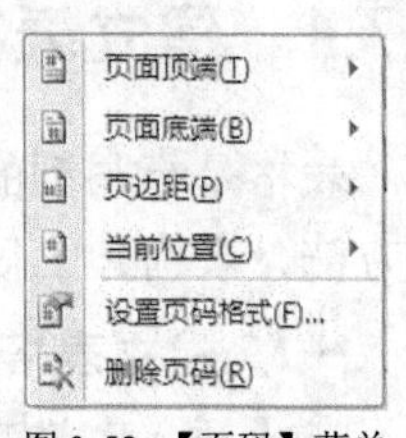

图 3-52 【页码】菜单

- 选择【页面顶端】命令，打开【页面顶端】子菜单（见图 3-53），选择一种页码类型后，在页面顶端插入相应类型的页码。
- 选择【页面底端】命令，打开【页面底端】子菜单（类似图 3-53），选择一种页码类型后，在页面底端插入相应类型的页码。
- 选择【页边距】命令，打开【页边距】子菜单（类似图 3-53），选择一种页码类型后，在页边距中插入相应类型的页码。
- 选择【当前位置】命令，打开【当前位置】子菜单（类似图 3-53），选择一种页码类型后，在当前位置插入相应类型的页码。
- 选择【删除页码】命令，删除已插入的页码。
- 选择【设置页码格式】命令，弹出如图 3-54 所示的【页码格式】对话框。

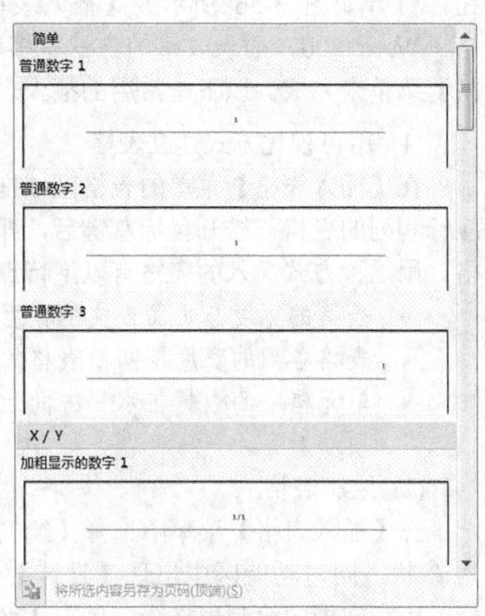

图 3-53 【页面顶端】子菜单

在【页码格式】对话框中，可进行以下操作。

- 在【编号格式】下拉列表中，选择一种页码的编号格式。
- 选择【包含章节号】复选框，页码中可包含章节号，该组中的选项被激活，可继续进行相应设置。
- 选择【包含章节号】复选框后，在【章节起始样式】下拉列表中选择起始标题的级别（如标题 1、标题 2 等）。
- 选择【包含章节号】复选框后，在【使用分隔符】下拉列表中选择不同级别标题之间的分隔符。
- 选择【续前节】单选钮，页码接着前一节的编号，如果整个文档只有一节，页码从 1 开始编号。
- 选择【起始页码】单选钮，可在右边的数值框中输入或调整起始页码。
- 单击 确定 按钮，设置页码格式。

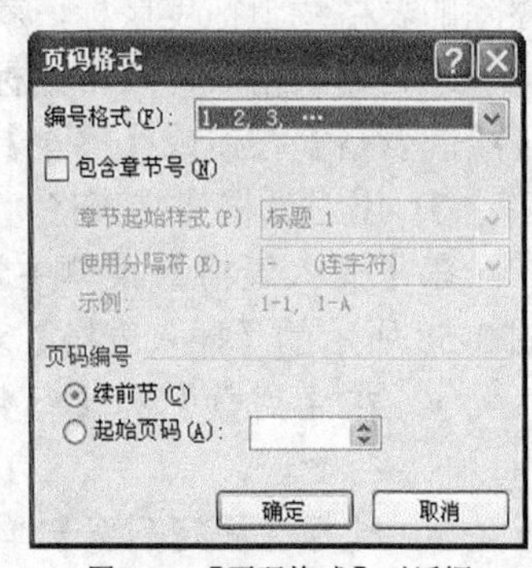

图 3-54 【页码格式】对话框

3.7 Word 2007 的表格处理

在文档中，用表格显示数据既简明又直观。Word 2007 提供了强大的表格处理功能，包括建立表格、编辑表格、设置表格等。本节介绍 Word 2007 的表格处理功能。

3.7.1 建立表格

表格是行与列的集合，行和列交叉形成的单元叫做单元格。Word 2007 有多种建立表格的方法，表格建立后，可以在单元格中输入文字，也可以修改表格中的文字。

一、 建立表格

在【插入】选项卡的【表格】组（见图 3-55）中，单击【表格】按钮，打开如图 3-56 所示的【插入表格】菜单，通过该菜单，可插入表格。Word 2007 插入表格的方法有多种，这些方法都可以通过【插入表格】菜单来完成。以下是常用的插入表格方法。

图 3-55 【表格】组

(1) 用可视化方式建立表格

在【插入表格】菜单的表格区域拖曳鼠标，文档中会出现相应行和列的表格，松开鼠标左键后，即可在光标处插入相应的表格。用这种方式插入的表格有以下特点。

- 表格的宽度与页面正文的宽度相同。
- 表格各列的宽度相同，表格的高度是最小高度。
- 单元格中的数据在水平方向上两端对齐，在垂直方向上顶端对齐。

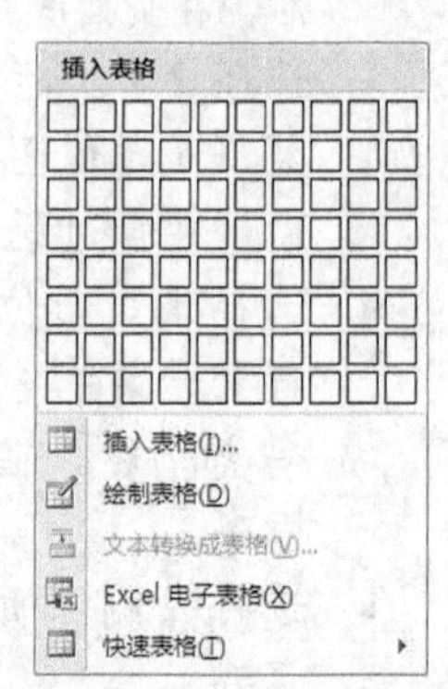

图 3-56 【插入表格】菜单

(2) 绘制表格

在【插入表格】菜单中选择【绘制表格】命令，鼠标指针变为✎状，同时功能区中出现【设计】选项卡，在文档中拖曳鼠标，可在文档中绘制表格线。单击【设计】选项卡中的【绘图边框】组（见图 3-57）中的【擦除】按钮，鼠标变成◇状，在要擦除的表格线上拖曳鼠标，就可擦除一条表格线。

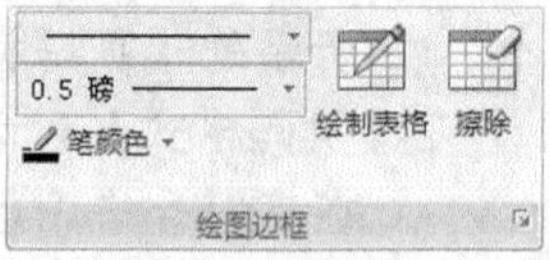

图 3-57 【绘图边框】组

绘制完表格后，双击鼠标或者再次单击【绘图边框】组中的【绘制表格】按钮或【擦除】按钮，光标恢复正常形状，结束表格绘制。

(3) 用对话框建立表格

在【插入表格】菜单中选择【插入表格】命令，弹出如图 3-58 所示的【插入表格】对话框，可进行以下操作。

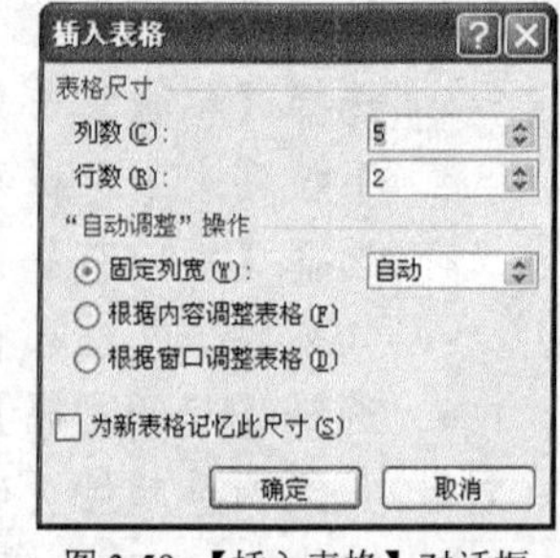

图 3-58 【插入表格】对话框

- 在【列数】和【行数】数值框中输入或调整列数和行数。
- 选择【固定列宽】单选钮，则表格宽度与正文宽度相同，表格各列宽相同。也可在右边的数值框中输入或调整列宽。
- 选择【根据内容调整表格】单选钮，将根据内容调整表格的大小。
- 选择【根据窗口调整表格】单选钮，插入的表格将根据窗口大小调整表格的大小。
- 选择【为新表格记忆此尺寸】复选框，则下一次打开【插入表格】对话框时，默认行数、列数以及列宽为以上设置的值。

- 单击 确定 按钮，按所做设置在光标处插入表格。

(4) 将文字转换成表格

已经按一定格式输入的文本（一个段落转换为表格的一行，各列间用分隔符分隔，分隔符号可以是制表符、英文逗号、空格、段落标记等字符），可以很方便地转换为表格。

将文字转换成表格前，先选定要转换的文本，然后在【插入表格】菜单中选择【文本转换成表格】命令，弹出如图 3-59 所示的【将文字转换成表格】对话框，可进行以下操作。

- 在【列数】数值框中，系统根据选定的文本自动产生一个列数，如果需要，可输入或调整这个数值。
- 在【“自动调整”操作】组中选择一种表格调整方式。
- 在【文字分隔位置】选项组中，根据需要选择一种分隔符，如果选择了【其他字符】单选钮，应在其右侧的文本框中输入所采用的分隔符。
- 单击 确定 按钮，选定的文本按所做设置转换成相应的表格。

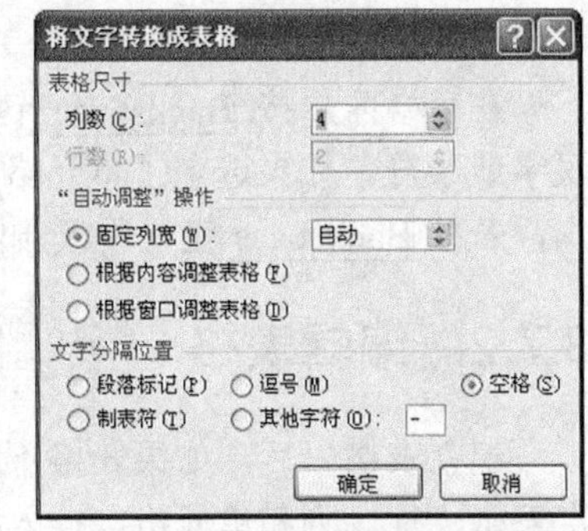

图 3-59 【将文字转换成表格】对话框

(5) 建立快速表格

在【插入表格】菜单中选择【快速表格】命令，打开【内置表格】列表。列表中包含了预先建立好的常用表格，表格中已填写了文字，并设置了相应的格式，从中选择一个表格后，在光标处插入该表格。

二、 编辑表格文本

表格建立后，光标自动移动到表格内，这时功能区中增加了与表格相关的【设计】选项卡和【布局】选项卡。在文档中移动光标，如果光标移动到表格内，功能区中也会增加这两个选项卡。编辑表格文本常用的操作有：表格内移动光标、表格内输入文本和表格内删除文本。

(1) 表格内移动光标

只有将光标移动到某一单元格，才可以在该单元格中输入、修改或删除文本。单击某单元格，光标会自动移动到该单元格中，也可通过快捷键在表格内移动光标。表 3-4 所示为表格中常用的移动光标快捷键。

表 3-4　　表格中常用的移动光标快捷键

按　键	功　能	按　键	功　能
↑	光标向上移动一个单元格	Alt+Home	光标移到当前行的第 1 个单元格
↓	光标向下移动一个单元格	Alt+End	光标移到当前行的最后一个单元格
←	光标向左移动一个字符	Alt+Page Up	光标移到当前列的第 1 个单元格
→	光标向右移动一个字符	Alt+Page Down	光标移到当前列的最后一个单元格
Tab	光标移到下一个单元格	Shift+Tab	光标移到上一个单元格

在表格中移动光标有以下特点。

- 光标位于单元格的第 1 个字符时，按←键，光标向左移动一个单元格。
- 光标位于单元格的最后一个字符时，按→键，光标向右移动一个单元格。
- 光标位于表格的最后一个单元格时，按 Tab 键，会增加一个新行。

(2) 表格内输入文本

将光标移动到指定单元格后，在这个单元格中可以直接输入文本。如果输入的文本有多段，按回车键另起一段。如果输入的文本超过单元格的宽度，系统会自动换行并调整单元格的高度。

(3) 表格内删除文本

在表格内，按 Backspace 键删除光标左面的汉字或字符，按 Delete 键删除光标右面的汉字或字符。如果选定了单元格（参见下一节），按 Delete 键删除所选定单元格中的所有文本，若按 Backspace 键，不仅删除文本，而且连单元格一起删除。

3.7.2 编辑表格

建立表格以后，如果表格不满足要求，可以对表格进行编辑。常用的表格编辑操作有选定表格、行、列和单元格，插入行和列，删除表格、行、列和单元格，合并、拆分单元格、合并、拆分表格等。

一、 选定表格、行、列和单元格

选定表格、行、列和单元格时，除了使用鼠标直接选定外，通常单击【布局】选项卡【表】组（见图 3-60）中的 选择 按钮，打开如图 3-61 所示的【选择】菜单，然后选择相应的命令。

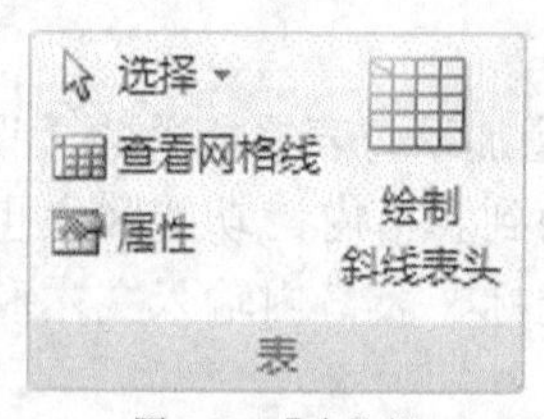

图 3-60 【表】组

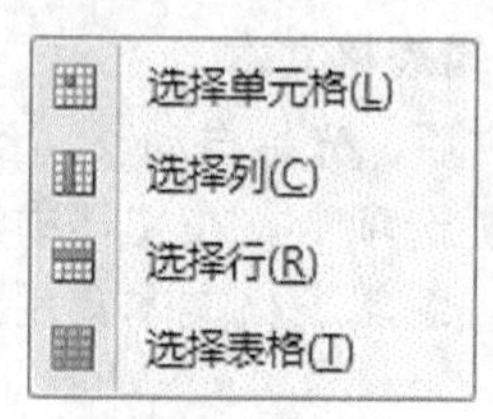

图 3-61 【选择】菜单

(1) 选定表格

- 把鼠标指针移动到表格中，表格的左上方会出现一个表格移动手柄⊞，单击该手柄即可选定表格。
- 在【选择】菜单中选择【选择表格】命令。

(2) 选定行

- 将鼠标指针移动到表格左侧，鼠标指针变为 ↗ 状时单击鼠标，选定相应行。
- 将鼠标指针移动到表格左侧，鼠标指针变为 ↗ 状时拖曳鼠标，选定多行。
- 在【选择】菜单中选择【选择行】命令，选定光标所在行。

(3) 选定列

- 将鼠标指针移动到表格顶部，鼠标指针变为 ↓ 状时单击鼠标，选定相应列。
- 将鼠标指针移动到表格顶部，鼠标指针变为 ↓ 状时拖曳鼠标，选定多列。
- 在【选择】菜单中选择【选择列】命令，选定光标所在列。

(4) 选定单元格

- 将鼠标指针移到单元格左侧，鼠标指针变为↗状时单击鼠标，选定该单元格。
- 将鼠标指针移动到单元格左侧，鼠标指针变为↗状时拖曳鼠标，选定多个相邻单元格。
- 在【选择】菜单中选择【选择单元格】命令，选定光标所在单元格。

二、 插入行和列

插入行和列时，除使用键盘直接插入外，还可以使用【布局】选项卡【行和列】组（见图 3-62）中的工具。

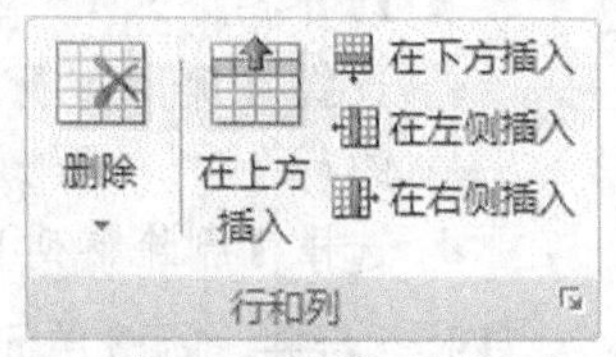

图 3-62 【行和列】组

(1) 插入行

- 将光标移动到表格的最后一个单元格，按 Tab 键，在表格的末尾插入一行。
- 将光标移动到表格某行尾的段落分隔符上，按 Enter 键，在该行下方插入一行。
- 单击【行和列】组中的【在上方插入】按钮，在当前行上方插入一行。
- 单击【行和列】组中的【在下方插入】按钮，在当前行下方插入一行。

如果选定了若干行，则用前两种方法插入的行数与所选定的行数相同。

(2) 插入列

- 单击【行和列】组中的【在右侧插入】按钮，在当前列右侧插入一列。
- 单击【行和列】组中的【在左侧插入】按钮，在当前列左侧插入一列。

如果选定了若干列，则执行以上操作时，插入的列数与所选定的列数相同。

三、 删除表格、行、列和单元格

删除表格、行、列和单元格时，除使用键盘直接删除外，还可以单击【布局】选项卡【行和列】组（见图 3-62）中的【删除】按钮，打开如图 3-63 所示的【删除】菜单，然后选择相应的命令。

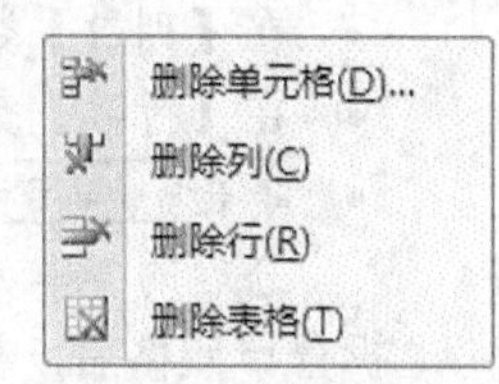

图 3-63 【删除】菜单

(1) 删除表格

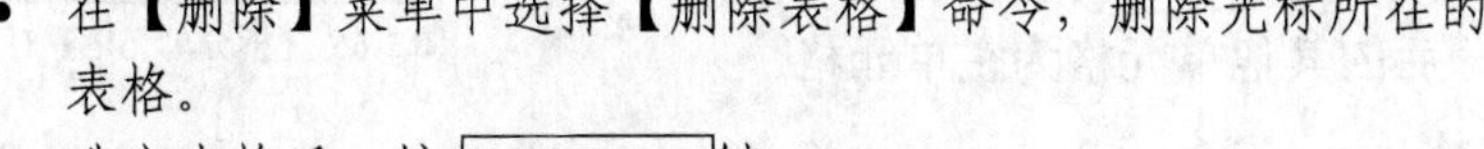

- 在【删除】菜单中选择【删除表格】命令，删除光标所在的表格。

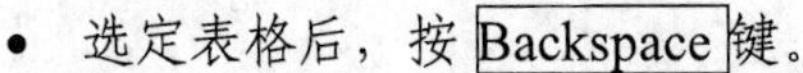

- 选定表格后，按 Backspace 键。
- 选定表格后，把表格剪切到剪贴板，则删除表格。

(2) 删除行

- 在【删除】菜单中选择【删除行】命令，删除光标所在的行或选定的行。
- 选定一行或多行后，按 Backspace 键，删除这些行。
- 选定一行或多行后，把选定的行剪切到剪贴板，则删除这些行。

(3) 删除列

- 在【删除】菜单中选择【删除列】命令，删除光标所在的列或选定的列。
- 选定一列或多列后，按 Backspace 键，删除这些列。
- 选定一列或多列后，把选定的列剪切到剪贴板，则删除这些列。

(4) 删除单元格

选定一个或多个单元格后，按 Backspace 键，或在【删除】菜单中选择【删除单元格】

命令，弹出如图 3-64 所示的【删除单元格】对话框，各选项的作用如下。

- 选择【右侧单元格左移】单选钮，则删除光标所在单元格或选定的单元格，其右侧的单元格左移。
- 选择【下方单元格上移】单选钮，则删除光标所在单元格或选定的单元格，下方单元格上移，表格底部自动补齐。
- 选择【删除整行】单选钮，则删除光标所在行或选定的行。
- 选择【删除整列】单选钮，则删除光标所在列或选定的列。

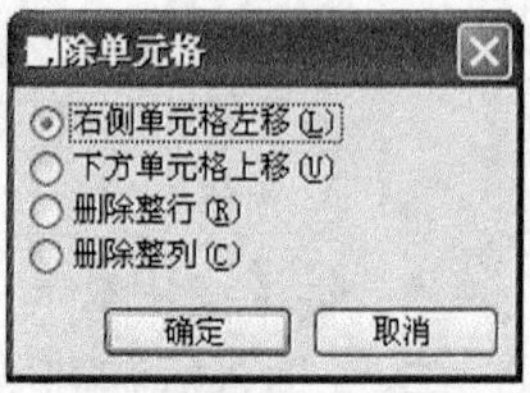

图 3-64 【删除单元格】对话框

四、 合并、拆分单元格

合并单元格就是把多个单元格合并成一个单元格。拆分单元格是将一个或多个单元格拆分成多个单元格。合并、拆分单元格通常使用【布局】选项卡【合并】组（见图 3-65）中的工具。

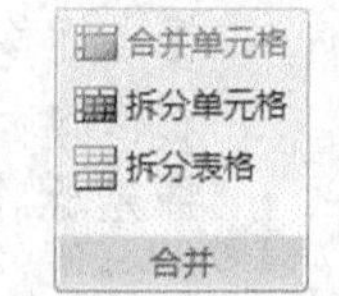

图 3-65 【合并】组

(1) 合并单元格

合并单元格前，应先选定要合并的单元格区域，然后单击【合并】组中的合并单元格按钮，所选定的单元格区域就合并成一个单元格。

合并单元格后，单元格区域中各单元格的内容也合并到一个单元格中，原来每个单元格中的内容占据一段。

(2) 拆分单元格

拆分单元格前，应先选定要拆分的单元格或单元格区域，然后单击【合并】组中的拆分单元格按钮，弹出如图 3-66 所示的【拆分单元格】对话框，可进行以下操作。

- 在【列数】数值框中，输入或调整拆分后的列数。
- 在【行数】数值框中，输入或调整拆分后的行数。
- 单击确定按钮，按所做设置拆分单元格，拆分后的各单元格宽度相同。

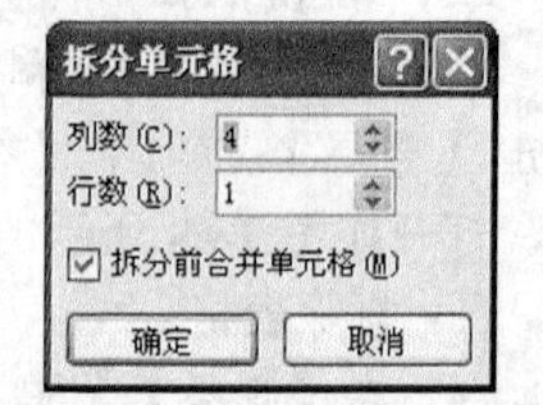

图 3-66 【拆分单元格】对话框

拆分单元格后，被拆分单元格中的内容被分配到拆分后的第 1 个单元格中，拆分后的其他单元格为空单元格。

五、 拆分、合并表格

拆分表格就是把一个表格分成两个表格。合并表格就是把两个表格合并成一个表格。

(1) 拆分表格

将光标移动到要拆分的行中，然后单击【合并】组中的拆分表格按钮，就可将表格拆分成两个独立的表格。

(2) 合并表格

没有专门的工具用来将两个或多个表格合并成一个表格，只要将表格之间的空行（段落标识符）删除，它们就会自动合并。

六、 绘制斜线表头

许多表格有斜线表头，只有一条斜线的表头称为简单斜线表头，多于一条斜线的表头称为复杂斜线表头，图 3-67 所示为带斜线表头的表格。

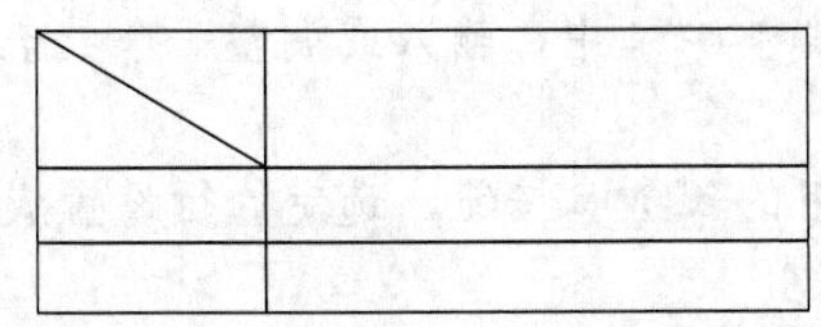
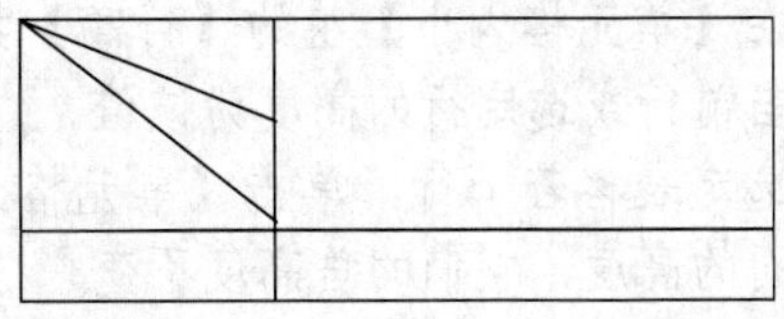

图 3-67　带斜线表头的表格

(1) 绘制简单斜线表头

- 单击【绘图边框】组（见图 3-57）中的【绘制表格】按钮，鼠标指针变为✎状，在要加斜线处拖曳鼠标，可绘出斜线表头。
- 将光标移动到相应单元格后，单击【表样式】组（见图 3-72）中边框按钮右边的▾按钮，在打开的边框列表中选择⧅按钮，绘出斜线表头。

(2) 绘制复杂斜线表头

将光标移动到表格中，单击【表】组（见图 3-60）的【绘制斜线表头】按钮，弹出如图 3-68 所示的【插入斜线表头】对话框，可进行以下操作。

- 在【表头样式】下拉列表中，选择所需要的样式，预览框中出现相应的效果图。
- 在【字体大小】下拉列表中，选择表头标题的字号。
- 在【行标题一】、【行标题二】、【列标题】等文本框中，输入表头文本。
- 单击 确定 按钮，按所做设置为表格建立斜线表头。

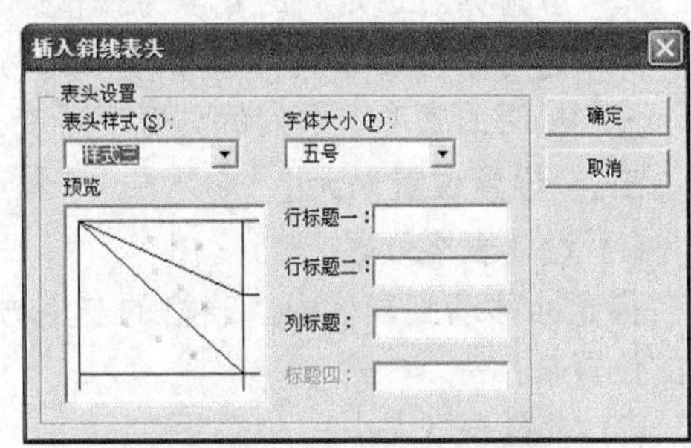

图 3-68 【插入斜线表头】对话框

3.7.3　设置表格

建立和编辑好表格以后，应对表格进行各种格式设置，使其更加美观。常用的格式化操作有设置数据对齐，设置行高、列宽，设置位置、大小，设置对齐、环绕及设置边框、底纹，还可以自动套用预设的格式。

一、　设置数据对齐

表格中数据格式的设置与文档中文本和段落格式的设置大致相同，这里不再重复。与段落对齐不同的是，单元格内的数据不仅有水平对齐，而且有垂直对齐。【布局】选项卡的【对齐方式】组（见图 3-69）中的对齐工具，可同时设置水平对齐方式和垂直对齐方式。

图 3-69 【对齐方式】组

二、　设置行高、列宽

设置行高、列宽时，通常使用【布局】选项卡【单元格大小】组（见图 3-70）中的工具。

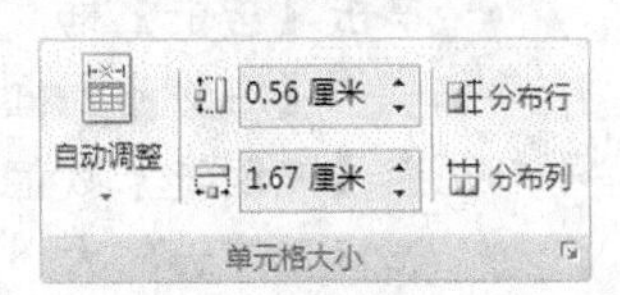

图 3-70 【单元格大小】组

(1) 设置行高

- 移动鼠标指针到一行的底边框线上，这时鼠标指针变为÷状，拖曳鼠标即可调整该行的高度。
- 将光标移动到表格内，拖曳垂直标尺上的行标志，也可调整行高。

- 在【单元格大小】组的【行高】数值框 0.56 厘米 中，输入或调整一个数值，当前行或选定行的高度为该值。
- 选定表格若干行，单击【单元格大小】组的 分布行 按钮，选定的行设置成相同的高度，它们的总高度不变。

(2) 设置列宽

- 移动鼠标指针到列的边框线上，这时鼠标指针变为 ⫲ 状，拖曳鼠标可增加或减少边框线左侧列的宽度，同时边框线右侧列减少或增加相同的宽度。
- 移动鼠标指针到列的边框线上，这时鼠标指针变为 ⫲ 状，双击鼠标，表格线左边的列设置成最合适的宽度。双击表格最左边的表格线，所有列均被设置成最合适的宽度。
- 将光标移动到表格内，拖曳水平标尺上的列标志，可调整列标志左边列的宽度，其他列的宽度不变；拖曳水平标尺最左列的标志，可移动表格的位置。
- 在【单元格大小】组的【列宽】数值框 0.89 厘米 中，输入或调整一个数值，当前列或选定列的宽度为该值。
- 选定表格若干列，单击【单元格大小】组的 分布列 按钮，将选定的列设置成相同的宽度，它们的总宽度不变。

三、 设置位置、大小

(1) 设置表格位置

将光标移动到表格内，表格的左上方会出现表格移动手柄 ⊞，拖曳它可移动表格到不同的位置。

(2) 设置表格大小

将光标移动到表格内，表格的右下方会出现表格缩放手柄 □，拖曳 □ 可改变整个表格的大小，同时保持行和高的比例不变。

四、 设置对齐、环绕

表格文字环绕是指表格被嵌在文字段中时，文字环绕表格的方式，默认情况下表格无文字环绕。若表格无文字环绕，表格的对齐相对于页面，若表格有文字环绕，表格的对齐相对于环绕的文字。

将光标移至表格内，单击【布局】选项卡中【表】组（见图 3-60）的 属性 按钮，弹出如图 3-71 所示的【表格属性】对话框。在【表格属性】对话框的【表格】选项卡中，可进行以下的对齐、环绕设置。

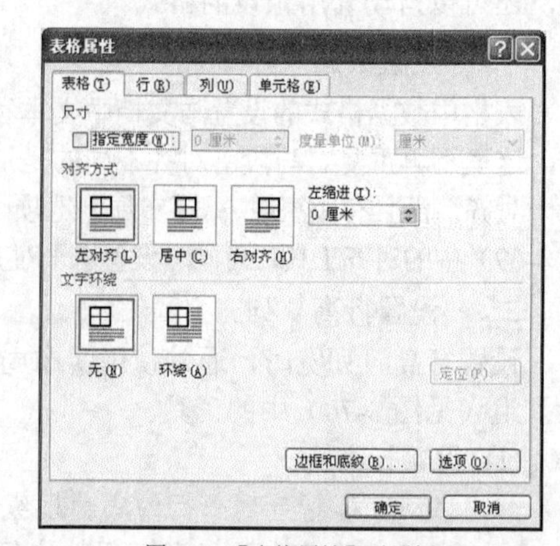

图 3-71 【表格属性】对话框

- 单击【左对齐】框，表格左对齐。
- 单击【居中】框，表格居中对齐。
- 单击【右对齐】框，表格右对齐。
- 在【左缩进】数值框中，输入或调整表格左缩进的大小。
- 单击【无】框，表格无文字环绕。
- 单击【环绕】框，表格有文字环绕。

- 单击 确定 按钮，按所做设置对齐和环绕。

表格的对齐也可通过【格式】工具栏来完成。选定表格后，单击【开始】选项卡中【段落】组的、、、、按钮，可以实现表格的左对齐、居中、右对齐、两端对齐、分散对齐。

五、 设置边框、底纹

新建一个表格后，默认的情况下，表格边框类型是网格型（所有表格线都有），表格线为粗 1/2 磅的黑色实线，无表格底纹。用户可根据需要设置表格边框和底纹。设置边框、底纹通常使用【设计】选项卡的【表样式】组（见图 3-72）中的工具。

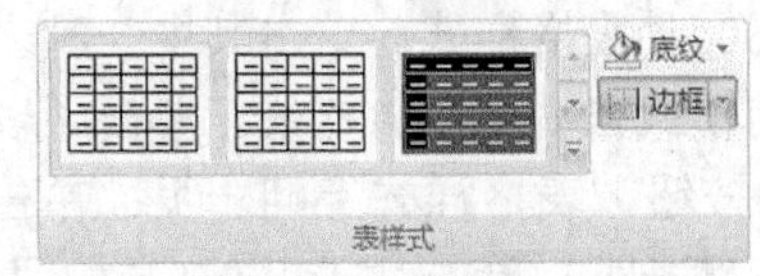

图 3-72 【表样式】组

(1) 设置边框

选定表格或单元格，单击【表样式】组中边框按钮右边的按钮，在打开的边框线列表中选择一种边框线，设置表格或单元格相应的边框线的有或无。单击边框按钮，弹出如图 3-73 所示的【边框和底纹】对话框，当前选项卡是【边框】选项卡，可进行以下操作。

- 在【设置】组中，选择一种边框类型。
- 在【线型】列表框中，选择边框的线型。
- 在【颜色】下拉列表中，选择边框的颜色。
- 在【宽度】下拉列表中，选择边框线的宽度。
- 在【预览】组中单击某一边线按钮，若表格中无该边线，则设置相应的边线，否则取消相应的边线。
- 在【应用于】下拉列表中，选择边框应用的范围（有“表格”、“单元格”、“段落”、“文字”等选项）。
- 单击 确定 按钮，完成边框设置。

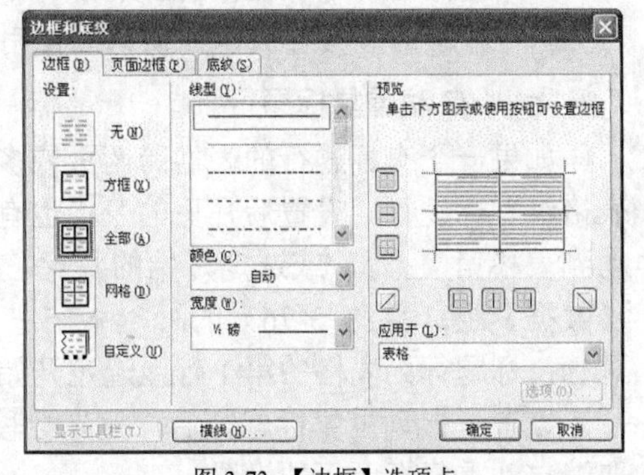

图 3-73 【边框】选项卡

在【设置】组中，各边框方式的含义如下。

- 【无】：取消所有边框。
- 【方框】：只给表格最外面加边框，并取消内部单元格的边框。
- 【全部】：表格内部和外部都加相同的边框。
- 【网格】：只给表格外部的边框设置线型，表格内部的边框不改变样式。
- 【自定义】：在【预览】组内选择不同的框线进行自定义。

(2) 设置底纹

选定表格或单元格，单击【表样式】组中的底纹按钮，打开如图 3-74 所示的【颜色】列表，可进行以下操作。

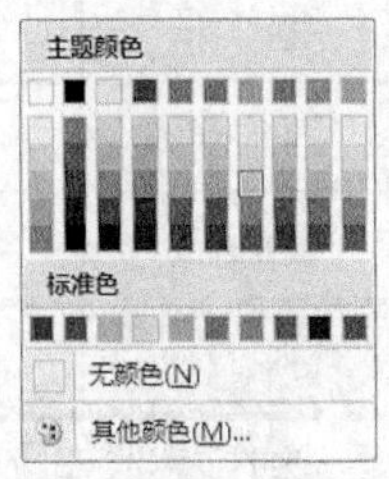

图 3-74 【颜色】列表

- 从【颜色】列表中选择一种颜色，表格的底纹设置为相应的颜色。
- 选择【无颜色】命令，取消表格底纹的设置。
- 选择【其他颜色】命令，弹出【颜色】对话框，可自定义一种颜色作为表格的底纹。

六、 套用表格样式

Word 2007 预设了许多常用的表格样式，用户可以对表格自动套用某一种样式，以简化表格的设置。在【设计】选项卡的【表格样式】组中，包含了近 100 种表格样式。单击其中一种表格样式，当前表格的格式自动套用该样式。单击【表格样式】列表中的按钮，表格样式上翻一页；单击按钮，表格样式下翻一页；单击按钮，打开如图 3-75 所示的【表格样式】列表，可进行以下操作。

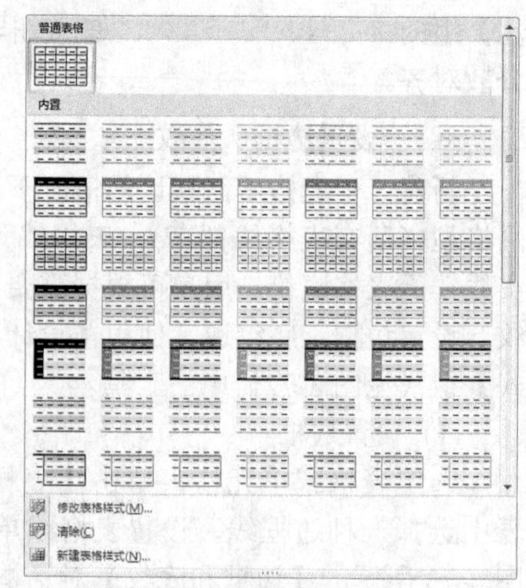

图 3-75 【表格样式】列表

- 单击一种表格样式，当前表格的格式自动套用该样式。
- 选择【修改表格样式】命令，弹出一个【修改样式】对话框，可在该对话框中修改当前所使用的样式。
- 选择【清除】命令，清除表格所套用的样式，还原到默认的表格样式。
- 选择【新建表格样式】命令，弹出【根据格式设置新样式】对话框，可建立一种新的表格样式，以便以后使用。

七、 自动重复标题行

如果一个有标题行的表格跨两页或多页，默认情况下，下一页的表格没有标题行。设置后几页的表格也有标题行的方法是：将光标移动到表格第 1 行，或选定开始的几行，然后单击【布局】选项卡中【数据】组（见图 3-76）的重复标题行按钮，可以使表格自动重复标题行，标题行为表格的第 1 行或选定开始的几行。

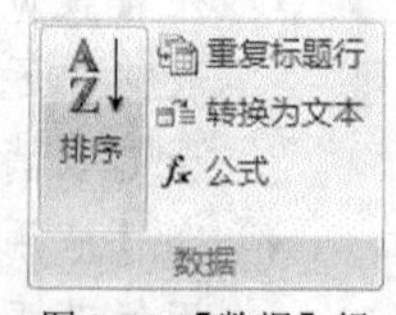

图 3-76 【数据】组

设置了自动重复标题行后，把光标移动到表格的非标题行上，再单击重复标题行按钮即可取消自动重复标题行的设置。

【例 3-3】 建立以下文档，并以“费用表.docx”为文件名保存到“我的文档”文件夹中。

项目 部门	交通费		通信费		合计
	公交	出租	电话	手机	
研发部					
生产部					
销售部					
服务部					
合 计					

操作步骤如下。

1. 启动 Word 2007。

2. 单击【插入】选项卡【表格】组中的【表格】按钮，打开【插入表格】列表（见图 3-56）。用鼠标拖拉出 1 个 7 行 6 列的表格。
3. 在插入表格的单元格中输入相应的文字，如下所示。

	公交	出租	电话	手机	
研发部					
生产部					
销售部					
服务部					
合　计					

4. 选定表格第 1 列的第 1 行和第 2 行，单击【布局】选项卡【合并】组中的合并单元格按钮。
5. 用同样的方法合并表格第 1 行的第 2 列和第 3 列，第 1 行的第 4 列和第 5 列，第 6 列的第 1 行和第 2 行。
6. 在表格的相应单元格中输入“交通费”、“通信费”和“合计”。
7. 将鼠标指针移动到第 1 个单元格，输入“项目”，按 Enter 键后再输入“部门”。
8. 将鼠标指针移动到第 1 个单元格，单击【设计】选项卡【表样式】组中边框按钮右边的按钮，在弹出的列表中单击按钮。
9. 将鼠标指针移动到第 1 个单元格的开始处，单击【开始】选项卡【段落】组中的按钮。
10. 将鼠标指针移动到表格中，单击【布局】选项卡【表】组中的选择按钮，在打开的菜单中选择【选择表格】命令。
11. 单击【布局】选项卡【表】组中的属性按钮，在弹出的【表格属性】对话框中，切换到【行】选项卡，如图 3-77 所示。
12. 在【行】选项卡中，勾选【指定高度】复选框，然后在其右边的数值框中输入或调整数值为“0.8 厘米”，单击确定按钮。
13. 单击【布局】选项卡【对齐方式】组（见图 3-78）中的按钮。
14. 在【设计】选项卡的【绘图边框】组（见图 3-79）的【线条粗细】下拉列表（第 2 个下拉列表）中选择【1.5 磅】。

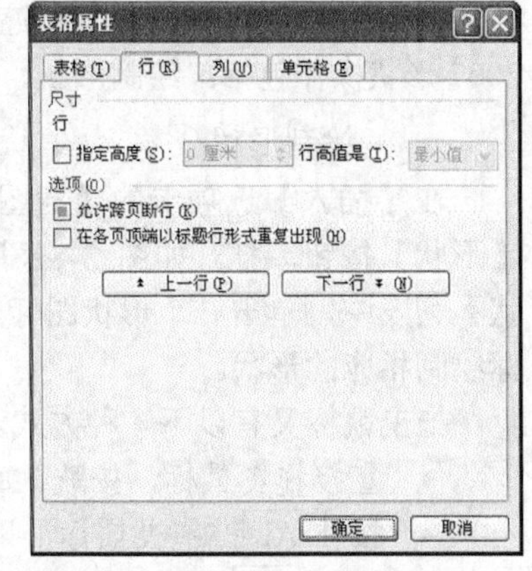

图 3-77 【行】选项卡

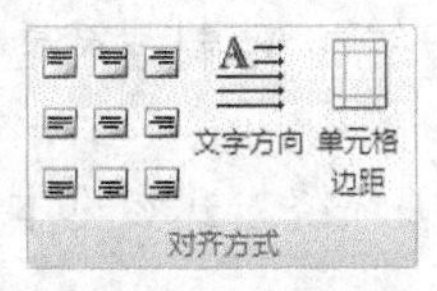

图 3-78 【对齐方式】组

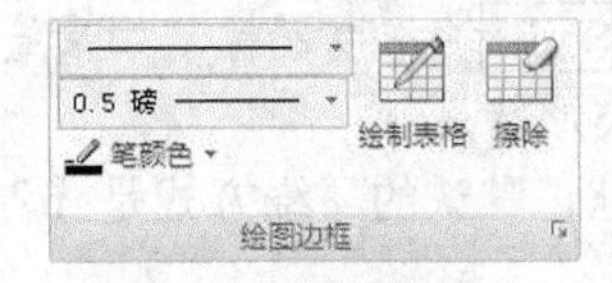

图 3-79 【绘图边框】组

15. 单击【设计】选项卡【表样式】组中边框按钮右边的按钮，在弹出的列表中单击按钮。
16. 将鼠标指针移动到第 1 个单元格的开始处，单击【开始】选项卡【段落】组中的按钮、

将鼠标指针移动到第 1 个单元格的最后，单击【开始】选项卡【段落】组中的按钮。

17. 在【设计】选项卡的【绘图边框】组（见图 3-79）的【线条类型】下拉列表（第 1 个下拉列表）中选择双线型线条。
18. 选定“研发部”一行，单击【设计】选项卡【表样式】组中边框按钮右边的按钮，在弹出的列表中单击按钮。
19. 选定表格最后 1 行，单击【设计】选项卡【表样式】组中边框按钮右边的按钮，在弹出的列表中单击按钮。
20. 将鼠标指针移动到第 1 列最后一个单元格，单击【设计】选项卡【表样式】组中的底纹按钮，在弹出的【颜色】列表（见图 3-80）中选择第 4 行第 1 列的颜色（灰色–25%）。
21. 用同样方法设置第 1 行最后 1 个单元格的底纹。
22. 单击按钮，以“费用表.docx”为文件名保存文档到“我的文档”文件夹中，然后关闭文档。

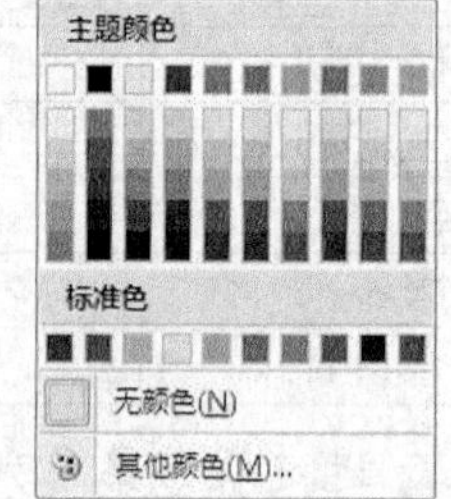

图 3-80 【颜色】列表

3.8 Word 2007 的对象处理

Word 2007 不仅提供了文字处理功能，还提供了强大的对象处理功能，包括形状、图片、文本框、艺术字等。本节介绍 Word 2007 的对象处理操作。

3.8.1 使用形状

形状在 Word 2007 的先前版本中称为自选图形，是指一组现成的图形，包括矩形和圆这样的基本形状以及各种线条和连接符、箭头总汇、流程图符号、星、旗帜、标注等。Word 2007 形状操作包括：绘制形状、编辑形状和设置形状。

一、 绘制形状

在【插入】选项卡的【插图】组（见图 3-81）中，单击【形状】按钮，打开如图 3-82 所示的【形状】列表。在【形状】列表中，单击一个形状图标，鼠标指针变成＋状，拖曳鼠标绘制相应的形状。

图 3-81 【插图】组

拖曳鼠标又有以下 4 种方式。

- 直接拖曳鼠标，按默认的步长移动鼠标。
- 按住 Alt 键拖曳鼠标，以小步长移动鼠标。
- 按住 Ctrl 键拖曳鼠标，以起始点为中心绘制形状。
- 按住 Shift 键拖曳鼠标，如果绘制矩形类或椭圆类形状，绘制结果是正方形类或圆类形状。

绘制的形状，默认的环绕方式是【浮于文字上方】，有关环绕方式参见本节的“三、设置形状”部分。

绘制的形状立即被选定，形状周围出现浅蓝色的小圆圈和小方块各 4 个，称为尺寸控点；顶部出现一个绿色小圆圈，称为旋转控点；有些形状，在其内部还会出现一个黄色的菱形框，称为形态控点，如图 3-83 所示。这些控点有其特殊的功能，将在后面逐步介绍。

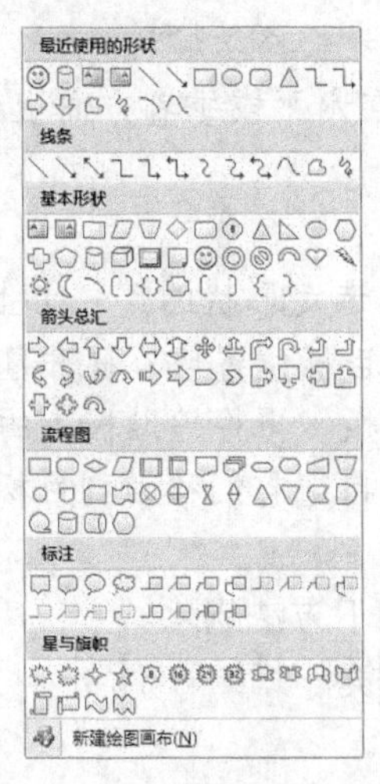

图 3-82 【形状】列表

形状被选定后，功能区中自动增加一个【格式】选项卡（见图 3-84），通过【格式】选项卡中的工具，可设置被选定的形状。

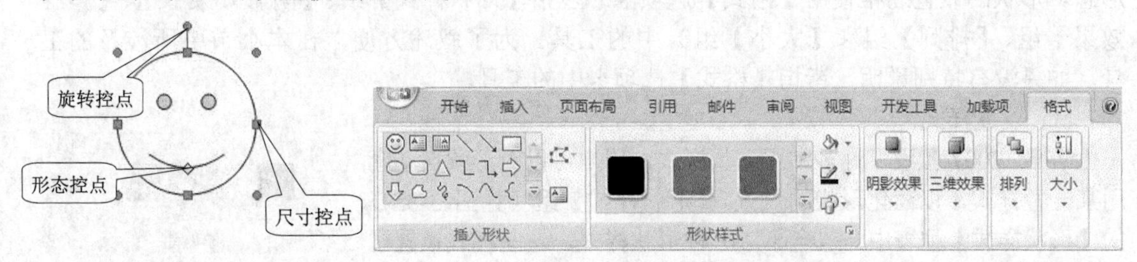

图 3-83　选定的形状

图 3-84 【格式】选项卡

二、 编辑形状

绘制完形状后，可对形状进行编辑。常用的编辑操作包括选定形状、移动形状、复制形状和删除形状。

(1) 选定形状

形状选定后才能进行其他操作，选定形状有以下方法。

- 移动鼠标指针到某个形状上，单击鼠标即可选定该形状。
- 在【开始】选项卡的【编辑】组中，单击 选择 按钮，在打开的菜单中选择【选择对象】命令，再在文档中拖曳鼠标，屏幕上会出现一个虚线矩形框，框内的所有形状被选定。
- 按住 Shift 键逐个单击形状，所单击的形状被选定，已选定的形状取消选定。

在形状以外单击鼠标，可取消形状的选定。

(2) 移动形状

移动形状有以下方法。

- 选定形状后，按↑、↓、←、→键可上、下、左、右移动形状。
- 移动鼠标指针到某个形状上，鼠标指针变成✥状，拖曳鼠标可以移动该形状。

在后一种方法中，拖曳鼠标又有以下方式。

- 直接拖曳鼠标，按默认的步长移动形状。

- 按住Alt键拖曳鼠标，以小步长移动形状。
- 按住Shift键拖曳鼠标，只在水平或垂直方向上移动形状。

(3) 复制形状

复制形状有以下常用方法。

- 移动鼠标指针到某个形状或选定形状的某一个上，按住 Ctrl 键拖曳鼠标，这时鼠标指针变成状，到达目标位置后，松开鼠标左键和Ctrl键。
- 先把选定的形状复制到剪贴板，再将剪贴板上的形状粘贴到文档中，如果复制的位置不是目标位置，可以再把它们移动到目标位置。

(4) 删除形状

选定一个或多个形状后，可用以下方法删除。

- 按Delete键或按Backspace键。
- 把选定的形状剪切到剪贴板。

三、 设置形状

形状的设置包括设置样式、设置阴影效果、设置三维效果、设置排列、设置大小和设置形态。形状的设置通常使用【格式】选项卡（包括【形状样式】组、【阴影效果】组、【三维效果】组、【排列】组和【大小】组）中的工具。为了叙述方便，在本小节中所涉及的工具，如果没有特别说明，皆指【格式】选项卡中的工具。

(1) 设置样式

Word 2007 预设了许多常用形状样式，用户可以对形状自动套用某一种样式，以简化形状的设置。【形状样式】组（见图 3-85）的【形状样式】列表中，包含了 70 种形状样式，这些样式设置了形状的轮廓颜色以及填充色。另外，用户还可以单独设置形状轮廓颜色以及填充色。选定形状后，可用以下方法设置样式。

图 3-85 【形状样式】组

- 单击【形状样式】组的【形状样式】列表中的一种形状样式，所选定形状的格式自动套用该样式。单击【形状样式】列表中的（）按钮，形状样式上（下）翻一页。单击【形状样式】列表中的按钮，打开一个【形状样式】列表，可从中选择一个形状样式。
- 单击【形状样式】组中的按钮，形状的填充色设置为最近使用过的颜色。单击按钮右边的按钮，打开一个颜色列表，单击其中的一种颜色，形状的填充色设置为该颜色。
- 单击【形状样式】组中的按钮，形状轮廓颜色设置为最近使用过的颜色。单击按钮右边的按钮，打开一个颜色和线型列表，单击其中的一种颜色，或选择相应的线型，设置相应的形状轮廓。

(2) 设置阴影效果

通过【阴影效果】组（见图 3-86）中的工具，可设置形状的阴影效果。选定形状后，可用以下方法设置阴影效果。

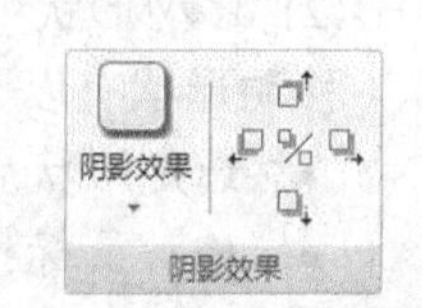

图 3-86 【阴影效果】组

- 单击【阴影效果】组中的【阴影效果】按钮，打开一个【阴影效果】列表，单击其中的一种阴影效果类型，形状的阴影效果设置为该类型。

- 设置阴影效果后，单击【阴影效果】组中的 ( )按钮，上（下）移阴影。
- 设置阴影效果后，单击【阴影效果】组中的 ( )按钮，左（右）移阴影。
- 设置阴影效果后，单击【阴影效果】组中的 按钮，取消阴影。

(3) 设置三维效果

通过【三维效果】组（见图 3-87）中的工具，可设置形状的三维效果。并非所有形状都可设置三维效果，选定形状后，如果【三维效果】组中的【三维效果】按钮处于可用状态，即可设置三维效果，否则不能设置。选定形状后，可用以下方法设置三维效果。

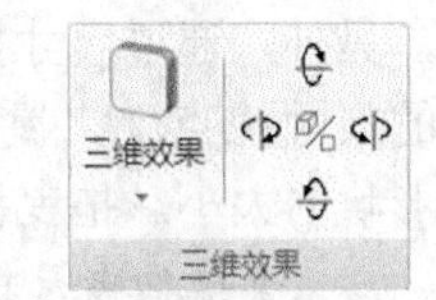

图 3-87 【三维效果】组

- 单击【三维效果】组中的【三维效果】按钮，打开一个【三维效果】列表，单击其中的一种三维效果类型，形状的三维效果设置为该类型。
- 设置三维效果后，单击【三维效果】组中的 （ ）按钮，向上（下）倾斜形状。
- 设置三维效果后，单击【三维效果】组中的 （ ）按钮，向左（右）倾斜形状。
- 设置三维效果后，单击【三维效果】组中的 按钮，取消三维效果。

(4) 设置排列

通过【排列】组（见图 3-88）中的工具，可设置形状的排列。选定形状后，可用以下方法设置排列。

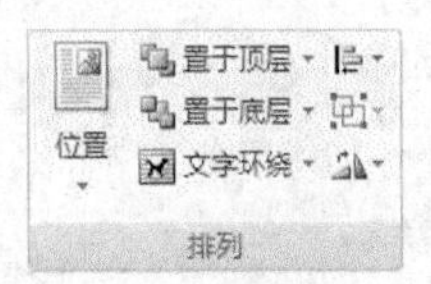

图 3-88 【排列】组

- 单击【排列】组中的【位置】按钮，在打开的菜单中选择一种位置，选定的形状被设置到相应的位置上，同时也设置了相应的文字环绕方式。
- 单击【排列】组中 置于顶层 按钮右边的 按钮，在打开的菜单中选择一种叠放次序命令，或者单击【排列】组中 置于底层 按钮右边的 按钮，在打开的菜单中选择一种叠放次序命令，选定的形状被设置成相应的叠放次序。
- 单击【排列】组中的 按钮，在打开的菜单中选择一种对齐或分布命令后，所选定形状的边缘按相应方式对齐，或选定的形状按相应方式均匀分布。
- 选定多个形状后，单击【排列】组中的 按钮，在打开的菜单中选择【组合】命令，这些形状就被组合成一个形状。那些可改变形态的单个形状组合后，不能再改变形态。选定组合后的形状，单击【排列】组中的 按钮，在打开的菜单中选择【取消组合】命令，被组合在一起的形状就分离成单个形状。
- 单击【排列】组中的 文字环绕 按钮，在打开的菜单中选择一种文字环绕命令后，所选定的形状按相应方式文字环绕。
- 单击【排列】组中的 按钮，在打开的菜单中选择一种旋转（向左旋转指逆时针旋转）或翻转命令后，所选定的形状按相应方式旋转或翻转。选定形状后，单击形状的旋转控点，鼠标指针变成 状，在不松开鼠标左键的情况下移动鼠标，形状随之旋转，松开鼠标左键后，完成自由旋转。

(5) 设置大小

通过【大小】组中（见图 3-89）的工具，可设置形状的大小。选定形状后，在【大小】组的【高度】数值框 1.7 厘米 或【宽度】数值框 2.91 厘米 中输入或调整一个高度或宽度值，选定的形状设置为相应的高度或宽度。

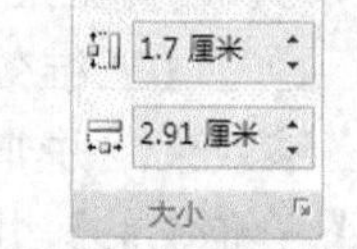

图 3-89 【大小】组

另外，通过尺寸控点也可设置形状的大小，把鼠标指针移动到形状的尺寸控点上，鼠标指针变为↔、↕、⤢、⤡状，拖曳鼠标可改变形状的大小。拖曳鼠标有以下方式。

- 直接拖曳鼠标，以默认步长按相应方向缩放形状。
- 按住 Alt 键拖曳鼠标，以小步长按相应方向缩放形状。
- 按住 Shift 键拖曳鼠标，在水平和垂直方向按相同比例缩放形状。
- 按住 Ctrl 键拖曳鼠标，以形状中心点为中心，在 4 个方向上按相同比例缩放形状。

(6) 设置形态

选定可改变形态的形状后，形状中会出现形态控点，把鼠标指针移动到形状的形态控点上，鼠标指针变为▷状，拖曳鼠标可改变形状的形态。

【例 3-4】 建立图 3-90 所示的图形，并以“心心相印.docx”为文件名保存到“我的文档”文件夹中。

图 3-90 文档中插入的图形

操作步骤如下。

1. 启动 Word 2007。
2. 单击【插入】选项卡【插图】组中的【形状】按钮，在打开的列表中单击【基本形状】类中的♡按钮。
3. 按住 Shift 键，在文档中拖曳鼠标，绘出与要求大致相同的心形。
4. 选定刚绘制的心形，按 Ctrl+C 组合键，再按 Ctrl+V 组合键，复制 1 个心形。
5. 拖曳刚复制的心形到另外的位置。
6. 单击第 1 个心形，单击【格式】选项卡【形状样式】组中按钮右边的按钮，在打开的【填充颜色】列表（见图 3-91）中选择第 5 行第 1 列的颜色（灰色－35%）。
7. 单击【格式】选项卡【阴影效果】组中的【阴影效果】按钮，在打开的【阴影】列表（见图 3-92）中选择【透视阴影】类的第 4 个图标。此时，心形效果如图 3-93 所示。

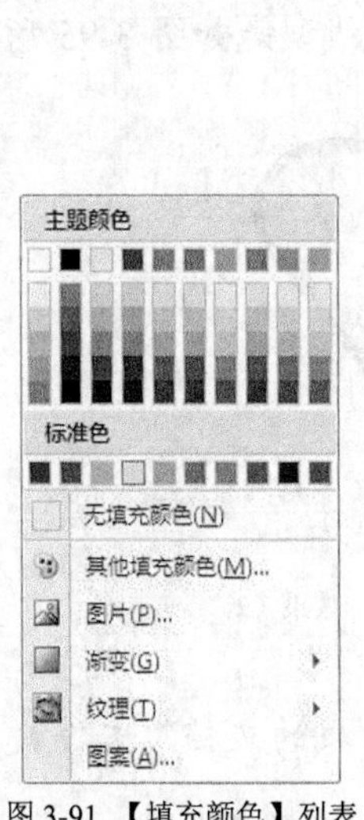

图 3-91 【填充颜色】列表

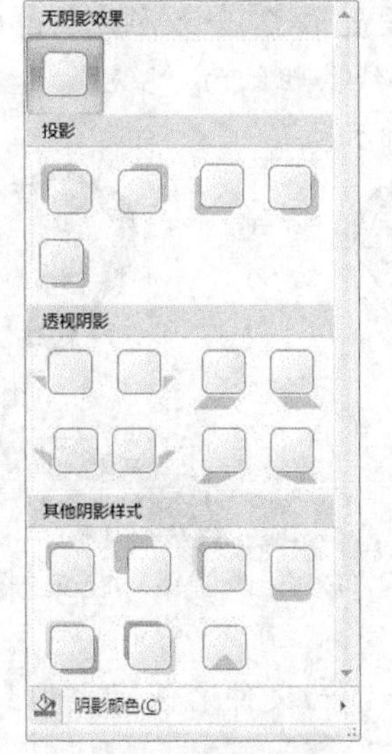

图 3-92 【阴影】列表

图 3-93 第 1 个心形效果（1）

8. 单击【格式】选项卡【大小】组右下角的按钮，弹出【设置自选图形格式】对话框中，默认选项卡为【颜色与线条】选项卡，如图 3-94 所示。

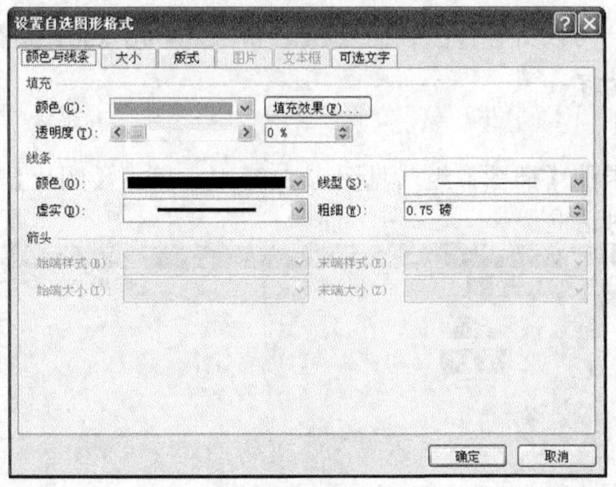

图 3-94 【颜色与线条】选项卡

9. 在【颜色与线条】选项卡中，在【粗细】数值框中输入“3 磅”，在【虚实】下拉列表（见图 3-95）中选择第 3 种样式。此时，心形效果如图 3-96 所示。

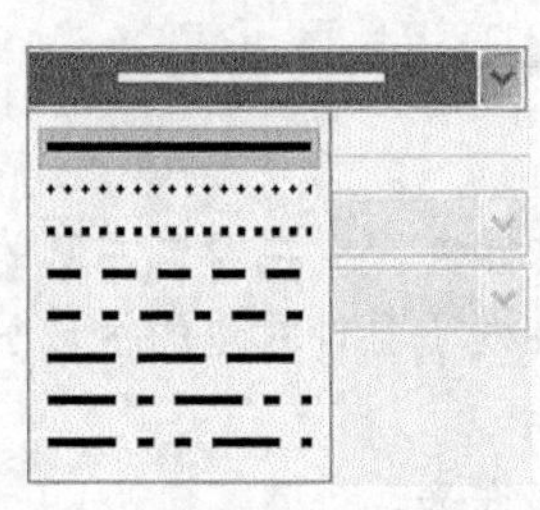

图 3-95 【虚实】下拉列表

图 3-96 第 1 个心形效果（2）

10. 按照步骤 6～步骤 7 的方法，设置第 2 个心形，设置填充颜色为“灰色－25%”，效果如图 3-97 所示。

11. 按照步骤 8～步骤 9 的方法，设置第 2 个心形，阴影效果选择图 3-92 所示的列表中【透视阴影】类的第 4 个图标，线条粗细为“3 磅”，虚线线型是如图 3-95 所示列表中的第 1 种样式，效果如图 3-98 所示。

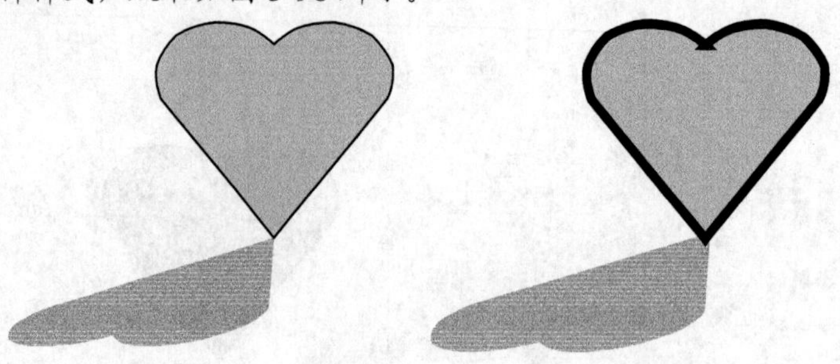

图 3-97　第 2 个心形效果（1）　　图 3-98　第 2 个心形效果（2）

12. 选定第 2 个心形，拖曳到合适位置。
13. 单击按钮，以“心心相印.docx”为文件名保存文档到“我的文档”文件夹中，然后关闭文档。

3.8.2　使用图片

在 Word 2007 中，可以将各种图片插入到文档中。Word 2007 提供的图片操作有插入图片、编辑图片和设置图片。

一、　插入图片

在【插入】选项卡的【插图】组（见图 3-81）中，单击【图片】按钮，打开如图 3-99 所示的【插入图片】对话框。

图 3-99 【插入图片】对话框

在【插入图片】对话框中，可进行以下操作。

- 在【查找范围】下拉列表中选择图片文件所在的文件夹，或在窗口左侧的预设位置列表中选择图片文件所在的文件夹。文件列表框（窗口右边的区域）中列出该文件夹中图片和子文件夹的图标。
- 在文件列表框中，双击一个文件夹图标，打开该文件夹。
- 在文件列表框中，单击一个图片文件图标，选择该图片。
- 在文件列表框中，双击一个图片文件图标，插入该图片。
- 单击 插入(S) 按钮，插入所选择的图片。

完成以上操作后，图片被插入到光标处，图片默认的环绕方式是【嵌入型】。图片插入后立即被选定，图片周围出现浅蓝色的小圆圈和小方块各 4 个，称为尺寸控点，顶部出现一个绿色小圆圈，称为旋转控点，如图 3-100 所示。

图 3-100　图片的尺寸控点和旋转控点

选定图片后，功能区中自动增加一个【格式】选项卡（见图 3-101），通过【格式】选项卡中的工具，可设置被选定的图片。

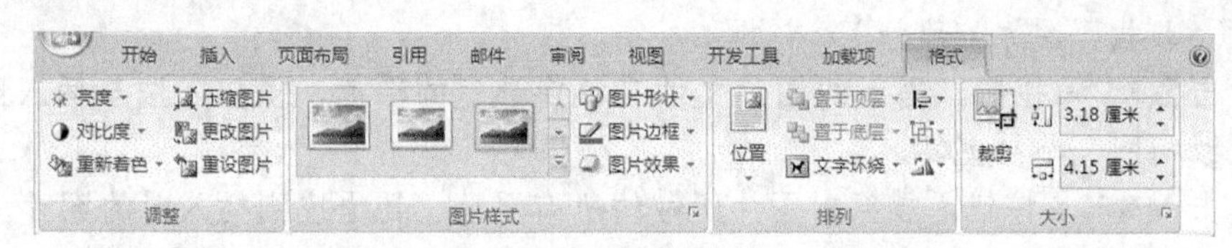

图 3-101　【格式】选项卡

二、编辑图片

插入图片后，可对图片进行编辑。常用的编辑操作包括选定图片、移动图片、复制图片和删除图片。

(1) 选定图片

图片的许多操作需要先选定图片。移动鼠标指针到图片上，单击鼠标即可选定该图片。在图片以外单击鼠标，可取消图片的选定。

(2) 移动图片

移动图片有以下常用方法。

- 移动鼠标指针到某个图片上，鼠标指针变成✥状，这时拖曳鼠标，到达目标位置后，松开鼠标左键。
- 先把选定的图片剪切到剪贴板，再将剪贴板上的图片粘贴到文档中的目标位置。

(3) 复制图片

复制图片有以下常用方法。

- 移动鼠标指针到某个图片上，按住 Ctrl 键拖曳鼠标，这时鼠标指针变成状，到达目标位置后，松开鼠标左键和 Ctrl 键。
- 先把选定的图片复制到剪贴板，再将剪贴板上的图片粘贴到文档中的目标位置。

(4) 删除图片

选定图片后，可用以下方法删除。

- 按 Delete 键或按 Backspace 键。
- 把选定的图片剪切到剪贴板。

三、设置图片

图片的设置包括调整图片、设置图片样式、设置排列、设置大小、裁剪图片等。图片的设置通常使用【格式】选项卡（包括【调整】组、【图片样式】组、【排列】组和【大小】组）中的工具，在本小节中所涉及的工具，皆指【格式】选项卡中的工具。

(1) 调整图片

通过【调整】组（见图 3-102）中的工具，可调整图片。常用的调整操作有以下几种。

- 单击亮度按钮，打开【亮度】列表，从中选择一个亮度值，所选定图片的亮度设置为该值。
- 单击对比度按钮，打开【对比度】列表，从中选择一个对比度值，所选定图片的对比度设置为该值。
- 单击重新着色按钮，打开【重新着色】列表，从中选择一个着色类型，所选定的图片用该类型重新着色。

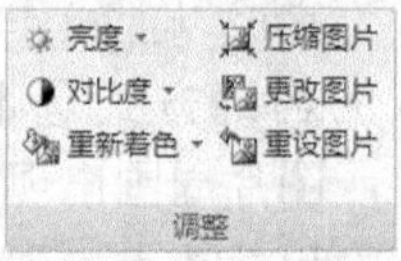

图 3-102 【调整】组

- 单击压缩图片按钮，打开【压缩图片】对话框，用以确定是压缩当前图片还是文档中的所有图片。压缩后的图片，除去图片被裁剪掉的部分（参见本节的“(5) 裁剪图片”部分）。
- 单击更改图片按钮，用新的图片文件来替换选定的图片，操作方法与插入图片大致相同，不再重复。
- 单击重设图片按钮，放弃对图片所做的所有更改，还原成刚插入时的图片。

(2) 设置图片样式

Word 2007 预设了许多常用的图片样式，用户可以对图片自动套用某一种样式，以简化图片的设置。【图片样式】组（见图 3-103）的【图片样式】列表中，包含近 30 种图片样式，这些样式设置了图片的形状、边框和效果。另外，用户还可以单独设置图片的形状、边框和效果。

图 3-103 【图片样式】组

选定图片后，可用以下方法设置样式。

- 单击【图片样式】组的【图片样式】列表中的一种图片样式，所选定图片的格式自动套用该样式。
- 单击【图片样式】组中的图片形状按钮，打开【图片形状】列表，选择其中的一种形状，图片由原来的形状改变为所选择的形状。
- 单击【图片样式】组中的图片边框按钮，打开【图片边框】列表，从中选择边框颜色、边框线粗细、边框线型，为图片加上相应的边框。
- 单击【图片样式】组中的图片效果按钮，打开【图片效果】列表，选择其中的一种效果，图片设置成相应的效果。

(3) 设置排列

通过【排列】组（见图 3-104）中的工具，可设置图片的排列。图片的排列设置与形状的排列设置类似，不再重复。

需要注意的是，图片的默认文字环绕方式是【嵌入型】，不能设置图片的叠放次序、组合图片、对齐和分布。如果图片的文字环绕方式设置为非【嵌入型】，都可以进行以上设置。

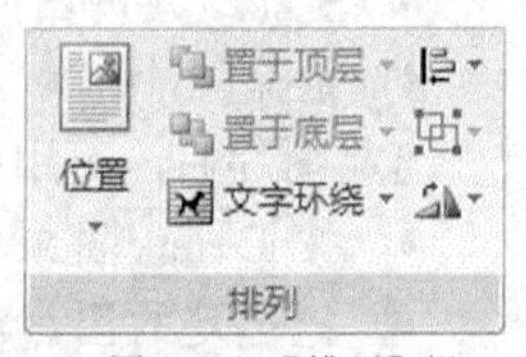

图 3-104 【排列】组

(4) 设置大小

通过【大小】组（见图 3-105）中的工具，可设置图片的大小。图片的大小设置操作与形状的大小设置操作类似，不再重复。

(5) 裁剪图片

单击【大小】组中的【裁剪】按钮，鼠标指针变成形状，把鼠标指针移动到图片的一个尺寸控点上拖曳鼠标，虚框内的图片是剪裁后的图片，对一幅图片可多次裁剪。

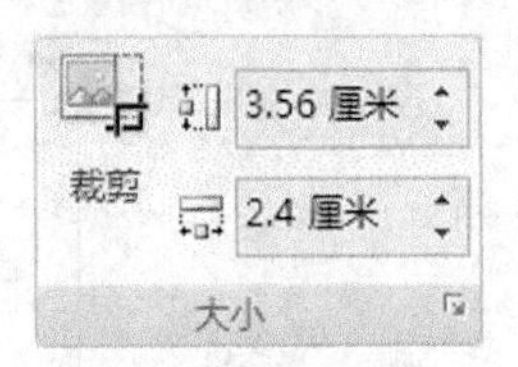

图 3-105 【大小】组

3.8.3 使用剪贴画

Word 2007 提供了一个剪辑库，其中包含数百个各种各样的剪贴画，内容包括建筑、卡通、通讯、地图、音乐、人物等。可以用剪辑库提供的查找工具进行浏览，找到合适的剪贴画后，将其插入到文档中。

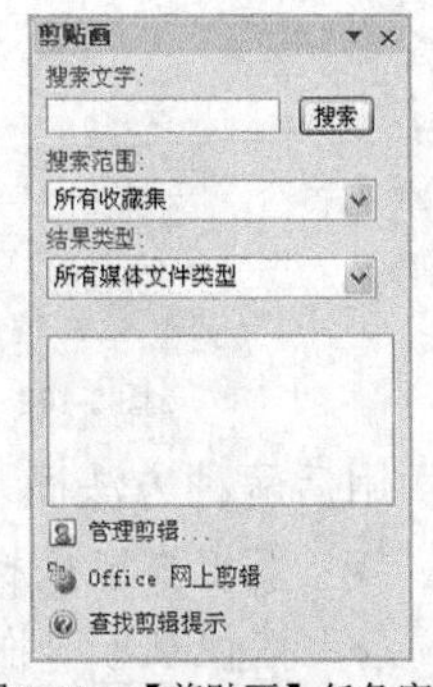

图 3-106 【剪贴画】任务窗格

在【插入】选项卡的【插图】组（见图 3-81）中，单击【剪贴画】按钮，打开如图 3-106 所示的【剪贴画】任务窗格，可进行以下操作。

- 在【搜索文字】文本框内输入所要插入剪贴画的名称或类别。
- 在【搜索范围】下拉列表中，选择所要搜索剪贴画所在的文件夹。
- 在【结果类型】下拉列表中，选择所要搜索剪贴画的类型。
- 单击 搜索 按钮，在任务窗格中列出所搜索到的剪贴画的图标，如图 3-107 所示。
- 单击搜索到的剪贴画，该剪贴画插入到文档中。

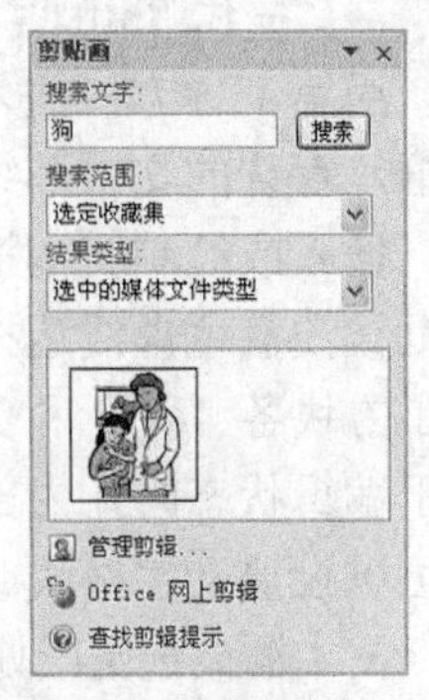

图 3-107 搜索到的剪贴画

如同图片一样，剪贴画也被插入到光标处，默认的文字环绕方式是【嵌入型】。剪贴画的编辑和剪贴画的设置与图片几乎完全相同，这里不再重复。

3.8.4 使用文本框

文本框是文档中用来标记一块文档的方框。插入文本框的目的是为了在文档中形成一块独立的文本区域。Word 2007 文本框操作包括插入文本框、编辑文本框和设置文本框。

一、 插入文本框

在【插入】选项卡的【文本】组（见图 3-108）中，单击【文本框】按钮，打开如图 3-109 所示的【文本框】列表，可进行以下操作。

- 单击一种文本框样式图标，在样式所指定的位置插入相应大小的空白文本框，并且设置了相应的文字环绕方式。
- 选择【绘制文本框】命令，鼠标指针变为十状，拖曳鼠标，绘制相应大小的横排空白文本框。文本框内填写文字后，文字横排。
- 选择【绘制竖排文本框】命令，鼠标指针变为十状，拖曳鼠标，绘制相应大小的竖排空白文本框。文本框内填写文字后，文字竖排。

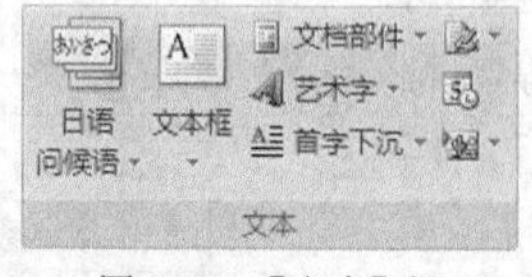

图 3-108 【文本】组

图 3-109 【文本框】列表

用后两种方法插入文本框时，有以下几种拖曳鼠标的方法。

- 直接拖曳鼠标，插入相应的文本框。
- 按住 Alt 键拖曳鼠标，以小步长移动鼠标。
- 按住 Ctrl 键拖曳鼠标，以起始点为中心插入文本框。
- 按住 Shift 键拖曳鼠标，插入正方形文本框。

用第 1 种方法插入的文本框，文本框自动设置相应的环绕方式，用后两种方法绘制的文本框，默认的文字环绕方式是【浮于文字上方】。

插入或绘制文本框后，文本框处于编辑状态，这时的文本框被浅蓝色虚线边框包围，虚线边框上有浅蓝色的小圆圈和小方块各 4 个，称为尺寸控点，如图 3-110 所示。文本框处于编辑状态时，内部有一个光标，可以在其中输入文字，还可以设置文字格式。

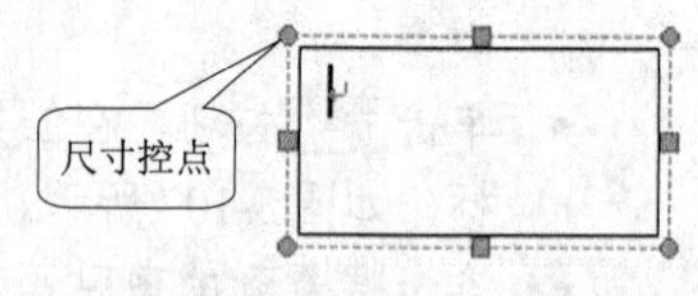

图 3-110 编辑状态的文本框

文本框被选定或处于编辑状态时，功能区中自动增加一个【格式】选项卡（见图 3-111），通过【格式】选项卡中的工具，可设置被选定或正在编辑的文本框（参见本节后面的内容）。

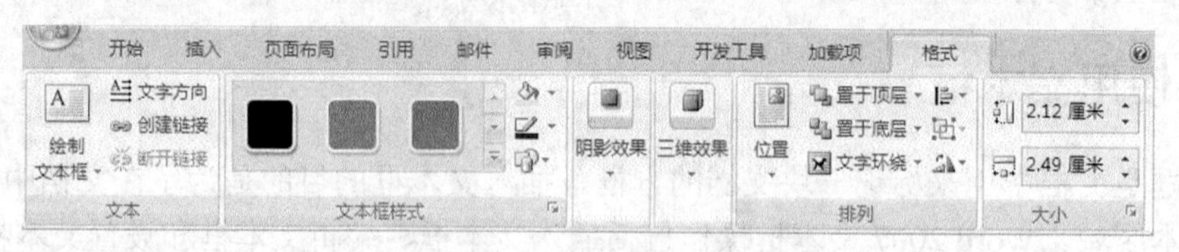

图 3-111 【格式】选项卡

二、编辑文本框

插入文本框后，可对文本框进行编辑，常用的编辑操作包括选定文本框、移动文本框、复制文本框、删除文本框等。

(1) 选定文本框

- 移动鼠标指针到文本框的边框上，单击鼠标即可选定该文本框。
- 在【开始】选项卡的【编辑】组中，单击 选择 按钮，在打开的菜单中选择【选择对象】命令，再在文档中拖曳鼠标，屏幕上会出现一个虚线矩形框，框内的所有文本框被选定。

- 按住 Shift 键逐个单击文本框的边框，所单击的文本框被选定，已选定的文本框被取消选定。

文本框选定后，文本框边线上有浅蓝色的小圆圈和小方块各 4 个，称为尺寸控点，如图 3-112 所示。在文本框以外单击鼠标，可取消文本框的选定。

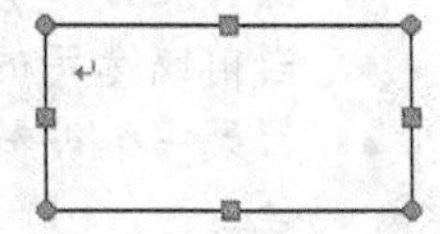
图 3-112　选定状态的文本框

(2) 移动文本框

- 选定文本框后，按↑、↓、←、→ 键可上、下、左、右移动文本框。
- 移动鼠标指针到文本框的边框上，鼠标指针变成状，拖曳鼠标可以移动该文本框。

在后一种方法中，拖曳鼠标又有以下方式。

- 直接拖曳鼠标，按默认的步长移动文本框。
- 按住 Alt 键拖曳鼠标，以小步长移动文本框。
- 按住 Shift 键拖曳鼠标，只在水平或垂直方向上移动文本框。

(3) 复制文本框

- 移动鼠标指针到文本框的边框上，按住 Ctrl 键拖曳鼠标，这时鼠标指针变成状，到达目标位置后，松开鼠标左键和 Ctrl 键。
- 先把选定的文本框复制到剪贴板，再将剪贴板上的文本框粘贴到文档中。如果复制的位置不是目标位置，可以再将其移动到目标位置。

(4) 删除文本框

- 选定文本框后，按 Delete 键。
- 选定文本框后，按 Backspace 键。
- 把选定的文本框剪切到剪贴板。

三、　设置文本框

文本框的设置包括设置样式、设置阴影效果、设置三维效果、设置排列、设置大小和设置链接，除了设置大小和设置链接与形状的操作不同外，其他大致相同，不再重复。

(1) 设置大小

文本框设置大小的方法与对形状设置大小的方法大致相同。需要说明的是，文本框大小改变后，其中的文本自动根据文本框的新宽度自动换行。文本超出文本框的范围时，如果文本框有链接，超出的内容会转移到下一文本框中，否则超出的文本将被隐藏。

(2) 设置链接

如果多个文本框建立了链接，那么当一个文本框中的内容满了以后，其余的内容自动移到下一个文本框中。

文本框处于选定或编辑状态时，单击【文本】组（见图 3-113）中的 创建链接 按钮，鼠标指针变成状，单击一个空文本框，将其作为当前文本框的后继链接，这时鼠标指针恢复原状。有后继链接的文本框处于选定或编辑状态时，单击【文本】组中的 断开链接 按钮，可断开与后继文本框的链接。

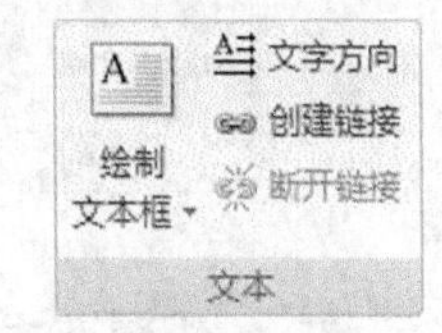

图 3-113 【文本】组

链接和断开链接文本框的以下情况应引起特别注意。

- 输入文本时，如果一个文本框已满，自动进入后继链接文本框内输入，不能直接将光标移动到后继链接的空文本框内。
- 当前或选定的文本框只能链接一个空文本框，并且不能链接到自身。
- 如果一个被链接的空文本框已经在文本框链中，该文本框断开与原来文本框的链接。
- 删除文本框链中的一个文本框时，文本框链并不断裂，会自动衔接。

3.8.5 使用艺术字

Word 2007 中的字体通常没有艺术效果，而实际应用中经常要用到艺术效果较强的字，通过插入艺术字可满足这种需要。Word 2007 艺术字操作包括插入艺术字、编辑艺术字和设置艺术字。

一、 插入艺术字

在【插入】选项卡的【文本】组（见图 3-108）中，单击【艺术字】按钮，打开如图 3-114 所示的【艺术字样式】列表，从中单击一种艺术字样式，弹出如图 3-128 所示的【编辑艺术字文字】对话框。

在【编辑艺术字文字】对话框中，输入艺术字的文字，设置艺术字的字体、字号以及字形后，单击 确定 按钮，在光标处插入相应的艺术字。艺术字默认的文字环绕方式是【嵌入型】。

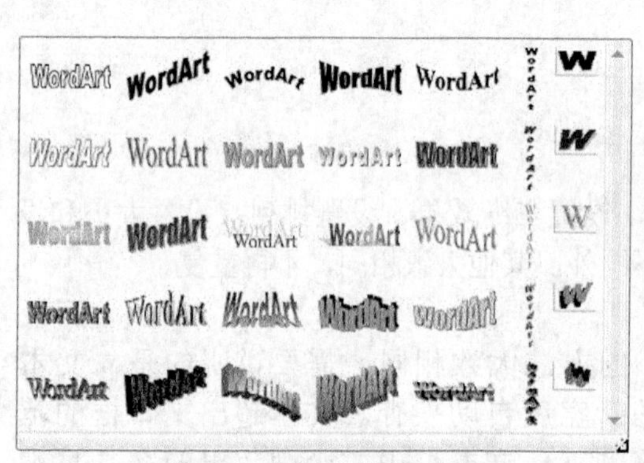

图 3-114 【艺术字样式】列表

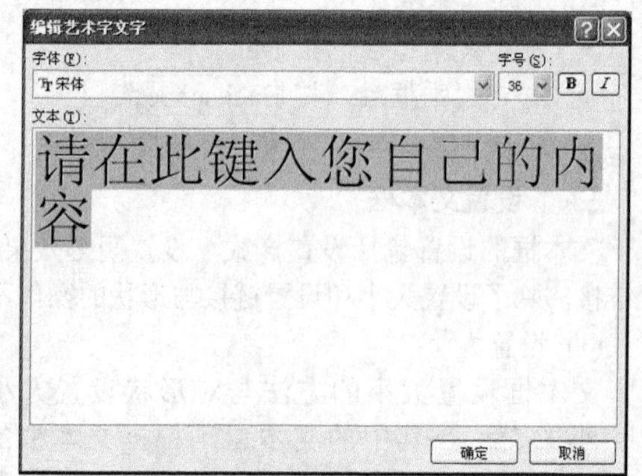

图 3-115 【编辑艺术字文字】对话框

插入艺术字，或选定一个已插入的艺术字后，功能区中将自动增加一个【格式】选项卡（见图 3-116），通过【格式】选项卡可设置艺术字的格式。

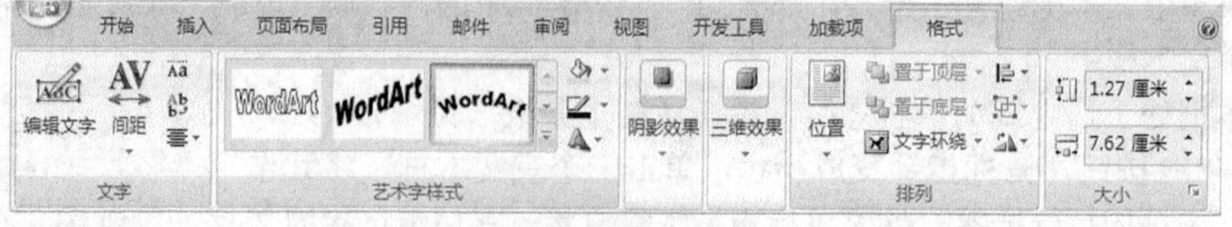

图 3-116 【格式】选项卡

二、编辑艺术字

插入艺术字后，可对艺术字进行编辑，常用的编辑操作包括选定艺术字、移动艺术字、复制艺术字和删除艺术字。

(1) 选定艺术字

艺术字的许多操作需要先选定艺术字，移动鼠标指针到艺术字上，单击鼠标即可选定该艺术字。在艺术字以外单击鼠标，可取消艺术字的选定。

文字环绕方式是【嵌入型】的艺术字被选定后，艺术字被浅蓝色虚线边框包围，虚线边框上有 8 个浅蓝色的方块，称为尺寸控点，如图 3-117 所示。文字环绕方式不是【嵌入型】的艺术字被选定后，艺术字周围出现浅蓝色的小圆圈和小方块各 4 个，称为尺寸控点，顶部出现一个绿色小圆圈，称为旋转控点。有的艺术字，还会出现一个黄色的菱形框，称为形态控点，如图 3-118 所示。

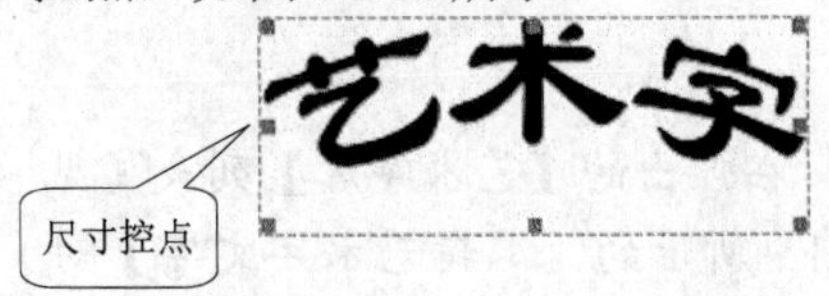

图 3-117　选定嵌入型艺术字

图 3-118　选定非嵌入型艺术字

(2) 移动艺术字

- 移动鼠标指针到某个艺术字上，鼠标指针变成✥状，这时拖曳鼠标，到达目标位置后，松开鼠标左键。
- 先把选定的艺术字剪切到剪贴板，再从剪贴板上粘贴到文档中的目标位置。

(3) 复制艺术字

- 移动鼠标指针到艺术字上，按住 Ctrl 键拖曳鼠标，这时鼠标指针变成状，到达目标位置后，松开鼠标左键和 Ctrl 键。
- 先把选定的艺术字复制到剪贴板，再从剪贴板上粘贴到文档中的目标位置。

(4) 删除艺术字

- 按 Delete 键或按 Backspace 键。
- 把选定的图片剪切到剪贴板。

三、 设置艺术字

艺术字的设置包括设置样式、设置阴影效果、设置三维效果、设置排列、设置大小和设置形态，这些与对形状的操作方法大致相同，这里不再重复。利用【格式】选项卡的【文字】组（见图 3-119）中的工具，可对艺术字进行以下设置。

图 3-119 【文字】组

- 单击【编辑文字】按钮，打开【编辑艺术字文字】对话框（见图 3-115），编辑艺术字中的文字。
- 单击【间距】按钮，打开【间距】列表，从中选择一种间距类型，设置相应的文字间距。
- 单击按钮，在字母等高和不等高之间转换。
- 单击按钮，在横排艺术字和竖排艺术字之间转换。
- 单击按钮，打开【对齐】列表，从中选择一种对齐方式，可设置多行艺术字中文字的对齐方式。

【例 3-5】 建立图 3-120 所示的艺术字，并以“读书.docx”为文件名保存在【我的文档】文件夹中。

图 3-120　文档中插入的艺术字

操作步骤如下。

1. 启动 Word 2007。
2. 单击【插入】选项卡【文本】组中的【艺术字】按钮，在弹出的【艺术字库】列表（见图 3-114）中选择第 3 行第 5 个图标，弹出如图 3-115 所示的【编辑艺术字文字】对话框。
3. 在【文本】文本框中输入“书山有路勤为径”，按 Enter 键，输入“学海无涯苦作舟”，在【字体】下拉列表中选择“华文行楷”，单击 确定 按钮。
4. 单击按钮，以“读书.docx”为文件名保存文档到【我的文档】文件夹中，然后关闭文档。

小结

本章主要包括以下内容。

- Word 2007 的基本操作：介绍了 Word 2007 的启动、退出、窗口组成和视图方式。
- Word 2007 的文档操作：介绍了 Word 2007 的新建文档、保存文档、打开文档、打印文档、关闭文档等操作。
- Word 2007 的文本编辑：介绍了移动插入点光标，选定文本，插入、删除与改写文本，复制与移动文本，查找、替换与定位文本等操作。
- Word 2007 的文字排版：介绍了设置字体、字号和字颜色；设置粗体、斜体、下画线和删除线；设置上标、下标和大小写；设置边框、底纹和突出显示。
- Word 2007 的段落排版：介绍了设置对齐方式、设置段落缩进、设置行间距、设置段落间距、设置边框和底纹、设置项目符号、设置编号等操作。
- Word 2007 的页面排版：介绍了设置纸张，设置页面背景和边框，设置分栏，插入分隔符，插入页眉、页脚和页码等操作。
- Word 2007 的表格处理：介绍了建立表格、编辑表格、设置表格等操作。
- Word 2007 的对象处理：介绍了使用形状、使用图片、使用剪贴画、使用文本框和使用艺术字等操作。

习题

一、判断题

1. 在 Word 2007 的普通视图中可看到页眉和页脚。（　）
2. 在 Word 2007 中，鼠标指针在文本区和空白编辑区的形状是相同的。（　）
3. 在文本选择区中单击鼠标可选定相应的段落。（　）

4. 在 Word 2007 中，五号字比四号字大。（ ）
5. 一个字符可同时设置为加粗和倾斜。（ ）
6. Word 2007 中默认的段前间距和段后间距都是 1 行。（ ）
7. 项目编号是固定不变的。（ ）
8. 设置分栏时，可以使各栏的宽度不同。（ ）
9. 不能使页码位于页眉中。（ ）
10. 打印预览时，可同时预览多页。（ ）
11. 打印文档时，可打印指定的若干页。（ ）
12. 选定表格后，按 Delete 键和按 Backspace 键的作用相同。（ ）
13. 表格自动重复标题行的行数只能是 1 行。（ ）
14. 图形既可浮于文字上方，也可衬于文字下方。（ ）
15. 文本框中的文字只能横排，不能竖排。（ ）

二、选择题

1. 保存文档的组合键是（　　）。
   A. Ctrl + S　　B. Alt + S　　C. Shift + S　　D. Shift + Alt + S
2. 将插入点光标移动到文档开始的按键是（　　）。
   A. Home　　B. Alt + Home　　C. Shift + Home　　D. Ctrl + Home
3. 在文本选择区三击鼠标，可选定（　　）。
   A. 一句　　B. 一行　　C. 一段　　D. 整个文档
4. 在 Word 2007 中，五号字的大小与（　　）磅字的大小相同。
   A. 5　　B. 10.5　　C. 15　　D. 15.5
5. 【页眉和页脚】命令位于（　　）菜单中。
   A. 文件　　B. 工具　　C. 视图　　D. 格式
6. 在【页眉和页脚】工具栏中，以下（　　）按钮用来插入总页码数。
   A.　　B.　　C.　　D.
7. 打印文档时，以下页码范围（　　）有 4 页。
   A. 2-6　　B. 1,3-5,7　　C. 1-2,4-5　　D. 1,4
8. 以下表格操作（　　）没有对应的菜单命令。
   A. 插入表格　　B. 删除表格　　C. 合并表格　　D. 拆分表格
9. 按住（　　）键绘制图形会以起始点为中心绘制图形。
   A. Ctrl　　B. Alt　　C. Shift　　D. Alt + Shift
10. 与图形、图片、艺术字相比，以下（　　）是文本框特有的设置。
    A. 边框颜色　　B. 环绕　　C. 阴影　　D. 链接

三、填空题

1. 在文本区内选定文本时，拖曳鼠标，选定________；双击鼠标，选定________；快速单击鼠标 3 次，选定________；按住 Ctrl 键单击鼠标，选定________；按住 Alt 键拖曳鼠标，选定________。
2. 选定文本后，把鼠标指针移动到选定的文本上拖曳鼠标会________选定的文本，把鼠标移动到选定的文本上按住 Ctrl 键拖曳鼠标会________选定的文本。
3. 选定默认格式的文本后，按 Ctrl+B 组合键，可将选定的文本设置为________效果，按

Ctrl+I 组合键，可将选定的文本设置为________效果，按 Ctrl+U 组合键，可将选定的文本设置为________效果。

4. Word 2007 中段落的对齐方式有________、________、________和________4 种。
5. Word 2007 中段落的缩进方式有________、________、________和________4 种。
6. 设置图形的叠放次序有________、________、________、________、________和________6 种类型。

四、问答题

1. 文档有哪几种视图方式？各有什么特点？如何切换？
2. 在文档中移动插入点光标有哪些方法？选定文本有哪些操作？编辑文本有哪些操作？
3. 在文档中设置文本格式有哪些操作？设置文本段落有哪些操作？设置页面有哪些操作？
4. 在文档中插入表格有哪些方法？编辑表格有哪些操作？设置表格有哪些操作？
5. 在文档中插入文本框有哪些方法？编辑文本框有哪些操作？设置文本框有哪些操作？
6. 在文档中插入图形有哪些操作？编辑图形有哪些操作？设置图形有哪些操作？
7. 在文档中插入图片有哪些操作？编辑图片有哪些操作？设置图片有哪些操作？
8. 在文档中插入艺术字有哪些操作？编辑艺术字有哪些操作？设置艺术字有哪些操作？

第 4 章　中文 Excel 2007

Excel 2007 是 Microsoft 公司开发的办公软件 Office 2007 中的一个组件，利用它可以方便地制作电子表格，是计算机办公的得力工具。

本章主要介绍电子表格软件 Excel 2007 的基础知识与基本操作，包括以下内容。

- Excel 2007 的基本操作。
- Excel 2007 的工作簿操作。
- Excel 2007 的工作表编辑。
- Excel 2007 的工作表操作。
- Excel 2007 的工作表格式化。
- Excel 2007 的公式计算。
- Excel 2007 的数据管理与分析。
- Excel 2007 的图表使用。
- Excel 2007 的工作表打印。

4.1　Excel 2007 的基本操作

本节介绍启动和退出 Excel 2007 的方法、Excel 2007 窗口的组成。

4.1.1　Excel 2007 的启动

启动 Excel 2007 有多种方法，用户可根据自己的习惯或喜好选择一种。以下是启动 Excel 2007 常用的方法。

- 选择【开始】/【程序】/【Microsoft Office】/【Microsoft Office Excel 2007】命令。
- 如果建立了 Excel 2007 的快捷方式，双击该快捷方式。
- 双击一个 Excel 工作簿文件图标（Excel 工作簿文件的图标是）将其打开。

使用前两种方法启动 Excel 2007 后，系统自动建立一个名为“Book1”的空白工作簿，使用第 3 种方法启动 Excel 2007 后，系统自动打开相应的工作簿。

4.1.2　Excel 2007 窗口的组成

Excel 2007 启动后的窗口，称作 Excel 2007 应用程序窗口。在该窗口中还包含一个子窗口——工作簿窗口。当工作簿窗口被最大化后（见图 4-1），工作簿窗口的标题栏并到 Excel 2007 应用程序窗口的标题栏中，工作簿窗口的窗口控制按钮移到功能区中选项卡标签的右边。这时，单击选项卡标签右边的按钮，把工作簿窗口恢复为原来的大小，就能很清楚

地区分应用程序窗口和工作簿窗口。

一、 应用程序窗口

Excel 2007 应用程序窗口的标题栏、功能区、状态栏等与 Word 2007 应用程序窗口类似；不同的是，Excel 2007 窗口没有文档区，取而代之的是工作表窗口。另外，Excel 2007 应用程序窗口有名称框和编辑栏。

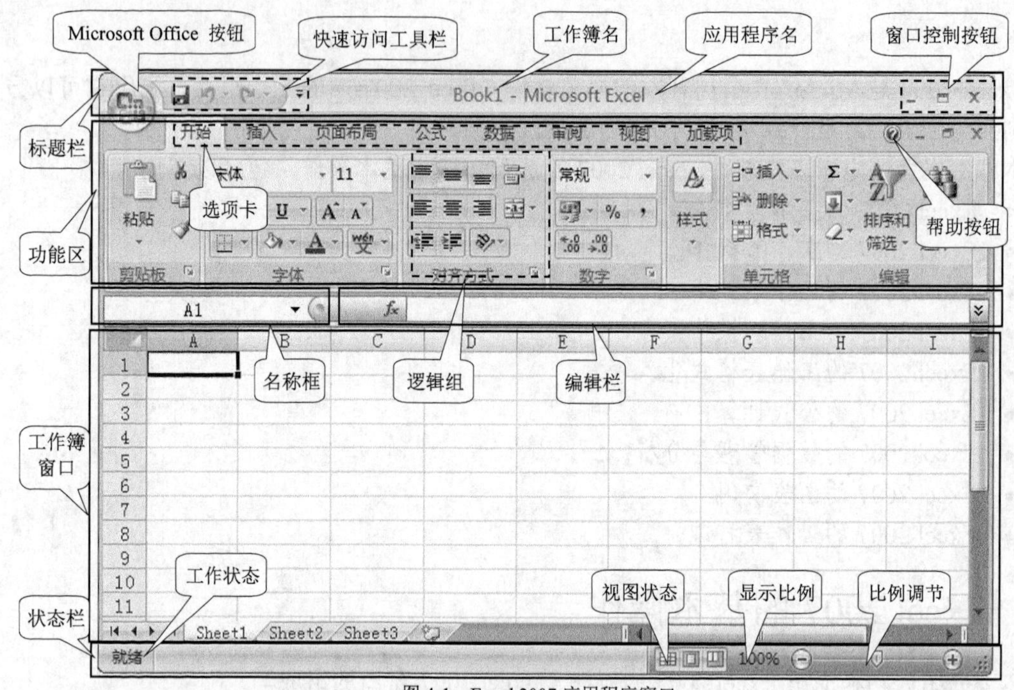

图 4-1 Excel 2007 应用程序窗口

- 名称框：名称框位于功能区下方的左面，用来显示活动单元格的名称。如果单元格被命名，则显示其名称；否则显示单元格的地址。
- 编辑栏：编辑栏位于功能区下方的右面，用来显示、输入或修改活动单元格中的内容，当单元格中的内容为公式时，在编辑栏中可显示单元格中的公式。当输入或修改活动单元格中的内容时，编辑栏的左侧会出现✓按钮和✕按钮。单击编辑栏中的fx按钮，会打开【插入函数】对话框，用于插入 Excel 2007 提供的标准函数。

二、 工作簿窗口

Excel 2007 的工作簿窗口包含在应用程序窗口中，工作簿窗口没有最大化时，如图 4-2 所示。

工作簿窗口中各部分的功能如下。

- 标题栏：标题栏位于工作簿窗口的顶端，包括控制菜单按钮、窗口名称（如 Book1）、窗口控制按钮 _ ▭ ✕。工作簿窗口最大化后，标题栏消失，窗口名并到 Excel 2007 应用程序窗口的标题栏中，窗口的控制按钮移到选项卡标签的右边。
- 行号按钮：行号按钮在工作簿窗口的左面，顺序依次为数字 1、2、3 等。

- 列号按钮：列号按钮位于标题栏的下面，顺序依次为字母 A、B、C 等。

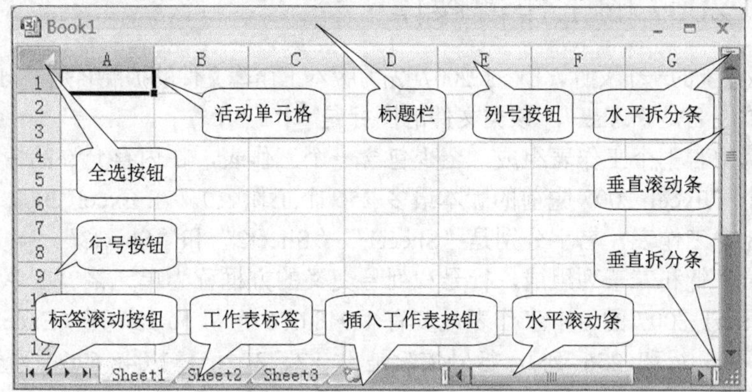

图 4-2 Excel 2007 的工作簿窗口

- 全选按钮：全选按钮位于列号 A 之左、行号 1 之上的位置，单击它可选定整个工作表。
- 单元格：行号和列号交叉的方框为单元格。每个单元格对应一个行号和列号。
- 标签滚动按钮 ⏮ ◀ ▶ ⏭：标签滚动按钮位于工作簿窗口底部的左侧。当工作簿窗口中不能显示所有的工作表标签时，可用标签滚动按钮滚动工作表标签。
- 工作表标签：工作表标签位于标签滚动按钮右侧，代表各工作表的名称。底色为白色的标签所对应的工作表为当前工作表（如图 4-2 中的“Sheet1”）。
- 插入工作表按钮：插入工作表按钮位于工作表标签右侧，单击该按钮，可插入一个空白工作表。
- 水平滚动条：水平滚动条位于工作簿窗口底部的右侧，用来水平滚动工作表，显示工作簿窗口外的工作表列的内容。
- 垂直滚动条：垂直滚动条位于工作簿窗口的右边，用来垂直滚动工作表，显示工作簿窗口外的工作表行的内容。
- 水平拆分条：水平拆分条位于垂直滚动条的上方，拖曳它能把工作表窗口水平分成两部分。
- 垂直拆分条：垂直拆分条位于水平滚动条的右侧，拖曳它能把工作表窗口垂直分成两部分。

4.1.3 Excel 2007 的退出

退出 Excel 2007 有以下方法。

- 单击 Excel 2007 窗口右上角的【关闭】按钮。
- 双击按钮。
- 单击按钮，在打开的菜单中选择【退出 Excel】命令。

退出 Excel 2007 时，系统会关闭所打开的工作簿。如果工作簿改动过而没有保存，系统会弹出如图 4-3 所示的【Microsoft Office Excel】对话框（以工作簿“Book1”为例），以确定是否保存。

图 4-3 【Microsoft Office Excel】对话框

4.2 Excel 2007 的工作簿操作

工作簿是磁盘上的一个文件，Excel 2007 先前版本工作簿文件的扩展名是“.xls”，Excel 2007 工作簿文件的扩展名是“.xlsx”，该类文件的图标是。

一个工作簿由若干个工作表组成，至少包含一个工作表，在内存允许的情况下，工作表数可有任意多个（Excel 2007 先前的版本最多 255 个工作表）。在 Excel 2007 新建的工作簿中，默认包含 3 个工作表，名字分别是“Sheet1”、“Sheet2”和“Sheet3”。

工作表由若干行和若干列组成，行号和列号交叉的方框称为单元格。在单元格中可输入数据或公式。Excel 2007 的一个工作表最多有 1 048 676 行和 16 384 列（Excel 2007 先前的版本最多有 65 536 行和 256 列），行号依次是 1、2、3、…、1 048 676，列号依次是 A、B、C、…、Y、Z、AA、AB、…、ZZ、AAA、…、XFD。

Excel 2007 的工作簿常用的操作包括新建工作簿、保存工作簿、打开工作簿和关闭工作簿。本节介绍这些工作簿的操作方法。

4.2.1 新建工作簿

启动 Excel 2007 时，系统会自动建立一个空白工作簿，默认的文件名是“Book1”。在 Excel 2007 中，新建工作簿有以下方法。

- 按 Ctrl+N 组合键。
- 单击按钮，在打开的菜单中选择【新建】命令。

使用第 1 种方法，系统会自动建立一个默认模板的空白工作簿；使用第 2 种方法，将弹出如图 4-4 所示的【新建工作簿】对话框。

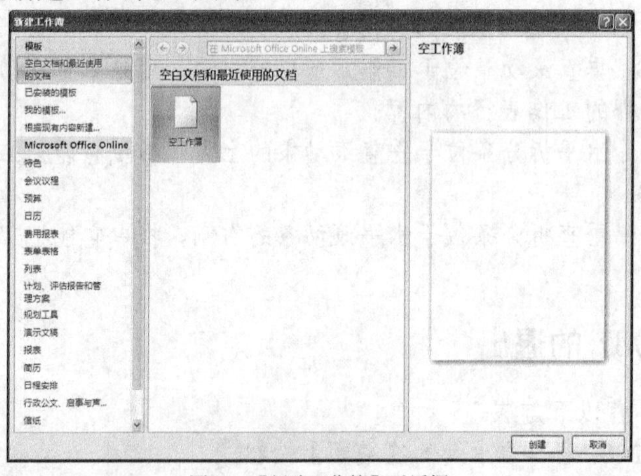

图 4-4 【新建工作簿】对话框

在【新建工作簿】对话框中，可进行以下操作。

- 单击【模板】窗格（最左边的窗格）中的一个命令，【模板列表】窗格（中间的窗格）显示该组模板中的所有模板。
- 单击【模板列表】窗格中的一个模板，【模板效果】窗格（最右边的窗格）显示该模板的效果。
- 单击创建按钮，建立基于该模板的一个新工作簿。

4.2.2　保存工作簿

Excel 2007 工作时，工作簿的内容驻留在计算机内存和磁盘的临时文件中，没有正式保存。常用保存工作簿的方法有保存和另存为两种。

(1)　保存

在 Excel 2007 中，保存工作簿有以下方法。

- 按 Ctrl+S 组合键。
- 单击【快速访问工具栏】中的按钮。
- 单击按钮，在打开的菜单中选择【保存】命令。

如果工作簿已被保存过，系统自动将工作簿的最新内容保存起来。如果工作簿从未保存过，系统需要用户指定文件的保存位置以及文件名，相当于执行另存为操作（见下面内容）。

(2)　另存为

另存为是指把当前编辑的工作簿以新文件名或在新的保存位置保存起来。单击按钮，在打开的菜单中选择【另存为】命令，弹出如图 4-5 所示的【另存为】对话框。

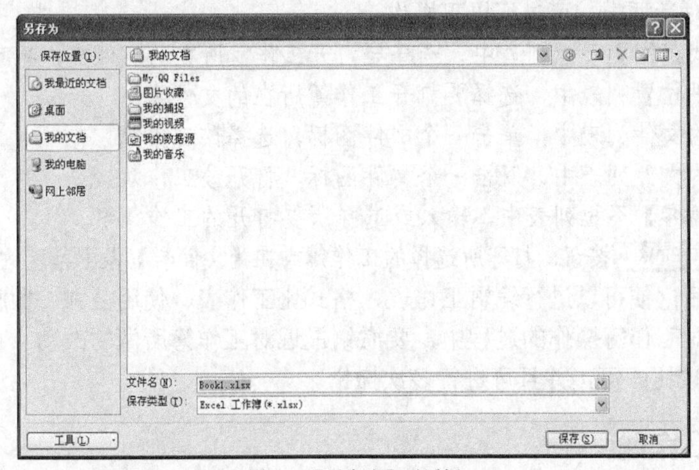

图 4-5 【另存为】对话框

在【另存为】对话框中，可进行以下操作。

- 在【保存位置】下拉列表中，选择要保存到的文件夹，也可在窗口左侧的预设保存位置列表中，选择要保存到的文件夹。
- 在【文件名】下拉列表中，输入或选择一个文件名。
- 在【保存类型】下拉列表中，选择要保存的工作簿类型。应注意：Excel 2007 先前版本默认的保存类型是.xls 型文件，Excel 2007 则是.xlsx 型文件。
- 单击 保存(S) 按钮，按所做设置保存文件。

4.2.3　打开工作簿

在 Excel 2007 中，打开工作簿有以下方法。

- 按 Ctrl+O 组合键。
- 单击按钮，在打开的菜单中选择【打开】命令。

- 单击按钮，在打开的菜单中从【最近使用的文档】列表中选择一个工作簿名。

采用最后一种方法时，将直接打开指定的工作簿。用前两种方法，会弹出如图 4-6 所示的【打开】对话框。

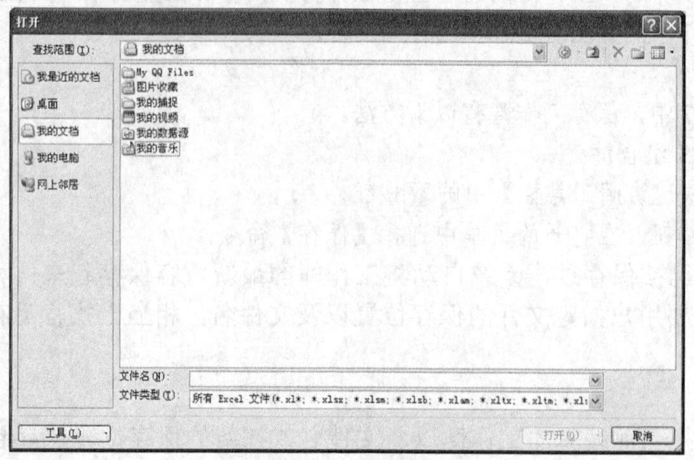

图 4-6 【打开】对话框

在【打开】对话框中，可进行以下操作。

- 在【查找范围】下拉列表中，选择要打开工作簿所在的文件夹，也可在窗口左侧的预设位置列表中，选择要打开工作簿所在的文件夹。
- 在打开的文件列表中，单击一个文件图标，选择该工作簿。
- 在打开的文件列表中，双击一个文件图标，打开该工作簿。
- 在【文件名】下拉列表中，输入或选择所要打开的工作簿名。
- 单击 打开(O) 按钮，打开所选择的工作簿或在【文件名】框中指定的工作簿。

打开工作簿后，便可以进行编辑工作表、格式化工作表、使用公式、数据管理、打印工作表等操作。在对工作簿操作的过程中，要撤销最近对工作簿所做的改动，单击【快速访问工具栏】中的按钮即可，并且可进行多次撤销。

4.2.4 关闭工作簿

在 Excel 2007 中，单击按钮，在打开的菜单中选择【关闭】命令，即关闭当前打开的工作簿。关闭工作簿时，如果工作簿改动过并且没有保存，系统会弹出类似图 4-3 所示的【Microsoft Office Excel】对话框（以“Book1”为例），以确定是否保存。

4.3 Excel 2007 的工作表编辑

工作表编辑的常用操作包括单元格的激活与选定，向单元格中输入数据、填充数据，单元格中内容的编辑，插入与删除单元格，复制与移动单元格等。

4.3.1 单元格的激活与选定

对某一单元格进行操作，必须先激活该单元格。被激活的单元格称为活动单元格；活动单元格所在的行称为当前行；活动单元格所在的列称为当前列。要对某些单元格统一处理（如设置字体或字号等），需要选定这些单元格。

一、 激活单元格

活动单元格是当前对其进行操作的单元格，其边框要比其他单元格的边框粗黑（见图 4-7）。新工作表默认 A1 单元格为激活单元格。用鼠标单击一个单元格，该单元格成为活动单元格。

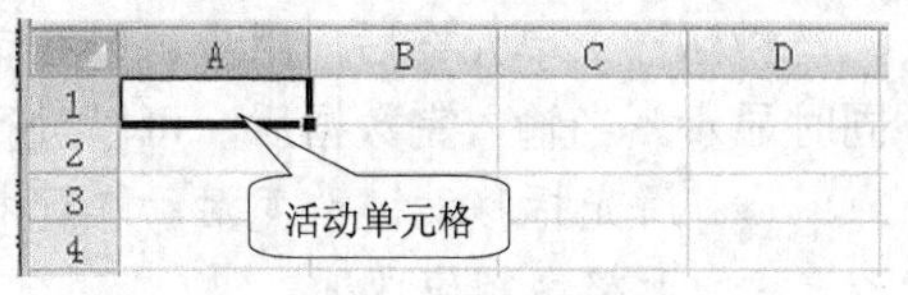

图 4-7　活动单元格

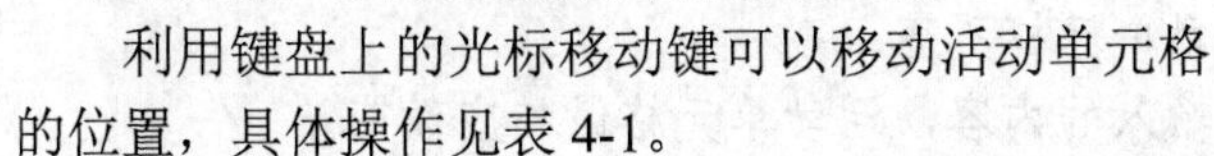

利用键盘上的光标移动键可以移动活动单元格的位置，具体操作见表 4-1。

表 4-1　移动活动单元格的光标移动键

按　键	功　能	按　键	功　能
↑	上移一格	↓	下移一格
Shift+Enter	上移一格	Enter	下移一格
PageUp	上移一屏	PageDown	下移一屏
←	左移一格	→	右移一格
Shift+Tab	左移一格	Tab	右移一格
Home	到本行 A 列	Ctrl+Home	到 A1 单元格

二、 选定单元格区域

被选定的单元格区域被粗黑边框包围，有一个单元格的底色为白色，其余单元格的底色为浅蓝色（见图 4-8），底色为白色的单元格是活动单元格。

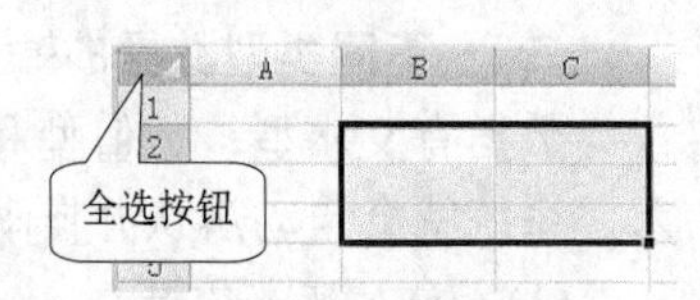

图 4-8　选定单元格区域

用以下方法可选定一个矩形单元格区域。

- 按住 Shift 键移动光标，选定以开始单元格和结束单元格为对角的矩形区域。
- 拖曳鼠标从一个单元格到另一个单元格，选定以这两个单元格为对角的矩形区域。
- 按住 Shift 键单击一个单元格，选定以活动单元格和该单元格为对角的矩形区域。

用以下方法可选定一整行（列），或若干相邻的行（列）。

- 单击工作表的行（列）号，选定该行（列）。
- 按住 Shift 键单击工作表的行（列）号，选定从当前行（列）到单击行（列）之间的行（列）。
- 拖曳鼠标从一行（列）号到另一行（列）号，选定两行（列）之间的行（列）。

另外，按 Ctrl+A 组合键，或单击全选按钮，可选定整个工作表。

选定单元格区域后，单击工作表的任意一个单元格，或按键盘上的任一光标移动键，即可取消单元格的选定状态。

4.3.2 向单元格中输入数据

在向单元格内输入内容前，应先激活或选定单元格。向单元格内输入数据有不同的方式，单元格内输入的数据有若干类型。

一、 数据输入方式

向单元格内输入数据有 3 种不同的方式：在活动单元格内输入数据、在选定单元格区域内输入数据、在不同单元格内输入相同数据。

(1) 在活动单元格内输入数据

激活一个单元格后，用户可以在单元格内输入数据。所输入的数据在单元格和编辑栏内同时显示。当输入完数据后，可以进行以下操作。

- 用光标移动键改变活动单元格的位置（见表 4-1），接受输入的内容，活动单元格做相应改变。
- 按 Esc 键，取消输入的内容，活动单元格不变。
- 单击编辑栏左边的✓按钮，接受输入的内容，活动单元格做相应改变。
- 单击编辑栏左边的✕按钮，取消输入的内容，活动单元格不变。

(2) 在选定单元格区域内输入数据

选定单元格区域后，如果输入数据时只用 Tab 键和 Enter 键移动活动单元格，则活动单元格不会超越选定的单元格区域，到达单元格区域边界后，插入点光标自动移动到单元格区域内下一行或下一列的开始处，如果是最后一个单元格，插入点光标自动移动到单元格区域的第 1 个单元格。

(3) 在不同单元格内输入相同数据

在若干单元格内输入同样的数据时，无须逐个输入，可以在这些单元格内一次输入完成，方法是：先选定这些单元格，然后输入数据，输入完后，再按 Ctrl+Enter 组合键，这时，所选定的单元格内的数据都是刚输入的数据。

二、 不同类型数据的输入方法

数据有文本型、数值型和日期时间型，每种类型都有各自的格式，只要按相应的格式输入，系统就会自动辨认并自动转换。

(1) 输入文本数据

文本数据用来表示一个名字或名称，可以是汉字、英文字母、数字、空格等用键盘输入的字符。文本数据仅供显示或打印用，不能进行数学运算。

输入文本数据时，应注意以下特殊情况。

- 如果要输入的文本可视作数值数据（如“12”）、日期数据（如“3 月 5 日”）或公式（如“=A1*0.5”），应先输入一个英文单引号（′），再输入文本。
- 如果要输入文本的第 1 个字符是英文单引号（′），则应连续输入两个。
- 如果要输入分段的文本，输入完一段后要按 Alt+Enter 组合键，再输入下一段。

文本数据在单元格内显示时有以下特点。

- 文本数据在单元格内自动左对齐。
- 有分段文本的单元格，单元格高度根据文本高度自动调整。
- 当文本的长度超过单元格宽度时，如果右边单元格中无数据，文本扩展到右边单元格中显示，否则文本根据单元格宽度截断显示。

(2) 输入数值数据

数值数据表示一个有大小值的数，可以进行数学运算，可以比较大小。在 Excel 2007 中，数值数据可以用以下 5 种形式输入。

- 整数形式（如 100）。
- 小数形式（如 3.14）。
- 分数形式（如 1 1/2，等于 1.5。注意，在这里两个 1 之间要有空格）。
- 百分数形式（如 10%，等于 0.1）。

- 科学记数法形式（如 1.2E3，等于 1200）。

对于整数和小数，输入时还可以带千分位（如 10,000）或货币符号（如$100）。输入数值数据时，应注意以下特殊情况。

- 如果输入一个用英文小括号括起来的正数，系统会将其当作有相同绝对值的负数对待。例如输入“(100)”，系统将其作为“－100”。
- 如果输入的分数没有整数部分，系统将其作为日期数据或文本数据对待，只要将“0”作为整数部分加上，就可避免这种情况。例如，输入“1/2”，系统将其作为“1 月 2 日”，而输入“0 1/2”，系统将其作为“0.5”。

数值数据在单元格内显示时有以下特点。

- 数值数据在单元格内自动右对齐。
- 当数值的长度超过 12 位时，自动以科学记数法形式表示。
- 当数值的长度超过单元格宽度时，如果未设置单元格宽度，单元格宽度自动增加，否则以科学记数法形式表示。
- 如果科学记数法形式仍然超过单元格的宽度，则单元格内显示“####”，只要将单元格增大到一定宽度（详见“4.5.2 工作表表格的格式化”一节），就能将其正确显示。

(3) 输入日期

输入日期有以下 6 种格式。

① M/D（如 3/14）。

② M-D（如 3-14）。

③ M 月 D 日（如 3 月 14 日）。

④ Y/M/D（如 2008/3/14）。

⑤ Y-M-D（如 2008-3-14）。

⑥ Y 年 M 月 D 日（如 2008 年 3 月 14 日）。

输入日期时，应注意以下情况。

- 按①～③这 3 种格式输入，则默认的年份是系统时钟的当前年份。
- 按④～⑥这 3 种格式输入，则年份可以是两位（系统规定，00～29 表示 2000～2029，30～99 表示 1930～1999），也可以是 4 位。
- 按 Ctrl+; 组合键，则输入系统时钟的当前日期。
- 如果输入一个非法的日期，如“2008-2-30”，则作为文本数据对待。

日期在单元格内显示时有以下特点。

- 日期在单元格内自动右对齐。
- 按①～③这 3 种格式输入，显示形式是“M 月 D 日”，不显示年份。
- 按第④种、第⑤种格式输入，显示形式是“Y-M-D”，其中年份显示 4 位。
- 按第⑥种格式输入，则显示形式是“Y 年 M 月 D 日”，其中年份显示 4 位。
- 按 Ctrl+; 组合键，输入系统的当前日期，显示形式是“Y-M-D”，年份显示 4 位。
- 当日期的长度超过单元格宽度时，如果未设置单元格宽度，单元格宽度自动增加，否则单元格内显示“####”。只要将单元格增大到一定宽度，就能将其正确显示。

(4) 输入时间

输入时间有以下 6 种格式。

① H:M ④ H:M:S
② H:M AM ⑤ H:M:S AM
③ H:M PM ⑥ H:M:S PM

输入时间时，应注意以下情况。

- 时间格式中的“AM”表示上午，“PM”表示下午，它们前面必须有空格。
- 带“AM”或“PM”的时间，H 的取值范围从“0”～“12”。
- 不带“AM”或“PM”的时间，H 的取值范围从“0”～“23”。
- 按 Ctrl+Shift+; 组合键，输入系统时钟的当前时间，显示形式是“H:M”。
- 如果输入时间的格式不正确，则系统当做文本数据对待。

时间在单元格内显示时有以下特点。

- 时间在单元格内自动右对齐。
- 时间在单元格内按输入格式显示，“AM”或“PM”自动转换成大写。
- 当时间的长度超过单元格宽度时，如果未设置单元格宽度，单元格宽度自动增加，否则单元格内显示“####”，只要将单元格增大到一定宽度，就能将其正确显示。

【例 4-1】 建立如图 4-9 所示的工作表，并以“奖金发放表.xlsx”为文件名保存到“我的文档”文件夹中。

	A	B	C	D
1	奖金发放表			
2	姓名	电话	出勤奖	业绩奖
3	赵甲独	3141592	200	720
4	钱乙善	6535897	130	680
5	孙丙其	9323846	210	800
6	李丁身	2643383	170	620
7	周戊兼	2795028	250	640
8	吴己达	8419716	140	740
9	郑庚天	9399375	160	700
10	王辛下	1058209	190	760

图 4-9 奖金发放表

操作步骤如下。

1. 在 Excel 2007 中新建工作簿。
2. 在工作表中，“电话”栏中的内容先输入一个英文单引号（'）再输入电话号码，其他内容按原样输入即可。
3. 单击按钮，在弹出的对话框中以“奖金发放表.xlsx”为文件名保存工作簿到“我的文档”文件夹中，然后关闭工作簿。

4.3.3 向单元格中填充数据

如果要输入到某行或某列的数据有规律，可使用自动填充功能来完成数据输入。自动填充有 3 种情况：利用填充柄填充、填充单元格区域和填充序列。

一、 利用填充柄填充

填充柄是活动单元格或选定单元格区域右下角的黑色小方块（见图 4-10），将鼠标指针移动到填充柄上面时，鼠标指针变成✚状，在这种状态下拖曳鼠标，拖曳所覆盖的单元格被相应的内容填充。

利用填充柄进行填充时，有以下不同情况。

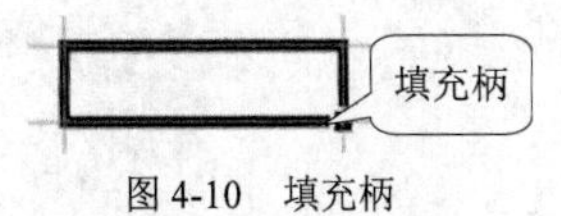

图 4-10　填充柄

- 如果当前单元格中的内容是数，则该数被填充到所覆盖的单元格中。
- 如果当前单元格中的内容是文字，并且该文字的开始和最后都不是数字，该文字被填充到所覆盖的单元格中。
- 如果当前单元格中的内容是文字，并且文字的最后是阿拉伯数字，填充时文字中的数自动增加，步长是 1（如“零件 1”、“零件 2”、“零件 3”等）。
- 如果当前单元格中的内容是文字，且文字的开始是阿拉伯数字，最后不是数字，填充时文字中的数自动增加，步长是 1（如“1 班”、“2 班”、“3 班”等）。
- 如果当前单元格中的内容是日期，公差为 1 天的日期序列依次被填充到所覆盖的单元格中。
- 如果当前单元格中的内容是时间，公差为 1 小时的时间序列依次被填充到所覆盖的单元格中。
- 如果当前单元格中的内容是公式，填充方法详见“4.6.3 填充公式”一节。
- 如果当前单元格中的内容是内置序列中的一项，该序列中的后续项依次被填充到所覆盖的单元格中。

Excel 2007 提供了以下 11 个内置序列。

- Sun、Mon、Tue、Wed、Thu、Fri、Sat。
- Sunday、Monday、Tuesday、Wednesday、Thursday、Friday、Saturday。
- Jan、Feb、Mar、Apr、May、Jun、Jul、Aug、Sep、Oct、Nov、Dec。
- January、February、March、April、May、June、July、August、September、October、November、December。
- 日、一、二、三、四、五、六。
- 星期日、星期一、星期二、星期三、星期四、星期五、星期六。
- 一月、二月、三月、四月、五月、六月、七月、八月、九月、十月、十一月、十二月。
- 正月、二月、三月、四月、五月、六月、七月、八月、九月、十月、十一月、腊月。
- 第一季、第二季、第三季、第四季。
- 子、丑、寅、卯、辰、巳、午、未、申、酉、戌、亥。
- 甲、乙、丙、丁、戊、己、庚、辛、壬、癸。

二、 填充单元格区域

选定一个单元格区域后，可在单元格区域中进行填充。其方法是，在功能区【开始】选项卡的【编辑】组（见图 4-11）中，单击按钮，在打开的【填充】菜单（见图 4-12）中选择一个命令，按相应的方式填充所选定的单元格。

图 4-11 【编辑】组

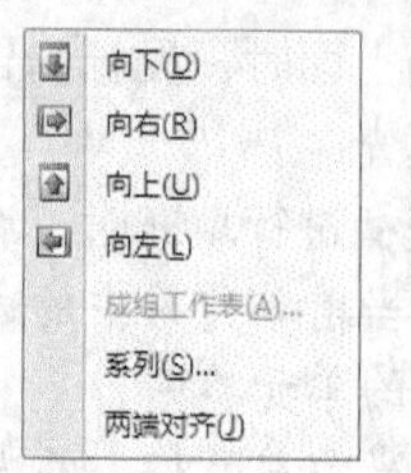

图 4-12 【填充】菜单

【填充】菜单中各命令的功能如下。

- 【向下】命令，单元格区域第 1 行中的数据填充到其他行中。
- 【向右】命令，单元格区域最左一列中的数据填充到其他列中。
- 【向上】命令，单元格区域最后一行中的数据填充到其他行中。
- 【向左】命令，单元格区域最右一列中的数据填充到其他列中。

三、 填充序列

如果要填充一个序列，应先输入序列的第 1 项，然后选择【填充】菜单（见图 4-12）中的【系列】命令，弹出如图 4-13 所示的【序列】对话框。

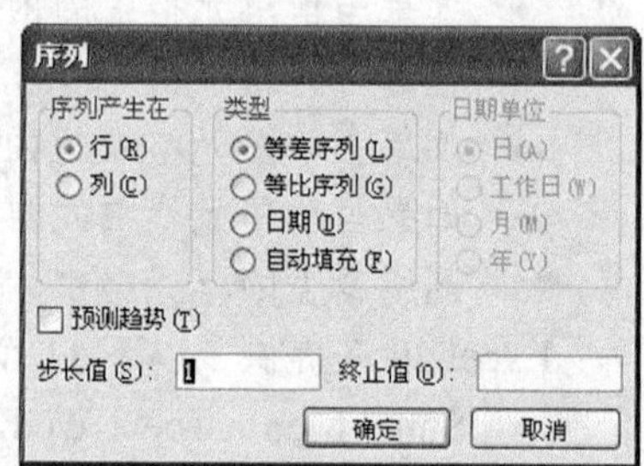

图 4-13 【序列】对话框

在【序列】对话框中，可进行以下操作。

- 选择【行】单选钮，序列产生在当前或选定的行上。
- 选择【列】单选钮，序列产生在当前或选定的列上。
- 选择【等差序列】单选钮，产生一个等差序列。
- 选择【等比序列】单选钮，产生一个等比序列。
- 选择【日期】单选钮，产生一个日期序列。
- 选择【自动填充】单选钮，以当前单元格中的内容填充。
- 选择【日期】单选钮后，如果选择【日】单选钮，日期以日为单位。
- 选择【日期】单选钮后，如果选择【工作日】单选钮，日期以工作日（周一至周五）为单位。
- 选择【日期】单选钮后，如果选择【月】单选钮，日期以月为单位。
- 选择【日期】单选钮后，如果选择【年】单选钮，日期以年为单位。
- 在【步长值】文本框中，输入等差、等比或日期序列的步长。如果选择了【自动填充】单选钮，则此项无效。
- 在【终止值】文本框中，输入序列的终止值。如果选择了【自动填充】单选钮，此项无效。
- 单击 确定 按钮，按所做设置填充，同时关闭该对话框。

填充序列时，以下情况应引起注意。

- 如果没有选定填充区域，必须在【终止值】编辑框中输入序列的终止值。
- 选定了单元格区域后，如果在【终止值】编辑框中没有输入序列的终止值，在单元格区域内填充序列。
- 选定了单元格区域后，如果在【终止值】编辑框中输入了序列的终止值，在单元格区域内填充序列，超出终止值的数据不填充。

- 当前单元格中的数据是文本数据，如果按【等差序列】、【等比序列】或【日期】类型进行填充，系统不进行填充操作。
- 在填充序列过程中，被填充单元格中原来的内容被覆盖。

4.3.4　单元格中内容的编辑

向单元格中输入内容后，可以对单元格的内容进行编辑，常用的编辑操作有修改、删除、查找、替换等。

一、 修改内容

如果输入的内容不正确，可以对其进行修改。要对单元格的数据进行修改，首先要进入修改状态，然后进行修改操作，如移动光标、插入、改写、删除等操作。修改完成后，可以确认或取消所做的修改。

(1) 进入修改状态

- 单击要修改的单元格，再单击编辑栏，光标出现在编辑栏内。
- 单击要修改的单元格，再按F2键，光标出现在单元格内。
- 双击要修改的单元格，光标出现在单元格内。

(2) 移动光标

- 在编辑栏或单元格内某一点单击鼠标，光标定位到该位置。
- 用键盘上的光标移动键也可移动光标，见表 4-2。

表 4-2　常用的移动光标按键

按键	移动到	按键	移动到	按键	移动到
←	左侧一个字符	Ctrl+←	左侧一个词	Home	当前行的行首
→	右侧一个字符	Ctrl+→	右侧一个词	End	当前行的行尾
↑	上一行	Ctrl+↑	前一个段落	Ctrl+Home	单元格内容的开始
↓	下一行	Ctrl+↓	后一个段落	Ctrl+End	单元格内容的结束

(3) 插入与删除

- 在改写状态下（光标是黑色方块），输入的字符将覆盖方块上的字符。在插入状态下（光标是竖线），输入的字符将插入到光标处。按Insert键可切换插入/改写状态。
- 按Backspace键，可删除光标左边的字符或选定的字符，按Delete键，可删除光标右边的字符或选定的字符。

(4) 确认或取消修改

- 单击编辑栏左边的✓按钮，所做修改有效，活动单元格不变。
- 单击编辑栏左边的✗按钮或按Esc键，取消所做的修改，活动单元格不变。
- 按Enter键，所做修改有效，本列下一行的单元格为活动单元格。
- 按Tab键，所做修改有效，本行下一列的单元格为活动单元格。

二、 删除数据

用以下方法可以删除活动单元格或所选定单元格中的所有内容。

- 按 Delete 键或 Backspace 键。
- 单击【编辑】组（见图 4-11）中的 按钮，在打开的菜单中选择【清除内容】命令。

单元格中的内容被删除后，单元格以及单元格中内容的格式仍然保留，以后再往此单元格内输入数据时，数据采用原来的格式。

三、 查找数据

查找和替换都是从当前活动单元格开始搜索整个工作表，若只搜索工作表的一部分，应先选定相应的区域。

按 Ctrl+F 组合键，或单击【编辑】组（见图 4-11）中的【查找和选择】按钮，在打开的菜单中选择【查找】命令，弹出【查找和替换】对话框，当前选项卡是【查找】选项卡（见图 4-14）。在【查找】选项卡中，可进行以下操作。

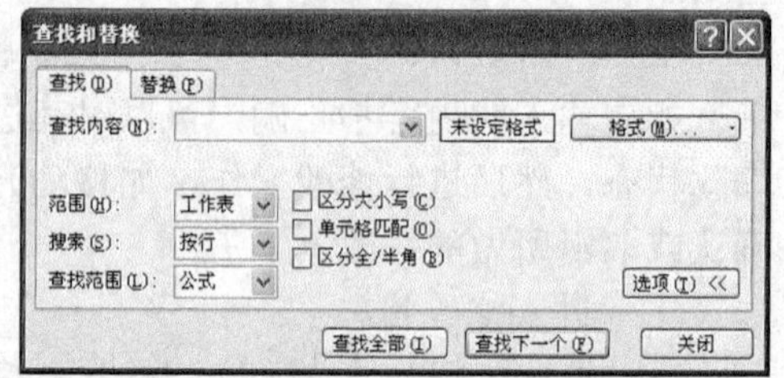

图 4-14 【查找】选项卡

- 在【查找内容】下拉列表框中，输入或选择要查找的内容。
- 单击 格式(M)... 按钮，打开一个菜单，从中选择一个命令，用来设置要查找文本的格式。查找过程中，将查找内容与格式都相同的文本。
- 在【范围】下拉列表中，选择“工作表”，则在当前工作表中查找；选择“工作簿”，则在工作簿中的所有工作表中查找。
- 在【搜索】下拉列表中，选择“按行”，则逐行搜索工作表；选择“按列”，则逐列搜索工作表。
- 在【查找范围】下拉列表中，选择“公式”，则查找时仅与公式比较；选择“值”，则查找时与数据或公式的计算结果比较。
- 选择【区分大小写】复选框，则查找时将区分大小写字母。
- 选择【单元格匹配】复选框，则只查找与查找内容完全相同的单元格。
- 选择【区分全/半角】复选框，则查找时区分全角和半角字符。
- 单击 查找下一个(F) 按钮，开始按所做设置查找。如果搜索成功，则搜索到的单元格为活动单元格，否则弹出一个对话框，提示没有找到。

四、替换数据

按 Ctrl+H 组合键，或单击【编辑】组（见图 4-11）中的【查找和选择】按钮，在打开的菜单中选择【替换】命令，弹出【查找和替换】对话框，当前选项卡是【替换】选项卡，如图 4-15 所示。

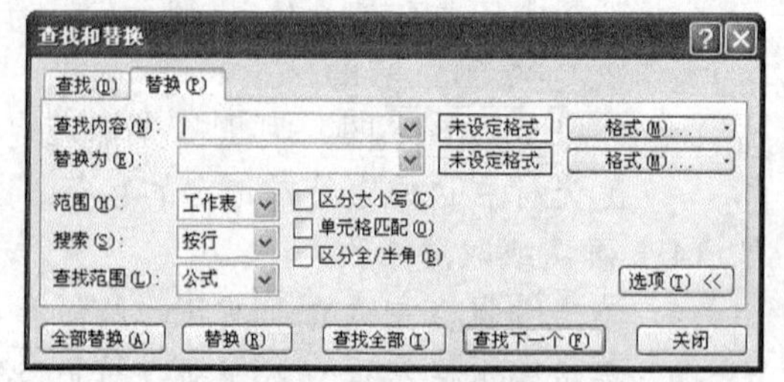

图 4-15 【替换】选项卡

对【替换】选项卡与【查找】选项卡的不同部分解释如下。

- 在【替换为】下拉列表框中输入要替换成的内容。
- 单击 查找下一个(F) 按钮，查找被替换的内容。
- 单击 替换(R) 按钮，将【替换为】下拉列表框中的内容替换查找到的内容，并自动查找下一个被替换的内容。

- 单击[全部替换(A)]按钮，全部替换所有查找到的内容，并在替换完成后弹出一个对话框，提示完成了多少处替换。

4.3.5　插入与删除单元格

一、插入单元格

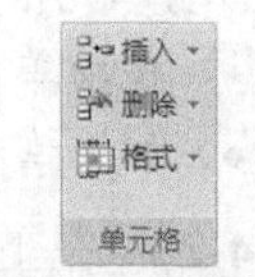

图 4-16 【单元格】组

在功能区【开始】选项卡的【单元格】组（见图 4-16）中，单击[插入]按钮右边的[▾]按钮，在打开的菜单中选择【单元格】命令，弹出如图 4-17 所示的【插入】对话框。

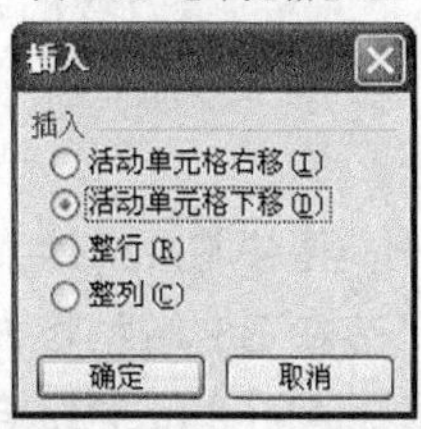

图 4-17 【插入】对话框

在【插入】对话框中，4 个单选钮的作用如下。

- 选择【活动单元格右移】单选钮，则插入单元格后，活动单元格及其右侧的单元格依次向右移动。
- 选择【活动单元格下移】单选钮，则插入单元格后，活动单元格及其下方的单元格依次向下移动。
- 选择【整行】单选钮，则插入一行后，当前行及其下方的行依次向下移动。
- 选择【整列】单选钮，则插入一列后，当前列及其右侧的列依次向右移动。

二、删除单元格

在功能区【开始】选项卡的【单元格】组（见图 4-16）中，单击[删除]按钮右边的[▾]按钮，在打开的菜单中选择【单元格】命令，弹出如图 4-18 所示的【删除】对话框。

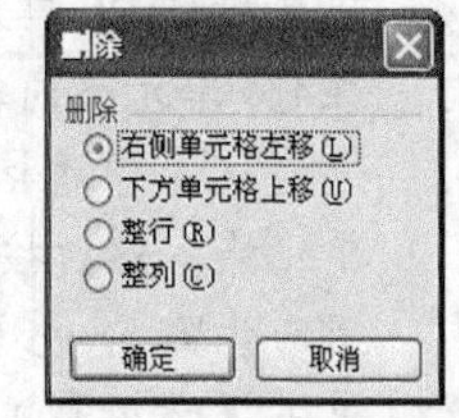

图 4-18 【删除】对话框

在【删除】对话框中，4 个单选钮的作用如下。

- 选择【右侧单元格左移】单选钮，则删除活动单元格后，右侧的单元格依次向左移动。
- 选择【下方单元格上移】单选钮，则删除活动单元格后，下方的单元格依次向上移动。
- 选择【整行】单选钮，则删除活动单元格所在的行后，下方的行依次向上移动。
- 选择【整列】单选钮，则删除活动单元格所在的列后，右侧的列依次向左移动。

4.3.6　复制与移动单元格

一、复制单元格

复制单元格有以下方法。

- 把鼠标指针放到选定的单元格或单元格区域的边框上，按住 Ctrl 键的同时拖曳鼠标到目标单元格。
- 把选定的单元格或单元格区域的内容复制到剪贴板，再将剪贴板上的内容粘贴到目标单元格或单元格区域中。

复制单元格有以下特点。

- 复制单元格时，内容和格式也随之复制。
- 如果单元格中的内容是公式，复制后的公式根据目标单元格的地址进行调整。

二、 移动单元格

移动单元格有以下方法。

- 把鼠标指针放到选定的单元格或单元格区域的边框上，拖曳鼠标到目标单元格。
- 把选定的单元格或单元格区域的内容剪切到剪贴板，再把剪贴板上的内容粘贴到目标单元格或单元格区域中。

移动单元格有以下特点。

- 移动单元格时，内容和格式也随之移动。
- 如果单元格中的内容是公式，移动后的公式不根据目标单元格的地址进行调整。

【例 4-2】 在工作表中建立如图 4-19 所示的课程表，并以“课程表.xlsx”为文件名保存到“我的文档”文件夹中。

操作步骤如下。

1. 单击 B2 单元格，输入“课程表”，再按 Enter 键。
2. 在 B3 单元格内输入“　星期”，按 Alt+Enter 组合键，输入“课节”，再按 Tab 键。
3. 在 C3 单元格内输入“星期一”，将鼠标指针移动到填充柄上，鼠标指针变成✚状，拖曳鼠标到 G3 单元格。

	A	B	C	D	E	F	G
1							
2		课程表					
3		星期 课节	星期一	星期二	星期三	星期四	星期五
4		第1节	数学	语文	英语	数学	语文
5		第2节	英语	数学	语文	英语	数学
6		第3节	美术	音乐	品德	美术	音乐
7		第4节	品德	美术	音乐	品德	美术
8		第5节	语文	英语	数学	语文	数学
9		第6节	数学	语文	英语	数学	英语

图 4-19　课程表

4. 在 B4 单元格内输入“第 1 节”，将鼠标指针移动到填充柄上，鼠标指针变成✚状，拖曳鼠标到 B9 单元格。
5. 在 C4 单元格内输入“数学”，再按 Enter 键。
6. 选定 C4 单元格，按 Ctrl+C 组合键将“数学”复制到剪贴板，单击要输入“数学”的单元格，然后按 Ctrl+V 组合键进行粘贴。
7. 用与步骤 5～步骤 6 相同的方法，输入其他单元格的课程。
8. 单击【常用】工具栏中的按钮，以“课程表.xlsx”为文件名，将工作簿保存到“我的文档”文件夹中。

4.4　Excel 2007 的工作表操作

每个工作表有一个名字，显示在工作表标签上。工作表标签底色为白色的工作表是当前工作表，任何时候只有一个工作表是当前工作表。用户可切换另外一个工作表为当前工作表。

Excel 2007 常用的工作表的管理操作包括插入工作表、删除工作表、重命名工作表、复制工作表、移动工作表、切换工作表等。

4.4.1　插入工作表

插入工作表有以下方法。

- 单击工作簿窗口中工作表标签右侧的按钮，在最后一个工作表之后插入一个空白工作表。

- 单击【开始】选项卡中【单元格】组（见图 4-20）的插入右边的按钮，在打开的【插入】菜单（见图 4-21）中选择【插入工作表】命令，在当前工作表之前插入一个空白工作表。

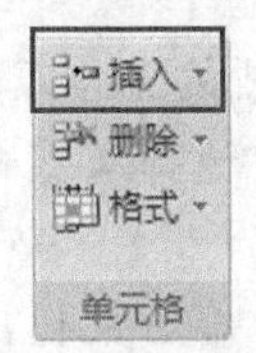

图 4-20 【单元格】组

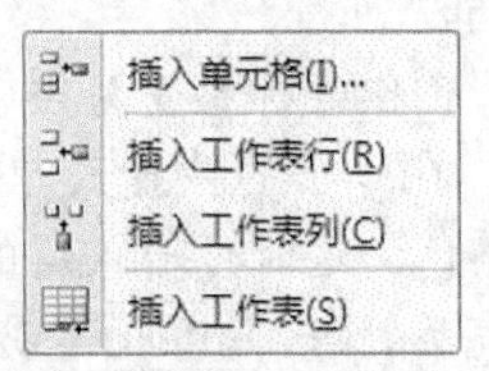

图 4-21 【插入】菜单

- 右击工作表的标签，在弹出的快捷菜单（见图 4-22）中选择【插入】命令，弹出如图 4-23 所示的【插入】对话框，在对话框中选择【工作表】，再单击 确定 按钮，在右击的工作表之前插入一个空白工作表。

插入的工作表名为“Sheet4”，如果先前插入过工作表，工作表名中的序号依次递增，并自动将其作为当前工作表。

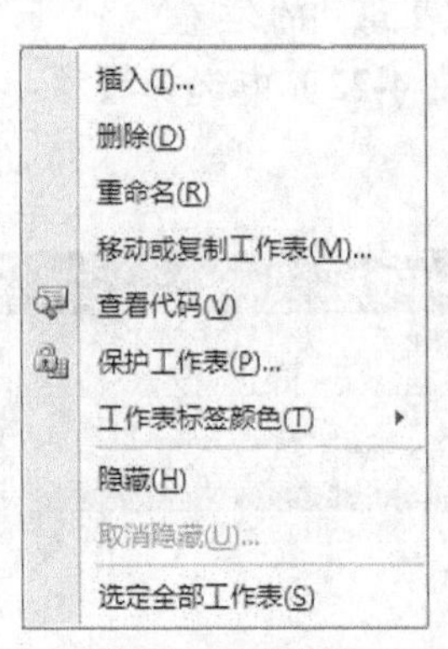

图 4-22　快捷菜单

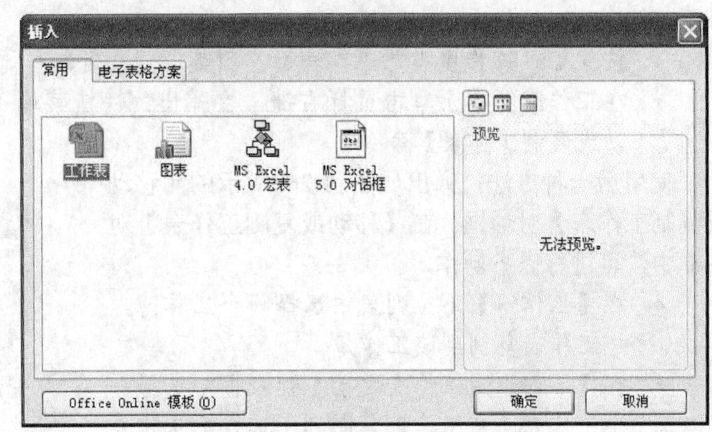

图 4-23 【插入】对话框

4.4.2　删除工作表

删除工作表有以下方法。

- 单击【开始】选项卡中【单元格】组（见图 4-20）的删除右边的按钮，在打开的菜单（见图 4-24）中选择【删除工作表】命令，删除当前工作表。
- 右击工作表标签，在弹出的快捷菜单（见图 4-22）中选择【删除】命令，可删除该工作表。

如果要删除的工作表不是空白工作表，系统会弹出如图 4-25 所示的【Microsoft Excel】对话框，以确定是否真正删除。

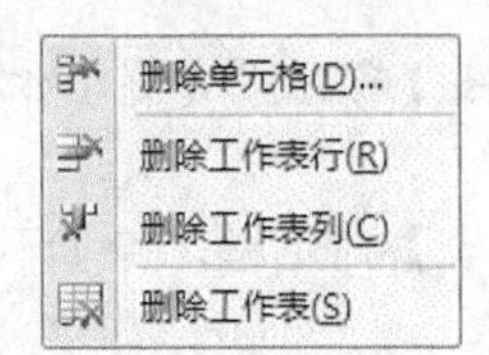

图 4-24 【插入】菜单

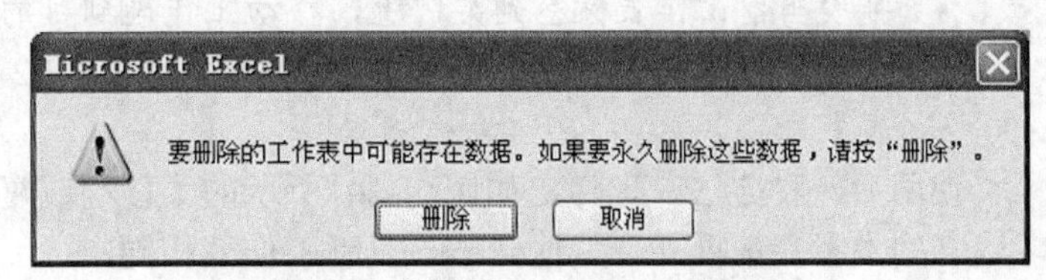

图 4-25 【Microsoft Excel】对话框

4.4.3 重命名工作表

重命名工作表有以下方法。

- 双击工作表标签，工作表标签变为黑色，这时可输入新的工作表名。
- 右击工作表标签，在弹出的快捷菜单（见图 4-22）中选择【重命名】命令，工作表标签变为黑色，这时可输入新的工作表名。
- 新工作表名输入完后，按 Enter 键或在工作表标签外单击鼠标，工作表名被更改。输入工作表名时按 Esc 键，则退出工作表重命名操作，并且工作表名不变。

4.4.4 复制工作表

复制工作表就是在工作簿中插入一个与当前工作表完全相同的工作表。复制工作表有以下方法。

- 按住 Ctrl 键拖曳当前工作表标签到某位置，复制当前工作表到目的位置。
- 在工作表标签上单击鼠标右键，在弹出的快捷菜单（见图 4-22）中选择【移动或复制工作表】命令。

使用后一种方法，弹出如图 4-26 所示的【移动或复制工作表】对话框。在【移动或复制工作表】对话框中，可进行以下操作。

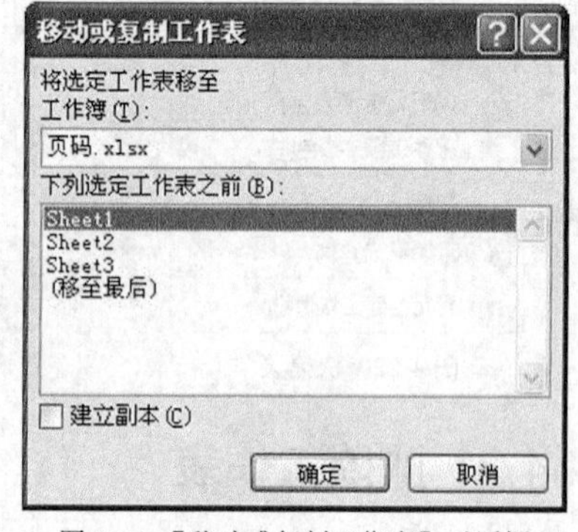

图 4-26 【移动或复制工作表】对话框

- 在【工作簿】下拉列表中选择一个工作簿，把工作表复制到该工作簿。
- 在【下列选定工作表之前】列表框中选择一个工作表，把工作表复制到所选择的工作表之前。
- 选择【建立副本】复选框。
- 单击 确定 按钮，当前工作表复制到选择的工作表之前。

工作表复制后，新的工作表名为原来的工作表名再加上一个空格和用括号括起来的序号，如“Sheet1（2）”。

4.4.5 移动工作表

移动工作表就是在工作簿中改变工作表的排列顺序。移动工作表有以下方法。

- 拖曳当前工作表标签到某位置，移动工作表到目的位置。
- 右击工作表标签，在弹出的快捷菜单（见图 4-22）中选择【移动或复制工作表】命令。

使用后一种方法，也弹出如图 4-26 所示的【移动或复制工作表】对话框，除了不选择【建立副本】复选框外，其他操作与复制工作表相同。

4.4.6　切换工作表

在 Excel 2007 中，只有一个工作表是当前活动工作表，当前工作表标签的底色为白色，非当前工作表标签的底色为浅蓝色。切换工作表有以下常用方法。

- 单击工作表标签，相应的工作表成为当前工作表。
- 按 Ctrl+Page Up 组合键，上一工作表成为当前工作表。
- 按 Ctrl+Page Down 组合键，下一工作表成为当前工作表。

4.5　Excel 2007 的工作表格式化

工作表中的数据和单元格表格采用默认格式，用户可以改变它们的格式。改变格式后，选择【编辑】/【清除】/【格式】命令，可清除所设置的格式，恢复成默认格式。

4.5.1　单元格数据的格式化

单元格内数据的格式化主要包括设置字符格式、设置数字格式、设置对齐方式、设置缩进等。在对单元格内的数据格式化时，如果选定了单元格，则格式化所选定单元格中的数据，否则格式化当前单元格中的数据。

一、 设置字符格式

通过功能区【开始】选项卡的【字体】组（见图 4-27）中的工具，可以很容易地设置数据的字符格式，这些设置与 Word 2007 中的几乎相同，不再重复。

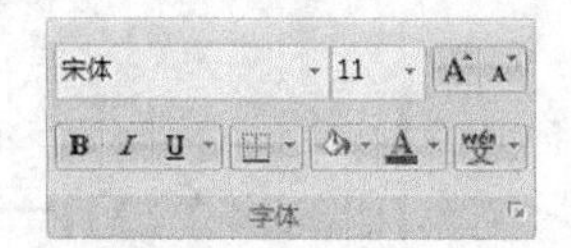

图 4-27 【字体】组

与 Word 2007 不同的是，Excel 2007 不支持中文的“号数”，只支持“磅值”。“号数”和“磅值”的换算关系详见表 3-3。

二、 设置数字格式

利用功能区【开始】选项卡的【数字】组（见图 4-28）中的工具，可进行以下数字格式设置操作。

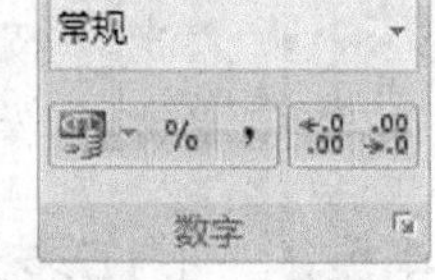

图 4-28 【数字】组

- 单击【数字样式】下拉列表框（位于【数字】组的顶部）中的▾按钮，打开【数字样式】列表，可从中选择一种数字样式。
- 单击按钮，设置数字为中文（中国）货币样式（数值前加“¥”符号，千分位用“,”分隔，保留两位小数）。单击按钮右边的▾按钮，在打开的列表中可选择其他语言（国家）的货币样式。
- 单击%按钮，设置数字为百分比样式（如 1.23 变为 123%）。
- 单击,按钮，为数字加千分位（如 123456.789 变为 123,456.789）。
- 单击按钮，增加小数位数。
- 单击按钮，减少小数位数（四舍五入）。
- 单击【数字】组右下角的按钮，弹出【设置单元格格式】对话框，通过其中的【数字】选项卡，可设置数字的格式。

三、 设置对齐方式

利用功能区【开始】选项卡的【对齐方式】组（见图 4-29）中的工具，可进行以下对

齐方式设置。

- 单击按钮，设置垂直靠上对齐。
- 单击按钮，设置垂直中部对齐。
- 单击按钮，设置垂直靠下对齐。
- 单击按钮，设置水平左对齐。
- 单击按钮，设置水平居中对齐。
- 单击按钮，设置水平右对齐。
- 单击按钮，打开【文字方向】列表，可从中选择一种文字方向。
- 单击【对齐方式】组右下角的按钮，弹出【设置单元格格式】对话框，当前选项卡是【对齐】选项卡（见图 4-30），可在【对齐】选项卡中设置对齐方式和文字方向。

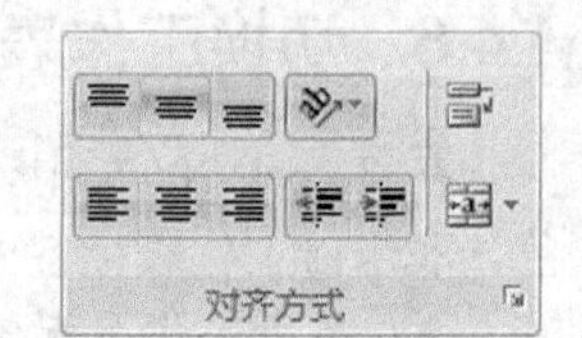

图 4-29 【对齐方式】组

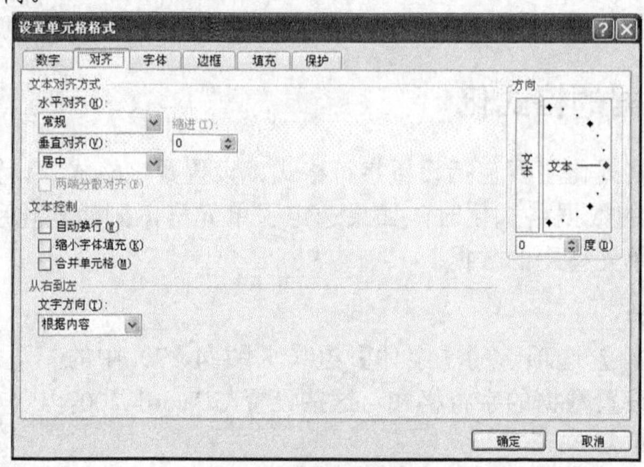

图 4-30 【对齐】选项卡

四、 设置缩进

单元格内的数据左边可以缩进若干个单位，1 个单位相当于两个字符的宽度。利用功能区【开始】选项卡的【对齐方式】组（见图 4-29）中的工具，可进行以下缩进设置。

- 单击按钮，缩进增加 1 个单位。
- 单击按钮，缩进减少 1 个单位。

4.5.2 工作表表格的格式化

工作表表格的格式化常用的操作包括设置行高、设置列宽、设置边框、设置合并居中等。

一、 设置行高

改变某一行或某些行的高度，有以下方法。

- 将鼠标指针移动到要调整行高的行分隔线（该行行号按钮的下边线）上，鼠标指针成状（见图 4-31），垂直拖曳鼠标，即可改变行高。
- 选定若干行，用上面的方法调整其中一行的高度，则其他各行设置成同样高度。
- 在功能区【开始】选项卡的【单元格】组（见图 4-32）中，单击格式按钮，在打开的菜单中选择【行高】命令，弹出如图 4-33 所示的【行高】对话框。在【行高】文本框中输入数值，单击确定按钮，将当前行或被选定的行设置成相应的高度。

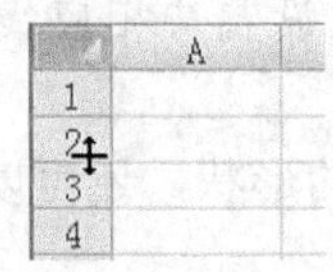

图 4-31　行分隔线

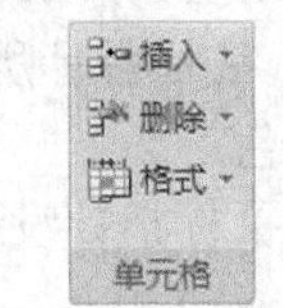

图 4-32 【单元格】组

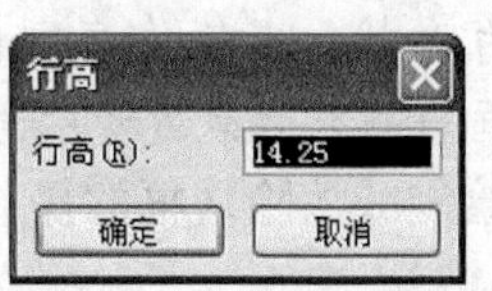

图 4-33 【行高】对话框

二、 设置列宽

改变某一列或某些列的宽度，有以下方法。

- 将鼠标指针移动到要调整列宽的列分隔线（该列列号按钮的右边线）上，鼠标指针成✛状（见图 4-34），水平拖曳鼠标，即可改变列宽。
- 选定若干列，用上面的方法调整其中一列的宽度，则其他各列设置成同样宽度。
- 在功能区【开始】选项卡的【单元格】组（见图 4-32）中，单击格式按钮，在打开的菜单中选择【列宽】命令，弹出如图 4-35 所示的【列宽】对话框。在【列宽】文本框中输入数值，单击确定按钮，将当前列或被选定的列设置成相应的宽度。

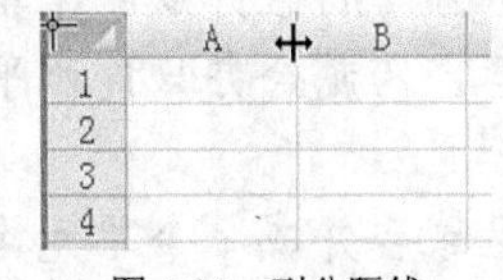

图 4-34　列分隔线

图 4-35 【列宽】对话框

三、 设置边框

单击功能区【开始】选项卡的【字体】组（见图 4-27）中按钮右边的按钮，打开边框列表（见图 4-36。请注意，该图只列出了部分命令），可进行以下边框设置。

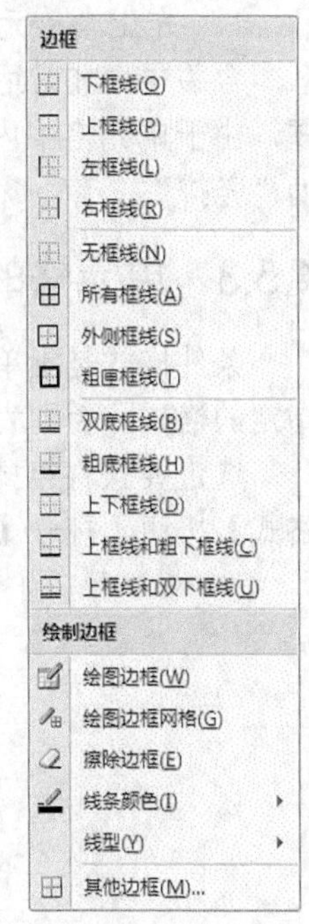

图 4-36　边框列表

- 在边框列表中选择一种列表类型，可将活动单元格或选定单元格的边框设置成相应格式。
- 选择【绘图边框】命令，这时鼠标指针变为状。在工作表中拖曳鼠标，在鼠标指针所经过的单元格的外围绘制边框，边框颜色为最近使用过的边框颜色，边框线型为最近使用过的边框线型。
- 选择【绘图边框网格】命令，这时鼠标指针变为状。在工作表中拖曳鼠标，在鼠标指针所经过的单元格的内部绘制网格，边框颜色为最近使用过的边框颜色，边框线型为最近使用过的边框线型。
- 选择【擦除边框】命令，这时鼠标指针变为状，在工作表中拖曳鼠标，鼠标指针所经过的边框被擦除。
- 选择【线条颜色】命令，在打开的【线条颜色】列表中选择一种颜色，这时鼠标指针变为状。在工作表中拖曳鼠标，鼠标指针所经过的边框设置成相应颜色，边框的线型为最近使用过的边框线型。

- 选择【线型】命令，在打开的【线型】列表中选择一种线型，这时鼠标指针变为✎状。在工作表中拖曳鼠标，鼠标指针所经过的边框设置成相应线型，边框的颜色为最近使用过的边框颜色。

以上绘制或擦除边框的操作完成后，鼠标指针没还原成原来的形状，还可以继续绘制或擦除边框。

再次单击▦按钮（注意，该按钮随操作的不同而改变）或按 Esc 键，鼠标指针还原成原来的形状。

四、 设置合并居中

在功能区【开始】选项卡的【对齐方式】组（见图 4-29）中，单击▦按钮右边的▾按钮，打开【合并居中】菜单（见图 4-37），可进行以下合并居中设置。

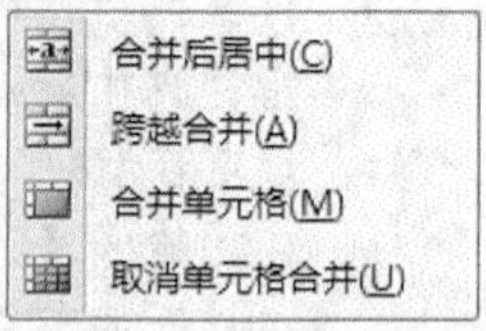

合并后居中(C)
跨越合并(A)
合并单元格(M)
取消单元格合并(U)

图 4-37 【合并居中】菜单

- 选择【合并后居中】命令，把选定的单元格区域合并成一个单元格，合并后单元格的内容为最左上角非空单元格的内容，并且该内容水平居中对齐。
- 选择【跨越合并】命令，把选定单元格区域的第 1 行合并成一个单元格，合并后单元格的内容为最左上角非空单元格的内容。跨越合并只能水平合并一行，既不能合并多行，也不能垂直合并。
- 选择【合并单元格】命令，把选定的单元格区域合并成一个单元格，合并后单元格的内容为最左上角非空单元格的内容。
- 选择【取消单元格合并】命令，把已合并的单元格还原成合并前的单元格，最左上角单元格的内容为原单元格的内容。

合并居中非常适合设置表格的标题，对于水平标题，合并居中后即可完成。对于垂直标题，由于单元格中内容默认的文字方向是“水平”，因此，合并居中后还需要设置文字方向为“竖排”。

4.5.3 单元格的条件格式化

条件格式是指单元格中数据的格式依赖于某个条件，当条件的值为真时，数据的格式为指定的格式，否则为原来的格式。

选定要条件格式化的单元格或单元格区域，单击【样式】组（见图 4-38）中的【条件格式】按钮，打开【条件格式】菜单，如图 4-39 所示。

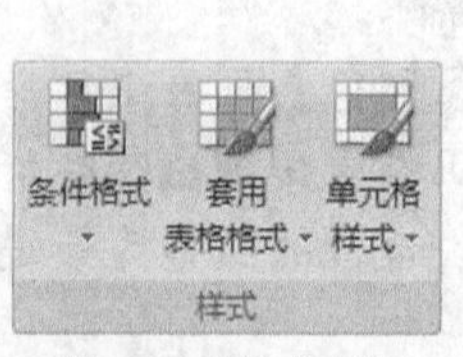

图 4-38 【样式】组

图 4-39 【条件格式】菜单

通过【条件格式】菜单，可进行以下条件格式化操作。

- 选择【突出显示单元格规则】命令，从打开的菜单中选择一个规则后，弹出一个对话框（以“大于”规则为例，见图 4-40），通过该对话框，设置条件格式化所需要的界限值和格式。

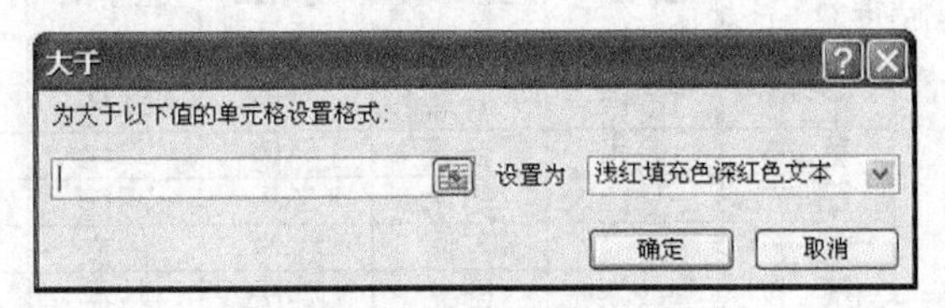

图 4-40 【大于】对话框

- 选择【项目选取规则】命令，从打开的菜单中选择一个规则后，弹出一个对话框（以“10 个最大的项”规则为例，见图 4-41），通过该对话框，设置条件格式化所需要的项目数和格式。
- 选择【数据条】命令，从打开的菜单中选择一种数据条的颜色类型，设置相应的数据条格式。单元格区域中用来表示数据大小的彩条叫数据条。数据条越长，表示数据在单元格区域中越大。图 4-42 所示是单元格区域的一种数据条设置。

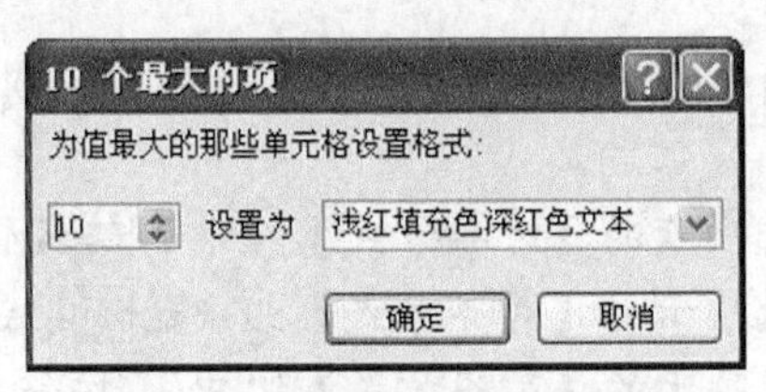

图 4-41 【10 个最大的项】对话框

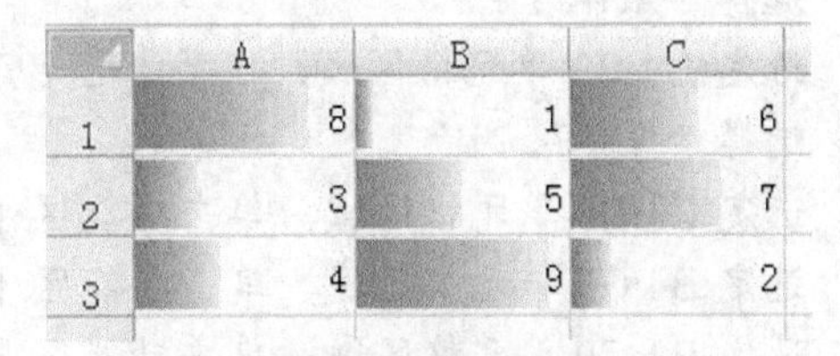

图 4-42　数据条设置

- 选择【色阶】命令，从打开的菜单中选择一种色阶的颜色类型，设置相应的色阶格式。单元格区域中用来表示数值大小的双色或三色渐变的底色叫色阶。色阶的颜色深浅不同，表示数值在单元格区域中的大小不同。
- 选择【图标集】命令，从打开的菜单中选择一种图标集类型，设置相应的图标集格式。单元格区域中用来表示数据大小的多个图标叫图标集。图标集中的一个图标用来表示一个值或一类（如大、中、小）值。
- 选择【清除规则】命令，打开一个菜单，可选择【清除所选单元格的规则】命令或【清除所选工作表的规则】命令，以清除相应的条件格式。

设置条件格式时，需要注意以下事项。

- 对同一个单元格区域，使用某一规则设置了条件格式后，还可使用其他规则再设置条件格式。
- 除了【突出显示单元格规则】以外，多次设置的其他规则，仅最后一次生效。

【例 4-3】 将图 4-19 所示的课程表设置成如图 4-43 所示的格式。

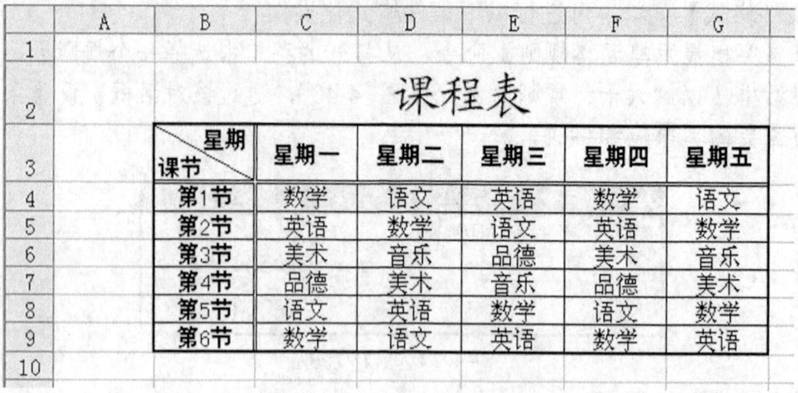

	A	B	C	D	E	F	G
1							
2		课程表					
3		星期 课节	星期一	星期二	星期三	星期四	星期五
4		第1节	数学	语文	英语	数学	语文
5		第2节	英语	数学	语文	英语	数学
6		第3节	美术	音乐	品德	美术	音乐
7		第4节	品德	美术	音乐	品德	美术
8		第5节	语文	英语	数学	语文	数学
9		第6节	数学	语文	英语	数学	英语
10							

图 4-43　设置格式后的课程表

操作步骤如下。

1. 选定 B2:G2 单元格区域，单击功能区【开始】选项卡的【对齐方式】组中按钮右边的按钮，在打开的【合并居中】菜单中选择【合并后居中】命令。
2. 在功能区【开始】选项卡的【字体】组的【字体】下拉列表框中选择“楷体_GB 2312”，在【字号】下拉列表中选择“24”。
3. 选定 B3:G3 单元格区域，在功能区【开始】选项卡的【字体】组的【字体】下拉列表中选择“黑体”。
4. 选定 B4:B9 单元格区域，在功能区【开始】选项卡的【字体】组的【字体】下拉列表中选择“黑体”。
5. 选定 C3:G3 单元格区域，单击功能区【开始】选项卡的【对齐方式】组中的按钮。
6. 选定 B4:G9 单元格区域，单击功能区【开始】选项卡的【对齐方式】组中的按钮。
7. 选定 B3:G9 单元格区域，单击功能区【开始】选项卡的【对齐方式】组中按钮右边的按钮，在弹出的边框类型列表中单击按钮。
8. 选定 B3:G9 单元格区域，单击功能区【开始】选项卡的【对齐方式】组中按钮右边的按钮，在弹出的边框类型列表中单击按钮。
9. 单击 B3 单元格，单击功能区【开始】选项卡的【字体】组中按钮右边的按钮，在打开的边框列表中选择【其他边框】命令，在弹出的【单元格格式】对话框中打开【边框】选项卡。
10. 在【边框】选项卡中，单击按钮，单击 确定 按钮。
11. 选定 B3:G3 单元格区域，单击功能区【开始】选项卡的【字体】组中按钮右边的按钮，在打开的边框列表中选择【其他边框】命令，在弹出的【单元格格式】对话框中打开【边框】选项卡。
12. 在【边框】选项卡中，在【样式】列表中选择“双线”样式，单击按钮，单击 确定 按钮。
13. 选定 B3:B9 单元格区域，单击功能区【开始】选项卡的【字体】组中按钮右边的按钮，在打开的边框列表中选择【其他边框】命令，在弹出的【单元格格式】对话框中打开【边框】选项卡。
14. 在【边框】选项卡中，在【样式】列表中选择“双线”样式，单击按钮，单击 确定 按钮。

4.6　Excel 2007 的公式计算

Excel 2007 的一个强大功能是可在单元格内输入公式，系统自动在单元格内显示计算结果。公式中除了使用一些数学运算符外，还可使用系统提供的强大的数据处理函数。

4.6.1　公式的基本概念

Excel 2007 中的公式是对表格中的数据进行计算的一个运算式，参加运算的数据可以是常量，也可以是代表单元格中数据的单元格地址，还可以是系统提供的一个函数（称作内部函数）。每个公式都能根据参加运算的数据计算出一个结果。Excel 2007 公式的组成规则如下。

- 公式必须以英文等于号“=”开始，然后再输入计算式。
- 常量、单元格引用、函数名、运算符等必须是英文符号。
- 参与运算数据的类型必须与运算符相匹配。
- 使用函数时，函数参数的数量和类型必须和要求的一致。
- 括号必须成对出现，并且配对正确。

一、　常量

常量是一个固定的值，从字面上就能知道该值是什么或它的大小是多少。公式中的常量有数值型常量、文本型常量和逻辑常量。

- 数值型常量：数值型常量可以是整数、小数、分数、百分数，不能带千分位和货币符号。例如，100、2.8、1 1/2、15%等都是合法的数值型常量，2A、1,000、$123 等都是非法的数值型常量。
- 文本型常量：文本型常量是用英文双引号（""）引起来的若干字符，但其中不能包含英文双引号。例如"平均值是"、"总金额是"等都是合法的文本型常量。
- 逻辑常量：逻辑常量只有 TRUE 和 FALSE 这两个值，分别表示真和假。

二、　单元格地址

单元格的列号与行号称为单元格地址，地址有相对地址、绝对地址和混合地址 3 种类型。

(1)　相对地址

相对地址仅包含单元格的列号与行号（列号在前，行号在后），如 A1、B2。相对地址是 Excel 2007 默认的单元格引用方式。在复制或填充公式时，系统根据目标位置自动调节公式中的相对地址。例如，C2 单元格中的公式是“=A2+B2”，如果将 C2 单元格中的公式复制或填充到 C3 单元格，则 C3 单元格中的公式自动调整为“=A3+B3”，即公式中相对地址的行坐标加 1。

(2)　绝对地址

绝对地址是在列号与行号前均加上“$”符号，如$A$1、$B$2。在复制或填充公式时，系统不改变公式中的绝对地址。例如 C2 单元格中的公式是“=$A$2+$B$2”，如果将 C2 单元格中的公式复制或填充到 C3 单元格，则 C3 单元格的公式仍然为“=$A$2+$B$2”。

(3)　混合地址

混合地址是在列号和行号中的一个之前加上“$”符号，如$A1、B$2。在复制或填充公式时，系统改变公式中的相对部分（不带“$”者），不改变公式中的绝对部分（带“$”

者)。例如,C2 单元格中的公式是“=$A2+B$2”,如果把它复制或填充到 C3 单元格,则 C3 单元格中的公式变为“=$A3+B$2”。

三、 单元格引用

单元格引用就是确定一个单元格或单元格区域的地址。单元格区域是一个连续的单元格矩形区域,其地址包括单元格区域左上角的单元格地址、英文冒号“:”和单元格区域右下角的单元格地址 3 部分,如 A1:F4、B2:E10。单元格引用分为工作表内引用、工作表间引用和工作簿间引用。

(1) 工作表内引用

工作表内引用只包含一个单元格地址或单元格区域地址,是最常用的引用方式,表示当前工作簿的当前工作表中的单元格。工作表内引用的单元格地址可以是相对地址,也可以是绝对地址或混合地址。

(2) 工作表间引用

工作表间引用也叫三维引用,需要在单元格地址或单元格区域地址前标明工作表名,工作表名与地址中间加一个英文叹号(!),如 Sheet2!A1,表示当前工作簿中 Sheet2 工作表的 A1 单元格。工作表间引用的单元格地址可以是相对地址,也可以是绝对地址或混合地址。

(3) 工作簿间引用

工作簿间引用需要在单元格地址或单元格区域地址前标明工作簿名和工作表名,工作簿名就是工作簿的文件名,工作簿名用英文方括号([ ])括起来,工作表名与地址中间加一个英文叹号(!),如[Book2.xlsx]Sheet2!A1,表示 Book2.xlsx 工作簿中 Sheet2 工作表的 A1 单元格。工作簿间引用的单元格地址可以是相对地址,也可以是绝对地址或混合地址。

四、 运算符

公式要进行运算通常应使用运算符,运算符根据参与运算数据的个数分为单目运算符和双目运算符。单目运算符只有一个数据参与运算,双目运算符有两个数据参与运算。

运算符根据参与运算的性质分为算术运算符、比较运算符和文字连接符 3 类。

(1) 算术运算符

算术运算符用来对数值进行算术运算,结果还是数值。算术运算符及其含义见表 4-3。

表 4-3 算术运算符

算术运算符	类　型	含　义	示　例
–	单目	求负	–A1(等于–1*A1)
+	双目	加	3+3
–	双目	减	3–1
*	双目	乘	3*3
/	双目	除	3/3
%	单目	百分比	20%(等于 0.2)
^	双目	乘方	3^2(等于 3*3)

算术运算的优先级由高到低为–(求负)、%、^、*和/、+和–。如果优先级相同(如*和/),则按从左到右的顺序计算。例如,运算式“1+2%–3^4/5*6”的计算顺序是%、^、/、*、

+、–，计算结果是–9618%。

(2) 比较运算符

比较运算符用来比较两个文本、数值、日期、时间的大小，结果是一个逻辑值（TRUE 或 FALSE）。比较运算的优先级比算术运算的低。比较运算符及其含义见表 4-4。

表 4-4　　　比较运算符

比较运算符	含　义	比较运算符	含　义
=	等于	>=	大于等于
>	大于	<=	小于等于
<	小于	<>	不等于

各种类型数据的比较规则如下。

- 数值型数据的比较规则是：按照数值的大小进行比较。
- 日期型数据的比较规则是：昨天<今天<明天。
- 时间型数据的比较规则是：过去<现在<将来。
- 文本型数据的比较规则是：按照字典顺序比较。

字典顺序的比较规则如下。

- 从左向右进行比较，第 1 个不同字符的大小就是两个文本数据的大小。
- 如果前面的字符都相同，则没有剩余字符的文本小。
- 英文字符<中文字符。
- 英文字符按在 ASCII 码表中的顺序（见第 1 章中的表 1-1）进行比较，位置靠前的小。从 ASCII 码表中不难看出：空格<数字<大写字母<小写字母。
- 中文字符中，中文符号（如★）<汉字。
- 汉字的大小按字母顺序，即汉字的拼音顺序，如果拼音相同则比较声调，如果声调相同则比较笔画。如果一个汉字有多个读音，或者一个读音有多个声调，则系统选取最常用的拼音和声调。

例如："12"<"3"、"AB"<"AC" 、 "A"<"AB"、"AB"<"ab"、"AB"<"中"、"美国"<"中国"的结果都为 TRUE。

(3) 文字连接符

文字连接符只有一个“&”，是双目运算符，用来连接文本或数值，结果是文本类型。文字连接的优先级比算术运算符的低，但比比较运算符的高。以下是文字连接的示例。

- "计算机" & "应用"，其结果是"计算机应用"。
- 12&34，其结果是"1234"。
- "总成绩是" & 543，其结果是"总成绩是 543"。
- "总分是" & 87+88+89，其结果是"总分是 264"。

五、 常用的内部函数

内部函数是 Excel 2007 预先定义的计算公式或计算过程。按要求传递给函数一个或多个数据，就能计算出一个唯一的结果。例如，SUM（1,3,5,7）产生一个唯一的结果 16。

使用内部函数时，必须以函数名称开始，后面是左圆括号、以逗号分隔的参数和右圆括号，如 SUM（1,3,5,7）。参数可以是常量、单元格地址、单元格区域地址、公式或其他函数，给定的参数必须符合函数的要求，如SUM函数的参数必须是数值型数据。

在函数的参数中，可以是两个或多个单元格区域的交（即公共区域），单元格区域的运算符是空格，如A1:C3 B1:D3的结果为B1:C3。

Excel 2007提供了近200个内部函数，以下是8个常用的函数。

(1) SUM函数

SUM 函数用来将各参数累加，求它们的和。参数可以是一个数值常量，也可以是一个单元格地址，还可以是一个单元格区域引用。下面是SUM函数的例子。

- SUM(1,2,3)：计算1+2+3的值，结果为6。
- SUM(A1,A2,A3)：求A1、A2和A3单元格中数的和。
- SUM(A1:F4)：求A1:F4单元格区域中数的和。
- SUM(A1:C3 B1:D3)：求B1:C3单元格区域中数的和。

(2) AVERAGE函数

AVERAGE 函数用来求参数中数值的平均值，其参数要求与SUM 函数的一样。下面是AVERAGE函数的例子。

- AVERAGE(1,2,3)：求1、2和3的平均值，结果为2。
- AVERAGE(A1,A2,A3)：求A1、A2和A3单元格中数的平均值。

(3) COUNT函数

COUNT 函数用来计算参数中数值项的个数，只有数值类型的数据才被计数。下面是COUNT函数的例子。

- COUNT (A1,B2,C3,E4)：统计A1、B2、C3、E4单元格中数值项的个数。
- COUNT (A1:A8)：统计A1:A8单元格区域中数值项的个数。

(4) MAX函数

MAX函数用来求参数中数值的最大值，其参数要求与SUM函数的一样。下面是MAX函数的例子。

- MAX(1,2,3)：求1、2和3中的最大值，结果为3。
- MAX(A1,A2,A3)：求A1、A2和A3单元格中数的最大值。

(5) MIN函数

MIN 函数用来求参数中数值的最小值，其参数要求与 SUM 函数的一样。下面是 MIN函数的例子。

- MIN(1,2,3)：求1、2和3中的最小值，结果为1。
- MIN(A1,A2,A3)：求A1、A2和A3单元格中数的最小值。

(6) LEFT函数

LEFT 函数用来取文本数据左面的若干个字符。它有两个参数，第 1 个是文本常量或单元格地址，第 2 个是整数，表示要取字符的个数。在 Excel 2007 中，系统把一个汉字当做一个字符处理。下面是LEFT函数的例子。

- LEFT("Excel 2007",3)：取"Excel 2007"左边的3个字符，结果为"Exc"。
- LEFT("计算机",2)：取"计算机"左边的2个字符，结果为"计算"。

(7) RIGHT函数

RIGHT 函数用来取文本数据右面的若干个字符，参数与 LEFT 函数相同。下面是RIGHT函数的例子。

- RIGHT("Excel 2007",3)：取"Excel 2007"右边 3 个字符，结果为"007"。
- RIGHT("计算机",2)：取"计算机"右边的 2 个字符，结果为"算机"。

(8) IF 函数

IF 函数检查第 1 个参数的值是真还是假，如果是真，则返回第 2 个参数的值；如果是假，则返回第 3 个参数的值。此函数包含 3 个参数：要检查的条件、当条件为真时的返回值和条件为假时的返回值。下面是 IF 函数的例子。

- IF（1+1=2, "天才", "奇才"）：因为"1+1=2"为真，所以结果为"天才"。
- IF(B5<60, "不及格", "及格")：　B5 单元格中的值小于 60，则结果为"不及格"，否则结果为"及格"。

六、　公式的使用举例

(1)　计算销售额

单元格 F3 为商品单价，单元格 F4 为商品销售量，如果单元格 F5 为商品销售额，则单元格 F5 的公式应为："=F3*F4"。

(2)　计算平均值

单元格 F1～F10 中是数值数据，如果单元格 F11 为它们的平均值，则单元格 F11 的公式应为："=AVERAGE(F1:F10) "。

(3)　计算最高与最低值的差

单元格 F1～F10 中是数值数据，如果单元格 F11 为它们的最高值与最低值的差，则单元格 F11 的公式应为："=MAX (F1:F10) – MIN(F1:F10) "。

(4)　计算余额

单元格 A1 为上次余额，单元格区域 B2:B10 为收入额，单元格区域 C2:C10 为支出额，单元格 A11 为本次余额，单元格 A11 中的公式为："=A1+SUM(B2:B10)–SUM(C2:C10) "。

(5)　合并单位、部门名

单元格 D5 为单位名，单元格 E5 为部门名，如果单元格 F5 为单位名和部门名，则单元格 F5 中的公式应为："=D5&E5"。

(6)　按百分比增加

单元格 F5 为一个初始值，如果单元格 F6 为计算初始值增长 5%的值，则单元格 F6 的公式应为："=F5*(1+5%)"。

(7)　增长或减少百分比

单元格 F5 为初始值，单元格 F6 为变化后的值，如果单元格 F7 为增长或减少百分比，则单元格 F7 中的公式应为："=(F6−F5)/F5 "。

(8)　基金盈利计算

单元格 F5 为买入基金的数量，单元格为 F6 买入的价格，单元格 F7 为赎回的价格，单元格 F8 为每份的分红，申购费 1.5%，赎回费 0.5%，如果单元格 F9 为基金的盈利，则单元格 F9 中的公式应为："=F7*F5+F8*F5 – F6*F5 – F6*F5*1.5% – F7*F5*0.5%"，单元格 F9 中的公式也可以是："=(F7 *99.5% + F8 – F6 *101.5%)*F5"。

4.6.2　输入公式

输入公式有两种方式：直接输入公式和插入常用函数。

一、 直接输入公式

直接输入公式的过程与编辑单元格中内容的过程大致相同（参见“4.3.4 单元格中内容的编辑”一节），不同之处是公式必须以英文等于号（“=”）开始。如果输入的公式中有错误，系统会弹出如图 4-44 所示的【Microsoft Excel】对话框。

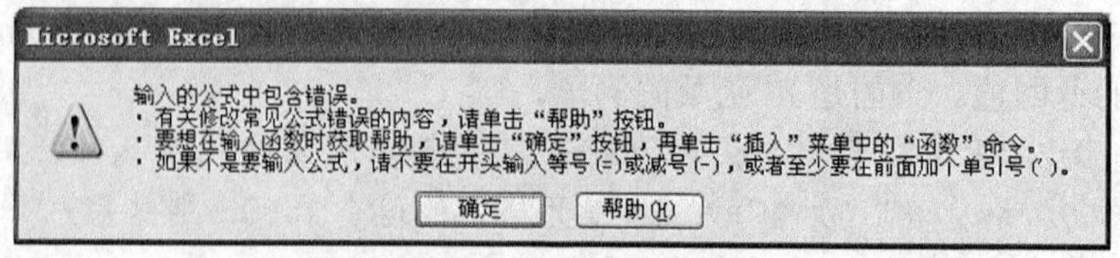

图 4-44 【Microsoft Excel】对话框

输入公式后，如果公式运算出现错误，会在单元格中显示错误信息代码（见图 4-55 中的 D4 单元格），表 4-5 所示为常见的公式错误代码及其错误原因。

表 4-5 常见的公式错误代码及其错误原因

错误代码	错误原因
#DIV/0	除数为 0
#N/A	公式中无可用数值或缺少函数参数
#NAME？	使用了 Excel 不能识别的名称
#NULL!	使用了不正确的区域运算或不正确的单元格引用
#NUM!	在需要数值参数的函数中使用了不能接受的参数或结果数值溢出
#REF!	公式中引用了无效的单元格
#VALUE!	需要数值或逻辑值时输入了文本

如果公式中有单元格地址，当相应单元格中的数据变化时，公式的计算结果也随之变化。图 4-45 所示为不同的计算总分方式在单元格中的显示情况。图 4-46 所示为数据变化后公式计算结果的显示情况。

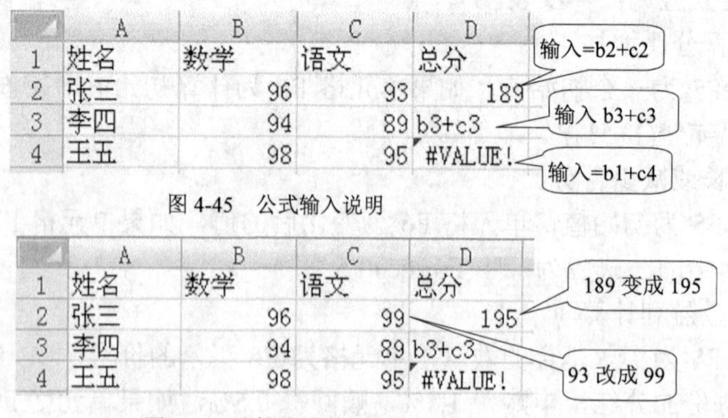

图 4-45 公式输入说明

图 4-46 计算结果同步更新

二、 插入常用函数

在功能区【开始】选项卡的【编辑】组中单击Σ按钮，当前单元格中出现一个包含 SUM 函数的公式，同时出现被虚线方框围住的用于求和的单元格区域，如图 4-47 所示。如果要改变求和的单元格区域，用鼠标选定所需的区域，然后按 Enter 键，或按 Tab 键，或单击编辑栏中的✓按钮，即可完成公式的输入。

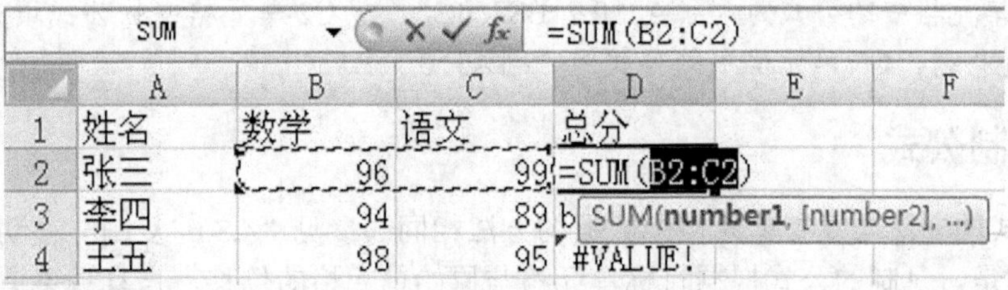

图 4-47　SUM 函数与单元格区域

在功能区【开始】选项卡的【编辑】组中单击Σ按钮右边的▾按钮，在打开的菜单中选择一种常用函数，用类似的方法可插入相应的公式。

通常，在单元格中用户只能看到公式的计算结果，要想看到相应的公式，有以下两种常用方法。

- 单击相应的单元格，在编辑框内就可看到相应的公式，如图 4-48 所示。
- 双击单元格，单元格和编辑框内都可看到相应的公式，并且在单元格内可编辑其中的公式，如图 4-49 所示。

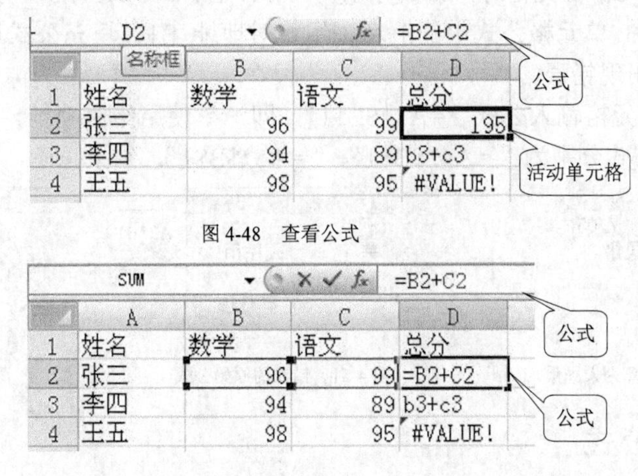

图 4-48　查看公式

图 4-49　编辑公式

实际应用中，大量单元格要输入公式，这些公式往往非常相似。通常情况下，用户可以先输入一个样板公式，然后通过填充、复制公式的方法，在其他单元格内快速输入公式。样板公式中应根据实际需要，正确使用相对地址、绝对地址以及混合地址。

4.6.3　填充公式

填充公式与填充单元格数据的方法相同（参见“4.3.3 向单元格中填充数据”一节），不同的是，填充的公式根据目标单元格与原始单元格的位移，自动调整原始公式中的相对地址或混合地址的相对部分，并且填充公式后，填充的单元格或单元格区域中显示公式的计算结果。

例如：

- C2 单元格中的公式为“=A2*0.7+B2*0.3”，把 C2 单元格中的公式填充到 C3 单元格时，C3 单元格中的公式为“=A3*0.7+B3*0.3”；
- C2 单元格中的公式为“=$A$2*0.7+$B$2*0.3”，把 C2 单元格中的公式填充到 C3 单元格时，C3 单元格中的公式为“=$A$2*0.7+$B$2*0.3”；

- C2 单元格中的公式为“=$A2*0.7+B$2*0.3”，把 C2 单元格中的公式填充到 C3 单元格时，C3 单元格中的公式为“=$A3*0.7+B$2*0.3”。

4.6.4 复制公式

复制公式的方法与复制单元格中数据的方法相同（参见“4.3.6 复制与移动单元格”一节），不同的是，复制的公式根据目标单元格与原始单元格的位移，自动调整原始公式中的相对地址或混合地址的相对部分，并且复制公式后，复制的单元格或单元格区域中显示公式的计算结果。

由于填充和复制的公式仅调整原始公式中的相对地址或混合地址的相对部分，因此输入原始公式时，一定要正确使用相对地址、绝对地址和混合地址。

下面以图 4-50 所示的计算美元换算人民币值为例，来说明如何正确使用相对地址、绝对地址和混合地址。

如果 B3 单元格中输入公式“=A3*B1”，虽然 B3 单元格中的结果正确，但是将公式复制或填充到 B4、B5 单元格时，公式分别为“=A4*B2”、“=A5*B3”，结果不正确，如图 4-51 所示。原因是 B3 单元格公式中的汇率采用相对地址 B1，填充公式后，公式中的汇率不再是 B1 了，因而出现错误。

如果 B3 单元格输入公式“=A3*$B$1”，即汇率使用绝对地址，再将公式填充到 B4、B5 单元格时，公式分别为“= A4*$B$1”、“= A5*$B$1”，结果正确，如图 4-52 所示。

	A	B
1	汇率	7.05
2	美元	人民币
3	100	
4	200	
5	300	

图 4-50　美元换算为人民币

	A	B
1	汇率	7.05
2	美元	人民币
3	100	705
4	200	#VALUE!
5	300	211500

=A3*B1

图 4-51　错误的原始公式

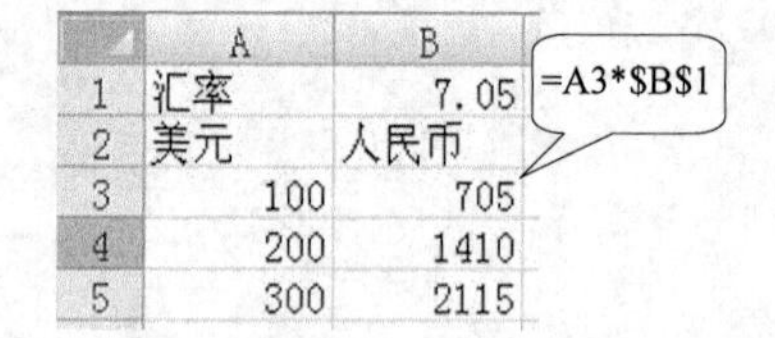

	A	B
1	汇率	7.05
2	美元	人民币
3	100	705
4	200	1410
5	300	2115

图 4-52　正确的原始公式

4.6.5 移动公式

移动公式的方法与移动单元格的方法相同（参见“4.3.6 复制与移动单元格”一节）。与复制公式不同的是，移动公式不自动调整原始公式。

【例 4-4】 建立图 4-53 所示的九九乘法表，要求除了第 1 行和第 1 列外，其余单元格中的数用公式计算。

	A	B	C	D	E	F	G	H	I	J
1		1	2	3	4	5	6	7	8	9
2	1	1	2	3	4	5	6	7	8	9
3	2	2	4	6	8	10	12	14	16	18
4	3	3	6	9	12	15	18	21	24	27
5	4	4	8	12	16	20	24	28	32	36
6	5	5	10	15	20	25	30	35	40	45
7	6	6	12	18	24	30	36	42	48	54
8	7	7	14	21	28	35	42	49	56	63
9	8	8	16	24	32	40	48	56	64	72
10	9	9	18	27	36	45	54	63	72	81

图 4-53　九九乘法表

操作步骤如下。

1. 单击 B1 单元格，输入“1”，单击 C1 单元格，输入“2”。
2. 选定 B1:C1 单元格区域，将鼠标指针移动到填充柄上，鼠标指针变成✚状，拖曳鼠标到 J1 单元格。
3. 用与步骤 1～步骤 2 相同的方法，在 A2:A10 单元格区域中填充 1～9。
4. 单击 B2 单元格，输入公式“=B$1 * $A2”，按 Enter 键。
5. 单击 B2 单元格，将鼠标指针移动到填充柄上，鼠标指针变成✚状，拖曳鼠标指针到 J2 单元格。
6. 将鼠标指针移动到 J2 单元格的填充柄上，鼠标指针变成✚状，拖曳鼠标到 J10 单元格。

【例 4-5】 为学生成绩统计表计算“总成绩”、“平均成绩”、“最高分”、“最低分”和“平均分”，如图 4-54 所示。

	A	B	C	D	E	F
1	学生成绩表					
2	姓名	数学	语文	英语	总成绩	平均成绩
3	赵团好	88	97	95	280	93.33333
4	钱结好	92	93	93	278	92.66667
5	孙紧学	96	98	89	283	94.33333
6	李张习	90	89	84	263	87.66667
7	周严天	83	92	93	268	89.33333
8	吴肃天	95	94	91	280	93.33333
9	郑活向	98	88	85	271	90.33333
10	王泼上	86	93	89	268	89.33333
11						
12	最高分	98	98	95		
13	最低分	83	88	84		
14	平均分	91	93	89.875		

图 4-54　学生成绩统计表

操作步骤如下。

1. 单击 E3 单元格，输入“=SUM(B3:D3)”，按 Enter 键。
2. 单击 E3 单元格，将鼠标指针移动到填充柄上，鼠标指针变成✚状，拖曳鼠标指针到 E10 单元格。
3. 单击 F3 单元格，输入“=AVERAGE(B3:D3)”，按 Enter 键。
4. 单击 F3 单元格，将鼠标指针移动到填充柄上，鼠标指针变成✚状，拖曳鼠标指针到 F10 单元格。
5. 单击 B12 单元格，输入“=MAX(B3:B10)”，按 Enter 键。
6. 单击 B12 单元格，将鼠标指针移动到填充柄上，鼠标指针变成✚状，拖曳鼠标指针到 D12 单元格。
7. 单击 B13 单元格，输入“=MIN(B3:B10)”，按 Enter 键。
8. 单击 B13 单元格，将鼠标指针移动到填充柄上，鼠标指针变成✚状，拖曳鼠标指针到 D13 单元格。
9. 单击 B14 单元格，输入“=AVERAGE (B3:B10)”，按 Enter 键。
10. 单击 B14 单元格，将鼠标指针移动到填充柄上，鼠标指针变成✚状，拖曳鼠标指针到 D14 单元格。

4.7 Excel 2007 的数据管理与分析

Excel 2007 具有强大的数据管理功能，它的数据管理通常基于表。数据管理功能包括数据排序、数据筛选、分类汇总等。本节将以图 4-55 所示的表为例，来介绍 Excel 2007 的数据管理与分析功能。

	A	B	C	D	E	F	G
1							
2	姓名	系别	性别	英语	计算机	体育	总分
3	赵东春	数学	男	52	78	84	214
4	钱南夏	中文	男	69	74	43	186
5	孙西秋	数学	女	83	92	88	263
6	李北冬	中文	女	72	56	69	197
7	周前梅	数学	男	76	83	84	243
8	吴后兰	中文	女	79	67	77	223
9	郑左竹	中文	男	84	78	46	208
10	王右菊	数学	女	54	93	64	211

图 4-55 学生成绩表

4.7.1 表的概念

表是包含相关数据的一系列工作表数据行，是增加了某些限制条件的工作表，也称为工作表数据库。按照以下规则建立的工作表即为表。

- 每列必须有一个标题，称为列标题，列标题必须唯一，并且不能重复。
- 各列标题必须在同一行上，称为标题行，标题行必须在数据的上方。
- 每列中的数据必须是基本的，不能再分，并且是同一种类型。
- 不能有空行或空列，也不能有空单元格。
- 与非表中的数据之间必须留出一个空行和空列。

表的一列称为一个字段，列标题名为字段名，表的一行为一条记录。图 4-55 所示就是一个表。

4.7.2 数据排序

实际应用中，往往需要按表中的某一个或某几个字段排序（排序的字段称为关键字段），以便对照分析。

一、 按单个关键字段排序

把活动单元格移到表中要排序的列，在功能区【数据】选项卡的【排序和筛选】组（见图 4-56）中，单击按钮则从小到大排序，单击按钮则从大到小排序。表排序有以下特点。

图 4-56 【排序和筛选】组

- 排序时数值、日期和时间的大小比较，参见“4.6.1 公式的基本概念”一节。
- 文本数据的大小比较有两种方式：字母顺序和笔画顺序。排序时采用最近使用过的方式，默认方式是按字母顺序排序。
- 如果当前列或选定单元格区域的内容是公式，则按公式的计算结果进行排序。
- 如果两个关键字段的数据相同，则原来在前面的数据排序后仍然排在前面，原来在后面的数据排序后仍然排在后面。

二、 按多个关键字段排序

按多个关键字段排序时，如果第 1 关键字段的值相同，则比较第 2 关键字段，依此类推。Excel 2007 最多可对 64 个关键字段排序。在功能区【数据】选项卡的【排序和筛选】组（见图 4-56）中，单击【排序】按钮，弹出如图 4-57 所示的【排序】对话框。

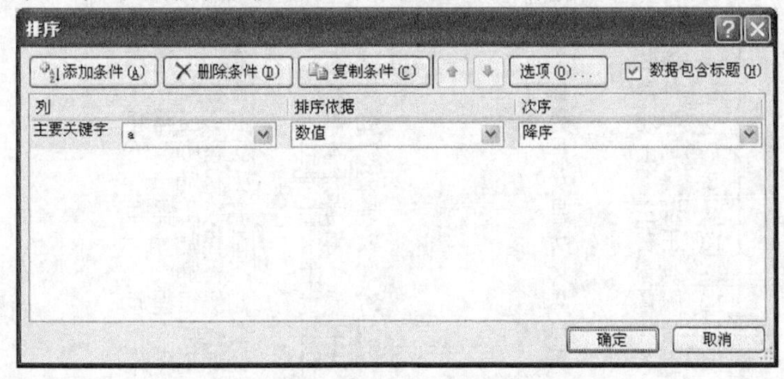

图 4-57 【排序】对话框

在【排序】对话框中，可进行以下操作。

- 在【主要关键字】下拉列表中选择排序的主要关键字。
- 在【排序依据】下拉列表中选择排序的依据，通常选择“数值”，即按数据的大小排序。
- 在【次序】下拉列框中选择排序的方式，主要有“升序”、“降序”和“自定义序列”3 种方式。
- 如果还要按其他关键字排序，单击添加条件(A)按钮，添加一个条件行，从【主要关键字】、【排序依据】和【次序】下拉列表中做相应选择，方法同前。这一操作可进行多次，但不能超过 64 个条件行。
- 在一个条件行内单击鼠标，该条件行成为当前条件行，可设置相应选项。
- 单击删除条件(D)按钮，删除当前的条件行。
- 单击复制条件(C)按钮，复制当前的条件行。
- 单击⬆按钮，当前条件行上升一行。单击⬇按钮，当前条件行下降一行。
- 选择【数据包含标题】复选框，则表明工作表有标题行。
- 单击确定按钮，按所做设置进行排序。

在【排序】对话框中单击选项(O)...按钮，弹出如图 4-58 所示的【排序选项】对话框，可进行以下排序设置操作。

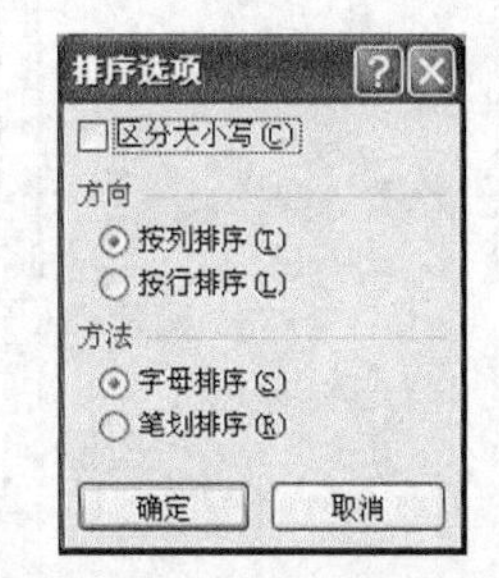

图 4-58 【排序选项】对话框

- 选择【区分大小写】复选框，则排序时字母区分大小写。
- 选择【按列排序】单选钮，则按表列中数据的大小对表中的各行排序。
- 选择【按行排序】单选钮，则按表行中数据的大小对表中的各列排序。
- 选择【字母排序】单选钮，则汉字的排序方式是按拼音字母的顺序。
- 选择【笔划排序】单选钮，则汉字的排序方式是按笔画数的多少。
- 单击确定按钮，所做的设置生效，关闭该对话框，返回【排序】对话框。

【例 4-6】 对图 4-59 所示的人事信息表，先按年龄由小到大排序，再按姓氏笔画由小到大排序。

	A	B	C	D	E
1	人事信息表				
2	姓名	性别	年龄	学历	职称
3	赵东	男	24	大专	助理工程师
4	钱西	男	56	博士	高级工程师
5	孙南	女	33	硕士	工程师
6	李北	男	42	硕士	高级工程师
7	周上	男	22	本科	工程师
8	吴下	女	53	大专	工程师
9	郑左	男	34	博士	高级工程师
10	王右	女	26	博士	工程师
11	冯春	女	28	硕士	工程师
12	陈夏	男	37	硕士	高级工程师
13	褚秋	女	28	本科	工程师
14	卫冬	男	20	本科	助理工程师

图 4-59 人事信息表

操作步骤如下。

1. 单击“年龄”字段的一个单元格，单击功能区【数据】选项卡的【排序和筛选】组中的 A↓Z 按钮。
2. 单击功能区【数据】选项卡的【排序和筛选】组中的【排序】按钮，弹出【排序】对话框。
3. 在【排序】对话框中，在【主要关键字】下拉列表中选择“姓名”，单击 选项(O)... 按钮，弹出【排序选项】对话框（见图 4-58）。
4. 在【排序选项】对话框中，在【方法】组中，选择【笔划排序】单选钮，单击 确定 按钮。
5. 在【排序】对话框中，单击 确定 按钮，最终排序结果如图 4-60 所示。

	A	B	C	D	E
1	人事信息表				
2	姓名	性别	年龄	学历	职称
3	卫冬	男	20	本科	助理工程师
4	王右	女	26	博士	工程师
5	冯春	女	28	硕士	工程师
6	孙南	女	33	硕士	工程师
7	吴下	女	53	大专	工程师
8	李北	男	42	硕士	高级工程师
9	陈夏	男	37	硕士	高级工程师
10	周上	男	22	本科	工程师
11	郑左	男	34	博士	高级工程师
12	赵东	男	24	大专	助理工程师
13	钱西	男	56	博士	高级工程师
14	褚秋	女	28	本科	工程师

图 4-60 排序后的人事信息表

4.7.3 数据筛选

数据筛选是只显示那些满足条件的记录，隐藏其他记录。数据筛选并不删除表中的记录。Excel 2007 有两种筛选方法：自动筛选和高级筛选。

一、 自动筛选

自动筛选常用的操作有启用自动筛选、用字段值进行筛选、自定义筛选、多次筛选和取消筛选。

(1) 启用自动筛选

单击表内的一个单元格，在功能区【数据】选项卡的【排序和筛选】组（见图 4-56）中，单击【筛选】按钮，即可启用自动筛选。这时，表中各字段名称变成下拉列表框，以图 4-55 所示的表为例，启用自动筛选后的结果如图 4-61 所示。

	A	B	C	D	E	F	G
1							
2	姓名	系别	性别	英语	计算机	体育	总分
3	赵东春	数学	男	52	78	84	214
4	钱南夏	中文	男	69	74	43	186
5	孙西秋	数学	女	83	92	88	263
6	李北冬	中文	女	72	56	69	197
7	周前梅	数学	男	76	83	84	243
8	吴后兰	中文	女	79	67	77	223
9	郑左竹	中文	男	84	78	46	208
10	王右菊	数学	女	54	93	64	211

图 4-61　自动筛选

(2) 用字段值进行筛选

在自动筛选状态下，单击字段下拉列表框，打开如图 4-62 所示的【自动筛选】列表（以“系别”字段为例）。

【自动筛选】列表的下半部分是字段值复选框组，默认的方式是所有字段值全选，如果取消选择某字段值，则筛选掉该字段值的所有记录。

以图 4-61 所示的表为例，在【系别】下拉列表框中选择“数学”，结果如图 4-63 所示。

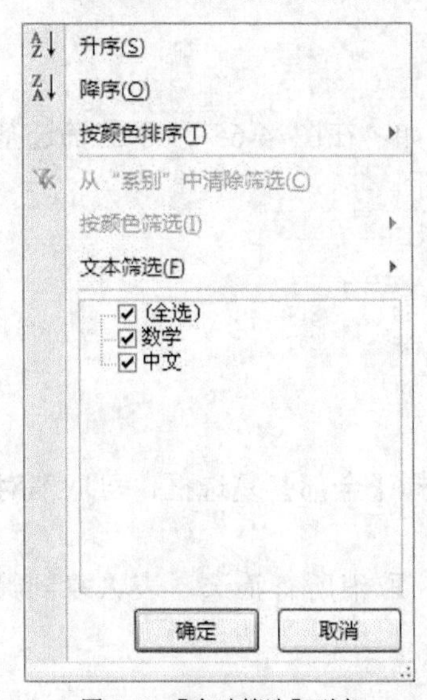

图 4-62 【自动筛选】列表

	A	B	C	D	E	F	G
1							
2	姓名	系别	性别	英语	计算机	体育	总分
3	赵东春	数学	男	52	78	84	214
5	孙西秋	数学	女	83	92	88	263
7	周前梅	数学	男	76	83	84	243
10	王右菊	数学	女	54	93	64	211

图 4-63　根据字段值的筛选结果

(3) 自定义筛选

有时需要按某个条件进行筛选，可在【自动筛选】列表中选择【文本筛选】命令（对于

数值字段，则是【数值筛选】命令），在打开的菜单中选择【自定义】命令，弹出【自定义自动筛选方式】对话框。例如，在图 4-73 所示的表中，在打开的“计算机”字段的【自动筛选】列表中，选择【数值筛选】命令，在打开的菜单中选择【自定义】命令，弹出如图 4-64 所示【自定义自动筛选方式】对话框。

在【自定义自动筛选方式】对话框中，可进行以下操作。

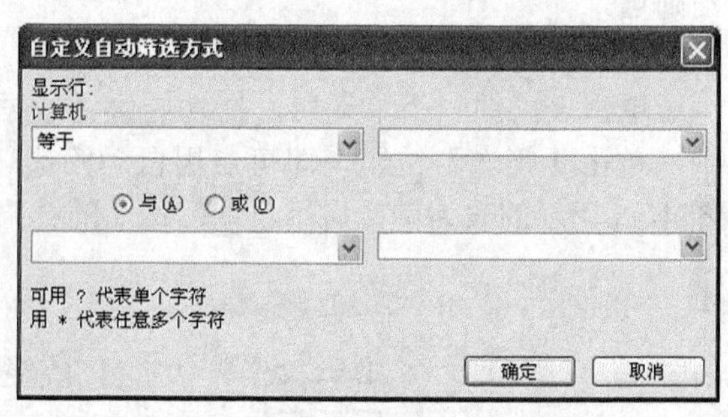

图 4-64 【自定义自动筛选方式】对话框

- 在第 1 个条件的左边下拉列表中选择一种比较方式。
- 在第 1 个条件的右边下拉列表中输入或选择一个值。
- 选择【与】单选钮，则筛选出同时满足两个条件的记录。
- 选择【或】单选钮，则筛选出满足任何一个条件的记录。
- 如果必要，在第 2 个条件的左边下拉列表中选择一种比较方式，在第 2 个条件的右边下拉列表中输入或选择一个值。
- 单击【确定】按钮，按所做设置进行筛选。

在图 4-64 所示的【自定义自动筛选方式】对话框中，如果第 1 个条件为“大于”“70”，第 2 个条件为“小于”“90”，选择【与】单选钮，筛选结果如图 4-65 所示。

	A	B	C	D	E	F	G
1							
2	姓名	系别	性别	英语	计算机	体育	总分
3	赵东春	数学	男	52	78	84	214
4	钱南夏	中文	男	69	74	43	186
7	周前梅	数学	男	76	83	84	243
9	郑左竹	中文	男	84	78	46	208

图 4-65 自定义条件的筛选结果

(4) 多次筛选

对一个字段筛选完后，还可以用前面的方法再次筛选。例如，在图 4-65 所示的筛选基础上，再筛选出体育分大于 80 的记录，筛选结果如图 4-66 所示。

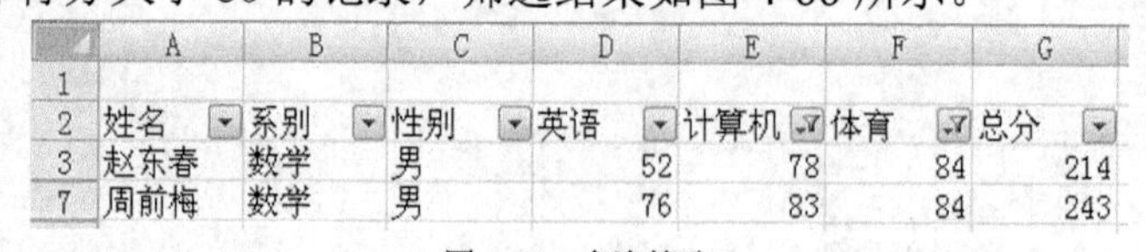

	A	B	C	D	E	F	G
1							
2	姓名	系别	性别	英语	计算机	体育	总分
3	赵东春	数学	男	52	78	84	214
7	周前梅	数学	男	76	83	84	243

图 4-66 多次筛选

(5) 取消筛选

在某个字段的【自动筛选】列表的字段值复选框组中，选择【全部】复选框，可取消对该字段的筛选。

单击【排序和筛选】组（见图 4-56）中的【筛选】按钮，取消所有筛选，表恢复到筛选前的样子。

二、 高级筛选

高级筛选的筛选条件不是在字段的【自动筛选】列表中定义，而是在表所在工作表的条件区域中定义筛选条件，Excel 2007 根据条件区域中的条件进行筛选。高级筛选常用的操作有定义条件区域、启用高级筛选和取消高级筛选。

(1)　定义条件区域

条件区域是一个矩形单元格区域，用来表达高级筛选的筛选条件，有以下要求。

- 条件区域与表之间至少留一个空白行。
- 条件区域可以包含若干列，列标题必须是表中某列的列标题。
- 条件区域可以包含若干行（称为条件行），可以有一列或多列。
- 一个条件行包含多个列，则当这些条件都满足时，该条件行的条件才算满足。
- 条件行单元格中条件的格式是在比较运算符后面跟一个数据（如>60）。无运算符表示“=”（如“60”表示等于 60），无数据表示“0”（如“>”表示大于 0）。

条件区域中的条件有以下几种常见情况。

- 单列上具有多个条件行。例如，图 4-67 所示的条件区域，作用是：显示“姓名”列中有“钱南夏”或者“周前梅”的行。
- 多列上具有单个条件行。例如，图 4-68 所示的条件区域，作用是：显示“系别”列中为“数学”并且“英语”列中的值小于 60 的行。
- 多列上具有多个简单条件行。例如，图 4-69 所示的条件区域，作用是：显示“系别”列中为“数学”或者“英语”列中的值小于 60 的行。
- 多列上具有多个复杂条件行。例如，图 4-70 所示的条件区域，作用是：显示“系别”列中为“数学”并且“英语”列中的值大于 80 的行，也显示“系别”列中为“中文”并且“英语”列中的值大于 75 的行。
- 多个相同列。例如，图 4-71 所示条件区域，作用是：显示“英语”列中的值大于等于 80 并且小于 90 的行，也显示小于 60 的行。

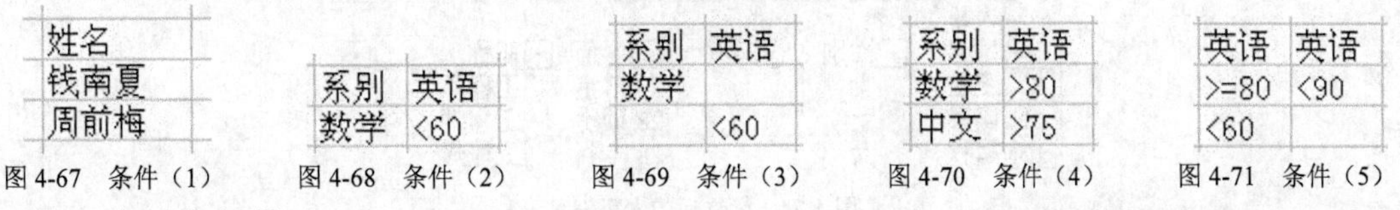

姓名
钱南夏
周前梅

图 4-67　条件（1）

系别	英语
数学	<60

图 4-68　条件（2）

系别	英语
数学	
	<60

图 4-69　条件（3）

系别	英语
数学	>80
中文	>75

图 4-70　条件（4）

英语	英语
>=80	<90
<60	

图 4-71　条件（5）

(2)　启用高级筛选

设定好条件区域后，在功能区【数据】选项卡的【排序和筛选】组（见图 4-56）中，单击 高级 按钮，弹出如图 4-72 所示的【高级筛选】对话框，可进行以下操作。

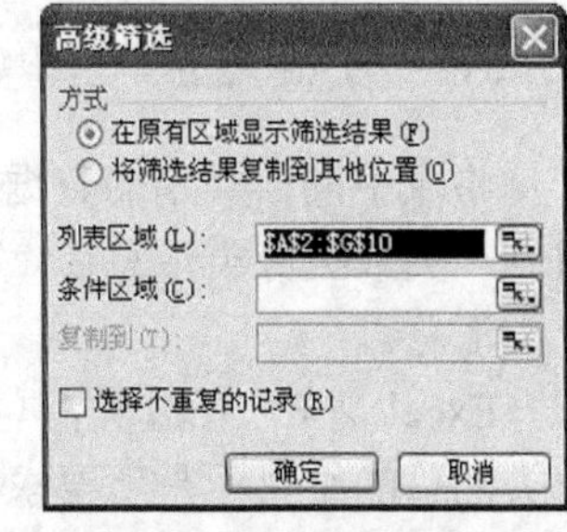

图 4-72 【高级筛选】对话框

- 选择【在原有区域显示筛选结果】单选钮，则筛选结果在原有区域显示。
- 选择【将筛选结果复制到其他位置】单选钮，则将筛选结果复制到其他位置，位置在【复制到】文本框内输入或在工作表中选择。
- 在【列表区域】文本框内输入或在工作表中选择筛选数据的区域。
- 在【条件区域】文本框内输入或在工作表中选择筛选条件的区域。
- 选择【选择不重复的记录】复选框，重复记录只显示一条，否则全部显示。
- 单击 确定 按钮，按所做设置进行高级筛选。

(3)　取消高级筛选

进行了高级筛选后，在功能区【数据】选项卡的【排序和筛选】组（见图 4-56）中，单击[清除]按钮，取消所做的高级筛选，表恢复到筛选前的状态。

【例 4-7】 对图 4-59 所示的人事信息表，筛选出 30 岁以下的女职工的记录。

操作步骤如下。

1. 单击数据清单中的一个单元格，单击功能区【数据】选项卡的【排序和筛选】组中的【筛选】按钮。
2. 在【性别】字段下拉列表中选择“女”。
3. 在【年龄】字段下拉列表中选择“自定义”，弹出如图 4-73 所示的【自定义自动筛选方式】对话框。

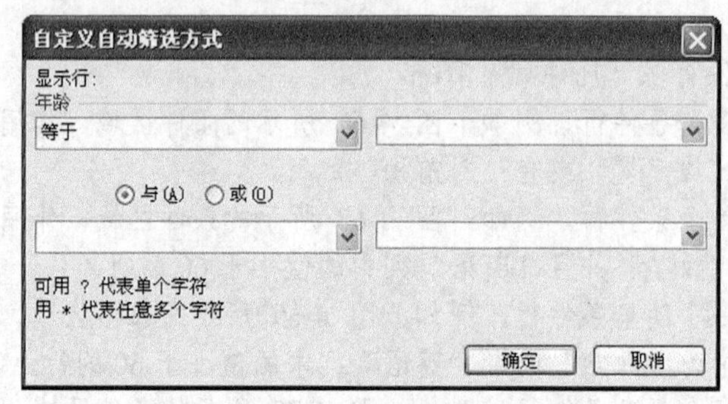

图 4-73 【自定义自动筛选方式】对话框

4. 在【自定义自动筛选方式】对话框中，最左上的下拉列表中选择【小于】，在最右上的下拉列表框中输入“30”。
5. 在【自定义自动筛选方式】对话框中，单击[确定]按钮，筛选结果如图 4-84 所示。

	A	B	C	D	E
1	人事信息表				
2	姓名	性别	年龄	学历	职称
10	王右	女	26	博士	工程师
11	冯春	女	28	硕士	工程师
13	褚秋	女	28	本科	工程师

图 4-74 筛选后的人事信息表

4.7.4 分类汇总

将表中同一类别的数据放在一起，求出它们的总和、平均值或个数等，称为分类汇总。对同一类数据分类汇总后，还可以对其中的另一类数据再分类汇总，这种分类方式称为多级分类汇总。

Excel 2007 在分类汇总前，必须先按分类的字段进行排序（用升序或降序均可），否则分类汇总的结果不是所要求的结果。

一、 单级分类汇总

以图 4-55 所示的学生成绩表为例，先按分类字段（系别）排序，再将活动单元格移动到表中，在功能区【数据】选项卡的【分级显示】组（见图 4-75）中，单击【分类汇总】按钮，弹出如图 4-76 所示的【分类汇总】对话框，可进行以下操作。

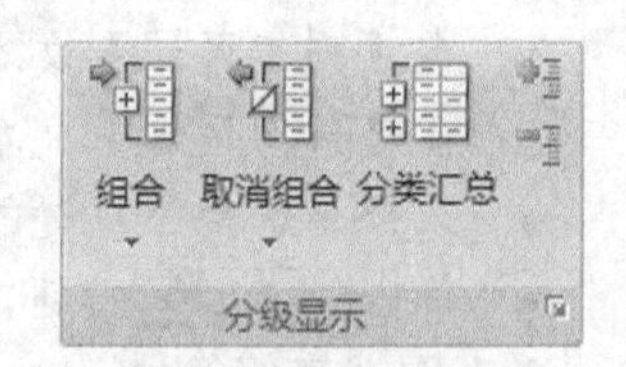

图 4-75 【分级显示】组

- 在【分类字段】下拉列表中，选择一个分类字段，这个字段必须是排序时的关键字段。
- 在【汇总方式】下拉列表中，选择一种汇总方式，有“求和”、“平均值”、“计数”、“最大值”、“最小值”等选项。
- 在【选定汇总项】列表框中，选择按【汇总方式】进行汇总的字段名，可以选择多个字段名。
- 选择【替换当前分类汇总】复选框，则先前的分类汇总结果被删除，以最新的分类汇总结果取代，否则再增加一个分类汇总结果。
- 选择【每组数据分页】复选框，则分类汇总后，在每组数据后面自动插入分页符，否则不插入分页符。
- 选择【汇总结果显示在数据下方】复选框，则汇总结果放在数据下方，否则汇总结果放在数据上方。
- 单击 确定 按钮，按所做设置进行分类汇总。

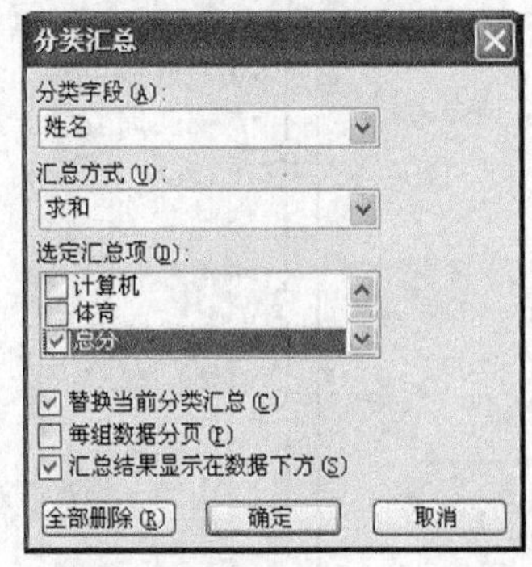

图 4-76 【分类汇总】对话框

图 4-77 所示为按“系别”对各科成绩求平均值的结果，行标左侧的区域是分类汇总控制区域。

	A	B	C	D	E	F	G
1							
2	姓名	系别	性别	英语	计算机	体育	总分
3	赵东春	数学	男	52	78	84	214
4	孙西秋	数学	女	83	92	88	263
5	周前梅	数学	男	76	83	84	243
6	王右菊	数学	女	54	93	64	211
7		**数学 平均值**		66.25	86.5	80	232.75
8	钱南夏	中文	男	69	74	43	186
9	李北冬	中文	女	72	56	69	197
10	吴后兰	中文	女	79	67	77	223
11	郑左竹	中文	男	84	78	46	208
12		**中文 平均值**		76	68.75	58.75	203.5
13		**总计平均值**		71.125	77.625	69.375	218.125

图 4-77　分类汇总结果

二、 多级分类汇总

要进行多级分类汇总，必须按分类汇总级别进行排序。例如，要按系别求平均成绩，每个系再按性别求平均成绩，则必须以“系别”为第 1 关键字排序，以“性别”为第 2 关键字排序。多级分类汇总时先分类汇总第 1 关键字，后分类汇总第 2、关键字第 3 关键字。

用前面介绍的方法先增加第 1 级分类汇总结果，再增加第 2 级分类汇总结果等，这样就完成了多级分类汇总。图 4-78 所示为多级分类汇总的示例。

1 2 3	A	B	C	D	E	F	G
1							
2	姓名	系别	性别	英语	计算机	体育	总分
3	赵东春	数学	男	52	78	84	214
4	周前梅	数学	男	76	83	84	243
5			男 平均值	64	80.5	84	228.5
6	孙西秋	数学	女	83	92	88	263
7	王右菊	数学	女	54	93	64	211
8			女 平均值	68.5	92.5	76	237
9	钱南夏	中文	男	69	74	43	186
10	郑左竹	中文	男	84	78	46	208
11			男 平均值	76.5	76	44.5	197
12	李北冬	中文	女	72	56	69	197
13	吴后兰	中文	女	79	67	77	223
14			女 平均值	75.5	61.5	73	210
15			总计平均	71.125	77.625	69.375	218.125

图 4-78　多级分类汇总

三、　分类汇总控制

分类汇总完成后，可以利用分类汇总控制区域中的按钮，折叠或展开表中的数据，还可以删除全部分类汇总结果，恢复到分类汇总前的状态。

(1)　折叠或展开数据

- 单击[-]按钮，折叠该组中的数据，只显示分类汇总结果，同时[-]按钮变成[+]。
- 单击[+]按钮，展开该组中的数据，显示该组中的全部数据，同时[+]按钮变成[-]。
- 单击分类汇总控制区域顶端的数字按钮，只显示该级别的分类汇总结果。

在图 4-78 所示的分类汇总结果中，单击第 2 级的第 1 个[-]按钮，折叠该组数据，结果如图 4-79 所示。

1 2 3	A	B	C	D	E	F	G
1							
2	姓名	系别	性别	英语	计算机	体育	总分
5			男 平均值	64	80.5	84	228.5
6	孙西秋	数学	女	83	92	88	263
7	王右菊	数学	女	54	93	64	211
8			女 平均值	68.5	92.5	76	237
9	钱南夏	中文	男	69	74	43	186
10	郑左竹	中文	男	84	78	46	208
11			男 平均值	76.5	76	44.5	197
12	李北冬	中文	女	72	56	69	197
13	吴后兰	中文	女	79	67	77	223
14			女 平均值	75.5	61.5	73	210
15			总计平均	71.125	77.625	69.375	218.125

图 4-79　折叠一组数据

(2)　删除分类汇总

把活动单元格移动到表中，再次单击【分类汇总】按钮，弹出【分类汇总】对话框（见图 4-76），在该对话框中，单击[全部删除(R)]按钮，即可删除全部分类汇总结果。

【例 4-8】 对图 4-59 所示的人事信息表，按学历统计平均年龄。

操作步骤如下。

1. 单击“学历”字段的一个单元格，单击功能区【数据】选项卡的【排序和筛选】组中的[A↓Z]按钮。
2. 单击功能区【数据】选项卡的【分级显示】组中的【分类汇总】按钮，弹出【分类汇总】对话框。

3. 在【分类汇总】对话框中，在【分类字段】下拉列表中选择“学历”。
4. 在【分类汇总】对话框中，在【汇总方式】下拉列表中选择“平均值”。
5. 在【分类汇总】对话框中，在【选定汇总项】列表框中选择“年龄”。
6. 在【分类汇总】对话框中，单击 确定 按钮。
7. 单击分类汇总控制区域顶端的数字 2，分类汇总结果如图 4-80 所示。

1 2 3		A	B	C	D	E
	1	人事信息表				
	2	姓名	性别	年龄	学历	职称
-	3			33.58333	**总计平均值**	
+	4			38.5	**大专 平均值**	
+	7			23.33333	**本科 平均值**	
+	11			35	**硕士 平均值**	
+	16			38.66667	**博士 平均值**	
	20					

图 4-80　分类汇总后的人事信息表

4.8　Excel 2007 的图表使用

图表就是将表中的数据以各种图的形式显示，使得数据更加直观。利用【插入】选项卡【图表】组（见图 4-81）中的工具，可以方便地创建图表，还可以设置图表。图表的常用操作包括创建图表和设置图表。

图 4-81　【图表】组

4.8.1　图表的概念

图表有多种类型，每一种类型又有若干子类型。以下是常用的图表类型。

- 柱形图（见图 4-82）：柱形图用于显示一段时间内的数据变化或显示各项之间的比较情况。
- 折线图（见图 4-83）：折线图可以显示随时间变化的连续数据，因此非常适用于显示在相等时间间隔下数据的趋势。

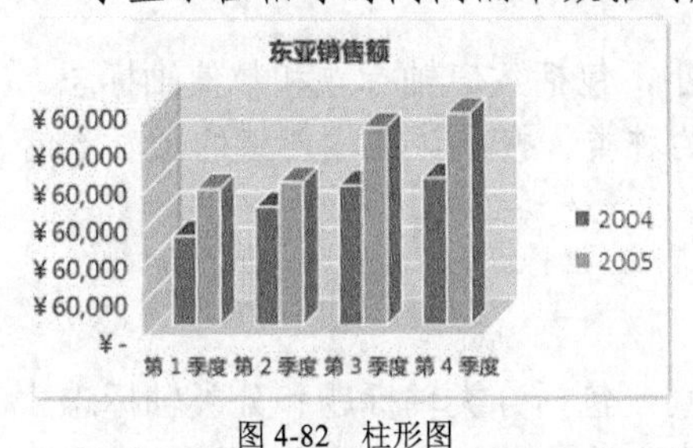

图 4-82　柱形图

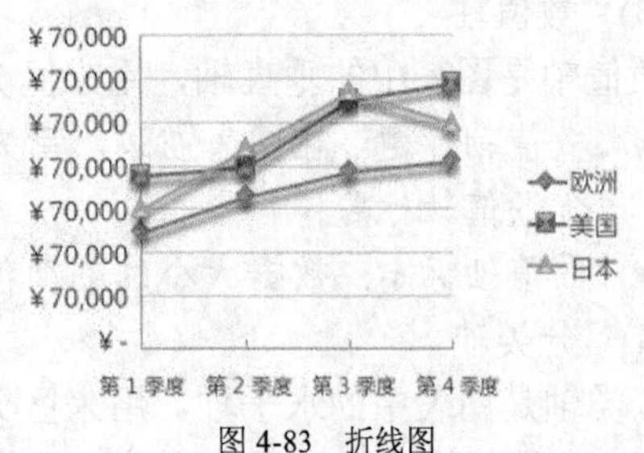

图 4-83　折线图

- 饼图（见图 4-84）：饼图显示一个数据系列中各项的大小与各项总和的比例。
- 条形图（见图 4-85）：条形图显示各个项目之间的比较情况。

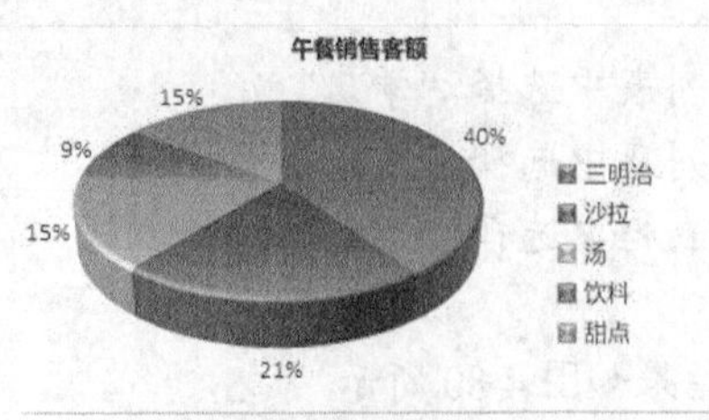

图 4-84 饼图

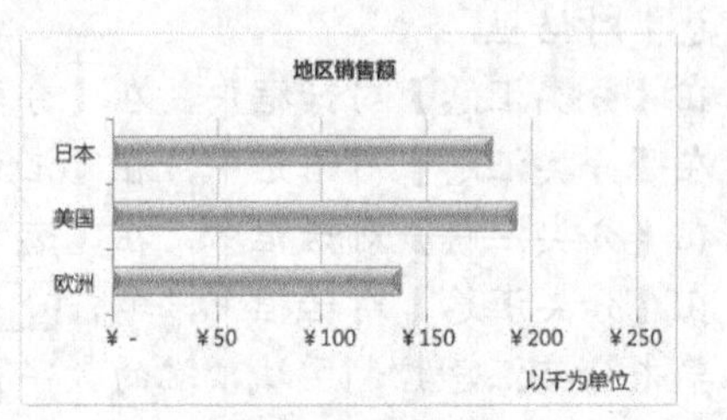

图 4-85 条形图

- 散点图（见图 4-86）：散点图显示若干数据系列中各数值之间的关系。散点图通常用于显示和比较数值，如实验数据、统计数据和工程数据。
- 面积图（见图 4-87）：面积图强调数量随时间而变化的程度，也可用于引起人们对总趋势的注意。

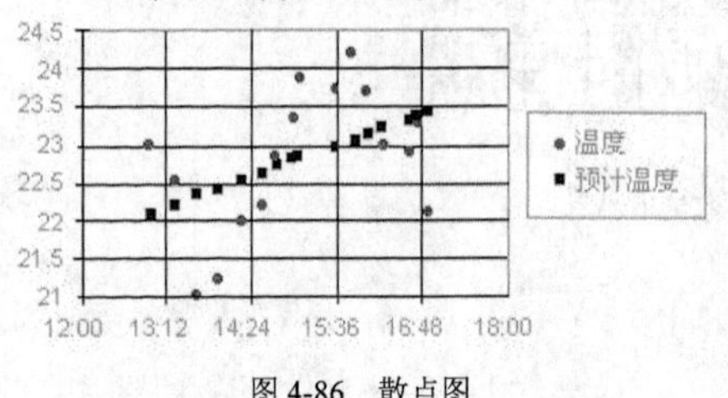

图 4-86 散点图

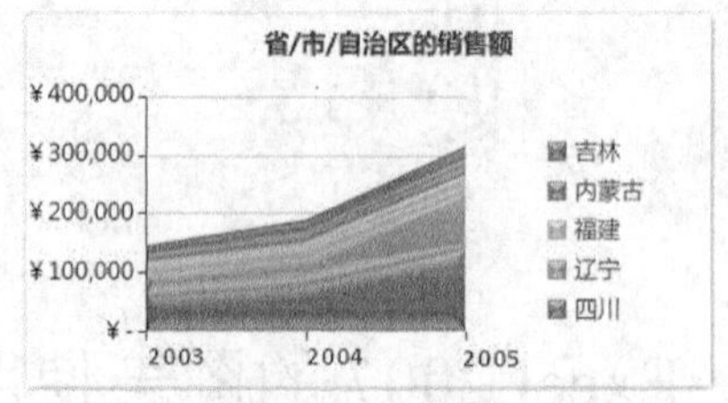

图 4-87 面积图

图表和工作表是密切相关的，当工作表中的数据发生变化时，图表也随之变化。一个图表由图表标题、数值轴、分类轴、绘图区和图例 5 部分组成。按默认方式创建的图表（参见“4.8.2 图表的创建”一节），这 5 部分并不全部显示。用户可根据需要，通过设置图表（参见“4.8.3 图表的设置”一节），显示或不显示某一部分。图 4-88 所示为包含图表标题、数值轴、分类轴、绘图区和图例的图表。

(1) 图表标题

图表标题在图表的顶端，用来说明图表的名称、种类或性质。按默认方式创建的图表不包含图表标题。

(2) 绘图区

绘图区是图表中数据的图形显示，包括网格线和数据图示。

- 网格线：把数值轴或分类轴分成若干相同部分的横线或竖线。
- 数据图示：根据数据的大小和分类，显示相应高度的图例项标志。

(3) 数值轴

数值轴是图表中的垂直轴，用来区分数据的大小，包括数值轴标题和数值轴标志。

- 数值轴标题：在图表左边，用来说明数据的种类。按默认方式创建的图表不包含数值轴标题。
- 数值轴标志：数据大小的刻度值。

(4) 分类轴

分类轴是图表中的水平轴，用来区分数据的类别，包括分类轴标题和分类轴标志。

- 分类轴标题：在图表底端，用来说明数据的分类种类。按默认方式创建的图表不包含分类轴标题。
- 分类轴标志：数据的各分类名称。

(5) 图例

图例用于区分数据系列的彩色小方块和名称，包括图例项和图例项标志。

- 图例项：数据的系列名称。
- 图例项标志：代表某一系列的彩色小方块。

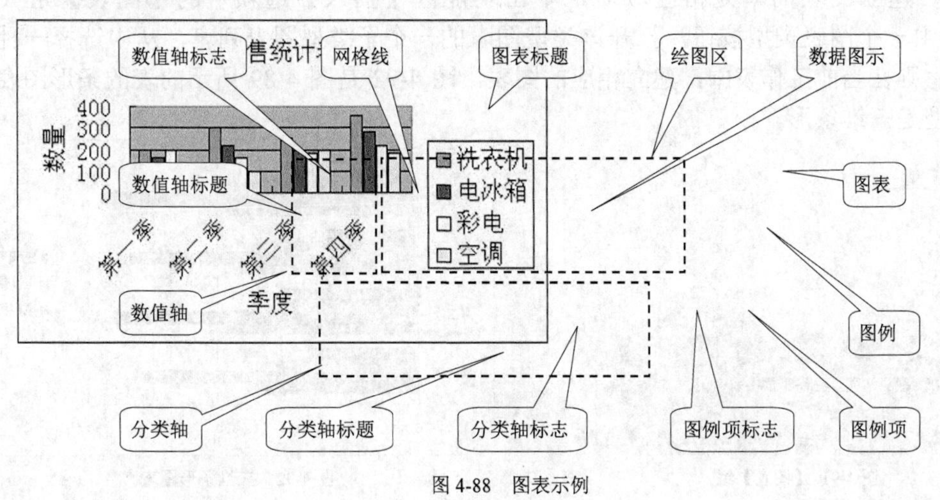

图 4-88　图表示例

4.8.2　图表的创建

Excel 2007 提供了两种建立图表的方法：按默认方式建立图表和用自选方式建立图表。默认方式建立的图表放置在一个新工作表中，自选方式建立的图表嵌入到当前的工作表中。

一、　以默认方式建立图表

首先激活表中的一个单元格，然后按 F11 键，则 Excel 2007 自动产生一个工作表，工作表名为“Chart1”（如果前面创建过图表工作表，名称中的序号依次递增），工作表的内容是该表的图表。按默认方式建立的图表的类型是二维簇状柱形，大小充满一个页面，页面设置自动调整为“横向”。例如，图 4-89 所示的表以默认方式建立的图表如图 4-90 所示。

	A	B	C	D	E
1		第一季	第二季	第三季	第四季
2	洗衣机	123	146	135	144
3	电视机	212	234	221	243
4	电冰箱	107	97	121	144
5	空调	86	102	65	96

图 4-89　表

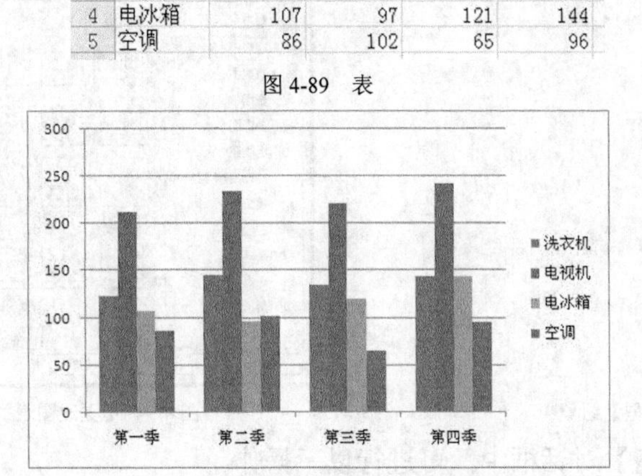

图 4-90　以默认方式建立的图表

建立图表后，图表被选定，同时功能区中会增加【设计】、【布局】和【格式】3 个选项卡，通过这些选项卡组中的工具，可设置图表。

二、 以自选方式建立图表

选定要建立图表的单元格区域后，单击功能区【插入】选项卡的【图表】组（见图 4-91）中一个图表类型按钮，打开该类型图表的一个子类型图表列表，从中选择一种图表子类型，则在当前工作表中，建立相应的图表。图 4-92 是图 4-89 所示的表的条形图表，图表子类型是三维条形。

图 4-91 【图表】组

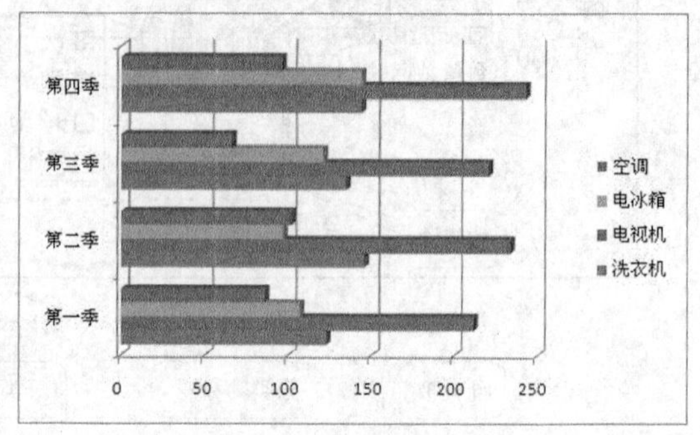

图 4-92 三维条形图表

4.8.3 图表的设置

图表的设置包括图表的总体设置和图表的局部设置。总体设置用来设置图表的整体外观特征，局部设置用来设置图表的局部外观特征。设置图表前，应先单击图表，使其进入选定状态。

一、 图表的总体设置

图表的总体设置包括设置图表类型、设置图表布局、设置图表样式、设置图表位置和设置图表大小。图表的总体设置通常使用【设计】选项卡（包括【类型】组、【图表布局】组、【图表样式】组、【位置】组和【大小】组）中的工具。

(1) 设置图表类型

建立图表后，还可以更改图表的类型和子类型。单击【设计】选项卡中【类型】组（见图 4-93）中的【更改图表类型】按钮，弹出如图 4-94 所示的【更改图表类型】对话框。

图 4-93 【类型】组

图 4-94 【更改图表类型】对话框

在【更改图表类型】对话框中，可进行以下操作。

- 在对话框左侧的【图表类型】列表中选择一种图表类型，这时对话框右侧的

【图表子类型】列表中将列出该图表类型的所有子类型。

- 在【图表子类型】列表中选择一种图表子类型。
- 单击 确定 按钮，所选定的图表设置成相应的类型和子类型。

图 4-90 所示图表更改为“折线图”后如图 4-95 所示。

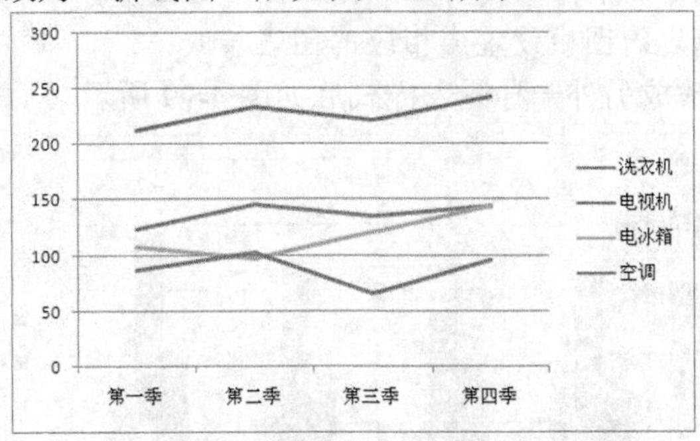

图 4-95　更改图表类型后的图表

(2)　设置图表布局

图表布局是指图表的标题、数值轴、分类轴、绘图区和图例的位置关系。图表预置的布局样式被组织在【设计】选项卡的【图表布局】组（见图 4-96）中，常用的操作如下。

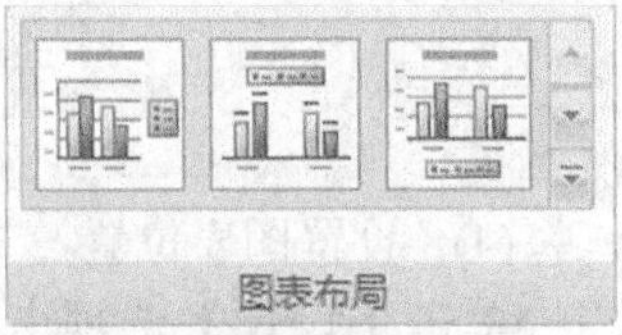

图表布局

图 4-96 【图表布局】组

- 单击【图表布局】列表中的一种布局样式，选定的图表设置成相应的布局样式。
- 单击【图表布局】列表中的▲（▼）按钮，布局样式上（下）翻一页。
- 单击【图表布局】列表中的▼按钮，打开一个【布局样式】列表，可从中选择一种样式，选定的图表设置成相应的布局样式。

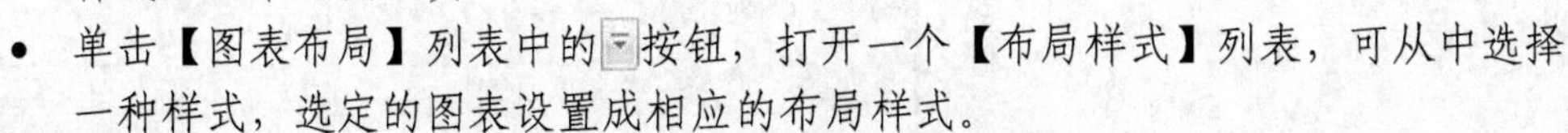

图 4-90 所示图表更改成另外一种布局后如图 4-97 所示。

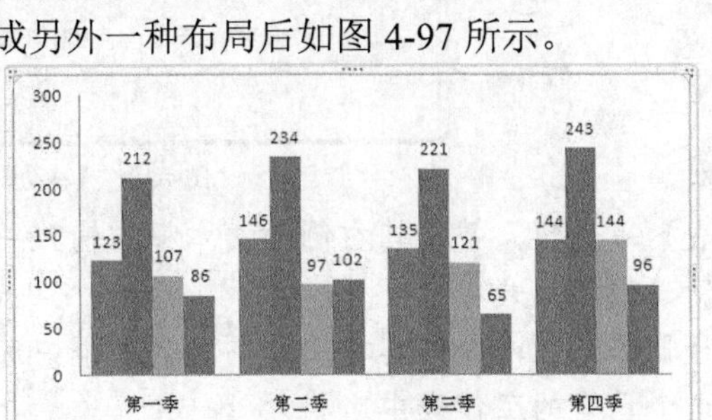

图 4-97　更改布局后的图表

(3)　设置图表样式

图表样式是指图表绘图区中网格线和数据图示的大小、形状和颜色。图表预置的图表样式被组织在【设计】选项卡的【图表样式】组（见图 4-98）中，常用的操作如下。

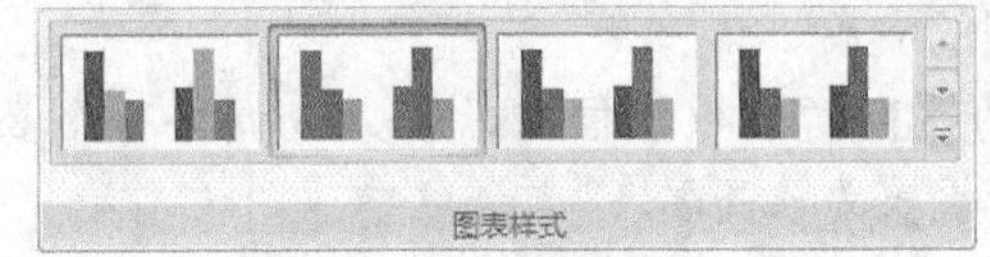

图 4-98 【图表样式】组

- 单击【图表样式】列表中的一种图表样式，所选定的图表设置成相应的图表样式。
- 单击【图表样式】列表中的 ( ) 按钮，图表样式上（下）翻一页。
- 单击【图表样式】列表中的 按钮，打开一个【图表样式】列表，可从中选择一种样式，所选定的图表设置成相应的图表样式。

图 4-90 所示图表更改成另外一种图表样式后如图 4-99 所示。

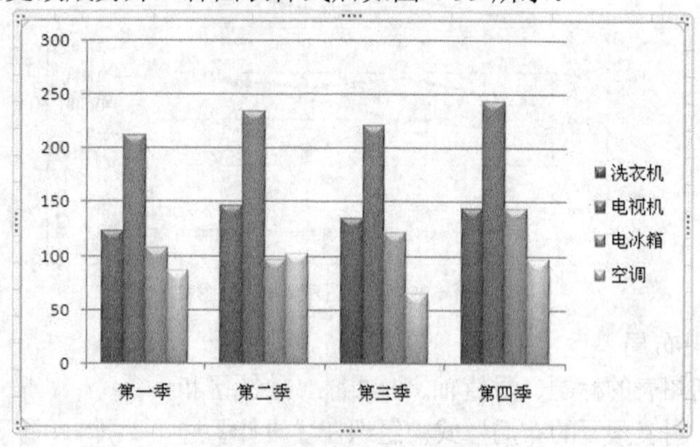

图 4-99 更改图表样式后的图表

(4) 设置图表位置

单击【设计】选项卡的【位置】组（见图 4-100）中的【移动图表】按钮，弹出如图 4-101 所示的【移动图表】对话框。在【移动图表】对话框中，可进行以下操作。

图 4-100 【位置】组

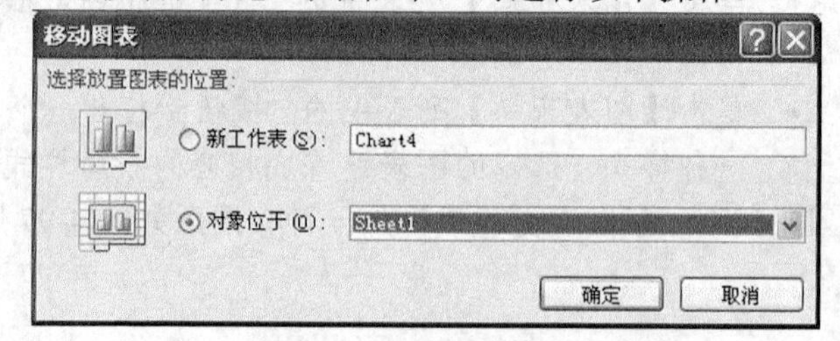

图 4-101 【移动图表】对话框

- 选择【新工作表】单选钮，并在其右侧的文本框中输入一个工作表名，则图表将移动到这个新建的工作表中。
- 选择【对象位于】单选钮，并在其右侧的下拉列表框中选择一个工作表名，则图表将移动到这个已有的工作表中。
- 单击 确定 按钮，按所做的设置移动工作表。

将鼠标指针移动到图表的空白区域，鼠标指针变成 状，拖曳图表，这时有一个虚框随之移动，松开鼠标左键，图表就移动到相应的位置。

(5) 设置图表大小

选定图表后，通过【格式】选项卡中的【大小】组（见图 4-102）中的工具，可以设置图表的大小。

图 4-102 【大小】组

- 在【大小】组的【高度】数值框中，输入或调整一个高度值，选定的图表设置为该高度。
- 在【大小】组的【宽度】数值框中，输入或调整一个宽度值，选定的图表设置为该宽度。

- 单击图表，图表四周出现 8 个黑点组，称为图表的尺寸控点。将鼠标指针移动到图表的尺寸控点上，鼠标指针变成↕、↔、↖、↗状，拖曳鼠标就可以改变图表的大小。图表的大小改变时，图表内对象的大小也随之改变。

二、 图表的局部设置

图表的局部设置包括设置图表标题、设置坐标轴标题、设置图例、设置数据标签、设置数据表、设置坐标轴和设置网格线。图表的局部设置通常使用【布局】选项卡（包括【标签】组和【坐标轴】组）中的工具。

(1) 设置图表标题

设置图表标题常用的操作如下。

- 选定图表后，单击【布局】选项卡的【标签】组（见图 4-103）中的【图表标题】按钮，在打开的菜单（见图 4-104）中选择一个命令，可设置有无图表标题，或指定图表标题的样式。

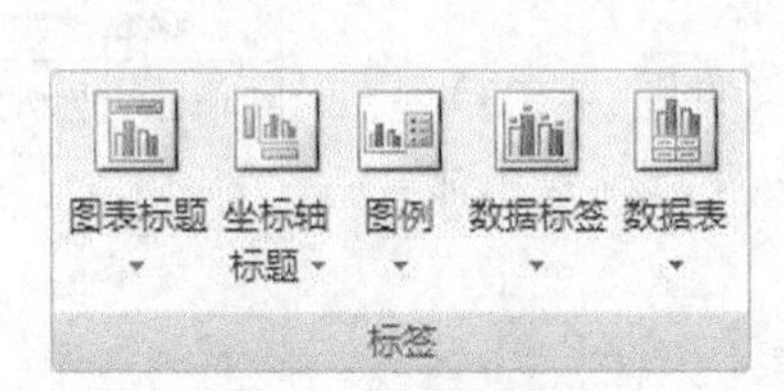

图 4-103 【标签】组

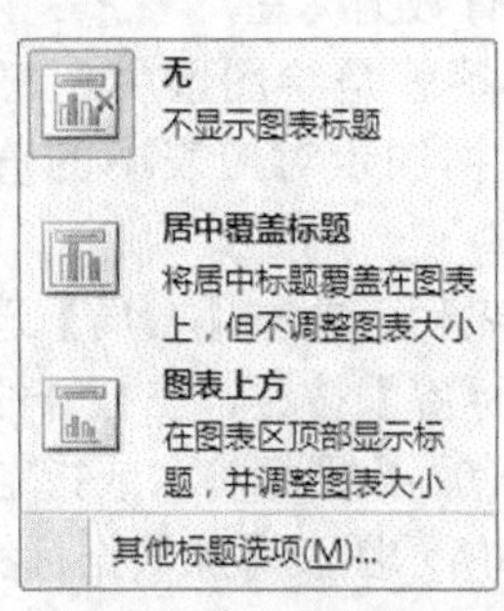

图 4-104 【图表标题】菜单

- 选定图表标题后，再单击标题，标题内出现光标，这时可编辑标题。
- 把鼠标指针移动到图表标题上，鼠标指针变成✥状，这时拖曳鼠标，可移动图表标题的位置。

(2) 设置坐标轴标题

设置坐标轴标题常用的操作如下。

- 选定图表后，单击【布局】选项卡中【标签】组（见图 4-103）中的【坐标轴标题】按钮，在打开的菜单（见图 4-105）中选择【主要横坐标轴标题】或【主要纵坐标轴标题】命令，再从打开的菜单（以选择【主要横坐标轴标题】命令为例，如图 4-106 所示）中选择一个命令，可设置有无横坐标轴标题，或指定横坐标轴标题的样式。

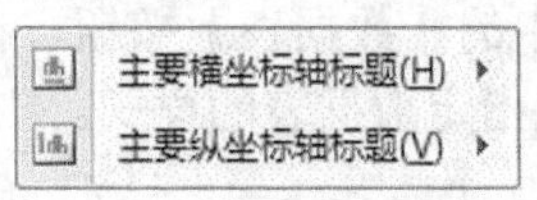

图 4-105 【坐标轴标题】菜单

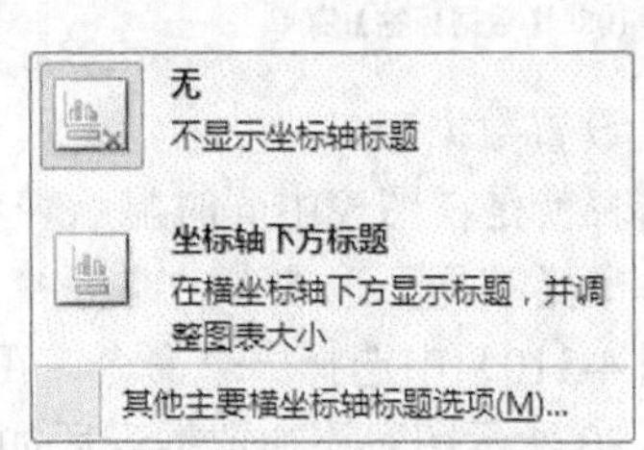

图 4-106 【主要横坐标轴标题】菜单

- 选定横（纵）坐标轴标题后，再单击该标题，标题内出现光标，这时可编辑标题。
- 把鼠标指针移动到横（纵）坐标轴标题上，鼠标指针变成✥状，这时拖曳鼠标，可移动横（纵）坐标轴标题的位置。

(3) 设置图例

设置图例常用的操作如下。

- 选定图表后，单击【布局】选项卡的【标签】组（见图 4-103）中的【图例】按钮，在打开的菜单（见图 4-107）中选择一个命令，可设置有无图例，或指定图例的样式。
- 把鼠标指针移动到图例上，鼠标指针变成✥状，这时拖曳鼠标，可移动图例的位置。
- 单击图例，图例四周出现尺寸控点，把鼠标指针移动到尺寸控点上，拖曳鼠标可改变图例的大小，图例的内容不变。

图 4-107 【图例】菜单

(4) 设置数据标签

数据标签就是绘图区中在每个数据图示上标注的数值，这个值就是该数据图示对应表中的值。默认方式下建立的图表没有数据标签。

选定图表后，单击【布局】选项卡的【标签】组（见图 4-103）中的【数据标签】按钮，在打开的菜单（见图 4-108）中选择一个命令，可设置有无数据标签，或指定数据标签的样式。

图 4-90 所示图表添加数据标签后如图 4-109 所示。

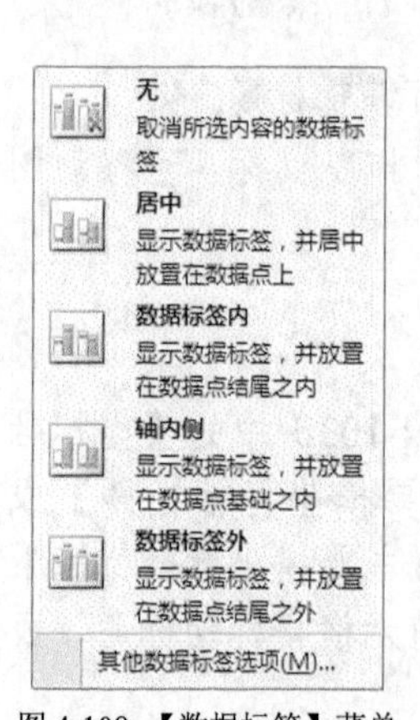

图 4-108 【数据标签】菜单

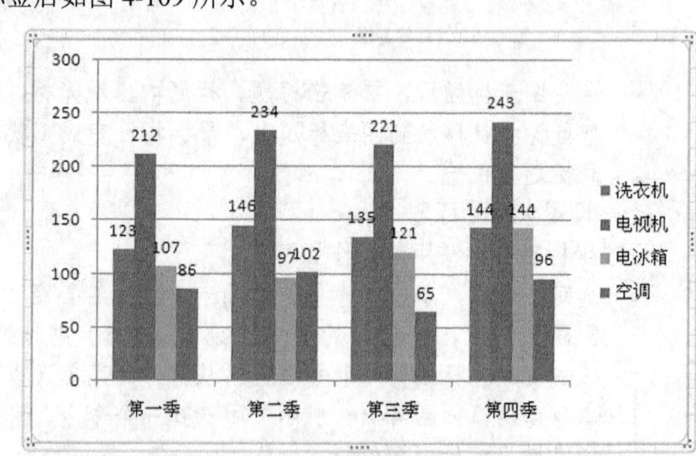

图 4-109 添加数据标签后的图表

(5) 设置数据表

数据表就是在图表中同时显示表中的数据。默认方式下建立的图表没有数据表。选定图表后，单击【布局】选项卡的【标签】组（见图 4-103）中的【数据表】按钮，在打开的菜单（见图 4-110）中选择一个命令，可设置有无数据表，或指定数据表的样式。

图 4-90 所示图表添加数据表后如图 4-111 所示。

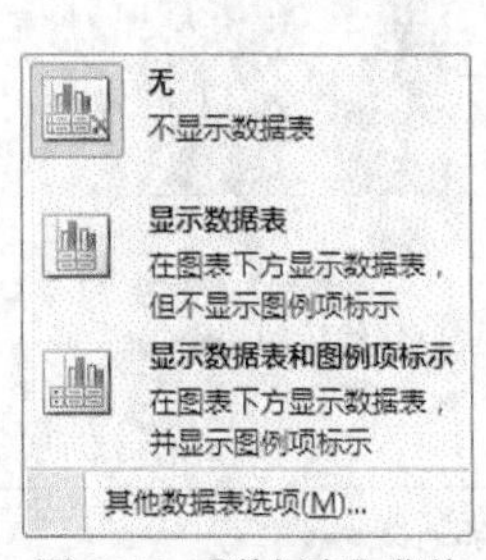

图 4-110 【数据表】菜单

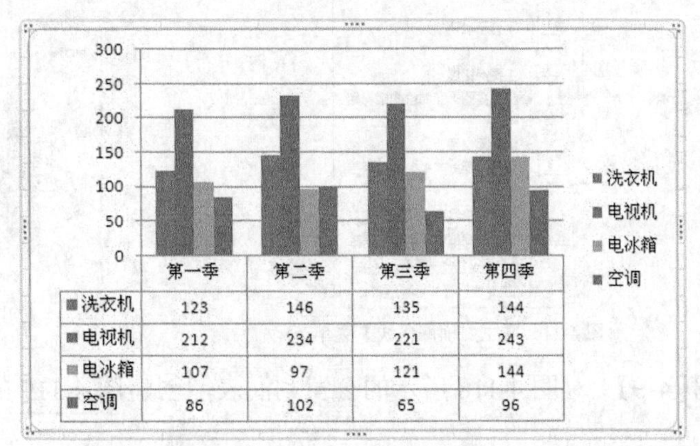

	第一季	第二季	第三季	第四季
洗衣机	123	146	135	144
电视机	212	234	221	243
电冰箱	107	97	121	144
空调	86	102	65	96

图 4-111　添加数据表后的图表

(6)　设置坐标轴

选定图表后，单击【布局】选项卡的【坐标轴】组（见图 4-112）中的【坐标轴】按钮，在打开的菜单（见图 4-113）中选择【主要横坐标轴】或【主要纵坐标轴】命令，再从打开的菜单（以选择【主要横坐标轴】为例，如图 4-114 所示）中选择一个命令，可设置有无横坐标轴，或指定横坐标轴的样式。

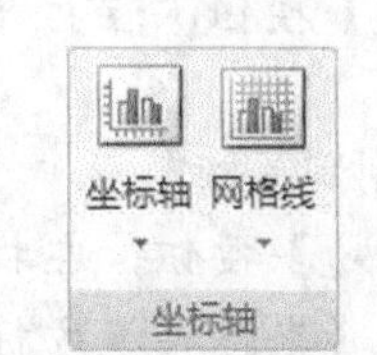

图 4-112 【坐标轴】组

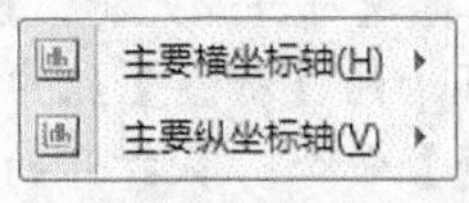

图 4-113 【坐标轴】菜单

图 4-114 【主要横坐标轴】菜单

(7)　设置网格线

网格线就是绘图区中均分数值轴（或分类轴）的横线（或竖线），网格线有主要网格线和次要网格线两种类型，主要网格线之间较疏，次要网格线之间较密。默认方式下建立的图表只有主要横网格线。

选定图表后，单击【布局】选项卡中【坐标轴】组（见图 4-112）中的【网格线】按钮，在打开的菜单（见图 4-115）中选择【主要横网格线】或【主要纵网格线】命令，再从打开的菜单（以选择【主要横网格线】命令为例，如图 4-116 所示）中选择一个命令，可设置有无横网格线，或指定横网格线的样式。

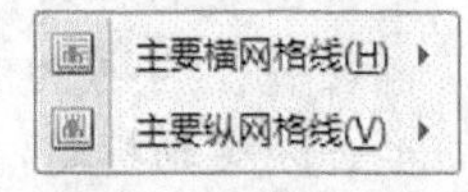

图 4-115 【网格线】菜单

图 4-90 所示图表设置了次要横网格线以及次要纵网格线后如图 4-117 所示。

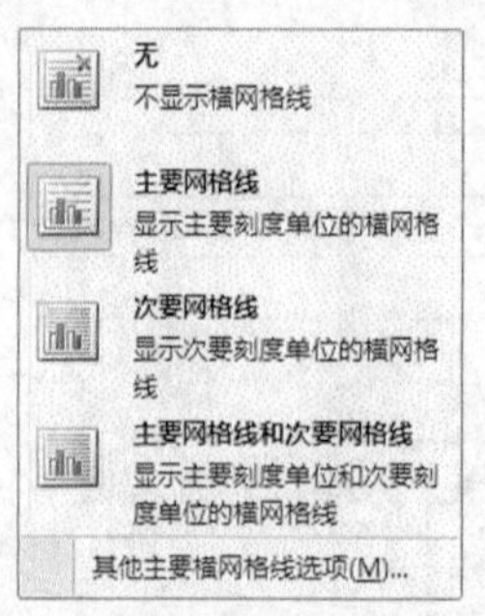

图 4-116 【主要横网格线】菜单

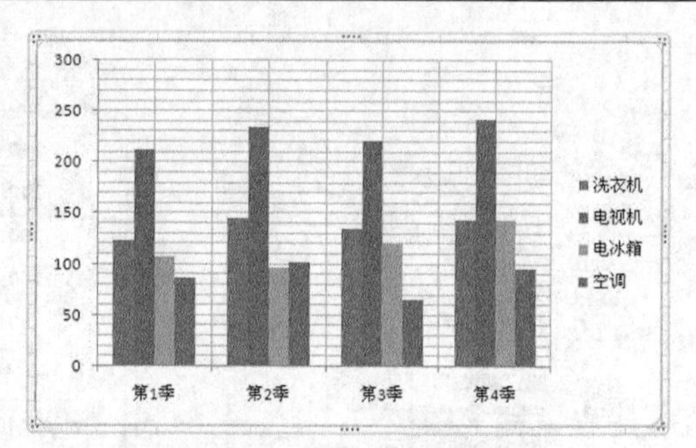

图 4-117 添加网格线后的图表

【例 4-9】 对图 4-118 所示的公司利润表，创建图 4-119 的图表。

	A	B	C	D	E
1	公司利润表				
2	年度	收入总额	利润总额	收入增长	利润增长
3	96	1000	300		
4	97	1100	350	10.0%	16.7%
5	98	1230	400	11.8%	14.3%
6	99	1300	440	5.7%	10.0%
7	00	1500	520	15.4%	18.2%
8	01	1700	600	13.3%	15.4%
9	02	2000	720	17.6%	20.0%
10	03	2300	820	15.0%	13.9%
11	04	2700	1000	17.4%	22.0%
12	05	3200	1300	18.5%	30.0%

图 4-118 公司利润表

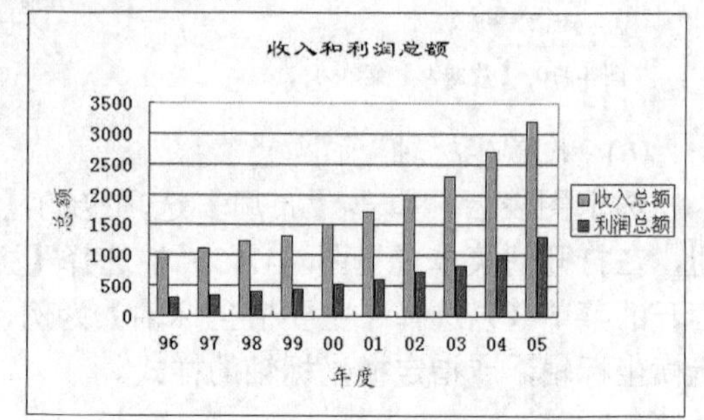

图 4-119 柱形图表

操作步骤如下。

1. 选定 A2:C12 单元格区域，单击功能区【插入】选项卡【图表】组中“柱形图表”类型按钮，从打开的子类型图表列表中选择第 1 个子类型，工作表中插入一个柱形图表。
2. 选定图表后，单击【布局】选项卡的【标签】组中的【图表标题】按钮，在打开的菜单中选择【图表上方】命令，图表中添加一个表标题。
3. 选定图表标题后，再单击标题，标题内出现光标，输入“收入和利润总额”。
4. 选定图表后，单击【布局】选项卡的【标签】组中的【坐标轴标题】按钮，在打开的菜单中选择【主要横坐标轴标题】命令，从打开的子菜单中选择【坐标轴下方标题】命令，在坐标轴下方添加一个表标题。
5. 选定横坐标轴标题后，再单击标题，标题内出现光标，输入“年度”。
6. 选定图表后，单击【布局】选项卡的【标签】组中的【坐标轴标题】按钮，在打开的菜单中选择【主要纵坐标轴标题】命令，从打开的子菜单中选择【坐标轴左侧标题】命令，在坐标轴左侧添加一个表标题。
7. 选定横坐标轴标题后，再单击标题，标题内出现光标，输入“总额”。
8. 单击图表的标题，通过功能区的【开始】选项卡中【字体】组中的工具设置字体为“隶书”，字号为“16”。
9. 单击分类轴标题，通过功能区的【开始】选项卡中的【字体】组中的工具设置字体为“楷体_GB2321”，字号为“14”。
10. 单击数值轴标题，通过功能区的【开始】选项卡中的【字体】组中的工具设置字体为“楷体_GB2321”，字号为“14”。
11. 单击分类轴，再单击通过功能区的【开始】选项卡中的【字体】组中的 **B** 按钮。单击数值轴，再单击通过功能区的【开始】选项卡中的【字体】组中的 **B** 按钮。

4.9　Excel 2007 的工作表打印

工作表制作完成后，为了便于提交或留存查阅，需要把它们打印出来。打印前通常需要设置工作表的打印区域，设置打印页面，预览打印结果，一切满意后再打印输出。

4.9.1　设置纸张

设置纸张通常包括设置纸张大小、方向和页边距等操作。这些操作通过【页面布局】选项卡的【页面设置】组（见图 4-120）中的工具来完成。

图 4-120 【页面设置】组

一、 设置纸张大小

单击【页面设置】组（见图 4-120）中的【纸张大小】按钮，打开如图 4-121 所示的【纸张大小】列表，从中选择一种纸张类型，即可将当前文档的纸张设置为相应的大小。如果选择【其他页面大小】命令，弹出【页面设置】对话框，当前选项卡是【页面】选项卡，如图 4-122 所示。

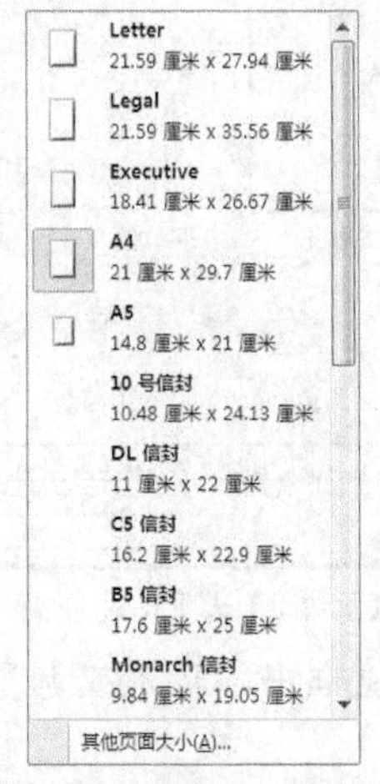

图 4-121 【纸张大小】列表

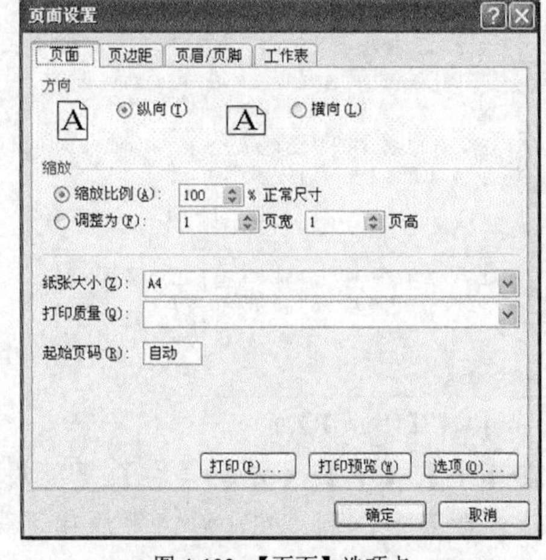

图 4-122 【页面】选项卡

在【页面】选项卡中，可进行以下操作。

- 在【方向】组中，选择【纵向】单选钮，纸张方向为纵向。
- 在【方向】组中，选择【横向】单选钮，纸张方向为横向。
- 在【缩放】组中，选择【缩放比例】单选钮，可在其右边的数值框中输入或调整相应的比例值。
- 在【缩放】组中，选择【调整为】单选钮，可在其右侧的数值框中输入或调整相应的值。
- 在【纸张大小】下拉列表中选择所需要的标准纸张类型，Excel 2007 中默认设置为“A4”纸。
- 在【打印质量】下拉列表中，选择定义的质量，有“600 点/英寸”和“300 点/英寸”两个选项，“600 点/英寸”的打印质量比“300 点/英寸”的高。
- 在【起始页码】文本框中，输入页码的起始值。
- 单击 确定 按钮，完成纸张设置。

二、 设置纸张方向

单击【页面设置】组（见图 4-120）中的【纸张方向】命令，打开如图 4-123 所示的【纸张方向】菜单，从中选择一个命令，即可将当前文档的纸张设置为相应的方向。

图 4-123 【纸张方向】菜单

三、 设置页边距

页边距是页面上打印区域之外的空白空间。单击【页面设置】组（见图 4-120）中的【页边距】按钮，打开如图 4-124 所示的【页边距】菜单，从中选择一种页边距类型，即可将当前文档的纸张设置为相应的边距。

如果选择【自定义边距】命令，弹出【页面设置】对话框，当前选项卡是【页边距】，如图 4-125 所示。

在图 4-125 所示【页边距】选项卡中，可进行以下操作。

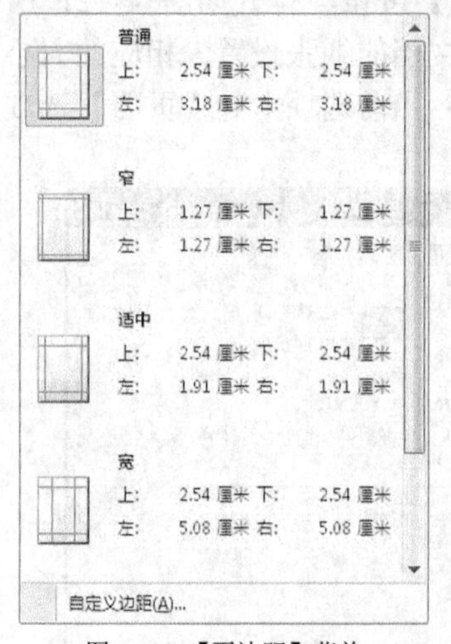

图 4-124 【页边距】菜单

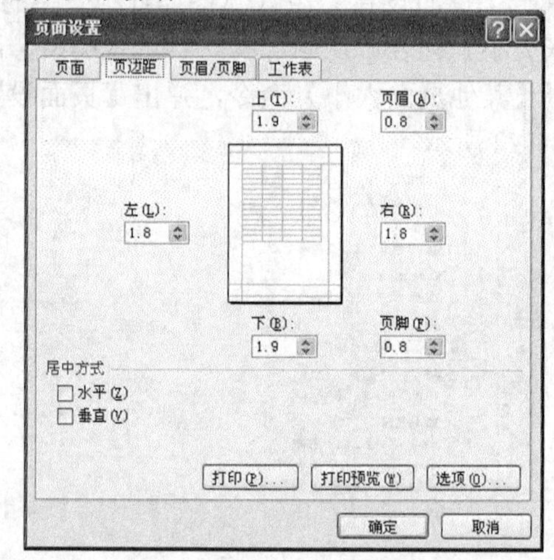

图 4-125 【页边距】选项卡

- 在【上】、【下】、【左】、【右】、【页眉】和【页脚】数值框中，输入或调整数值，改变上、下、左、右、页眉和页脚的边距。
- 在【居中方式】分组框中选择【水平】复选框，则忽略【左】、【右】边距设置，工作表水平居中打印在纸张上。
- 在【居中方式】分组框中选择【垂直】复选框，则忽略【上】、【下】边距设置，工作表垂直居中打印在纸张上。
- 单击 确定 按钮，完成页边距的设置。

4.9.2 设置打印区域

Excel 2007 打印工作表时，默认情况下打印工作表中有内容的部分。如果想打印工作表中有内容的某一区域，需要设置打印区域。选定要打印的区域，单击【页面设置】组（见图 4-120）中的【打印区域】按钮，打开如图 4-126 所示的【打印区域】菜单，从中选择【设置打印区域】命令，选定区域的边框上出现虚线，表示打印区域已设置好了。选择【取消打印区域】命令，可取消已设置的打印区域。

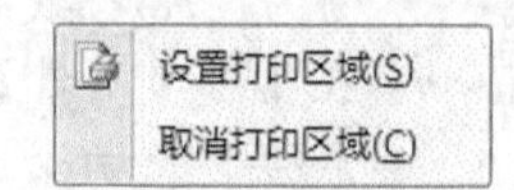

图 4-126 【打印区域】菜单

4.9.3　插入分页符

Excel 2007 打印工作表时，会根据纸张的大小自动对打印区域分页。如果要想手工分页，应插入分页符。单击【页面设置】组（见图 4-120）中的【分隔符】按钮，打开如图 4-127 所示的【分隔符】菜单，从中选择【插入分页符】命令，则插入一个分页符，分页符在工作表中用虚线表示。插入分页符有以下几种情况。

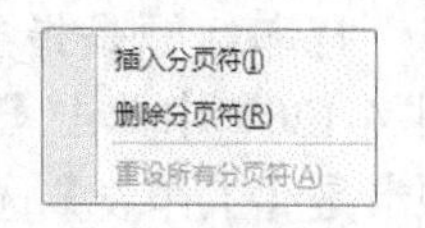

图 4-127 【分隔符】菜单

- 如果选定一行，在该行前插入分页符。
- 如果选定一列，在该列左侧插入分页符。
- 如果没有选定行或列，则在活动单元格所在行前插入分页符，同时在活动单元格所在列左侧插入分页符，即原来的 1 页被分成 4 页。

把活动单元格移动到分页符下一行的单元格，或分页符右一列的单元格，再在【分隔符】菜单中选择【删除分页符】命令，则删除相应的分页符。

4.9.4　设置背景

Excel 2007 允许用一幅图片作为背景。单击【页面设置】组（见图 4-120）中的【背景】按钮，弹出如图 4-128 所示的【工作表背景】对话框。

图 4-128 【工作表背景】对话框

在【工作表背景】对话框中，可进行以下操作。

- 在【查找范围】下拉列表中选择图片文件所在的文件夹，也可在窗口左侧的预设位置列表中，选择图片文件所在的文件夹。文件列表框（窗口右边的区域）中列出该文件夹中图片和子文件夹的图标。
- 在文件列表框中，双击一个文件夹图标，打开该文件夹。
- 在文件列表框中，单击一个图片文件图标，选择该图片。
- 在文件列表框中，双击一个图片文件图标，插入该图片。
- 单击 插入(S) 按钮，所选择的图片作为工作表背景。

设置了工作表背景后，原来的【背景】按钮就变成了【删除背景】按钮，单击该按钮即可删除工作表背景。

4.9.5 设置打印标题

打印标题是指要在打印页的顶端或左端重复出现的行或列。在【页面设置】组（见图 4-120）中单击【打印标题】按钮，弹出如图 4-129 所示的【页面设置】对话框，当前选项卡是【工作表】选项卡。

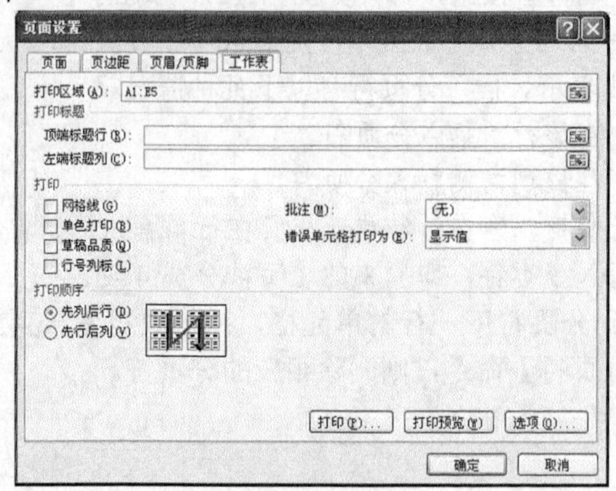

图 4-129 【工作表】选项卡

在【工作表】选项卡中，可进行以下操作。

- 在【顶端标题行】文本框中输入顶端标题行，或者单击右边的按钮，在工作表中选择顶端标题行。
- 在【左端标题列】文本框中输入左端标题列，或者单击右边的按钮，在工作表中选择左端标题列。
- 单击 确定 按钮，完成打印标题的设置。

4.9.6 打印工作表

打印工作表之前通常先打印预览，在屏幕上显示工作表打印时的效果，一切满意后再打印，这样可避免不必要的浪费。

一、 打印预览

单击按钮，在打开的菜单中选择【打印】/【打印预览】命令，这时功能区只有【打印预览】选项卡，如图 4-130 所示。

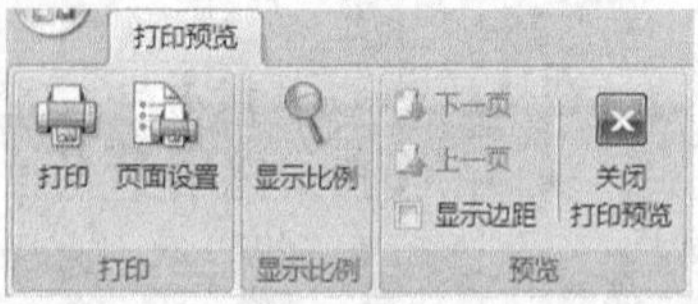

图 4-130 【打印预览】选项卡

(1) 【显示比例】组中工具的功能如下。

- 单击【显示比例】按钮，显示比例在“整页”和“100%”之间切换。

(2) 【预览】组中工具的功能如下。

- 选择【显示标尺】复选框，则打印预览时显示标尺。
- 单击【下一页】(【上一页】) 按钮，定位到工作表的下（上）一页。
- 单击【关闭打印预览】按钮，关闭打印预览窗口，返回到文档编辑状态。

(3) 【打印】组中工具的功能如下。

- 单击【打印】按钮，打印工作表。
- 单击【页面设置】按钮，弹出【页面设置】对话框，进行页面设置。

二、打印工作表

在 Excel 2007 中，打印工作表有以下 3 种常用方法。

- 按 Ctrl+P 组合键。
- 单击按钮，在打开的菜单中选择【打印】/【打印】命令。
- 单击按钮，在打开的菜单中选择【打印】/【快速打印】命令。

最后一种方法按默认方式打印所设置的打印区域一份，用前两种方法则弹出如图 4-131 所示的【打印内容】对话框。

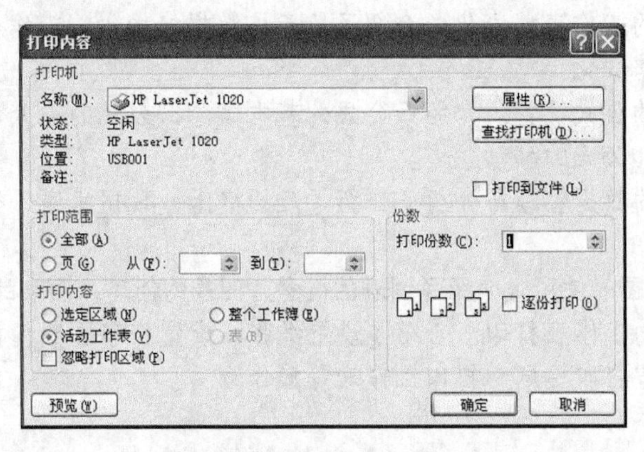

图 4-131 【打印内容】对话框

在【打印内容】对话框中，可进行以下操作。

- 在【名称】下拉列表中，选择所用的打印机。
- 单击 属性(P) 按钮，弹出一个【打印机属性】对话框，从中可以选择纸张的大小和方向、纸张来源、打印质量、打印分辨率等。
- 选择【打印到文件】复选框，则把工作表打印到某个文件上。
- 选择【全部】单选钮，则打印整个工作表。
- 选择【页】单选钮，则可在其右侧的两个数值框中输入或调整打印的起始页码和终止页码。
- 选择【选定区域】单选钮，则只打印选定的区域。
- 选择【整个工作簿】单选钮，则打印整个工作簿中的所有工作表。
- 选择【活动工作表】单选钮，则打印当前的活动工作表。
- 选择【忽略打印区域】复选框，则不管是否设置了打印区域，都打印整个工作表有数据的区域。
- 在【打印份数】数值框中，可输入或调整要打印的份数。
- 选择【逐份打印】复选框，则打印完从起始页到结束页一份后，再打印其余各份，否则起始页打印够指定张数后，再打印下一页。
- 单击 确定 按钮，按所做设置进行打印。

小结

本章主要包括以下内容。

- Excel 2007 的基本操作：介绍了 Excel 2007 的启动、退出方法和窗口组成。

- Excel 2007 的工作簿操作：介绍了 Excel 2007 的工作簿新建、保存、打开和关闭的操作。
- Excel 2007 的工作表编辑：介绍了单元格的激活与选定、向单元格中输入数据、向单元格中填充数据、单元格中内容的编辑、插入与删除单元格、复制与移动单元格等操作。
- Excel 2007 的工作表操作：介绍了工作表的插入、删除、重命名、复制、移动、切换等操作。
- Excel 2007 的工作表格式化：介绍了单元格数据格式化、工作表表格格式化和单元格条件格式化。
- Excel 2007 的公式计算：介绍了公式的基本概念、公式的输入、公式的填充、公式的复制和公式的移动。
- Excel 2007 的数据管理与分析：介绍了表的概念、数据排序、数据筛选和分类汇总。
- Excel 2007 的图表使用：介绍了图表的概念、图表的创建、图表的设置等操作。
- Excel 2007 的工作表打印：介绍了设置纸张、设置打印区域、插入分页符、设置背景、设置打印标题、打印工作表等操作。

习题

一、判断题

1. 单元格内输入数值数据只有整数和小数两种形式。（ ）
2. 如果单元格内显示“####”，表示单元格中的数据是未知的。（ ）
3. 在编辑栏内只能输入公式，不能输入数据。（ ）
4. 在 Excel 2007 中，字体的大小只支持“磅值”。（ ）
5. 单元格的内容被删除后，原有的格式仍然保留。（ ）
6. 单元格移动和复制后，单元格中公式中的相对地址都不变。（ ）
7. 文字连接符可以连接两个数值数据。（ ）
8. 合并单元格只能合并横向的单元格。（ ）
9. 筛选是只显示满足条件的那些记录，并不更改记录。（ ）
10. 数据汇总前，必须先按分类的字段进行排序。（ ）

二、选择题

1. 工作簿文件的扩展名是（ ）。
   A. .xlsx　　B. .xslx　　C. .slx　　D. sxl
2. 如果活动单元格是 B2，按 Tab 键后，活动单元格是（ ）。
   A. B3　　B. B1　　C. A2　　D. C2
3. 如果活动单元格是 B2，按 Enter 键后，活动单元格是（ ）。
   A. B3　　B. B1　　C. A2　　D. C2
4. 在单元格中输入“1−2”后，单元格数据的类型是（ ）。
   A. 数字　　B. 文本　　C. 日期　　D. 时间
5. 在单元格中输入“1+2”后，单元格数据的类型是（ ）。

A. 数字　　B. 文本　　C. 日期　　D. 时间

6. 以下单元格地址中，（　　）是相对地址。

A. $A$1　　B. $A1　　C. A$1　　D. A1

7. 以下（　　）是合法的数值型常量。

A. 1000　　B. 1000%　　C. –1000　　D. 1,000

8. 以下公式中，结果为 FALSE 的是（　　）。

A. ="a">"A"　　B. ="a">"3"　　C. ="12">"3"　　D. ="优">"劣"

9. 公式=LEFT("计算机",2)的值为（　　）。

A. "计"　　B. "机"　　C. "计算"　　D. "算机"

10. 若活动单元格在数据清单中，按（　　）键会自动生成一个图表。

A. F9　　B. F10　　C. F11　　D. F12

三、填空题

1. 一个工作簿最多可包括________个工作表，在 Excel 2007 新建的工作簿中，默认包含________个工作表。
2. 一个工作表最多有________行和________列，最小行号是________，最大行号是________，最小列号是________，最大列号是________。
3. 文本数据在单元格内自动________对齐，数值数据、日期数据和时间数据在单元格内自动________对齐。
4. 单元格内输入系统时钟的当前日期应按________键，输入系统时钟的当前时间应按________键。
5. 如果活动单元格内的数值数据显示为 12345.67，单击 % 按钮，则数值数据显示为________；单击 , 按钮，则数值数据显示为________；单击 .0 .00 按钮，则数值数据显示为________；单击 .00 .0 按钮，则数值数据显示为________。
6. 公式“=2*3/4”的值为________，公式“=SUM(1,2,4)”的值为________，公式“=AVERAGE(1,3,5)”的值为________。
7. Excel 2007 最多可对________个关键字段排序，对文本数据排序有按________排序和按________顺序这两种方式。
8. 图表由________、________、________、________和________5 部分组成。

四、问答题

1. 工作簿、工作表、单元格之间是什么关系？
2. 工作表管理有哪些操作？
3. 单元格中的数值、日期、时间数据有哪几种输入形式？
4. 公式中的相对地址、绝对地址和混合地址有什么区别？
5. 单元格中的数字格式有哪几种？如何设置？
6. 单元格数据的对齐方式有哪几种？如何设置？
7. 什么是条件格式化？如何设置？
8. 数据清单有哪些条件？
9. Excel 2007 数据管理有哪些操作？
10. 图表设置操作有哪些？

第 5 章 中文 PowerPoint 2007

PowerPoint 2007 是 Microsoft 公司开发的办公软件 Office 2007 中的一个组件，利用它可以方便地制作图文并茂、感染力强的幻灯片，是计算机办公的得力工具。

本章主要介绍幻灯片软件 PowerPoint 2007 的基础知识与基本操作，包括以下内容。

- PowerPoint 2007 的基本操作。
- PowerPoint 2007 的演示文稿操作。
- PowerPoint 2007 的幻灯片制作。
- PowerPoint 2007 的幻灯片管理。
- PowerPoint 2007 的幻灯片静态效果设置。
- PowerPoint 2007 的幻灯片动态效果设置。
- PowerPoint 2007 的幻灯片放映。

5.1 PowerPoint 2007 的基本操作

本节介绍启动和退出 PowerPoint 2007 的方法、PowerPoint 2007 窗口的组成和 PowerPoint 2007 的视图方式。

5.1.1 PowerPoint 2007 的启动

启动 PowerPoint 2007 有多种方法，用户可根据自己的习惯或喜好选择其中一种。以下是一些常用的方法。

- 选择【开始】/【程序】/【Microsoft Office】/【Microsoft Office PowerPoint 2007】命令。
- 如果建立了 PowerPoint 2007 的快捷方式，双击该快捷方式。
- 打开一个 PowerPoint 演示文稿文件。

用前两种方法启动 PowerPoint 2007 后，系统将自动建立一个空白演示文稿，默认的演示文稿名为“演示文稿 1”。用最后一种方法启动 PowerPoint 2007 后，系统将自动打开相应的演示文稿。

5.1.2 PowerPoint 2007 的窗口组成

启动 PowerPoint 2007 后，出现如图 5-1 所示的窗口。PowerPoint 2007 的窗口由 4 个区域组成：标题栏、功能区、工作区和状态栏。

PowerPoint 2007 的窗口与 Word 2007 的窗口大致相似。不同之处是，PowerPoint 2007 的工作区相当于 Word 2007 的文档区，在不同的视图方式下，工作区是不同的。

演示文稿是用 PowerPoint 2007 建立的文件，用来存储用户建立的幻灯片。在 PowerPoint

2007 窗口标题栏中的演示文稿名是当前正在操作的演示文稿。

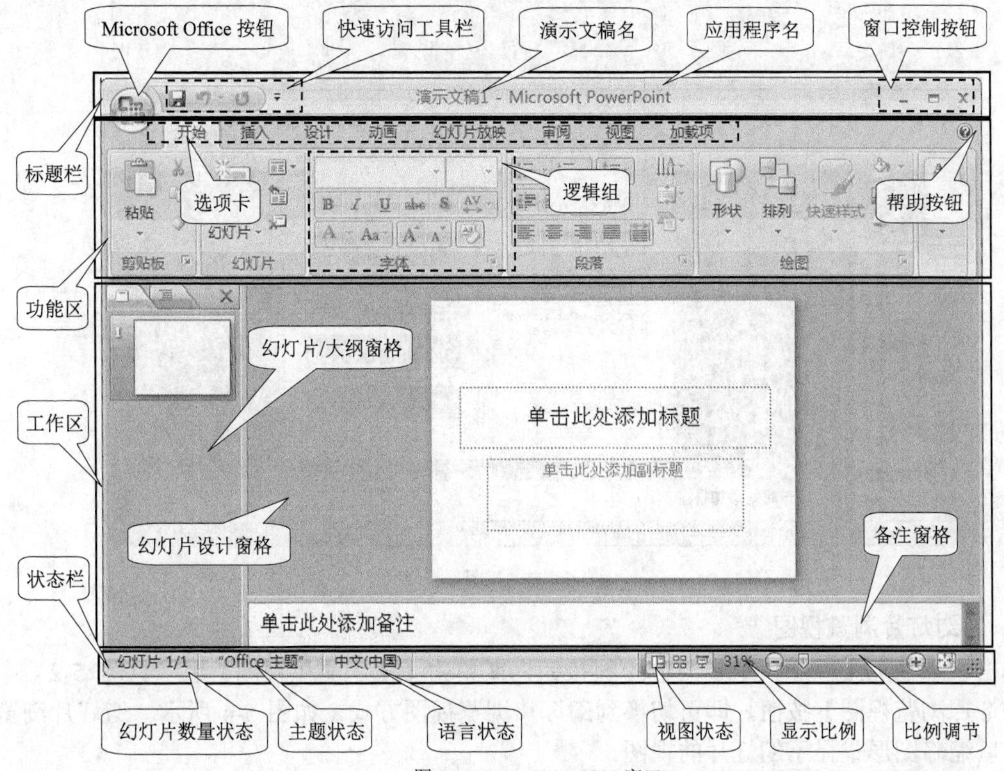

图 5-1　PowerPoint 2007 窗口

幻灯片是演示文稿最重要的组成部分，整个演示文稿就是由若干张幻灯片按照一定的排列顺序组成的。在状态栏的幻灯片数量状态区中显示了当前演示文稿所包含幻灯片的数量，以及当前正在编辑的幻灯片的编号。在工作区的幻灯片/大纲窗格中，显示了当前演示文稿所包含幻灯片的缩略图或幻灯片大纲。在工作区的幻灯片/大纲窗格中，单击一张幻灯片的缩略图或幻灯片大纲，该幻灯片成为当前幻灯片，在工作区的幻灯片设计窗格中，显示了当前的幻灯片，幻灯片的制作主要在幻灯片设计窗格中完成。

5.1.3　PowerPoint 2007 的视图方式

PowerPoint 2007 有 4 种视图方式：普通视图、幻灯片浏览视图、幻灯片放映视图和备注页视图，每种视图都将用户的处理焦点集中在演示文稿的某个要素上。单击状态栏中的某个视图按钮，或单击功能区【视图】选项卡的【演示文稿视图】组（见图 5-2）中某个视图按钮，都可切换到相应的幻灯片视图。

一、　普通视图

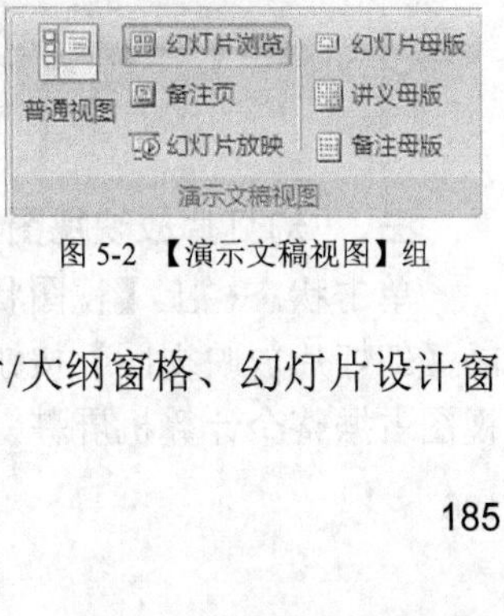

单击状态栏上【视图状态】区中的按钮，或单击【演示文稿视图】组（见图 5-2）中的【普通视图】按钮，即可切换到普通视图方式，如图 5-3 所示。

图 5-2　【演示文稿视图】组

普通视图是启动 PowerPoint 2007 后默认的视图方式，主要用于撰写或设计演示文稿。普通视图包含 3 个窗格：幻灯片/大纲窗格、幻灯片设计窗格和备注窗格。

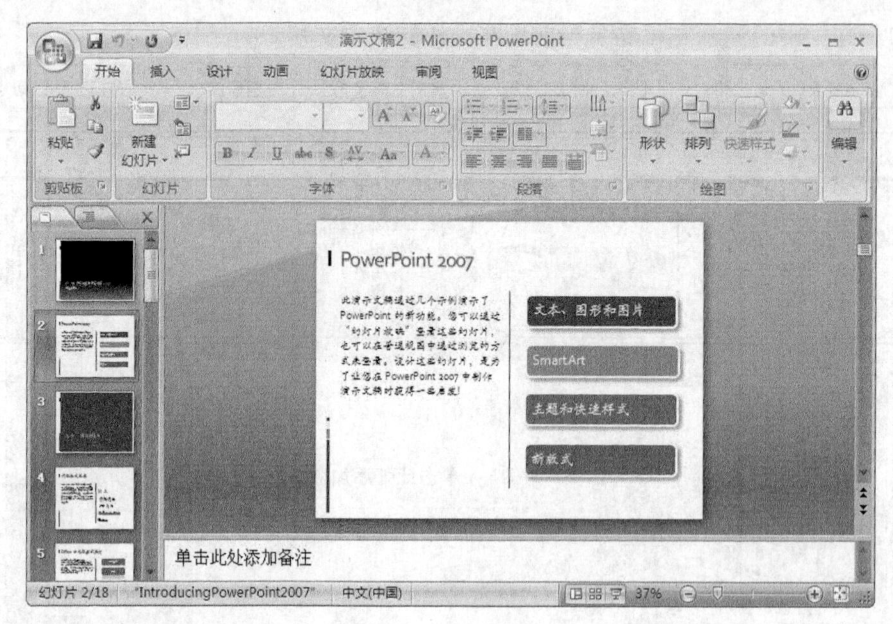

图 5-3　普通视图

二、 幻灯片浏览视图

单击状态栏上【视图状态】区中的按钮，或单击【演示文稿视图】组（见图 5-2）中的【幻灯片浏览视图】按钮，即可切换到幻灯片浏览视图方式，如图 5-4 所示。幻灯片浏览视图是以缩略图形式显示幻灯片的视图。

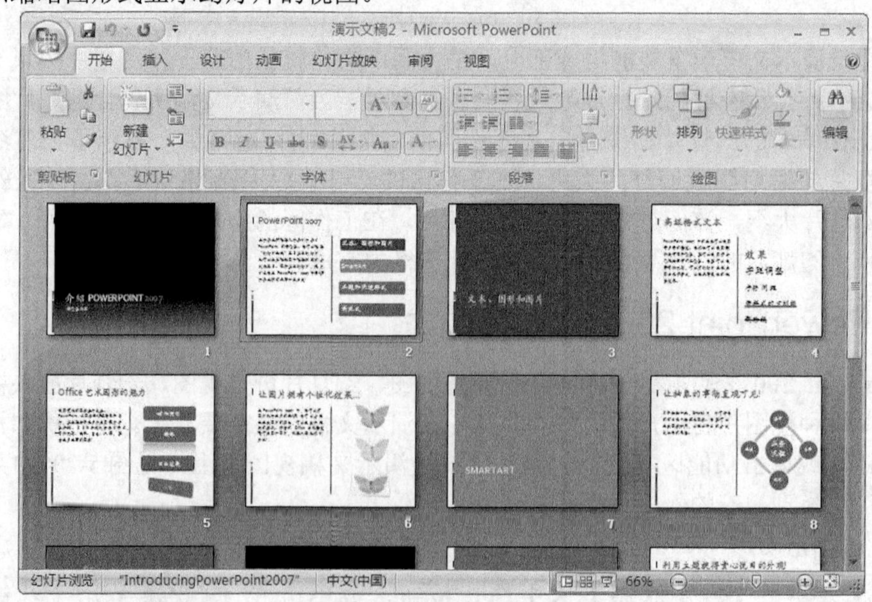

图 5-4　幻灯片浏览视图

三、 幻灯片放映视图

单击状态栏上【视图状态】区中的按钮，或单击【演示文稿视图】组（见图 5-2）中的【幻灯片放映视图】按钮，即可切换到幻灯片放映视图方式，如图 5-5 所示。幻灯片放映视图占据整个计算机屏幕，从当前幻灯片开始一幅一幅地放映演示文稿中的幻灯片。

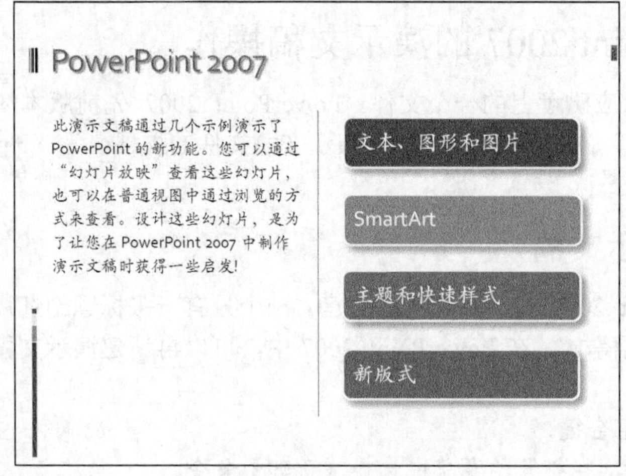

图 5-5　幻灯片放映视图

四、 备注页视图

用户可以在【备注】窗格中输入幻灯片的备注，该窗格位于普通视图中【幻灯片】窗格的下方（见图 5-1）。单击【演示文稿视图】组（见图 5-2）中的【备注页视图】按钮，即可切换到备注页视图方式，如图 5-6 所示。在备注页视图方式下，可以整页格式查看和使用幻灯片的备注。

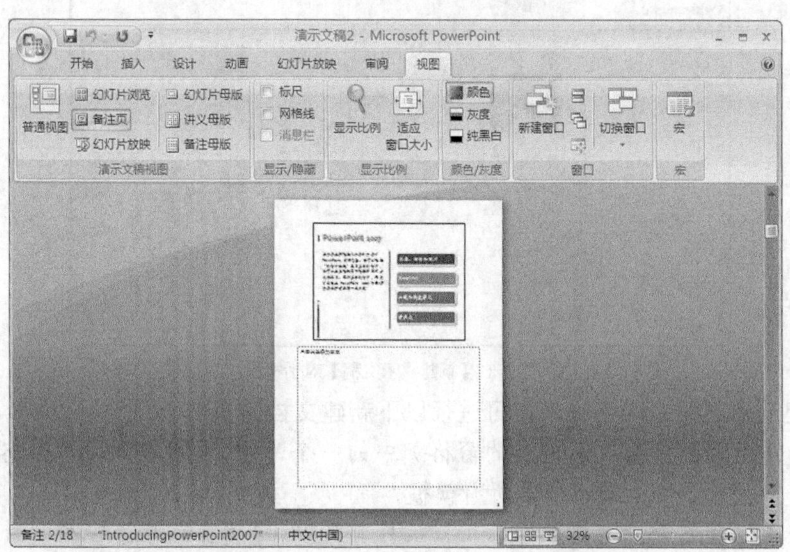

图 5-6　备注页视图

5.1.4　PowerPoint 2007 的退出

关闭 PowerPoint 2007 窗口即可退出 PowerPoint 2007。退出 PowerPoint 2007 时，系统会关闭所有打开的演示文稿。如果演示文稿创建或改动后没有被保存，系统会弹出如图 5-7 所示的【Microsoft Office PowerPoint】对话框（以“演示文稿 1”为例），以确定是否保存。

图 5-7 【Microsoft Office PowerPoint】对话框

5.2 PowerPoint 2007 的演示文稿操作

一个演示文稿对应磁盘上的一个文件。PowerPoint 2007 先前版本演示文稿文件的扩展名是“ppt”或“pps”。PowerPoint 2007 演示文稿文件的扩展名为“.pptx”或“ppsx”，该类文件的图标是或。

5.2.1 新建演示文稿

启动 PowerPoint 2007 时，系统会自动建立一个只有一张标题幻灯片的演示文稿，默认的文档名是“演示文稿 1”。在 PowerPoint 2007 中，可以再新建演示文稿，新建演示文稿有以下方法。

- 按 Ctrl+N 组合键。
- 单击按钮，在打开的菜单中选择【新建】命令。

使用第 1 种方法，系统会自动根据默认模板建立一个只有一张标题幻灯片的演示文稿。使用第 2 种方法，将弹出如图 5-8 所示的【新建演示文稿】对话框。

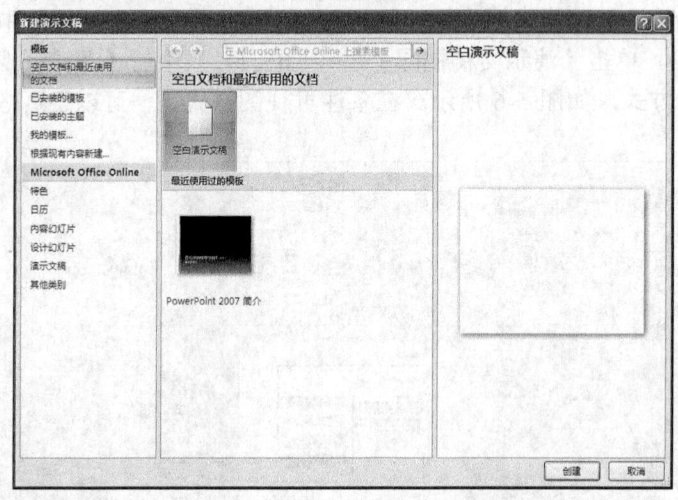

图 5-8 【新建演示文稿】对话框

在【新建演示文稿】对话框中，可进行以下新建文档的操作。

- 单击【模板】窗格（最左边的窗格）中的一个命令，【模板列表】窗格（中间的窗格）显示该组模板中的所有模板。
- 单击【模板列表】窗格中的一个模板将其选择，【模板效果】窗格（最右边的窗格）显示该模板的效果。
- 单击 创建 按钮，基于所选择的模板，建立一个新演示文稿。

5.2.2 保存演示文稿

PowerPoint 2007 工作时，演示文稿的内容驻留在计算机内存和磁盘的临时文件中，没有正式保存。保存演示文稿有两种方式：保存和另存为。

一、保存

在 PowerPoint 2007 中，保存演示文稿有以下方法。

- 按 Ctrl+S 组合键。
- 单击【快速访问工具栏】中的按钮。
- 单击按钮，在打开的菜单中选择【保存】命令。

如果演示文稿已被保存过，系统自动将演示文稿的最新内容保存起来。如果演示文稿从未保存过，系统需要用户指定文件的保存位置以及文件名，相当于执行另存为操作（见下面）。

二、 另存为

另存为是指把当前编辑的演示文稿以新文件名或新的保存位置保存起来。单击按钮，在打开的菜单中选择【另存为】命令，弹出如图 5-9 所示的【另存为】对话框。

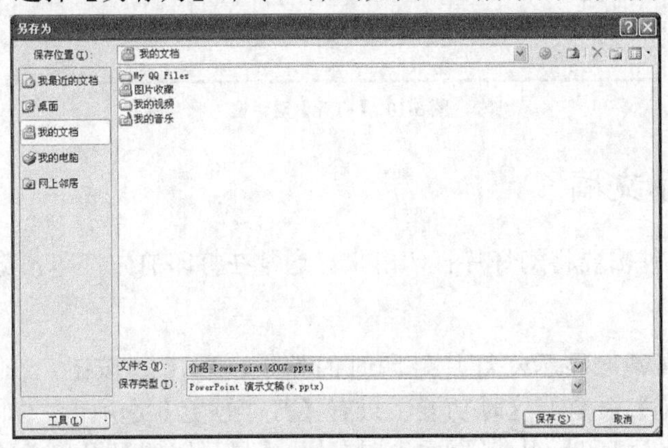

图 5-9 【另存为】对话框

在【另存为】对话框中，可进行以下操作。

- 在【保存位置】下拉列表中，选择要保存到的文件夹，也可在窗口左侧的预设保存位置列表中，选择要保存到的文件夹。
- 在【文件名】下拉列表框中，输入或选择一个文件名。
- 在【保存类型】下拉列表中，选择要保存的文件类型。应注意：PowerPoint 2007 先前版本默认的保存类型是.ppt 型文件，PowerPoint 2007 则是.pptx 型文件。
- 单击 保存(S) 按钮，按所做设置保存文件。

5.2.3 打开演示文稿

在 PowerPoint 2007 中，打开演示文稿有以下方法。

- 按 Ctrl+O 组合键。
- 单击按钮，在打开的菜单中选择【打开】命令。

采用以上方法，会弹出如图 5-10 所示的【打开】对话框。

在【打开】对话框中，可进行以下操作。

- 在【查找范围】下拉列表中，选择要打开文件所在的文件夹，也可在窗口左侧的预设位置列表中，选择要打开文件所在的文件夹。
- 在打开的文件列表中，单击一个文件图标，选择该文件。
- 在打开的文件列表中，双击一个文件图标，打开该文件。
- 在【文件名】下拉列表框中，输入或选择所要打开文件的名称。
- 单击 打开(O) 按钮，打开所选择的文件或在【文件名】框中指定的文件。

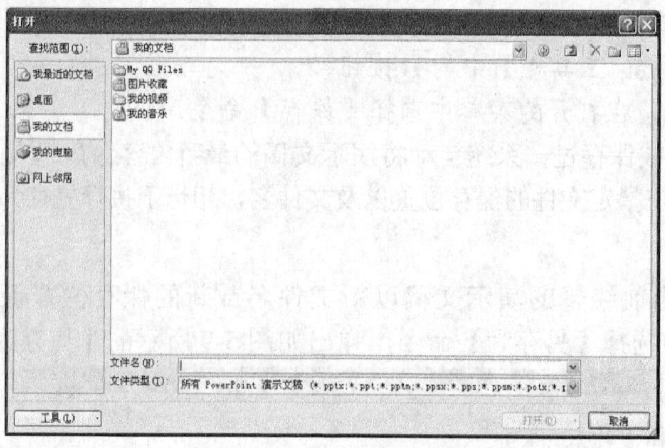

图 5-10 【打开】对话框

5.2.4 打印演示文稿

实际工作中，往往需要将幻灯片打印出来。通常在打印前先打印预览，然后再打印。

一、 打印预览

打印预览是在屏幕上显示幻灯片打印时的效果。单击按钮，在打开的菜单中选择【打印】/【打印预览】命令，这时功能区只有【打印预览】选项卡，如图 5-11 所示。【打印预览】选项卡包含【打印】组、【页面设置】组、【显示比例】组和【预览】组。

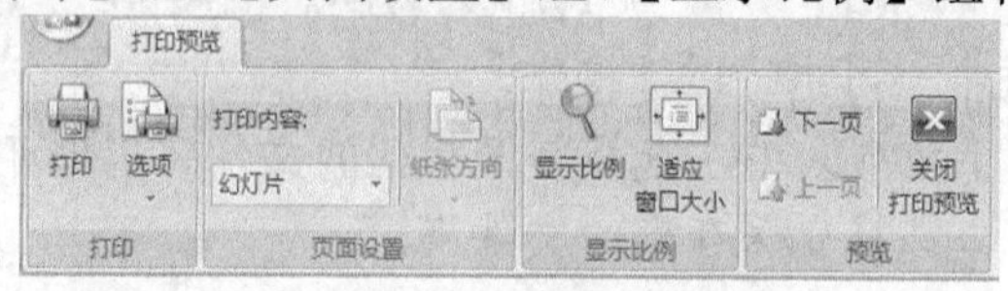

图 5-11 【打印预览】选项卡

【打印】组中工具的功能如下。

- 单击【打印】按钮，打印演示文稿。
- 单击【选项】按钮，打开如图 5-12 所示的【选项】菜单，选择一个命令后，可设置相应的选项。

【页面设置】组中工具的功能如下。

- 在【打印内容】下拉列表（见图 5-13）中，选择要打印的内容。
- 如果在【打印内容】下拉列表中选择的不是第 1 项（幻灯片），【纸张方向】按钮可用，单击该按钮，可在横向与纵向之间切换。

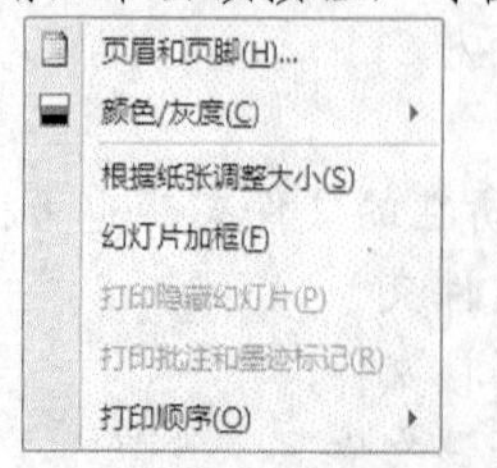

图 5-12 【选项】菜单

图 5-13 【打印内容】列表

【显示比例】组中工具的功能如下。

- 单击【显示比例】按钮，显示比例在“整页”和“100%”之间切换。

- 单击【适应窗口大小】按钮，调整幻灯片的大小，使其充满整个窗口。

【预览】组中工具的功能如下。

- 单击【下一页】按钮，定位到下一页。
- 单击【上一页】按钮，定位到上一页。
- 单击【关闭打印预览】按钮，关闭打印预览窗口，返回到幻灯片的编辑状态。

二、 打印

打印演示文稿有以下方法。

- 按 Ctrl+P 组合键。
- 单击按钮，在打开的菜单中选择【打印】/【打印】命令。
- 单击按钮，在打开的菜单中选择【打印】/【快速打印】命令。

用最后一种方法，将按默认方式打印全部幻灯片一份，用第 1 种方法将弹出如图 5-14 所示的【打印】对话框。在【打印】对话框中，可进行以下操作。

- 在【名称】下拉列表中，选择所用的打印机。
- 单击 属性(P) 按钮，弹出一个【打印机属性】对话框，从中可以选择纸张大小、方向、纸张来源、打印质量、打印分辨率等。
- 选择【打印到文件】复选框，则把幻灯片打印到某个文件上。
- 选择【全部】单选钮，则打印所有幻灯片。
- 选择【当前幻灯片】单选钮，则只打印当前幻灯片。
- 如果在打印前选定了幻灯片，则【选定幻灯片】单选钮可选，选择该单选钮后，打印时只打印选定的幻灯片。

图 5-14 【打印】对话框

- 如果演示文稿中定义了自定义放映，则【打印】对话框中的【自定义放映】单选钮可选，选择该单选钮后，可在其右侧的下拉列表框中选择自定义放映的名称，打印时只打印这些幻灯片。
- 选择【幻灯片】单选钮，可在其右侧的文本框中输入幻灯片编号或幻灯片范围。
- 在【打印内容】下拉列表中选择演示文稿的内容（“幻灯片”、“讲义” 等）。
- 在【颜色/灰度】下拉列表中选择 “灰度” 或 “彩色”。
- 选择【根据纸张调整大小】复选框，则打印时根据纸张大小来调整幻灯片的大小。
- 选择【幻灯片加框】复选框，则打印幻灯片时加上边框，否则不加边框。
- 在【打印份数】数值框中，可输入或调整要打印的份数。
- 选择【逐份打印】复选框，则打印完从起始页到结束页一份后，再打印其余各份，否则起始页打印够指定的张数后，再打印下一页。
- 单击 确定 按钮，按所做设置进行打印。

5.2.5 打包演示文稿

如果要在一台没有安装 PowerPoint 的计算机上放映幻灯片，可以用 PowerPoint 2007 提供的“打包”功能，把演示文稿打包，再把打包文件复制到没有安装 PowerPoint 的计算机上，把打包的文件解包后，就可放映该幻灯片。

单击按钮，在打开的菜单中选择【发布】/【CD 数据包】命令，弹出如图 5-15 所示的【打包成 CD】对话框，可进行以下操作。

- 单击 添加文件(A)... 按钮，弹出【添加文件】对话框，从中选择一个演示文稿，将其与当前的演示文稿文件一起打包。
- 单击 复制到文件夹(F)... 按钮，弹出如图 5-16 所示【复制到文件夹】对话框，在该对话框中指定文件夹的名称和位置，打好的包将保存到该文件夹中。

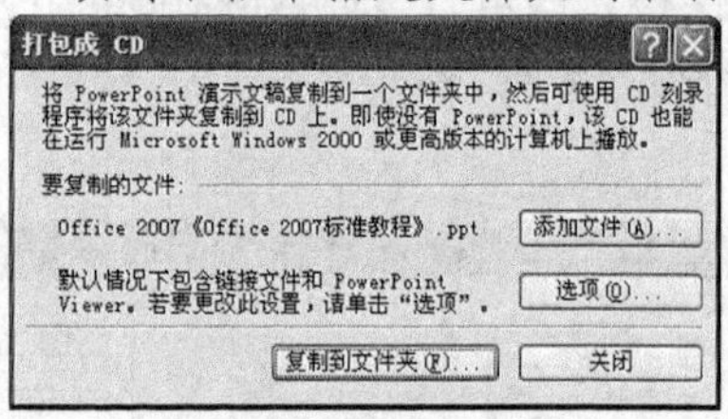

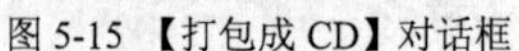

图 5-15 【打包成 CD】对话框

图 5-16 【复制到文件夹】对话框

- 单击 选项(O)... 按钮，弹出如图 5-17 所示的【选项】对话框，在该对话框中可设置打包的选项。
- 单击 关闭 按钮，关闭【打包成 CD】对话框，退出打包操作。

在图 5-17 所示的【选项】对话框中，可进行以下操作。

- 选择【PowerPoint 播放器】复选框，则打包文件中包含 PowerPoint 播放器，打包后的幻灯片，在没有安装 PowerPoint 的系统中也能放映。
- 在【选择演示文稿在播放器中的播放方式】下拉列表中，选择一种播放方式，播放方式列表如图 5-18 所示。

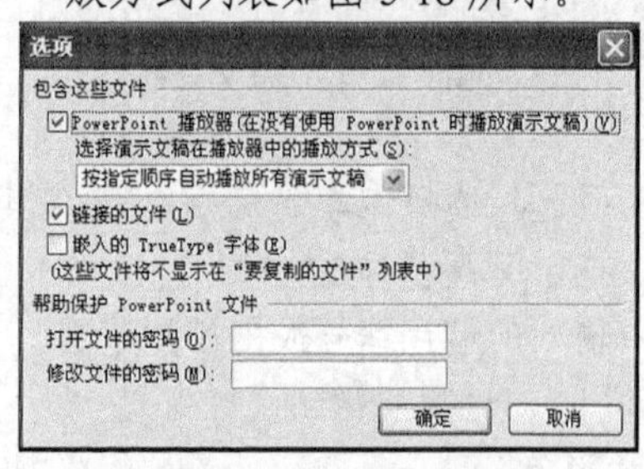

图 5-17 【选项】对话框

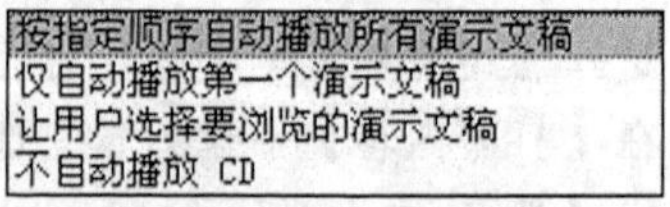

按指定顺序自动播放所有演示文稿
仅自动播放第一个演示文稿
让用户选择要浏览的演示文稿
不自动播放 CD

图 5-18 播放方式列表

- 选择【链接的文件】复选框，则把幻灯片中所链接的文件一同打包。
- 选择【嵌入的 TureType 字体】复选框，则把幻灯片所用到的 TureType 字体文件一同打包。
- 在【打开文件的密码】文本框中，输入打开文件的密码，则幻灯片打包后，要打开其中的幻灯片，需要正确输入这个密码。
- 在【修改文件的密码】文本框中，输入修改文件的密码，则幻灯片打包后，要修改其中的幻灯片，需要正确输入这个密码。

5.2.6 关闭演示文稿

在 PowerPoint 2007 中，关闭演示文稿有以下常用方法。

- 单击 PowerPoint 2007 窗口右上角的【关闭】按钮。
- 双击按钮。
- 单击按钮，在打开的菜单中选择【关闭】命令。

关闭演示文稿时，如果文档改动过并且没有保存，系统会弹出如图 5-7 所示的【Microsoft Office PowerPoint】对话框（以“演示文稿 1”为例），以确定是否保存，操作方法同前。

5.3 PowerPoint 2007 的幻灯片制作

一张幻灯片中可以包括文本、表格、形状、图片、剪贴画、艺术字、图表、音频、视频等内容。每张幻灯片都有一个版式。幻灯片版式中有若干个虚线方框形式的占位符，用于规定幻灯片各内容的摆放位置。占位符分为文本占位符和内容占位符两类，文本占位符中有相应的文字提示，只能输入文本；内容占位符的中央有一个图标列表，只能插入图形对象。

制作幻灯片常用的操作包括添加空白幻灯片、添加幻灯片内容和建立幻灯片链接。

5.3.1 添加空白幻灯片

添加空白幻灯片通常使用功能区【开始】选项卡的【幻灯片】组（见图 5-19）中的工具，有以下常用方法。

图 5-19 【幻灯片】组

- 单击【幻灯片】组中的按钮，添加一张空白幻灯片，该幻灯片的版式是最近使用过的版式。
- 单击【幻灯片】组中的【新建幻灯片】按钮，打开一个【幻灯片版式】列表（见图 5-20），从中选择一个版式，添加一张该版式的空白幻灯片。
- 在【幻灯片/大纲】窗格中，单击鼠标右键，在弹出的快捷菜单中选择【新建幻灯片】命令，添加一张空白幻灯片，该幻灯片的版式是最近使用过的版式。

添加的幻灯片的位置有以下几种情况。

- 在普通视图中，在幻灯片设计窗格中制作幻灯片时添加的幻灯片，位于当前幻灯片的后面。
- 在幻灯片浏览视图中，如果选定了幻灯片，新幻灯片位于该幻灯片的后面，否则，窗口中会出现一个垂直闪动的光条（称为光标），这时，新幻灯片位于光标处。

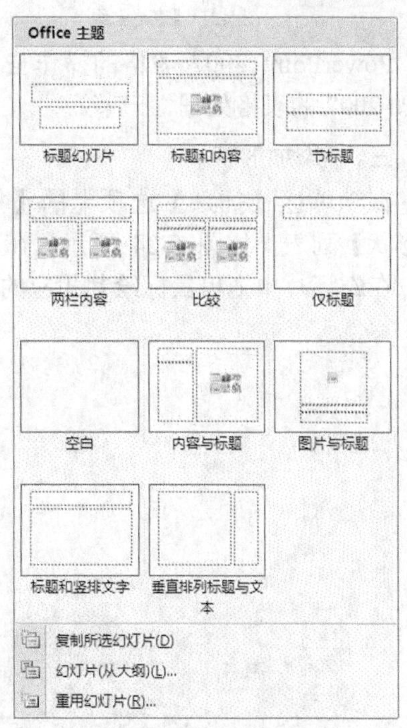

图 5-20 【幻灯片版式】列表

5.3.2 添加幻灯片内容

针对幻灯片不同类型的内容，有不同的添加方法。以下介绍这些不同类型内容的添加方法。

一、 添加文本

PowerPoint 2007 中添加文本有两种方式：在文本占位符中添加文本、添加文本框。占位符可视为文本框，有关操作参见“3.8.4 使用文本框”一节。占位符或文本框中编辑文本的操作与 Word 2007 的基本相同，这里不再重复，参见“3.3 Word 2007 的文档编辑”一节。在文本占位符或文本框中设置文本格式的操作与 Word 2007 的基本相同，这里不再重复，参见“3.4 Word 2007 的文字排版”一节。

二、 添加表格

在功能区【插入】选项卡的【表格】组（见图 5-21）中单击【表格】按钮，打开一个表格区，如图 5-22 所示。在表格区域拖曳鼠标，幻灯片中会出现相应行和列的表格，松开鼠标左键后，即可插入相应的表格。

图 5-21 【表格】组

图 5-22 表格区

PowerPoint 2007 表格的操作与 Word 2007 的基本相同，这里不再重复，可参见“3.7 Word 2007 的表格处理”一节。

三、 添加形状

在功能区【插入】选项卡的【插图】组（见图 5-23）中，单击【形状】按钮，打开【形状】列表，如图 5-24 所示。在【形状】列表中，单击一个形状图标，鼠标指针变成十状，在幻灯片中拖曳鼠标绘制相应的形状。

图 5-23 【插图】组

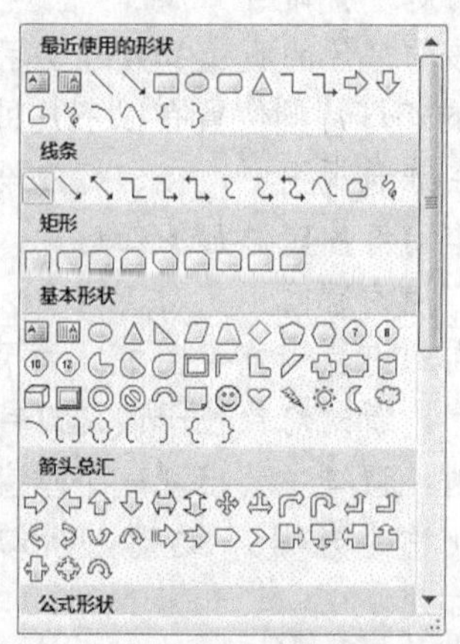

图 5-24 【形状】列表

PowerPoint 2007 形状的操作与 Word 2007 的基本相同，这里不再重复，可参见“3.8.1 使用形状”一节。

四、 添加图片

在功能区【插入】选项卡的【插图】组（见图 5-23）中，单击【图片】按钮，打开【插入图片】对话框，通过该对话框可选择一个图片文件，插入到幻灯片中。

PowerPoint 2007 图片的操作与 Word 2007 的基本相同，这里不再重复，可参见“3.8.2 使用图片”一节。

五、 添加剪贴画

在功能区【插入】选项卡的【插图】组（见图 5-23）中，单击【剪贴画】按钮，窗口中出现【剪贴画】任务窗格，通过该窗格可选择一个图片文件，插入到幻灯片中。

PowerPoint 2007 剪贴画的操作与 Word 2007 的基本相同，这里不再重复，可参见“3.8.3 使用剪贴画”一节。

六、 添加艺术字

在功能区【插入】选项卡的【文本】组（见图 5-25）中，单击【艺术字】按钮，打开【艺术字样式】列表，从中选择一种艺术字样式。此时，幻灯片中插入一个艺术字框，艺术字框内出现鼠标光标，同时功能区中增加一个【格式】选项卡。

图 5-25 【文本】组

修改艺术字框中的文字，然后通过【开始】选项卡【字体】组中的相应工具，设置艺术字的字号、字体；选定艺术字框中的文字，通过【格式】选项卡【艺术字样式】组中的相应按钮来设置艺术字样式，直至达到满意的效果。

七、 添加图表

在功能区【插入】选项卡的【插图】组（见图 5-23）中，单击【图表】按钮，弹出如图 5-26 所示的【插入图表】对话框，从中选择一种图表类型及其子类型，单击 确定 按钮后，幻灯片中插入一个默认数据清单的图表，同时打开一个 Excel 2007 窗口，如图 5-27 所示，在该窗口中，可根据需要更改数据清单中的数据，幻灯片中的图表会同步更改。

图 5-26 【插入图表】对话框

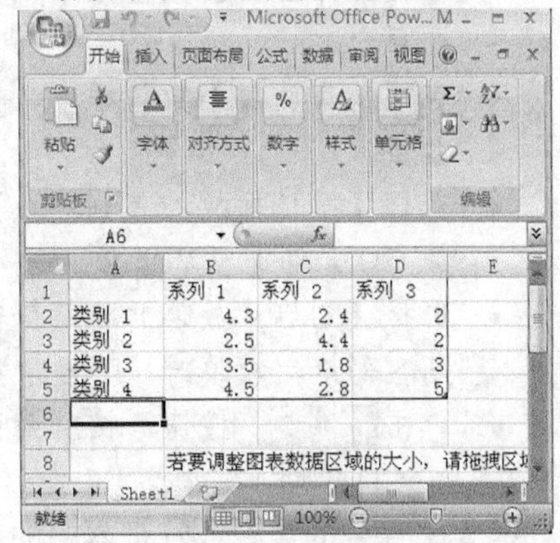

图 5-27 Excel 2007 窗口

PowerPoint 2007 图表的操作与 Excel 2007 的基本相同，这里不再重复，可参见“4.8 Excel 2007 的图表使用”一节。

八、添加音频

幻灯片中的音频有3类：文件中的声音、剪辑管理器中的声音和CD乐曲。

(1) 插入文件中的声音

在功能区【插入】选项卡的【媒体剪辑】组（见图5-28）中，单击【声音】按钮，打开【声音】菜单，如图5-29所示，从中选择【文件中的声音】命令，弹出【插入声音】对话框，通过该对话框选择一个声音文件，插入到幻灯片中。

图5-28 【媒体剪辑】组

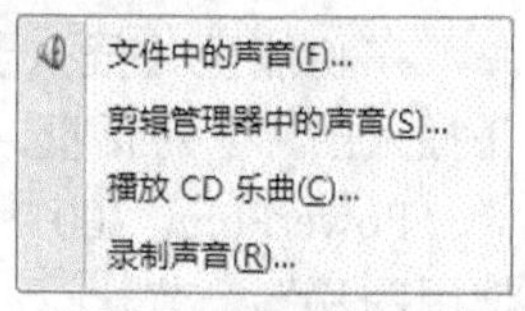

图5-29 【声音】菜单

(2) 插入剪辑管理器中的声音

在【声音】菜单（见图5-29）中，选择【剪辑管理器中的声音】命令，窗口中出现如图5-30所示的【剪贴画】任务窗格。

在【剪贴画】任务窗格中，可进行以下操作。

- 在【搜索文字】文本框中，输入所需要声音的名称或类别。
- 在【搜索范围】下拉列表中，选择要搜索的文件夹。
- 在【结果类型】下拉列表中，选择要搜索声音的类型。
- 单击搜索按钮，在任务窗格中列出所搜索到的声音文件的图标。
- 单击某一声音文件图标，该声音插入到幻灯片中。

图5-30 【剪贴画】任务窗格

(3) 插入CD乐曲

在【声音】菜单（见图5-29）中，选择【播放CD乐曲】命令，弹出如图5-31所示的【插入CD乐曲】对话框。

在【插入CD乐曲】对话框中，可进行以下操作。

- 在【开始曲目】数值框中，输入或调整开始的曲目。
- 在【结束曲目】数值框中，输入或调整结束的曲目。
- 选择【循环播放，直到停止】复选框，则在播放CD乐曲时循环播放。
- 选择【幻灯片放映时隐藏声音图标】复选框，则在幻灯片放映时，不显示声音图标。
- 单击确定按钮，按所做设置在幻灯片中插入CD乐曲。

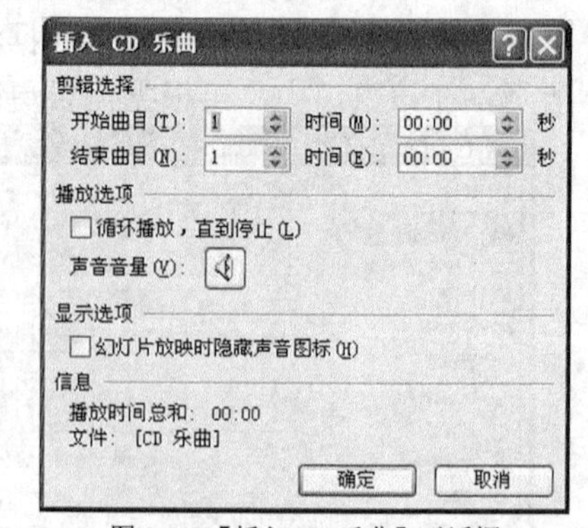

图5-31 【插入CD乐曲】对话框

插入文件中的声音或管理器中的声音后，幻灯片中插入声音文件的图标；插入CD乐曲后，幻灯片中插入CD乐曲的图标。

插入声音文件或CD乐曲后，会弹出如图5-32所示的【Microsoft Office PowerPoint】对话框。

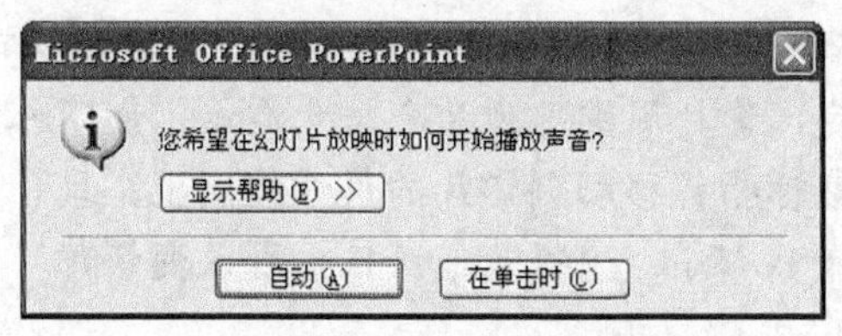

图 5-32 【Microsoft Office PowerPoint】对话框

在【Microsoft Office PowerPoint】对话框中，可进行以下操作。

- 单击 自动(A) 按钮，则在幻灯片放映时，自动播放插入的声音。
- 单击 在单击时(C) 按钮，则在幻灯片放映时，只有单击声音图标（CD 乐曲图标）后才播放声音（CD 乐曲）。

九、 添加视频

幻灯片中的影片包括文件中的影片和剪辑管理器中的影片。

(1) 插入文件中的影片

在【媒体剪辑】组（见图 5-28）中，单击【影片】按钮，打开【影片】菜单，如图 5-33 所示。

在【影片】菜单中选择【文件中的影片】命令，弹出如图 5-34 所示的【插入影片】对话框。通过该对话框，可选择一个影片文件，插入到幻灯片中。

文件中的影片(F)...
剪辑管理器中的影片(M)...

图 5-33 【影片】菜单

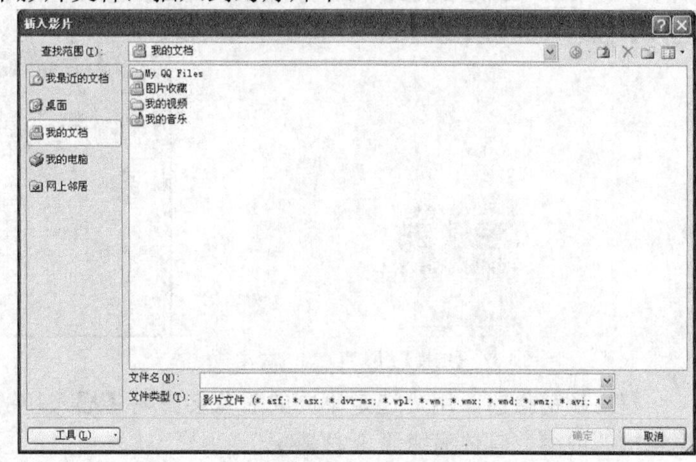

图 5-34 【插入影片】对话框

(2) 插入剪辑管理器中的影片

在【影片】菜单中选择【剪辑管理器中的影片】命令，窗口中会出现类似图 5-30 所示的【剪贴画】任务窗格。通过该任务窗格，可选择一个影片文件，插入到幻灯片中。

插入影片后，弹出如图 5-35 所示的【Microsoft Office PowerPoint】对话框，可进行以下操作。

- 单击 自动(A) 按钮，则在幻灯片放映时，自动播放插入的影片。
- 单击 在单击时(C) 按钮，则在幻灯片放映时，只有单击声音影片区域，才播放该影片。

图 5-35 【Microsoft Office PowerPoint】对话框

在幻灯片中插入影片后，对影片可进行以下操作。

- 将鼠标指针变成✥状，拖曳鼠标可改变影片的位置。
- 单击影片将其选定，影片周围出现 8 个尺寸控点，如图 5-36 所示。
- 选定影片后，将鼠标指针移动到影片的尺寸控点上，鼠标指针变成↕、↔、⤡、⤢状，拖曳鼠标可改变影片的大小。
- 选定影片后，按 Delete 键或 Backspace 键，可删除该影片。

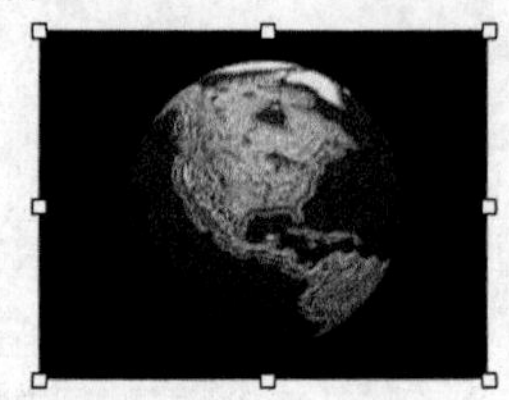

图 5-36　选定后的影片

5.3.3　建立幻灯片链接

幻灯片链接是指幻灯片中的某个对象（称链接对象）与另外对象（被链接对象）的关联。链接对象可以是幻灯片中的文本、图片等，还可以是 PowerPoint 2007 预置的动作按钮。被链接对象可以是当前演示文稿（或其他演示文稿）中的幻灯片，也可以是 Internet 上的某个网页或电子邮箱地址。幻灯片放映时，单击链接对象，会自动跳转到被链接对象。

一、　建立超链接

PowerPoint 2007 中，只能为文本、文本占位符、文本框和图片建立超链接。在演示文稿中，按 Ctrl+K 组合键或单击功能区【插入】选项卡的【链接】组（见图 5-37）中的【超链接】按钮，弹出如图 5-38 所示的【插入超链接】对话框。

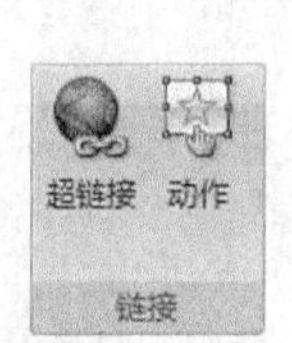

图 5-37 【链接】组

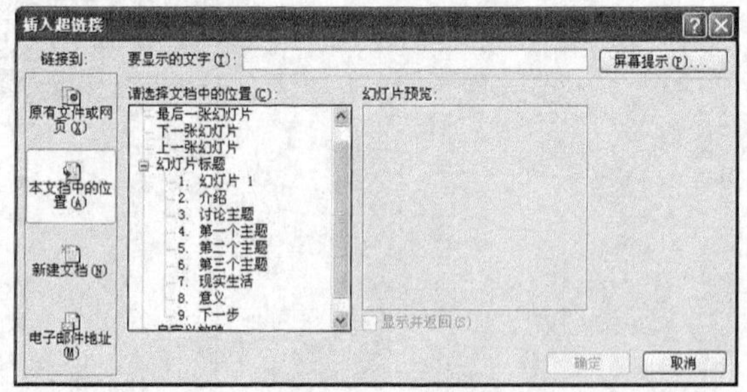

图 5-38 【插入超链接】对话框

建立超链接前，用户选定不同的对象会影响【插入超链接】对话框中【要显示的文字】编辑框的内容，具体有以下 3 种情况。

- 没选定对象，则【要显示的文字】编辑框的内容为空白，并可对其编辑。
- 选定了文本，则【要显示的文字】编辑框的内容为该文本，并可对其编辑。
- 选定了文本占位符、文本框、图片等，【要显示的文字】编辑框的内容为“<<在文档中选定的内容>>”，并且不可编辑。

在【插入超链接】对话框中，可进行以下操作。

- 【要显示的文字】编辑框如果可编辑，在该编辑框中输入或编辑文本。
- 单击 屏幕提示(P)... 按钮，弹出如图 5-39 所示的【设置超链接屏幕提示】对话框，在该对话框的【屏幕提示文字】文本框中，可输入用于屏幕提示的文字。在幻灯片放映时，把鼠标指针移动到带链接的文本或图形上时，屏幕上会出现【屏幕提示文字】文本框中的文字。

图 5-39 【设置超链接屏幕提示】对话框

- 在【请选择文档中的位置】列表框中，可选择【第一张幻灯片】、【最后一张幻灯片】、【下一张幻灯片】、【上一张幻灯片】，指定超链接的相对位置，同时在【幻灯片预览】框内显示所选择幻灯片的预览图。
- 单击【幻灯片标题】左边的⊞按钮，展开幻灯片标题，从中选择一张幻灯片，指定超链接的绝对位置，同时在【幻灯片预览】框内显示所选择幻灯片的预览图。
- 单击 确定 按钮，按所做设置建立超链接。

要删除超链接，先选定建立链接的对象，用建立超链接的方法打开【插入超链接】对话框，该对话框比图 5-38 所示对话框多了一个 删除链接(R) 按钮，单击该按钮即可删除超链接。

二、 设置动作

为某一对象设置动作的方法是：选定某对象后，在功能区【插入】选项卡的【链接】组（见图 5-37）中，单击【动作】按钮，弹出如图 5-40 所示的【动作设置】对话框。

在【动作设置】对话框中，有【单击鼠标】和【鼠标移过】两个选项卡，这两个选项卡中所设置的动作大致相同。在【单击鼠标】选项卡中所设置的动作，仅当用鼠标单击所选对象时起作用。在【鼠标移过】选项卡中所设置的动作，仅当鼠标指针移过所选对象时起作用。在【动作设置】对话框中，可进行以下操作。

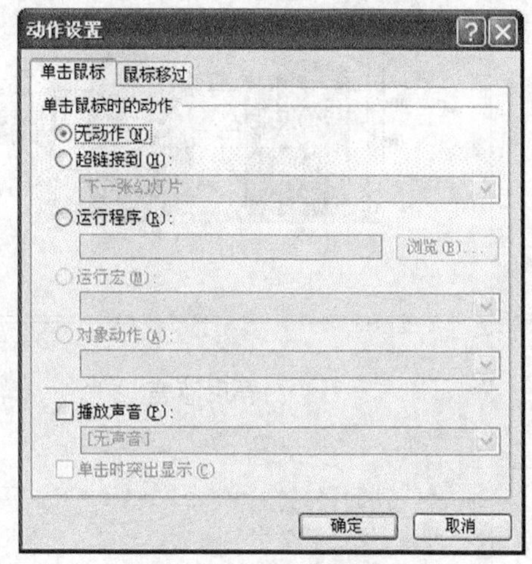

图 5-40 【动作设置】对话框

- 选择【无动作】单选钮，则所选对象无动作。这一选项用来取消对象已设置的动作。
- 选择【超链接到】单选钮，可从其下面的下拉列表中选择所链接到的幻灯片，或【结束放映】命令。
- 选择【运行程序】单选钮，可在其下面的编辑框内输入程序的文件名，或者单击 浏览(B)... 按钮，从弹出的对话框中指定程序文件。
- 选择【播放声音】复选框，可从其下面的下拉列表框中选择所需的声音。
- 单击 确定 按钮，完成动作设置。

三、 建立动作按钮

动作按钮是系统预置的某些形状（如左箭头和右箭头），这些形状预置了相应的动作。在功能区【插入】选项卡的【插图】组（见图 5-23）中，单击【形状】按钮，打开【形状】列表，【形状】列表的最后一组是【动作按钮】组，如图 5-41 所示。

图 5-41 【动作按钮】组

在【动作按钮】组中，单击一个动作按钮后，鼠标指针变成十状，如果在幻灯片中拖曳鼠标，即可绘制出相应大小的动作按钮。如果在幻灯片中单击鼠标，即可绘制出默认大小的动作按钮。绘出动作按钮后，自动打开【动作设置】对话框（与图 5-40 所示对话框类似，不同之处是根据插入的动作按钮，设置了相应的动作），可更改按钮的动作。

如果要删除动作按钮，先单击动作按钮将其选定，再按 Delete 键或 Backspace 键即可。

【例 5-1】 建立如图 5-42 所示的“龟兔赛跑”6 张幻灯片。

龟兔赛跑

各自特点

乌龟	兔子
不会跑、只会爬，慢慢腾腾	既会跑、又会跳，风风火火
有耐心、有恒心，锲而不舍	无恒心、无耐心，见异思迁
既无知、又自负，不自量力	很傻瓜、很天真，徒劳无功

拉拉队对比

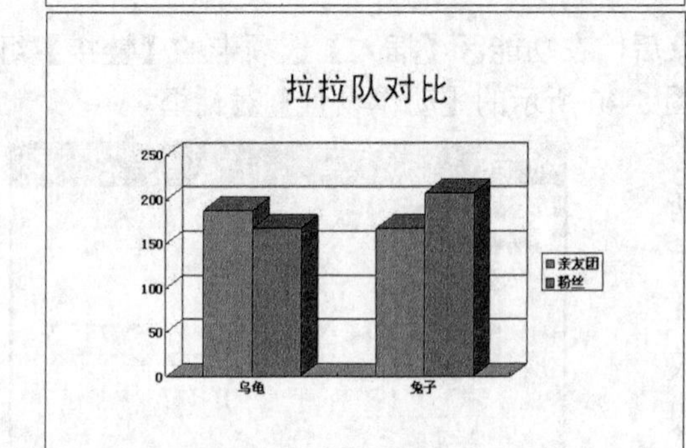

比赛结果

- 乌龟赢了
  - 赢得气喘吁吁
  - 赢得汗流浃背
  - 赢得四肢无力
  - 赢得兴高采烈
  - 赢得忘乎所以
- 兔子输了
  - 输得心平气和
  - 输得满面红光
  - 输得两眼惺忪
  - 输得无精打采
  - 输得不知所措

赛后感言

最后的启示

- 乌龟赢了，跑得还是比兔子慢
- 兔子输了，跑得还是比乌龟快
- 兔子与乌龟赛跑是愚昧的
- 乌龟与兔子赛跑是愚蠢的

图 5-42 “龟兔赛跑”幻灯片

操作步骤如下。

1. 在 PowerPoint 2007 自动添加的标题幻灯片的主标题占位符中输入“龟兔赛跑”，并设置字体为“黑体”。
2. 单击【幻灯片】组中的【新建幻灯片】按钮，打开一个【幻灯片版式】列表，从中选择“标题和内容”版式。
3. 在幻灯片的标题占位符中输入“各自特点”，并设置字体为“黑体”。
4. 单击内容占位符中央图标列表中的▦图标，弹出【插入表格对话框】。
5. 在【插入表格对话框】中，在【列数】数值框中输入“2”，在【行数】数值框中输入“4”，单击 确定 按钮。
6. 在新插入的表格中输入相应的文字，并设置表格标题文字的字体为“宋体”，表格内容文字的字体为“仿宋_GB2312”。
7. 单击【幻灯片】组中的【新建幻灯片】按钮，打开一个【幻灯片版式】列表，从中选择“标题和内容”版式。

8. 在幻灯片的标题占位符中输入“拉拉队对比”，并设置字体为“黑体”。
9. 单击内容占位符中央图标列表中的图标，弹出如图 5-43 所示的【数据表】对话框。
10. 在【数据表】对话框中，删除第 C 列、第 D 列以及第 3 行的数据，更改列标题分别为“乌龟”和“兔子”，更改行标题分别为“亲友团”和“粉丝”，在单元格内输入相应数据，如图 5-43 所示。关闭【数据表】对话框。

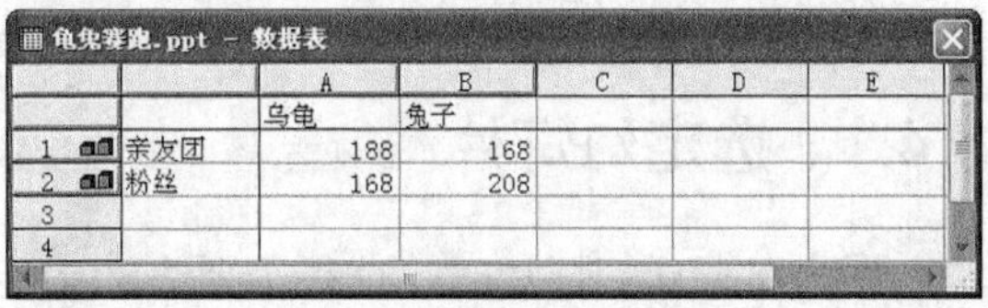

龟兔赛跑.ppt - 数据表

		A	B	C	D	E
		乌龟	兔子			
1	亲友团	188	168			
2	粉丝	168	208			
3						
4						

图 5-43　新的【数据表】对话框

11. 单击【幻灯片】组中的【新建幻灯片】按钮，打开一个【幻灯片版式】列表，从中选择“标题和两栏文本”版式。
12. 在幻灯片的标题占位符中输入“比赛结果”，并设置字体为“黑体”。
13. 在两个文本占位符中，分别输入相应的内容，并设置一级项目文字的字体为“宋体”，二级项目文字的字体为“仿宋_GB2312”。
14. 单击【幻灯片】组中的【新建幻灯片】按钮，打开一个【幻灯片版式】列表，从中选择“标题和两项内容”版式。
15. 在幻灯片的标题占位符中输入“赛后感言”，并设置字体为“黑体”。
16. 在第 1 个内容占位符中，单击内容占位符中央图标列表中的图标，在【剪贴画】任务窗格中，在【搜索文字】文本框中输入“动物”，单击搜索按钮。
17. 在任务窗格中列出搜索到的剪贴画的图标，单击所需要的乌龟图标。
18. 在幻灯片中，拖曳新插入的乌龟剪贴画到合适的位置。
19. 单击功能区【插入】选项卡【插图】组中的【形状】按钮，在打开的【形状】列表中，单击形状图标，鼠标指针变成十状。
20. 在幻灯片的第 1 个内容占位符的合适位置拖曳鼠标，拖曳出一个合适大小的云形标注。
21. 在云形标注中输入“重大的现实意义 深远的历史意义”，并设置字体为“华文行楷”，字号为“20”。
22. 用与步骤 16～步骤 21 相同的方法，在第 2 个内容占位符中插入剪贴画和云形标注。
23. 单击【幻灯片】组中的【新建幻灯片】按钮，打开一个【幻灯片版式】列表，从中选择“标题和文本”版式。
24. 在幻灯片的标题占位符中输入“最后的启示”，并设置字体为“黑体”。
25. 在幻灯片的文本占位符中输入相应的文字，并设置字体为“楷体_GB2312”。
26. 单击【插入】选项卡的【文本】组中的【艺术字】按钮，在打开的艺术字样式列表中选择第 3 行第 3 列的样式。此时，幻灯片中插入一个艺术字框，艺术字框内出现鼠标光标，同时功能区中增加一个【格式】选项卡。
27. 修改艺术字框中的文字为“再见!”，通过【开始】选项卡【字体】组中的相应工具，设置艺术字的字号为“48”，字体为“楷体_GB2312”。
28. 选定艺术字框中的文字，通过【格式】选项卡【艺术字样式】组中的相应按钮来设置艺术字样式，直至达到满意的效果。
29. 在幻灯片中，拖曳新插入的艺术字到合适的位置。

5.4 PowerPoint 2007 的幻灯片管理

PowerPoint 2007 常用的幻灯片管理操作有选定幻灯片、插入幻灯片、复制幻灯片、移动幻灯片和删除幻灯片。

5.4.1 选定幻灯片

用户在管理幻灯片时，往往需要先选定幻灯片，然后进行某些管理操作。在大纲窗格和幻灯片浏览视图中都可选定幻灯片。

在大纲窗格中选定幻灯片

- 单击幻灯片图标▭，选定该幻灯片。
- 选定一张幻灯片后，按住Shift键，再单击另一张幻灯片，选定这两张幻灯片间的所有幻灯片。

在大纲窗格中选定幻灯片后，单击幻灯片图标▭以外的任意一点，可取消幻灯片的选定状态。

(1) 在幻灯片浏览视图中选定幻灯片

- 单击幻灯片的缩略图，选定该幻灯片。
- 选定一张幻灯片后，按住Shift键，再单击另一张幻灯片，选定这两张幻灯片间的所有幻灯片。
- 选定一张幻灯片后，按住 Ctrl 键，再单击另一张未选定的幻灯片，该幻灯片被选定。
- 选定一张幻灯片后，按住 Ctrl 键，再单击另一张已选定的幻灯片，该幻灯片被取消选定状态。

在幻灯片浏览视图中选定幻灯片后，在窗口的空白处单击鼠标，可取消幻灯片的选定状态。

(2) 选定所有的幻灯片

- 按Ctrl+A组合键。
- 选择【编辑】/【全选】命令。

5.4.2 插入幻灯片

选择【插入】/【新幻灯片】命令，在演示文稿中插入一张幻灯片，新插入的幻灯片的位置有以下几种情况。

- 在幻灯片窗格中制作幻灯片时插入幻灯片，新幻灯片位于该幻灯片的后面。
- 在大纲窗格中，如果插入点光标在幻灯片的开始处，新幻灯片位于该幻灯片的前面，否则，新幻灯片位于该幻灯片的后面。
- 在幻灯片浏览视图中，如果有选定的幻灯片，新幻灯片位于该幻灯片的后面，否则，窗口中会出现一个垂直闪动的光条，也称作插入点光标，这时，新幻灯片位于插入点光标处。

此外，在大纲视图的大纲窗格中，插入幻灯片有以下方法。

- 输入完幻灯片标题后，按Enter键，在当前幻灯片后插入一张幻灯片。
- 输入完一个小标题后，按Ctrl+Enter组合键，在当前幻灯片后插入一张幻灯片。

5.4.3　复制幻灯片

如果演示文稿中有类似的幻灯片，则不需要逐张制作。制作好一张后将其复制，然后再修改，这将会省时省力。复制幻灯片有以下方法。

- 在幻灯片浏览视图中，按住 Ctrl 键拖曳幻灯片缩略图，在目标位置复制该幻灯片。
- 在幻灯片浏览视图中，先选定要复制的多张幻灯片，再按住 Ctrl 键拖曳所选定幻灯片中某一张幻灯片的缩略图，将选定的幻灯片复制到目标位置。
- 选择【插入】/【幻灯片副本】命令，在当前或选定的幻灯片的后面插入与当前或选定的幻灯片相同的一张或多张幻灯片。
- 先把选定的幻灯片复制到剪贴板上，再选定一张幻灯片，然后从剪贴板上将幻灯片粘贴到选定幻灯片的后面。

5.4.4　移动幻灯片

如果演示文稿中幻灯片的顺序不正确，可通过移动幻灯片来改变顺序。移动幻灯片有以下方法。

- 在大纲窗格中，拖曳幻灯片图标▭，将幻灯片移动到目标位置。
- 在幻灯片浏览视图中，拖曳幻灯片的缩略图，将幻灯片移动到目标位置。
- 在幻灯片浏览视图中，先选定要移动的多张幻灯片，再拖曳所选定幻灯片中某一张幻灯片的缩略图，将选定的幻灯片移动到目标位置。
- 先把要复制的幻灯片剪切到剪贴板上，再选定一张幻灯片，然后从剪贴板上将幻灯片粘贴到选定幻灯片的后面。

5.4.5　删除幻灯片

在删除某张或某几张幻灯片前，应选定它们。删除已选定的幻灯片有以下方法。

- 按 Delete 键或 Backspace 键。
- 选择【编辑】/【删除幻灯片】命令。
- 把选定的幻灯片剪切到剪贴板上。

此外，在大纲视图的大纲窗格中，如果删除了一张幻灯片中的所有文本，则该幻灯片也被删除。在大纲视图中删除幻灯片（剪切到剪贴板上除外）时，如果幻灯片中包含注释页或图形，会弹出如图 5-44 所示的【Microsoft Office PowerPoint】对话框，单击 确定 按钮，即可删除所选定的幻灯片。

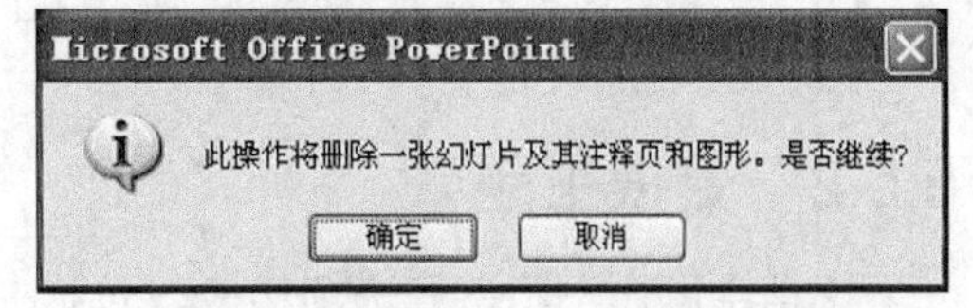

图 5-44 【Microsoft Office PowerPoint】对话框

5.5　PowerPoint 2007 的幻灯片静态效果设置

幻灯片的静态效果设置包括更换版式、更换主题、更换背景、更改母版、设置页面、设置页眉和页脚等。

5.5.1 更换版式

图 5-45 【幻灯片】组

幻灯片版式是指幻灯片的内容在幻灯片上的排列方式，由占位符组成。在制作幻灯片时，首先要指定幻灯片的版式，制作完幻灯片后，还可以更换幻灯片的版式。要更换幻灯片版式，先选定要更换版式的幻灯片，再在功能区【开始】选项卡的【幻灯片】组（见图 5-45）中，单击版式按钮，打开【版式】列表（见图 5-46），在【版式】列表中，单击一个版式图标，即可把当前幻灯片设定为该版式。

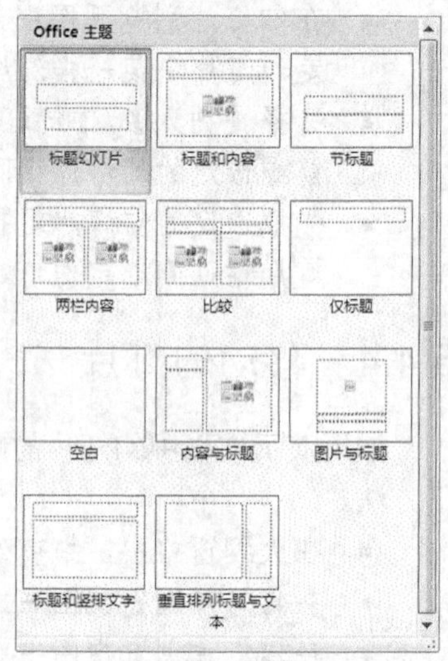

图 5-46 【版式】列表

更换幻灯片版式有以下特点。

- 更换版式后，幻灯片的位置不发生变化。
- 更换版式后，幻灯片的内容不会因版式的更换而改变。
- 更换版式后，幻灯片内容的格式会随版式的更换而更改。
- 如果新版式中有与旧版式不同的占位符，则幻灯片中自动添加一个空占位符。
- 如果旧版式中有与新版式不同的占位符，则原来占位符的位置及其内容不变。

图 5-47 所示是使用【内容与标题】版式的幻灯片，更换为【垂直排列标题与文本】版式后如图 5-48 所示。

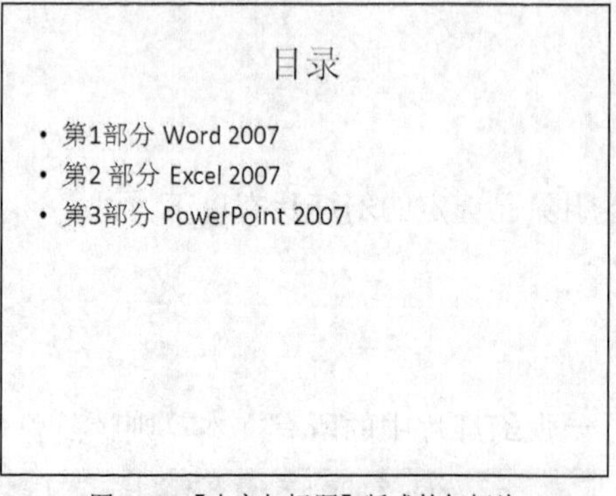

图 5-47 【内容与标题】版式的幻灯片

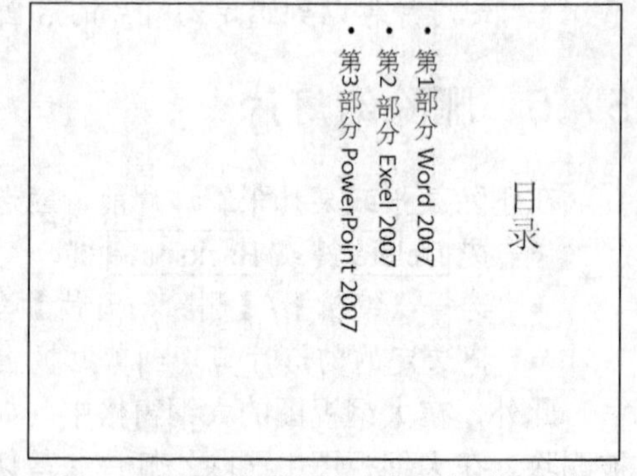

图 5-48 【垂直排列标题与文本】版式的幻灯片

5.5.2 更换主题

文档主题由一组格式选项构成，包括一组主题颜色、一组主题字体以及一组主题效果。每个演示文稿内都包含一个主题，默认主题是【Office 主题】。通过功能区【设计】选项卡的【主题】组（见图 5-49）中的工具，可更换主题，常用的操作如下。

图 5-49 【主题】组

- 单击【主题】列表中的一种主题，应用该主题。
- 单击【主题】列表中的▲（▼）按钮，主题上（下）翻一页。
- 单击【主题】列表中的▼按钮，打开【主题】列表（见图 5-50），可从中选择一种主题，该主题应用于当前演示文稿。

图 5-50 【主题】列表

- 单击颜色按钮，打开【主题颜色】列表，可从中选择一种主题颜色，应用该主题颜色。
- 单击字体按钮，打开【主题字体】列表，可从中选择一种主题字体，应用该主题字体。
- 单击效果按钮，打开【主题效果】列表，可从中选择一种主题效果，应用该主题效果。

图 5-51 所示是【夏至】主题的幻灯片，图 5-52 所示是【龙腾四海】主题的幻灯片。

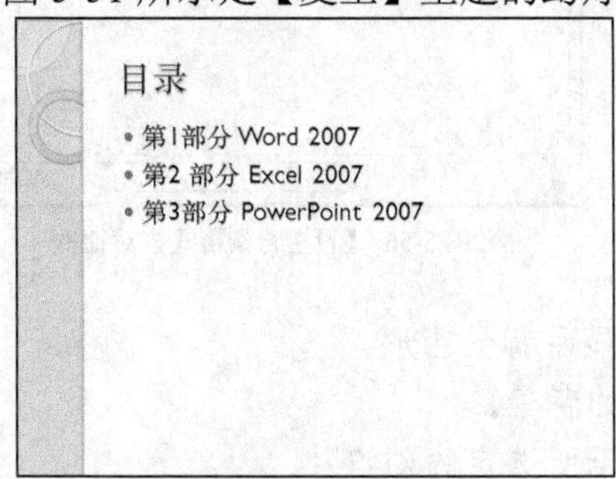

图 5-51 【夏至】主题的幻灯片

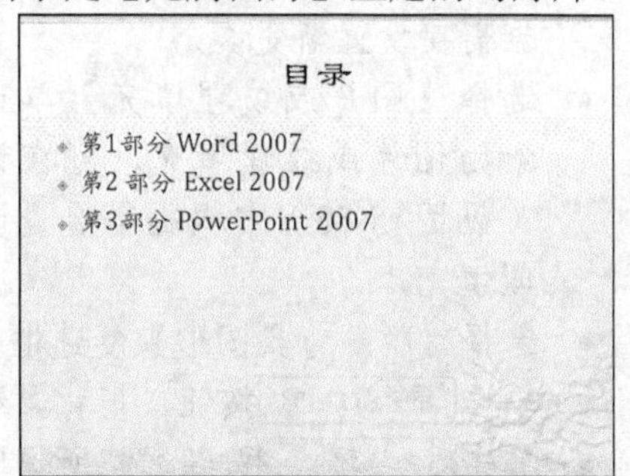

图 5-52 【龙腾四海】主题的幻灯片

5.5.3 更换背景

幻灯片的主题中设置了相应的背景，用户还可以改变背景。用户可以从幻灯片主题所包含的背景样式中选择一种背景样式，也可以自定义背景。自定义背景有纯色填充、渐变填充、纹理填充和图片填充这 4 种方式。

一、 选择背景样式

背景样式是 PowerPoint 2007 主题中预置的纯色填充和渐变填充样式。不同的主题有不同的背景样式。通常，每种主题预置了 13 种背景样式。

选定要更换背景的幻灯片，在功能区【设计】选项卡的【背景】组（见图 5-53）中，单击背景样式按钮，打开如图 5-54 所示的【背景样式】列表，从中选择一种背景样式，将所选定的幻灯片设置成相应的背景样式。

图 5-53 【背景】组

图 5-55 所示为应用背景样式后的幻灯片。

图 5-54 【背景样式】列表

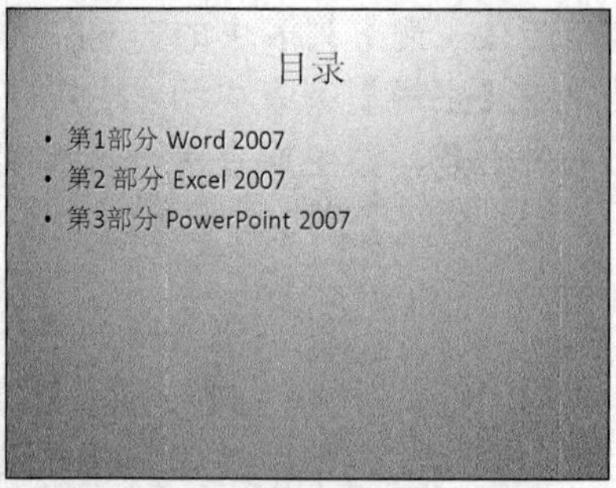

图 5-55 应用背景样式后的幻灯片

二、 自定义背景

在【背景样式】列表（见图 5-54）中，选择【设置背景格式】命令，弹出如图 5-56 所示的【设置背景格式】对话框，可进行以下操作。

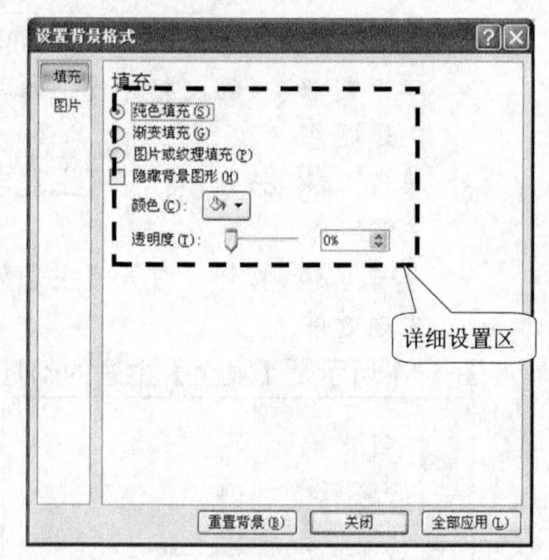

图 5-56 【设置背景格式】对话框

- 选择【纯色填充】单选钮，则背景为纯色填充，可在详细设置区（见图 5-56）中根据需要设置纯色填充。
- 选择【渐变填充】单选钮，则背景为渐变填充，可在详细设置区（见图 5-57）中根据需要设置渐变填充。
- 选择【图片或纹理填充】单选钮，则背景为图片或纹理填充，可在详细设置区（见图 5-58）中根据需要设置图片或纹理填充。
- 选择【隐藏背景图形】复选框，则背景中不显示背景图形。
- 单击 重置背景(B) 按钮，把背景还原为设置前的背景。
- 单击 关闭 按钮，把所设置的背景应用于所选定的幻灯片。
- 单击 全部应用(T) 按钮，把所设置的背景应用于所有的幻灯片。

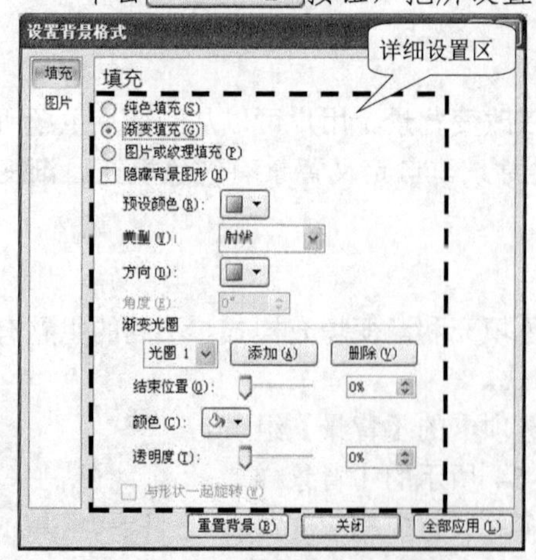

图 5-57 【渐变填充】详细设置

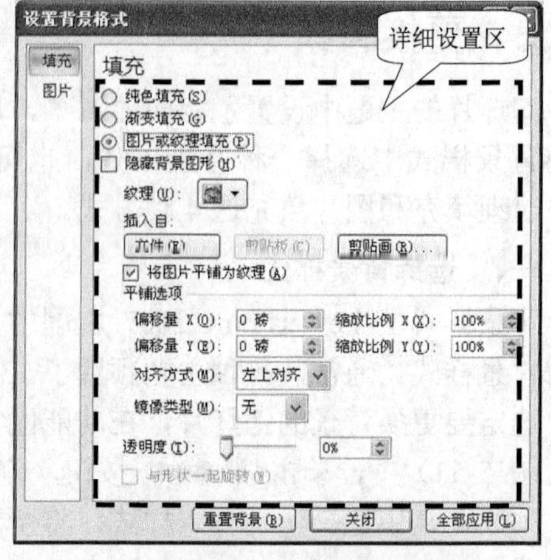

图 5-58 【图片或纹理填充】详细设置

图 5-59 所示为【纹理填充】背景的幻灯片。

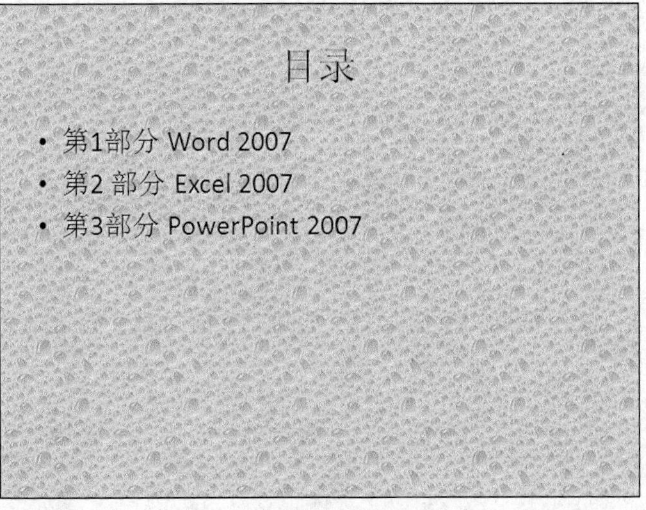

图 5-59 【纹理填充】背景的幻灯片

5.5.4 更改母版

幻灯片母版存储幻灯片的模板信息，包括字形、占位符的大小和位置、主题和背景。幻灯片母版的主要用途是使用户能方便地进行全局更改（如替换字形、添加背景等），并使该更改应用到演示文稿中的所有幻灯片。

只有在幻灯片母版视图中才能更改幻灯片母版。在功能区【视图】选项卡的【演示文稿视图】组（见图 5-60）中，单击【幻灯片母版】按钮，切换到幻灯片母版视图，功能区自动增加一个【幻灯片母版】选项卡。

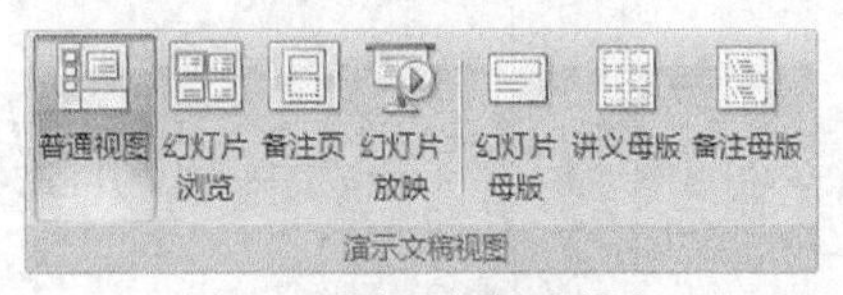

图 5-60 【演示文稿视图】组

母版视图包括两个窗格，左边的窗格为幻灯片缩略图窗格，右边的窗格为幻灯片窗格。在幻灯片缩略图窗格（见图 5-61）中，第 1 个较大的缩略图为幻灯片母版缩略图，相关的版式缩略图位于其下方。

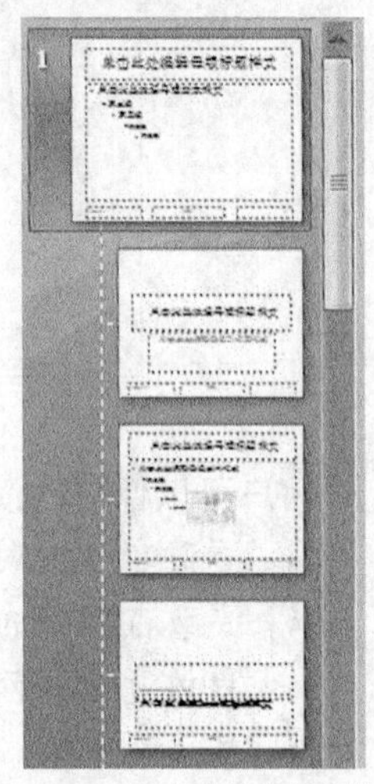

图 5-61　幻灯片缩略图窗格

在幻灯片缩略图窗格中，单击幻灯片母版缩略图，幻灯片窗格如图 5-62 所示；单击版式缩略图（以第 1 个版式为例），幻灯片窗格如图 5-63 所示。

幻灯片母版中有以下几个占位符。

- 标题占位符：用于设置标题的位置和样式。
- 对象占位符：用于设置对象的位置和样式。
- 日期占位符：用于设置日期的位置和样式。
- 页脚占位符：用于设置页脚的位置和样式。
- 编号占位符：用于设置编号的位置和样式。

母版占位符中的文本只用于样式，实际的文本（如标题和列表）应在普通视图下的幻灯片上输入，而页眉和页脚中的文本应在【页眉和页脚】对话框中输入。

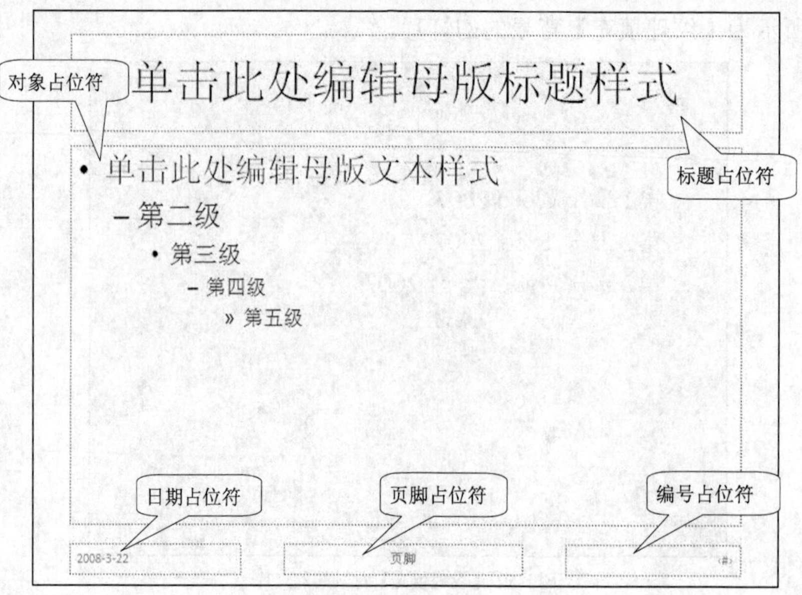

图 5-62　幻灯片母版

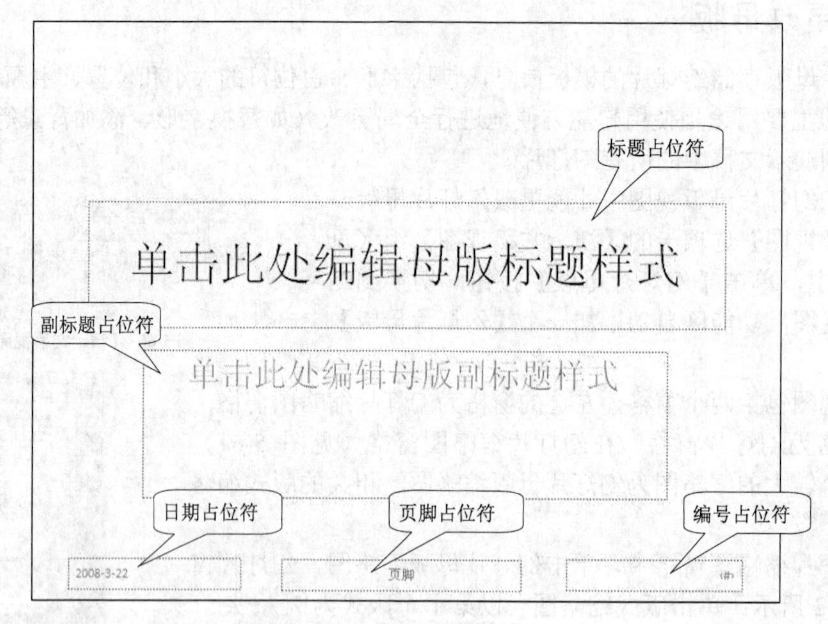

图 5-63　标题幻灯片版式母版

用户可以像更改演示文稿中的幻灯片一样更改幻灯片母版，常用的操作有以下几种。

- 更改字体或项目符号。
- 更改占位符的位置和大小。
- 更改背景颜色、背景填充效果或背景图片。
- 插入新对象。

与更改演示文稿中的幻灯片不一样的是，幻灯片母版中可插入占位符。在【幻灯片母版】选项卡的【母版版式】组（见图 5-64）中，单击【插入占位符】按钮，打开如图 5-65 所示的【占位符】列表。

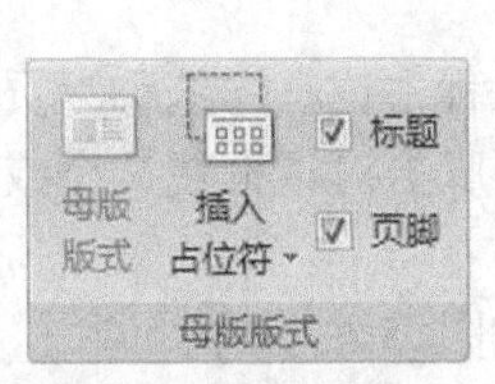

图 5-64 【母版版式】组

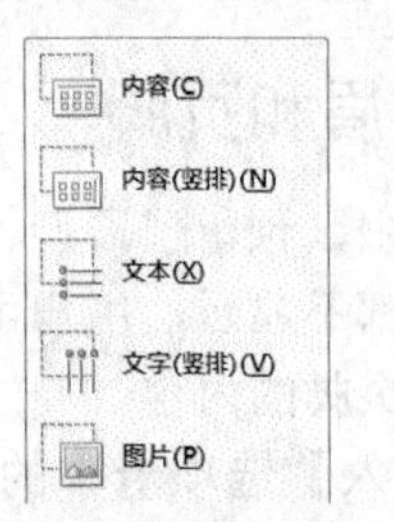

图 5-65 【占位符】列表

在【占位符】列表中，选择一种占位符后，鼠标指针变成十字状。这时，在幻灯片母版中拖曳鼠标，即可在相应位置插入相应大小的占位符。

更改幻灯片母版有以下特点。

- 更改幻灯片母版后，幻灯片中的内容并不改变。
- 母版中的所有更改会影响所有基于该母版的幻灯片。
- 母版中某一版式的所有更改会影响所有基于该版式的幻灯片。
- 如果幻灯片先前更改的项目与母版更改的项目相同，则保留先前的更改。

在【幻灯片母版】选项卡的【关闭】组（见图 5-66）中，单击【关闭母版视图】按钮，退出母版视图，返回到原来的视图方式。

图 5-66 【关闭】组

5.5.5　设置页面

幻灯片的页面是指幻灯片的大小、方向以及起始编号。要重新设置幻灯片的页面，在功能区【设计】选项卡的【页面设置】组（见图 5-67）中，单击【页面设置】按钮，弹出如图 5-68 所示的【页面设置】对话框。

图 5-67 【页面设置】组

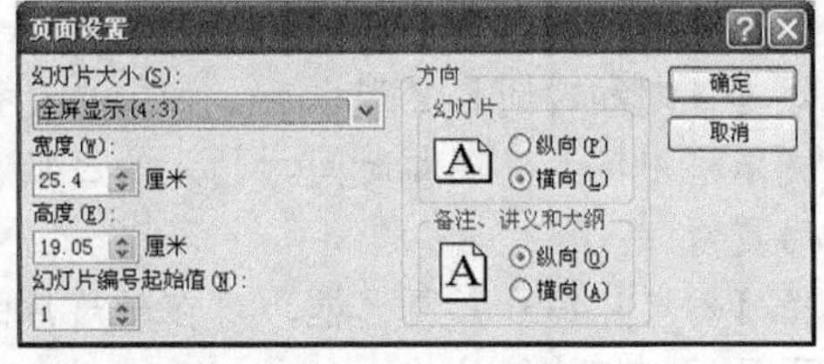

图 5-68　设置页面

在【页面设置】对话框中，可进行以下操作。

- 在【幻灯片大小】下拉列表中，选择一种幻灯片大小的比例。
- 在【宽度】数值框中，输入或调整幻灯片的宽度。
- 在【高度】数值框中，输入或调整幻灯片的高度。
- 在【幻灯片编号起始值】数值框中，输入或调整幻灯片编号的起始值。
- 选择【幻灯片】的【纵向】单选钮，幻灯片的方向为纵向。
- 选择【幻灯片】的【横向】单选钮，幻灯片的方向为横向。
- 选择【备注、讲义和大纲】组中的【纵向】单选钮，备注、讲义和大纲的方向为纵向。
- 选择【备注、讲义和大纲】组中的【横向】单选钮，备注、讲义和大纲的方向为横向。
- 单击 确定 按钮，完成页面设置，关闭该对话框。

5.5.6 设置页眉和页脚

在幻灯片母版中，预留了日期、页脚和编号这 3 种占位符，统称为页眉和页脚。默认情况下，页眉和页脚都不显示，用户可通过【页眉和页脚】对话框使某个或全部页眉和页脚显示出来，还可设置页脚的内容。

在功能区【插入】选项卡中的【文本】组（见图 5-69）中，单击【页眉和页脚】按钮，弹出如图 5-70 所示的【页眉和页脚】对话框，当前选项卡是【幻灯片】选项卡。

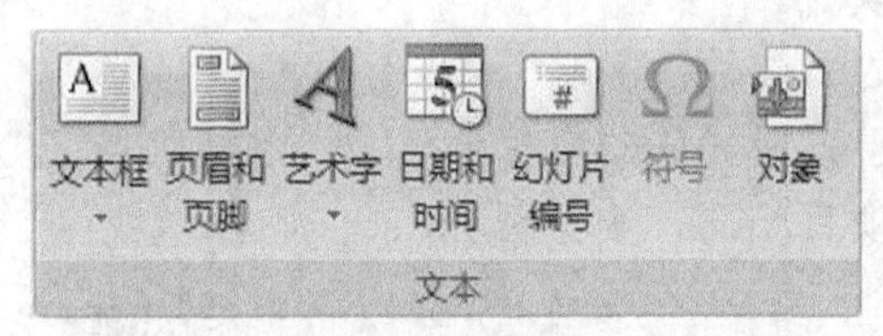

图 5-69 【文本】组

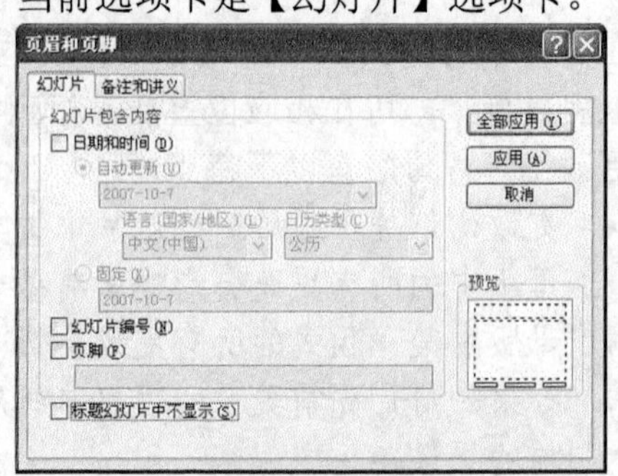

图 5-70 【页眉和页脚】对话框

在【幻灯片】选项卡中，可进行以下操作。

- 选择【日期和时间】复选框，可在幻灯片的日期占位符中添加日期和时间，否则不能添加日期和时间。
- 选择【日期和时间】复选框后，如果再选择【自动更新】单选钮，系统将自动插入当前的日期和时间，插入的日期和时间会根据演示时的日期和时间自动更新。插入日期和时间后，还可从【自动更新】下的 3 个下拉列表中选择日期和时间的格式、日期和时间所采用的语言、日期和时间所采用的日历类型。
- 选择【日期和时间】复选框后，如果再选择【固定】单选钮，可直接在其下面的文本框中输入日期和时间，插入的日期和时间不会根据演示时的日期和时间自动更新。
- 选择【幻灯片编号】复选框，可在幻灯片的数字占位符中显示幻灯片编号，否则不显示幻灯片编号。
- 选择【页脚】复选框，可在幻灯片的页脚占位符中显示页脚，否则不显示页脚。页脚的内容在其下面的文本框中输入。
- 选择【标题幻灯片中不显示】复选框，则在标题幻灯片中不显示页眉和页脚，否则显示页眉和页脚。
- 单击 全部应用(Y) 按钮，对所有的幻灯片设置页眉和页脚，同时关闭该对话框。
- 单击 应用(A) 按钮，对当前幻灯片或选定的幻灯片设置页眉和页脚，同时关闭该对话框。

设置了页眉和页脚后，幻灯片中显示出相应的页眉和页脚，如图 5-71 所示。在 PowerPoint 2007 中，显示出来的页眉和页脚，可改变它们的内容和格式，这些改变仅对当前幻灯片起作用。要使页眉和页脚的内容对所有幻灯片起作用，应通过【页眉和页脚】对话框，并且完成前单击 全部应用(Y) 按钮。要使页眉和页脚的格式对所有幻灯片起作用，应在幻灯片母版的相应占位符中设置相应的格式。

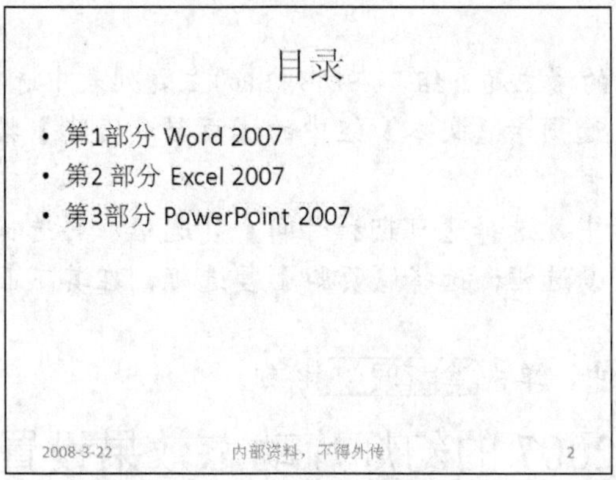

目录

- 第1部分 Word 2007
- 第2 部分 Excel 2007
- 第3部分 PowerPoint 2007

2008-3-22　　内部资料，不得外传　　2

图 5-71　显示页眉和页脚的幻灯片

【例 5-2】 将先前建立的“龟兔赛跑”6 张幻灯片，设置为如图 5-72 所示。

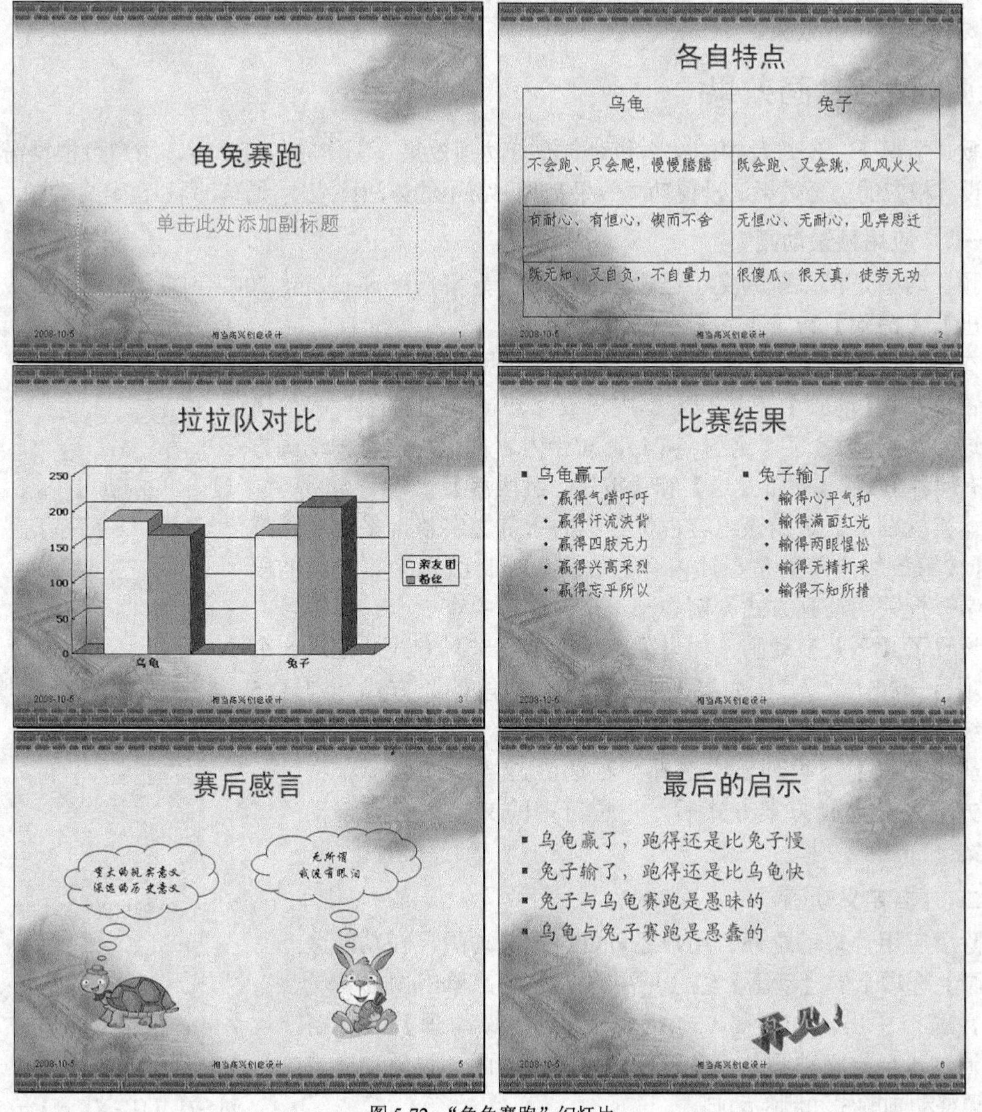

图 5-72　“龟兔赛跑”幻灯片

操作步骤如下。

1. 单击【设计】选项卡的【主题】组，在所列出的主题列表中选择“万里长城”主题。
2. 单击功能区【插入】选项卡【文本】组中的【页眉和页脚】按钮，在打开的对话框中打开【幻灯片】选项卡。
3. 在【幻灯片】选项卡中，选择【日期和时间】复选框，再选择【自动更新】单选钮；选择【幻灯片编号】复选框；选择【页脚】复选框，在其下面的文本框中输入“相当高兴创意设计”。
4. 在【幻灯片】选项卡中，单击 全部应用(Y) 按钮。

5.6 PowerPoint 2007 的幻灯片动态效果设置

幻灯片的动态效果包括动画效果和切换效果。动画效果是指在一张幻灯片内，给文本或对象添加的特殊视觉或声音效果。切换效果是指从一张幻灯片切换到另一张幻灯片时，添加的特殊视觉或声音效果。

5.6.1 设置动画效果

默认情况下，幻灯片中的文本和对象没有动画效果。制作完幻灯片后，用户可根据需要给文本设置相应的动画效果。设置动画效果有两种常用的方法：应用预置动画和自定义动画。

一、 应用预置动画

预置动画是指系统为文字已设定好的动画方案，PowerPoint 2007 预置了 3 种动画方案：【淡出】、【擦除】和【飞入】。

在功能区【动画】选项卡的【动画】组（见图 5-73）中，对于标题占位符，【动画】下拉列表框中只有“淡出”、“擦除”和“飞入”这 3 种动画方案（见图 5-74），对于内容占位符，每种动画方案又有两种方式：【整批发送】和【按第一级段落】。

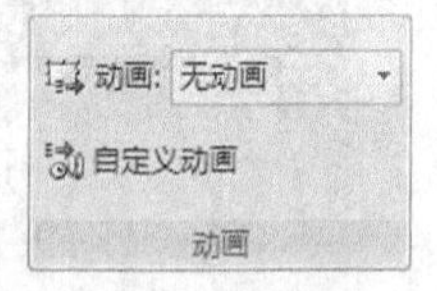

图 5-73 【动画】组

图 5-74 标题占位符动画类型

【整批发送】是指该内容占位符中的所有文字整批采用动画方式。【按第一级段落】是指该内容占位符中项目级别为第一级的段落文字分批采用动画方式。例如，一个占位符中有 5 个一级项目，并且设置了【飞入】动画。如果采用【整批发送】方式，则这 5 个一级项目一起“飞入”。如果采用【按第一级段落】方式，则这 5 个一级项目逐个“飞入”。

从【动画】下拉列表中选择一种动画方案，或选择一种动画方案及其动画方案方式后，占位符中的文本设置成该动画方案。

二、 自定义动画

除了应用预置动画外，用户还可以自定义动画。在功能区【动画】选项卡的【动画】组（见图 5-73）中，单击 自定义动画 按钮，窗口中出现如图 5-75 所示的【自定义动画】任务窗格，通过【自定义动画】任务窗格，可添加动画、设置动画选项、调整动画顺序和删除动画。

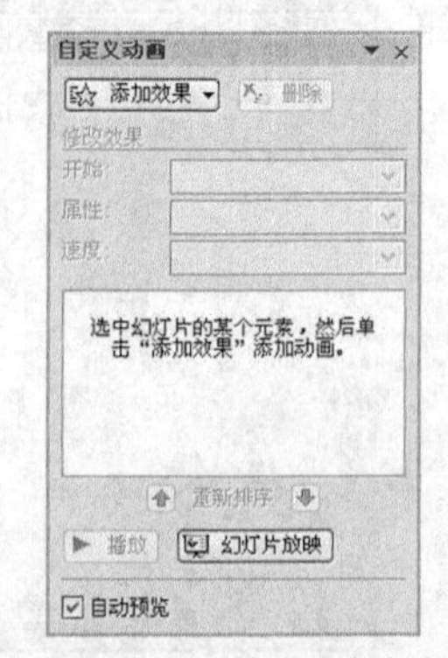

图 5-75 【自定义动画】任务窗格

(1)　添加动画

在【自定义动画】任务窗格中，单击 添加效果 按钮，在打开的【动画效果】菜单（见图 5-76）中选择一种动画类型，再从其子菜单中选择一种动画效果，幻灯片中的文本设置成相应的动画效果。【动画效果】菜单中 4 个菜单的功能如下。

- 进入：设置项目进入时的动画效果。其子菜单如图 5-77 所示。
- 强调：设置项目进入后的强调动画效果。其子菜单如图 5-78 所示。
- 退出：设置项目退出时的动画效果，项目退出后，幻灯片上不再显示，通常作为一个项目的最后一个动画。
- 动作路径：设置项目的运动路径。其子菜单如图 5-79 所示。设置了动作路径后，在幻灯片中可看到一条虚线，表示该动作路径。通过拖曳鼠标，可改变动作路径的起点、终点和位置。

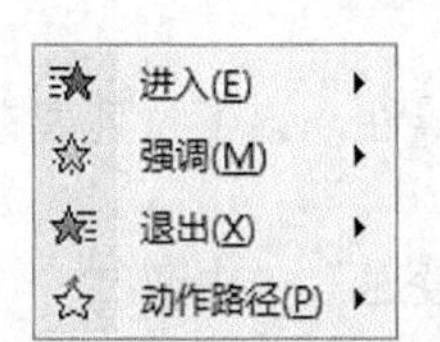

图 5-76 【动画效果】菜单

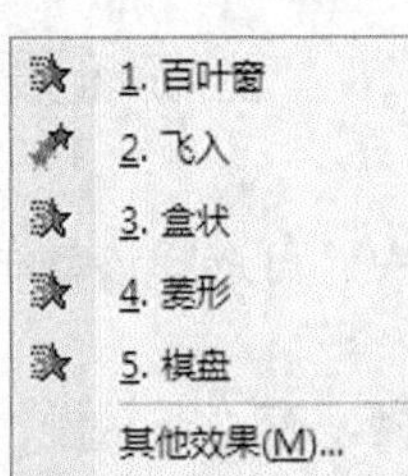

图 5-77 【进入】子菜单

图 5-78 【强调】子菜单

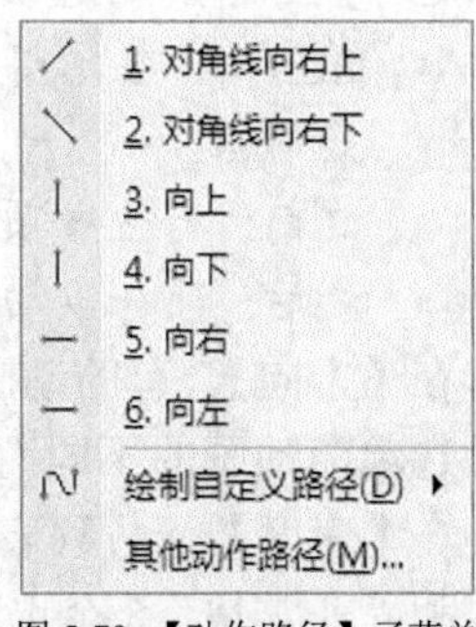

图 5-79 【动作路径】子菜单

可以对幻灯片占位符中的项目或者对段落（包括单个项目符号和列表项）应用自定义动画。例如，可以对幻灯片上的所有项目应用【飞入】动画，也可以对项目符号列表中的单个段落应用该动画。此外，用户还可以对一个项目应用多个动画，从而可以实现项目符号项在飞入后再飞出的效果。

添加了动画后，在【幻灯片设计】窗格中，在幻灯片相应段落的左侧会出现一个用方框框住的数字，该数字表示该段落文本动画的出场顺序，如图 5-80 所示。

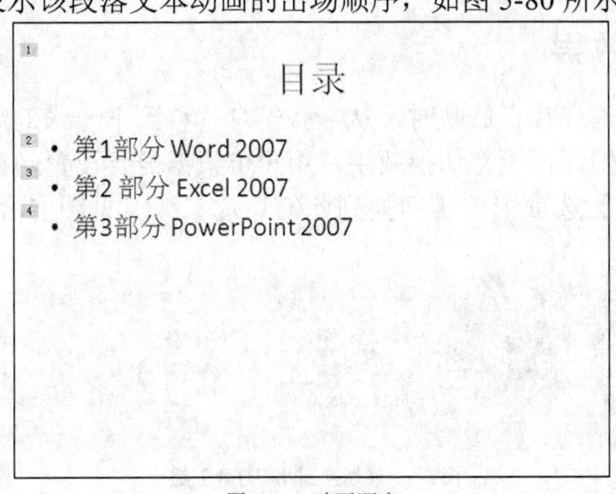

图 5-80　动画顺序

设置自定义动画时，应注意以下情况。

- 如果没有选定文本，则对当前占位符中的所有文本设置相应的动画效果。
- 如果选定了文本，则对选定文本所在段落的所有文本设置相应的动画效果。

(2) 设置动画选项

设置了动画效果后，【自定义动画】窗格中的【开始】、【方向】和【速度】下拉列表框变为可用状态，并且【动画】列表中（【自定义动画】窗格中央的区域）出现了刚定义的动画的条目（见图 5-81），单击一个动画条目，即可选定该动画条目，同时，【开始】、【方向】和【速度】下拉列表框中的选项为所选定动画的相应选项。

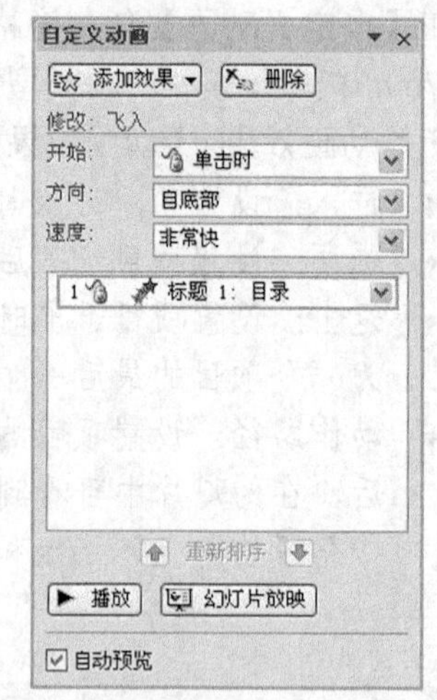

图 5-81 设置动画后的【自定义动画】任务窗格

在【开始】下拉列表中，可选择该动画的开始时间，有“单击时”、“之前”、“之后”3 个选项，默认的选项是“单击时”，各选项的作用如下。

- 单击时：在幻灯片放映时，单击该项目时开始动画。
- 之前：与上一项动画同时开始动画。
- 之后：上一项动画结束后开始动画。

在【方向】（有的动画是【属性】）下拉列表框中，可选择该动画的属性，该下拉列表框中的选项随动画的不同而不同。

在【速度】下拉列表框中，可选择该动画的快慢，有“非常慢”、“慢速”、“中速”、“快速”和“非常快”5 个选项。

(3) 调整动画顺序

设置了多个动画效果后，可从任务窗格中央的【动画】列表中选择一个动画，单击⬆或⬇按钮，改变动画的出场顺序。

(4) 删除动画

从任务窗格中央的【动画】列表框中选择一个动画条目后，单击【删除】按钮，即删除该动画效果。

5.6.2 设置切换效果

幻灯片切换效果是幻灯片在放映时，从一张幻灯片移到下一张幻灯片时出现的类似动画的效果。默认情况下，幻灯片没有切换效果，用户可根据需要设置幻灯片的切换效果。

通过功能区【动画】选项卡的【切换到此幻灯片】组（见图 5-82）中的工具，可设置幻灯片的切换效果。

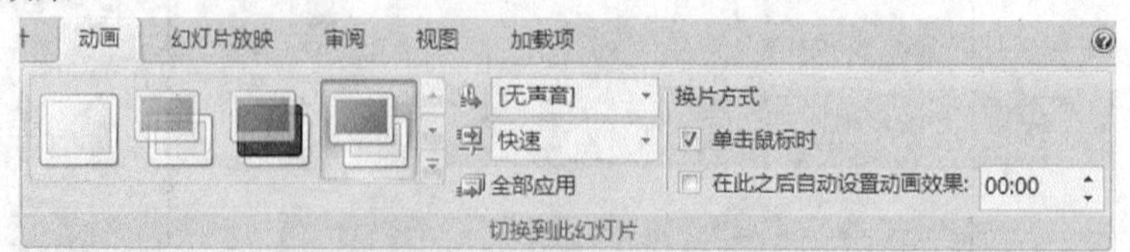

图 5-82 【切换到此幻灯片】组

【切换到此幻灯片】组中常用的操作如下。

- 单击【切换效果】列表中的一种切换效果，当前幻灯片应用该切换效果。
- 单击【切换效果】列表中的▲（▼）按钮，切换效果上（下）翻一页。
- 单击【切换效果】列表中的▼按钮，打开该【切换效果】列表（见图 5-83），可从中选择一种切换效果，当前幻灯片应用该切换效果。

- 从【切换声音】下拉列表中选择一种声音，切换时伴随该声音。【切换声音】下拉列表中的选项如图 5-84 所示。

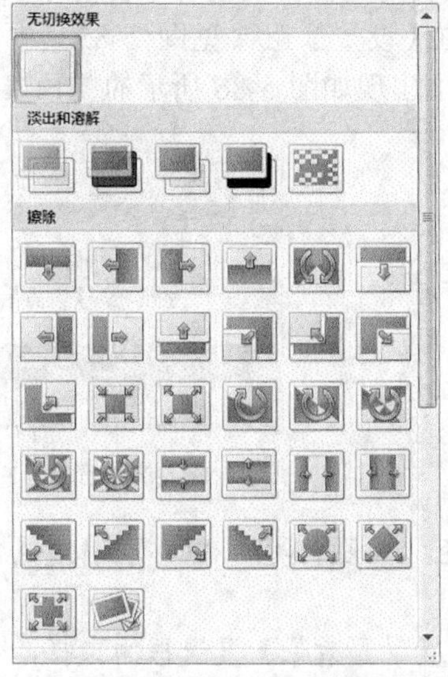

图 5-83 【切换效果】列表

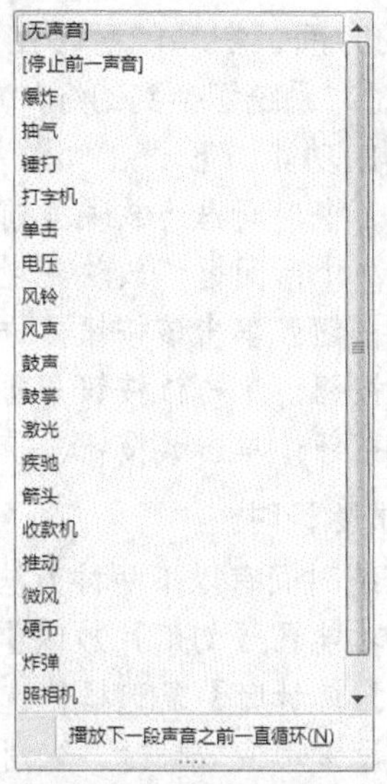

图 5-84 【切换声音】列表

- 从【切换速度】下拉列表中选择一种切换速度，以该速度切换幻灯片。有“快速”、“中速”和“慢速”3 个选项。
- 单击 全部应用 按钮，所选择的切换效果应用于所有的幻灯片。
- 选择【单击鼠标时】复选框，则单击鼠标时切换幻灯片。
- 选择【在此之后自动设置动画效果】复选框，并在其右侧的数值框中输入或调整一个时间值，则经过所设定的时间后，自动切换到下一张幻灯片。

设置切换效果时，应注意以下情况。

- 在【切换效果】列表中选择【无切换效果】，可取消切换效果。
- 在【切换效果】列表中选择【随机】组中的最后一个切换效果，该切换效果不是一个特定的切换效果，而是随机选择一种切换效果。
- 如果既选择了【单击鼠标时】复选框，又选择了【在此之后自动设置动画效果】复选框，则在幻灯片放映时，即使还没到所设定的时间，单击鼠标也可切换幻灯片。
- 如果既没选择【单击鼠标时】复选框，又没选择【在此之后自动设置动画效果】复选框，则在幻灯片放映时，可用其他方式切换幻灯片。

5.6.3　设置放映时间

放映幻灯片时，默认方式是通过单击鼠标或按空格键切换到下一张幻灯片。用户可设置每张幻灯片的放映时间，使其自动播放。设置放映时间有两种方式：人工设时和排练计时。

一、 人工设时

通过设置幻灯片的切换效果可设置幻灯片放映时间，在“5.6.2 设置切换效果”一节曾介绍过，在【切换到此幻灯片】组（见图 5-82）中，在【在此之后自动设置动画效果】复选框右侧的数值框中可输入或设置一个时间值，该时间就是当前幻灯片或所选定幻灯片的放

映时间。如果利用切换效果来实现幻灯片的自动播放，则需要对每张幻灯片进行相应设置。

二、 排练计时

如果用户对人工设定的放映时间没有把握，可以在排练幻灯片的过程中自动记录每张幻灯片放映的时间。在功能区【幻灯片放映】选项卡的【设置】组（见图 5-85）中，单击排练计时按钮，系统切换到幻灯片放映视图，同时屏幕上出现如图 5-86 所示的【预演】工具栏，各工具的功能如下。

图 5-85 【设置】组

- 第 1 个时间框：放映当前幻灯片所用的时间。
- 第 2 个时间框：放映到现在总共所用的时间。
- 按钮：单击该按钮，进行下一张幻灯片的计时。
- 按钮：单击该按钮，暂停当前幻灯片的计时。
- 按钮：单击该按钮，重新对当前幻灯片计时。

图 5-86 【预演】工具栏

三、 清除计时

清除排练时间有以下两种方法。

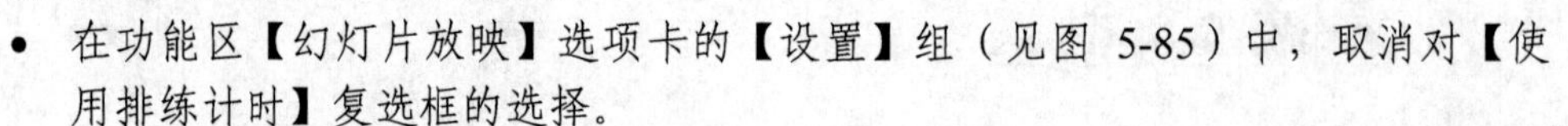

- 在功能区【幻灯片放映】选项卡的【设置】组（见图 5-85）中，取消对【使用排练计时】复选框的选择。
- 在设置切换效果时，取消对【在此之后自动设置动画效果】复选框的选择，然后单击全部应用按钮即可。

5.6.4 设置放映方式

为适应不同场合的需要，幻灯片有不同的放映方式。用户可以根据自己的需要设置幻灯片的放映方式。在功能区【幻灯片放映】选项卡的【设置】组（见图 5-85）中，单击【设置幻灯片放映】按钮，弹出如图 5-87 所示的【设置放映方式】对话框，可进行以下操作。

- 选择【演讲者放映（全屏幕）】单选钮，则幻灯片在全屏幕中放映，放映过程中演讲者可以控制幻灯片的放映过程。
- 选择【观众自行浏览（窗口）】单选钮，则幻灯片在窗口中放映，用户可以控制幻灯片的放映过程，在幻灯片放映的同时，用户还可以运行其他应用程序。
- 选择【在展台浏览（全屏幕）】单选钮，则幻灯片在全屏幕中自动放映，用户不能控制幻灯片的放映过程，只能按 Esc 键终止放映。

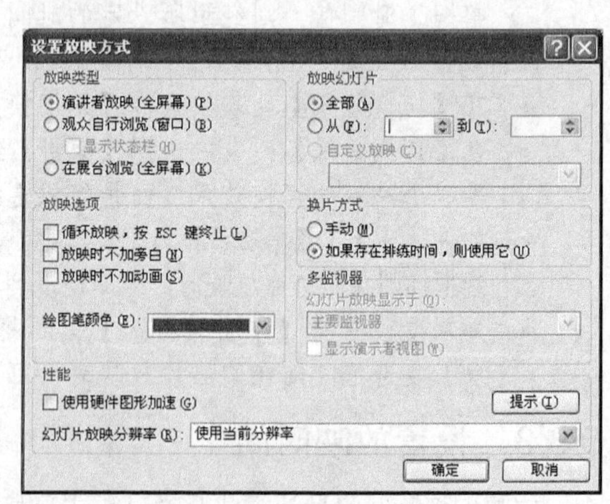

图 5-87 【设置放映方式】对话框

- 选择【循环放映，按 ESC 键终止】复选框，则循环放映幻灯片，按 Esc 键后终止放映，否则演示文稿只放映一遍。
- 选择【放映时不加旁白】复选框，则即使录制了旁白，也不播放。
- 选择【放映时不加动画】复选框，则即使幻灯片中设置了动画效果，放映时也不显示动画效果。

- 选择【显示状态栏】复选框（只有在【观众自行浏览】方式下该复选框才有效），则在放映窗口中显示状态栏，否则不显示状态栏。
- 选择【全部】单选钮，则放映演示文稿中的所有幻灯片。
- 选择幻灯片范围【从】单选钮，则可在【从】和【到】数值框中输入或调整要放映幻灯片的范围。
- 如果演示文稿中定义了自定义放映，【自定义放映】单选钮可选，选择该单选钮后，可在下面的下拉列表中选择自定义放映的名称，放映时只放映自定义放映中的幻灯片。
- 选择【手动】单选钮，则单击鼠标或按空格键可使幻灯片换页。
- 选择【如果存在排练时间，则使用它】单选钮，则根据排练时间自动切换到下一张幻灯片。
- 在【绘图笔颜色】下拉列表中选择一种绘图笔颜色，在幻灯片放映时，用该颜色标注幻灯片。
- 选择【使用硬件图形加速】复选框，则可加快演示文稿中图形的显示速度。
- 从【幻灯片放映分辨率】下拉列表中选择放映时显示器的分辨率。
- 单击 确定 按钮，完成幻灯片放映方式的设置。

【例5-3】 设置先前建立的“龟兔赛跑”幻灯片，1～6 张幻灯片的切换效果都是“随机”，速度为中速，每张幻灯片的放映时间为5s。

操作步骤如下。

1. 在功能区【动画】选项卡的【切换到此幻灯片】组中，在【切换效果】列表中选择【随机】组中的最后一个切换效果。
2. 在功能区【动画】选项卡的【切换到此幻灯片】组中，单击 全部应用 按钮。
3. 在功能区【动画】选项卡的【切换到此幻灯片】组中，在【速度】下拉列表框中，选择“中速”。选择【在此之后自动设置动画效果】复选框，在其右侧的数值框中调整幻灯片切换的时间间隔为“00:05”。
4. 在功能区【动画】选项卡的【切换到此幻灯片】组中，单击 全部应用 按钮。

5.7 PowerPoint 2007 的幻灯片放映

幻灯片放映时常用的操作包括启动放映、控制放映和标注放映。

5.7.1 启动放映

在 PowerPoint 2007 窗口中，启动幻灯片放映有以下方法。

- 单击状态栏中的幻灯片放映视图按钮。
- 单击【开始放映幻灯片】组（见图5-88）中的【从当前幻灯片开始】按钮。
- 单击【开始放映幻灯片】组（见图5-88）中的【从头开始】按钮。

图5-88 【开始放映幻灯片】组

- 按F5键。

用前两种方法，系统是从当前幻灯片开始放映，用后两种方法，系统是从第1张幻灯片开始放映。

5.7.2 控制放映

如果幻灯片没有设置成“在展台浏览”放映方式，则在幻灯片放映过程中，用户可以控制其放映过程。常用的控制方式有切换幻灯片、定位幻灯片、暂停放映和结束放映。

一、 切换幻灯片

在幻灯片放映过程中，常常要切换到下一张幻灯片或切换到上一张幻灯片。即便使用排练计时自动放映幻灯片，用户也可以手工切换到下一张幻灯片或切换到上一张幻灯片。

在幻灯片放映过程中，切换到下一张幻灯片有以下方法。

- 单击鼠标右键，弹出如图5-89所示的【放映控制】快捷菜单，选择【下一张】命令。
- 单击鼠标左键。
- 按空格、PageDown、N、→、↓或Enter键。

在幻灯片放映过程中，切换到上一张幻灯片有以下方法。

- 单击鼠标右键，在弹出的快捷菜单（见图5-89）中选择【上一张】命令。

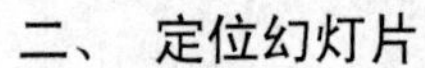

- 按PageUp、P、←、↑或Backspace键。

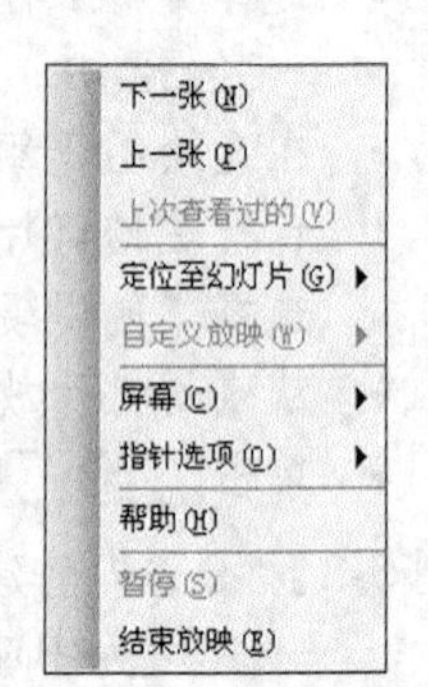

图5-89 【放映控制】快捷菜单

二、 定位幻灯片

在幻灯片放映过程中，有时需要切换到某一张幻灯片，从该幻灯片开始顺序放映。定位到某张幻灯片有以下方法。

- 单击鼠标右键，从弹出的快捷菜单（见图5-89）中选择【定位至幻灯片】命令，弹出由幻灯片标题组成的子菜单，选择一个标题，即可定位到该幻灯片。
- 输入幻灯片的编号（注意，输入时看不到输入的编号），按Enter键，定位到相应编号的幻灯片（在幻灯片设计过程中，在大纲窗格或幻灯片浏览窗格中每张幻灯片前面的数字就是幻灯片编号）。
- 同时按住鼠标左、右键两秒钟，定位到第1张幻灯片。

三、 暂停放映

使用排练计时自动放映幻灯片时，有时需要暂停放映，以便处理发生的意外情况。暂停放映有以下常用方法。

- 按S键或+键。
- 单击鼠标右键，从弹出的快捷菜单（见图5-89）中选择【暂停】命令。

暂停放映后，继续放映有以下常用方法。

- 按S键或+键。
- 单击鼠标右键，从弹出的快捷菜单（见图5-89）中选择【继续执行】命令。

四、 结束放映

最后一张幻灯片放映完后，出现黑色屏幕，顶部有“放映结束，单击鼠标退出。”字样，这时单击鼠标就可结束放映。在放映过程要结束放映，有以下常用方法。

- 按 Esc、- 键或 Ctrl+Break 组合键。
- 单击鼠标右键，从弹出的快捷菜单（见图 5-89）中选择【结束放映】命令。

5.7.3 标注放映

在幻灯片放映过程中，为了做即时说明，可以用鼠标对幻灯片进行标注。常用的标注操作有设置绘图笔颜色、标注幻灯片和擦除笔迹。

一、 设置绘图笔颜色

在放映过程中，单击鼠标右键，从弹出的快捷菜单（见图 5-89）中选择【指针选项】/【墨迹颜色】命令，弹出如图 5-90 所示的【墨迹颜色】子菜单，单击其中的一种颜色，即可将绘图笔设置为该颜色。

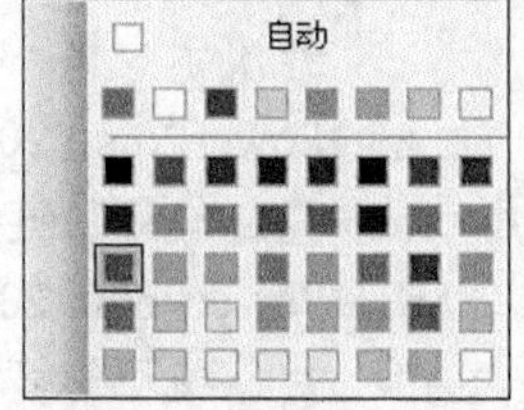

图 5-90 【墨迹颜色】子菜单

二、 标注幻灯片

要想在幻灯片放映过程中标注幻灯片，必须先转换到幻灯片标注状态。转换到幻灯片标注状态有以下方法。

- 按 Ctrl+P 组合键。
- 单击鼠标右键，从弹出的快捷菜单（见图 5-89）中选择【指针选项】命令，在其子菜单中选择【圆珠笔】、【毡尖笔】或【荧光笔】命令。

在幻灯片标注状态下，拖曳鼠标就可以在幻灯片上进行标注，如图 5-91 所示。

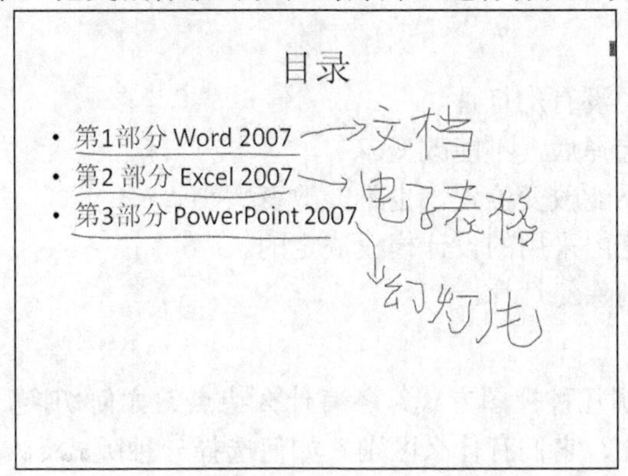

图 5-91 标注幻灯片

取消标注幻灯片的状态有以下常用方法。

- 按 Esc 键或 Ctrl+A 组合键。
- 单击鼠标右键，从弹出的快捷菜单（见图 5-89）中选择【指针选项】/【箭头】命令。

三、 擦除笔迹

当前幻灯片切换到下一张幻灯片后，再次回到标注过的幻灯片中，原先所标注的笔迹都被保留。在当前幻灯片中擦除幻灯片上标注的笔迹有以下常用方法。

- 按 E 键。
- 单击鼠标右键，从弹出的快捷菜单（见图 5-89）中选择【屏幕】/【擦除笔迹】命令。

小结

本章主要包括以下内容。

- PowerPoint 2007 的基本操作：介绍了 PowerPoint 2007 的启动与退出方法、窗口的组成、视图方式。
- PowerPoint 2007 的演示文稿操作：介绍了新建演示文稿、保存演示文稿、打开演示文稿、打印演示文稿、打包演示文稿、关闭演示文稿等操作。
- PowerPoint 2007 的幻灯片制作：介绍了添加空白幻灯片、添加幻灯片内容、建立幻灯片链接等操作。
- PowerPoint 2007 的幻灯片管理：介绍了选定幻灯片、插入幻灯片、复制幻灯片、移动幻灯片、删除幻灯片等操作。
- PowerPoint 2007 的幻灯片静态效果设置：介绍了更换版式、更换主题、更换设计模板、更改母版、更换背景、设置页面、设置页眉和页脚等操作。
- PowerPoint 2007 的幻灯片动态效果设置：介绍了设置动画效果、设置切换效果、设置放映时间、设置放映方式等操作。
- PowerPoint 2007 的幻灯片放映：介绍了启动放映、控制放映、标注放映等操作。

习题

一、判断题

1. 新建的空演示文稿中没有幻灯片。（ ）
2. 幻灯片的版式一旦选择后，不能改变。（ ）
3. 幻灯片中的占位符不能改变位置，也不能改变大小。（ ）
4. 幻灯片的配色方案是由采用的设计模板决定的。（ ）
5. 在大纲窗格中不能删除幻灯片。（ ）

二、问答题

1. PowerPoint 2007 有哪几种视图方式？各有什么特点？如何切换？
2. 幻灯片版式有哪几种？它们有什么区别？如何选择一种版式？
3. 如何在幻灯片中插入表格、图表、剪贴画、图片和艺术字？
4. 插入的表格、图表、剪贴画、图片和艺术字放置在幻灯片中的什么位置？
5. 管理幻灯片有哪些操作？
6. 什么是母版？如何更改母版？更改母版对幻灯片有什么影响？
7. 在幻灯片放映过程中，如何切换幻灯片？如何定位幻灯片？如何暂停以及结束幻灯片放映？

第 6 章　常用工具软件介绍

在计算机的实际应用中，许多问题仅依靠 Windows XP 以及 Office 2007 往往不能解决，还需要一些工具软件的支持。目前 Internet 上有大量的工具软件，而且大多数是免费的，这为广大的计算机用户提供了极大的便利。

本章主要介绍日常工作中常用的几种工具软件，包括以下内容。

- 压缩与解压缩软件 WinRAR。
- 文件下载软件迅雷。
- 图片浏览软件 ACDSee。
- 图像捕捉软件 HyperSnap-DX。

6.1　压缩与解压缩软件 WinRAR

实际工作中，经常会通过网络传送一些很大的文件。通过压缩软件可以对一个大文件进行压缩，以减小文件占用的空间。有时需要传送多个文件，通过压缩软件可以对这些文件进行压缩，打包成一个文件，这样可以方便地进行传送。压缩后或者打包的文件，用解压缩软件解压缩后，又还原成原来的文件。从 Internet 上下载的文件，往往是经过压缩的，这也需要用解压缩软件进行解压缩。

在众多的压缩与解压缩软件中，WinRAR 是使用最广泛的压缩与解压缩软件。由于 WinRAR 功能强大、使用方便、压缩率高、支持压缩的文件格式多等特点，因此深受广大用户的喜爱。

WinRAR 是共享软件。任何人都可以在 40 天的测试期内使用它。如果用户希望在测试过期之后继续使用，则必须注册。

WinRAR 简体中文版官方网站是 http://www.winrar.com.cn，用浏览器打开该网站，单击网页中的【下载】链接，即可下载 WinRAR 的安装文件，在 Windows XP 中，双击该文件的图标，即可运行该文件，安装 WinRAR。

6.1.1　WinRAR 的启动与退出

一、 WinRAR 的启动

正确安装 WinRAR 后，选择【开始】/【程序】/【WinRAR】/【WinRAR】命令，即可启动 WinRAR，启动后，出现如图 6-1 所示的【WinRAR】窗口。

与 Windwos 应用程序的窗口相似，【WinRAR】窗口包括标题栏、菜单栏、工具栏、地址栏和文件列表区。

二、 WinRAR 的退出

与其他应用软件的退出相似，关闭【WinRAR】窗口即可退出 WinRAR。

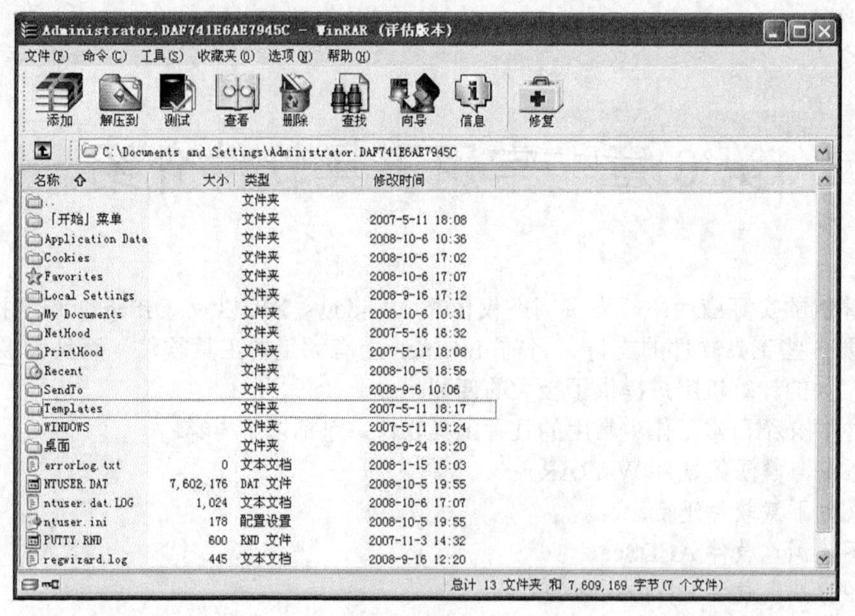

图 6-1 【WinRAR】窗口

6.1.2 WinRAR 的使用

WinRAR 的使用主要有两种方式：通过【WinRAR】窗口使用 WinRAR，通过快捷菜单使用 WinRAR。

一、通过【WinRAR】窗口

通过【WinRAR】窗口可方便地完成压缩和解压缩操作。

(1) 压缩

在图 6-1 所示的【WinRAR】窗口中，通过地址栏选择要压缩的文件或文件夹所在的驱动器以及文件夹，在文件列表区中选择要压缩的文件或文件夹，单击【添加】按钮，弹出如图 6-2 所示的【压缩文件名和参数】对话框（以文件“NTUSER.DAT”为例），默认的选项卡是【常规】选项卡。

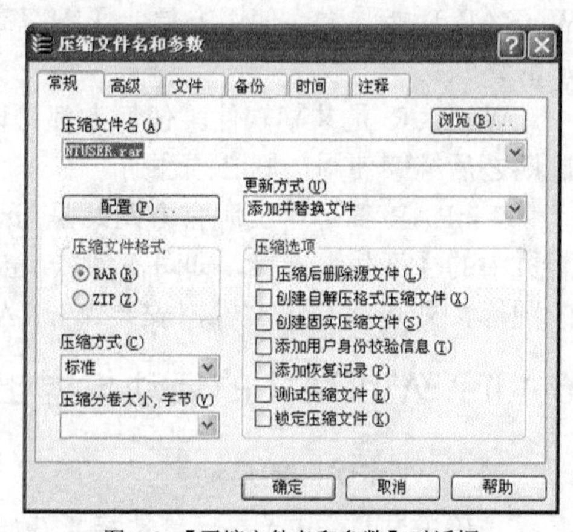

图 6-2 【压缩文件名和参数】对话框

在【压缩文件名和参数】对话框中，可进行以下操作。

- 在【压缩文件名】下拉列表框中输入或选择一个文件名，该文件为压缩后所生成的压缩包文件。
- 单击 浏览(B)... 按钮，弹出一个对话框，从中选择压缩包文件所存放的文件夹，默认的文件夹是被压缩文件所在的文件夹。
- 在【更新方式】下拉列表中选择一种更新方式，用来指明当压缩包中已包含与压缩文件同名的文件时，以何种方式更新该文件。

- 在【压缩文件格式】组中选择【RAR】或【ZIP】单选钮。
- 在【压缩方式】下拉列表中选择压缩方式。
- 如果要把压缩包分成若干个小压缩包（卷），可在【压缩分卷大小，字节】下拉列表中选择一种压缩分卷的大小，或者输入一个数，该数为压缩分卷的大小，单位是字节。
- 根据需要，在【压缩选项】组中选择相应的复选框。
- 单击 确定 按钮，按所做设置进行压缩。

通过【WinRAR】窗口进行压缩时，一般情况下，选择默认选项即可。

(2) 解压缩

在图 6-1 所示的【WinRAR】窗口中，通过地址栏选择要解压缩的压缩包文件所在的驱动器以及文件夹，在文件列表区中选择要解压缩的压缩包文件，单击【解压到】按钮，弹出如图 6-3 所示的【解压路径和选项】对话框（以文件“NTUSER.RAR”为例），默认的选项卡是【常规】选项卡。

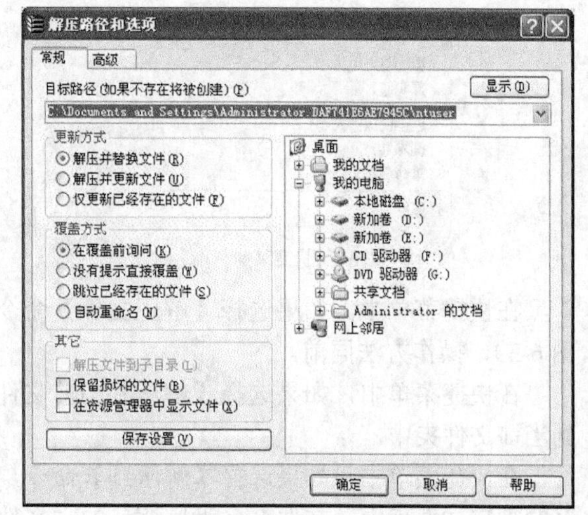

图 6-3 【解压路径和选项】对话框

在【解压路径和选项】对话框中，可进行以下操作。

- 在【目标路径（如果不存在将被创建）】下拉列表框中输入或选择一个文件夹，该文件夹为解压后的文件所存放的文件夹。
- 在右侧的树状列表中，单击一个位置，以该位置作为目标路径，单击 显示(D) 按钮，可展开该位置的下一级子文件夹。
- 在【更新方式】组中，选择一种更新方式，用来指明当目标路径中已包含与要解压文件同名的文件时，以何种方式更新该文件。
- 在【覆盖方式】组中，选择一种覆盖方式，用来指明当要覆盖目标路径中的文件时，以何种方式处理。
- 在【其它】组中，根据需要选择相应的复选框。
- 单击 确定 按钮，按所做设置进行解压。

二、　通过快捷菜单

通过快捷菜单也可方便地完成压缩和解压缩操作。

(1) 压缩

在【我的电脑】窗口（或【资源管理器】窗口）中，用鼠标右键单击要压缩的文件或文件夹，弹出如图 6-4 所示的快捷菜单（以文件“NTUSER.DAT”为例）。

在快捷菜单中，如果选择【添加到压缩文件】命令，系统弹出【压缩文件名和参数】对话框（见图 6-2），操作方法同前。

在快捷菜单中，如果选择【添加到】命令，系统以默认的设置，自动压缩指定的文件或

文件夹，并在当前文件夹中自动生成一个压缩包，压缩包文件名与要压缩的文件或文件夹名相同，类型名为“.RAR”。

(2) 解压缩

在【我的电脑】窗口（或【资源管理器】窗口）中，用鼠标右键单击要解压的压缩包文件，弹出如图 6-5 所示的快捷菜单（以文件“NTUSER.RAR”为例）。

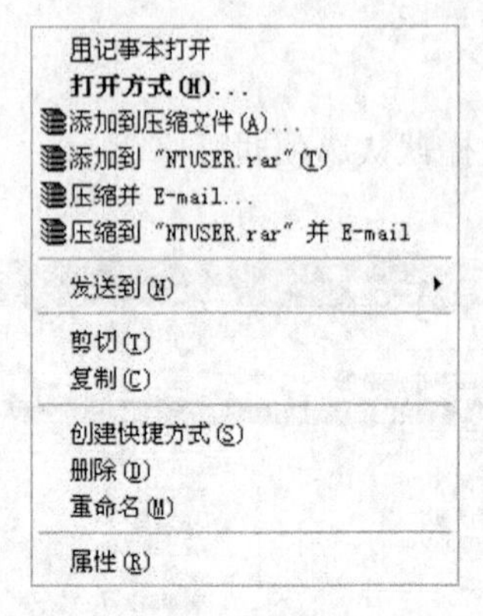

图 6-4　快捷菜单

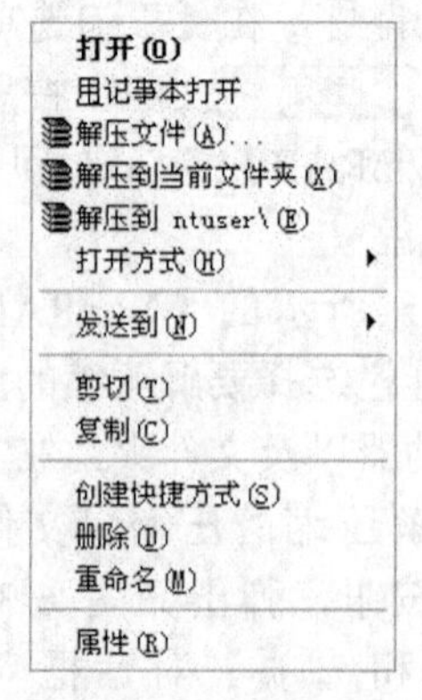

图 6-5　快捷菜单

在快捷菜单中，如果选择【解压文件】命令，系统弹出【解压路径和选项】对话框（见图 6-3），操作方法同前。

在快捷菜单中，如果选择【解压到当前文件夹】命令，系统把压缩包中的所有文件解压到当前文件夹中。

在快捷菜单中，如果选择【解压到】命令，系统把压缩包中的所有文件解压到当前文件夹的指定文件夹中，文件夹名为压缩包的主文件名（即“.RAR”之前的名字）。

6.2　文件下载软件迅雷

从 Internet 上下载文件特别是大文件时，用户常常为下载速度太慢而苦恼。迅雷使用的多资源超线程技术基于网格原理，能够将网络上存在的服务器和计算机资源进行有效的整合，构成独特的迅雷网络，通过迅雷网络，各种数据文件能够以最快的速度进行传递。

迅雷是自由软件，用户下载安装后即可使用，无须注册，也无须支付其他费用。其目前最新的版本是迅雷 7.2.4。

迅雷官方网站是 http://dl.xunlei.com/，用浏览器打开该网站，单击【下载】链接，即可下载迅雷的安装程序文件，文件名是 Thunder7.2.4.3312.exe。在 Windows XP 中，双击该文件的图标，即可运行该文件，安装迅雷。

6.2.1　迅雷的启动与退出

一、 迅雷的启动

正确安装迅雷后，选择【开始】/【程序】/【迅雷软件】/【迅雷 7】/【启动迅雷 7】命令，即可启动迅雷。启动后，出现如图 6-6 所示的【迅雷】窗口。

图 6-6 【迅雷】窗口

二、 迅雷的退出

与其他应用软件的退出相似，关闭【迅雷】窗口即可退出迅雷。

6.2.2 迅雷的使用

迅雷的主要功能包括下载文件和控制下载过程。

一、 下载文件

使用迅雷下载文件有 3 种方式：通过拖曳下载链接、通过快捷菜单、通过新建任务。

(1) 通过拖曳下载链接

迅雷启动后，在屏幕上会出现一个迅雷7图标。在浏览器中要下载一个文件时，将下载链接拖曳到迅雷7图标上，弹出如图 6-7 所示的【新建下载】对话框。

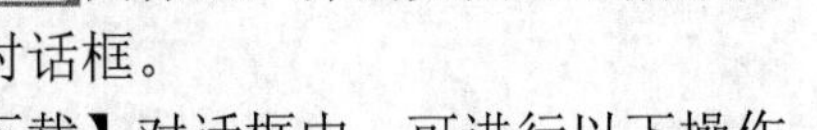

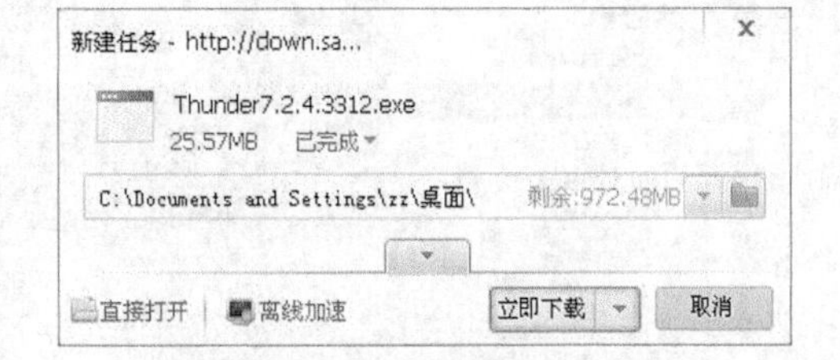

图 6-7 【新建下载】对话框

在【新建下载】对话框中，可进行以下操作。

- 在下拉列表框中选择一个文件夹，下载的文件保存到该文件夹中。默认情况下，迅雷把下载的文件保存到“C: \TDDOWNLOAD\”文件夹中。
- 单击立即下载按钮，进行下载。

(2) 通过快捷菜单

在浏览器中要下载一个文件时，用鼠标右键单击下载链接，弹出如图 6-8 所示的快捷菜单。

从快捷菜单中选择【使用迅雷下载】命令，弹出【新建任务】对话框（见图 6-7），操作方法同前。

(3) 通过新建任务

在图 6-6 所示的【迅雷】窗口中，单击工具栏上的按钮，弹出与图 6-7 类似的【新建任务】对话框（见图 6-9）。在【输入下载 URL】文本框中填写下载地址（可填写多个，每行一个）后，单击 继续 按钮，弹出与图 6-7 类似的【新建下载】对话框，操作方法同前。

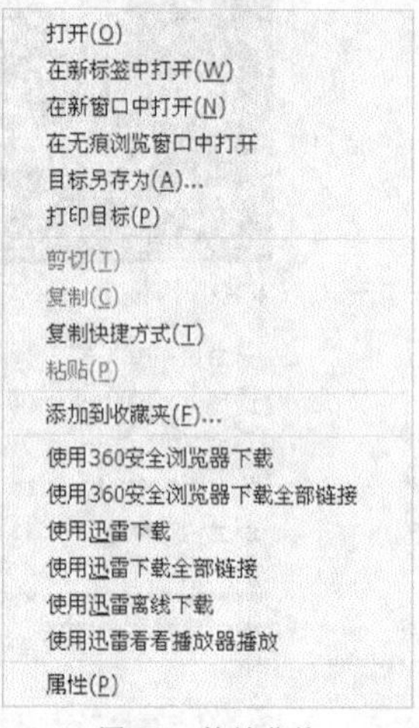

图 6-8 快捷菜单

图 6-9 【新建任务】对话框

二、 控制下载过程

当迅雷进行下载时，屏幕上的 迅雷7 图标会显示下载的进度，如果有多个文件同时下载， 迅雷7 图标会交替显示下载的进度。

当迅雷下载文件时，【迅雷】窗口中会显示正在下载的文件，如图 6-10 所示。

图 6-10 下载文件时的【迅雷】窗口

当迅雷下载文件时，单击一个下载任务，窗口中显示该任务的信息，如文件名称、文件大小、文件类型等，这时可进行以下控制操作。

- 单击工具栏中的按钮，暂停该文件的下载。
- 单击工具栏中的按钮，开始该文件的下载。
- 单击工具栏中的按钮，删除该下载任务。

6.3　图片浏览软件 ACDSee

ACDSee 是目前非常流行的看图工具之一，它提供了良好的操作界面，人性化的操作方式，优质的快速图形解码方式，支持丰富的图形格式，强大的图形文件管理功能等。

ACDSee 是共享软件，任何人都可以在 30 天的测试期内使用它。如果用户希望在测试过期之后继续使用 ACDSee，则必须注册。ACDSee 目前最新的版本是 ACDSee 10。

ACDSee 简体中文版官方网站是 http://cn.acdsee.com，用浏览器打开该网站，在打开的网页中，单击【下载中心】链接，打开一个新网页，再在网页中单击【ACDSee 10（简体中文版：10.0 Build 888)】的下载链接，即可下载 ACDSee 的安装程序文件，文件名是“ACDSee_zh-cn.exe”。在 Windows XP 中，双击该文件的图标，即可运行该文件，安装 ACDSee。

6.3.1　ACDSee 的启动与退出

一、 ACDSee 的启动

正确安装 ACDSee 后，选择【开始】/【程序】/【ACDSee System】/【ACDSee 10】命令，即可启动 ACDSee。启动后，出现如图 6-11 所示的【ACDSee】窗口。

图 6-11 【ACDSee】窗口

二、 ACDSee 的退出

与其他应用软件的退出相似，关闭【ACDSee】窗口即可退出 ACDSee。

6.3.2　ACDSee 的使用

ACDSee 的功能非常强大，常用的功能有查看图片、编辑图片和转换文件格式。

一、 查看图片

启动 ACDSee 后的窗口是图片的浏览模式。在浏览模式窗口中，在【文件夹】窗格（左上角的窗格）中，可选择一个文件夹，图片窗格（右侧的窗格）中显示该文件夹中所有图片的缩略图。单击一个图片，预览窗格（左下角的窗格）中，显示该图片的预览图。双击一个图片，进入图片查看模式，如图 6-12 所示。在图片查看模式窗口中，双击鼠标，可返回到浏览模式窗口中。

图 6-12 图片查看模式窗口

在图片查看模式窗口中，可进行以下操作。

- 单击工具栏中的按钮，查看文件夹中的上一张图片。
- 单击工具栏中的按钮，查看文件夹中的下一张图片。
- 单击工具栏中的按钮，播放文件夹中的图片，每张图片的显示时间为 2s。再次单击该按钮，停止图片播放。
- 当窗口不能完全显示图片时，单击工具栏中的按钮，在窗口中拖曳鼠标指针，可移动图片，使图片窗口以外的部分在窗口中显示。
- 单击工具栏中的按钮，在窗口中拖曳鼠标指针，可选择图片的一个矩形区域。在选择的矩形区域中单击鼠标，可放大显示该矩形区域。
- 单击工具栏中的按钮，在窗口中单击鼠标将图片放大。可多次放大。图片最大能放大 100 倍。
- 单击工具栏中的按钮，图片按逆时针方向旋转 90°。
- 单击工具栏中的按钮，图片按顺时针方向旋转 90°。
- 单击工具栏中的按钮，放大图片。可多次放大。图片最大能放大 100 倍。
- 单击工具栏中的按钮，缩小图片。可多次缩小。图片最小能缩小到 1/100。
- 单击工具栏中的按钮，打开如图 6-13 所示的缩放菜单，可从中选择一种缩放方式。

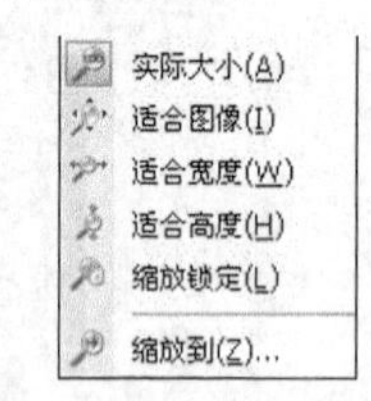

图 6-13 缩放菜单

- 单击工具栏中的按钮，打印当前图片。
- 单击工具栏中的按钮，把当前图片设为桌面壁纸。
- 单击工具栏中的按钮，打开一个对话框，从该对话框中选择一个文件夹，把当前图片移动到该文件夹中。
- 单击工具栏中的按钮，打开一个对话框，从该对话框中选择一个文件夹，把当前图片复制到该文件夹中。
- 单击工具栏中的按钮，删除当前图片。
- 单击工具栏中的按钮，在窗口中出现【属性】窗格，显示图片的属性。

二、 编辑图片

在图片浏览模式窗口中，选择【工具】/【使用编辑器打开】/【编辑模式】命令（或在图片查看模式窗口中，单击工具栏上的按钮），进入图片编辑模式窗口，如图 6-14 所示。

图 6-14　图片编辑模式窗口

在图片编辑模式窗口中，可根据需要在编辑面板窗格（右侧的窗格）中选择相应的工具，对图片进行编辑。文件编辑完成后，单击工具栏中的【完成编辑】按钮，即可返回到图片浏览模式窗口。

三、 转换文件格式

图片文件有多种格式。实际工作中，经常需要把一种格式的图片文件转换成另一种格式的图片文件。转换文件格式的操作步骤如下。

1. 在图片预览模式窗口中，选择要转换格式的图片，选择【工具】/【转换文件格式】命令，弹出如图 6-15 所示的【批量转换文件格式】向导。
2. 在【批量转换文件格式】向导步骤 1 中，在【格式】列表框中选择转换后的格式，单击【下一步(N) >】按钮，【批量转换文件格式】向导变成如图 6-16 所示。

图 6-15 【批量转换文件格式】向导步骤 1

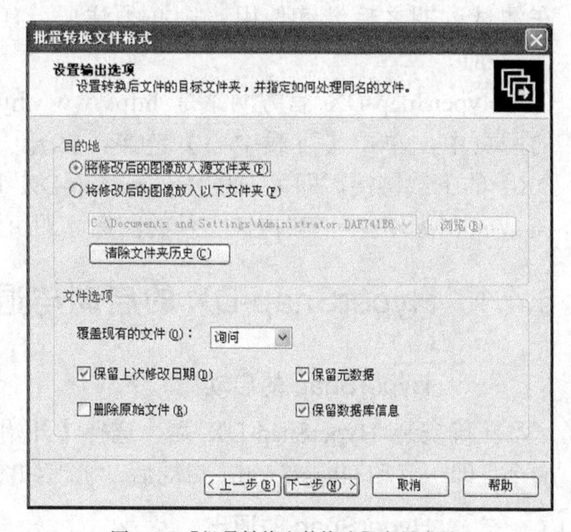

图 6-16 【批量转换文件格式】向导步骤 2

3. 在【批量转换文件格式】向导步骤 2 中，根据需要设置【目的地】以及【文件选项】，

单击【下一步(N) >】按钮，【批量转换文件格式】向导变成如图 6-17 所示。

4. 在【批量转换文件格式】向导步骤 3 中，根据需要设置【输入】及【输出】，单击【开始转换(C)】按钮进行转换。转换完后，【批量转换文件格式】向导如图 6-18 所示。

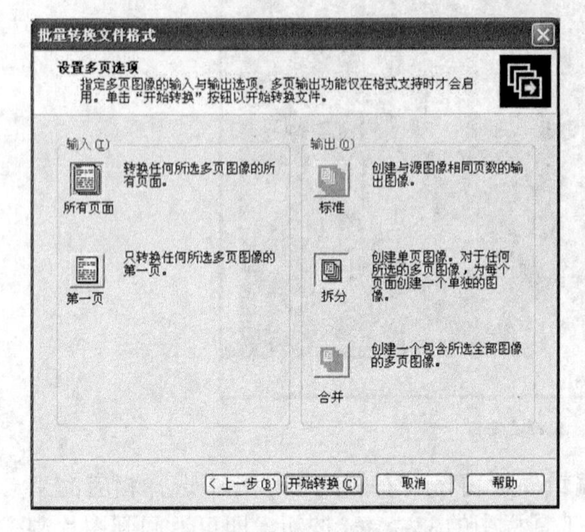

图 6-17 【批量转换文件格式】向导步骤 3

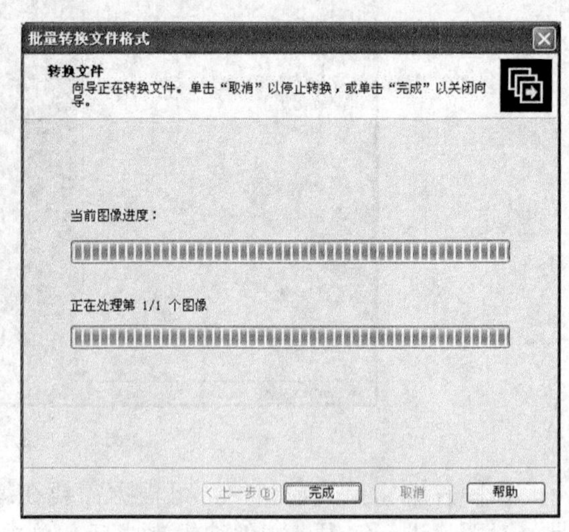

图 6-18 【批量转换文件格式】向导步骤 4

5. 在【批量转换文件格式】向导步骤 4 中，单击【完成】按钮，完成文件格式的转换。

6.4 图像捕捉软件 HyperSnap-DX

HyperSnap-DX 是广泛使用的屏幕抓图软件，使用它可以快速地从当前桌面、窗口或指定区域内抓图。HyperSnap-DX 还支持 Direct X、3Dfx GLIDE 游戏以及 DVD 影像技术。

HyperSnap-DX 是共享软件，任何人都可以在 30 天的测试期内使用它。如果用户希望在测试过期之后继续使用，则必须注册。HyperSnap-DX 目前最新的版本是 HyperSnap-DX 6.31。

HyperSnap-DX 官方网站是 http://www.hyperionics.com/，用浏览器打开该网站，在打开的网页中，单击【下载中心】链接，打开一个新网页，在新网页中再单击【HyperSnap-DX】的下载链接，即可下载 HyperSnap-DX 的安装程序文件，文件名是“HS6Setup.exe”。在 Windows XP 中，双击该文件的图标，即可运行该文件，安装 HyperSnap-DX。

6.4.1 HyperSnap-DX 的启动与退出

一、 HyperSnap 的启动

正确安装 HyperSnap-DX 后，选择【开始】/【程序】/【HyperSnap 6】/【HyperSnap 6】命令，即可启动 HyperSnap。启动后，出现如图 6-19 所示的【HyperSnap 6】窗口。

二、 HyperSnap 的退出

与其他应用软件的退出相似，关闭 HyperSnap 窗口即可退出 HyperSnap。

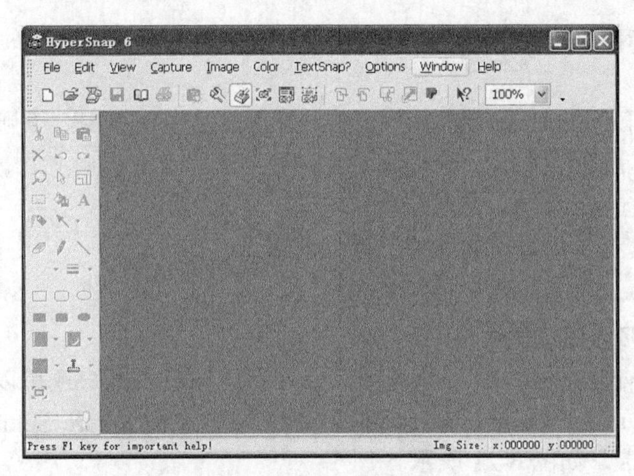

图 6-19 【HyperSnap 6】窗口

6.4.2　HyperSnap-DX 的使用

HyperSnap-DX 的主要功能是抓图，使用 HyperSnap-DX 默认设置的热键可完成抓图功能，抓取的图片保存到默认设置的文件夹中。通常情况下，用户都会根据需要重新设置抓图热键和保存目录。

一、 设置抓图热键

HyperSnap-DX 提供了一系列抓图热键，也允许用户重新定义适合自己习惯的抓图热键。选择【Capture】/【Screen Capture Hot Keys】命令，弹出如图 6-20 所示的【Screen Capture Hot Keys】对话框。

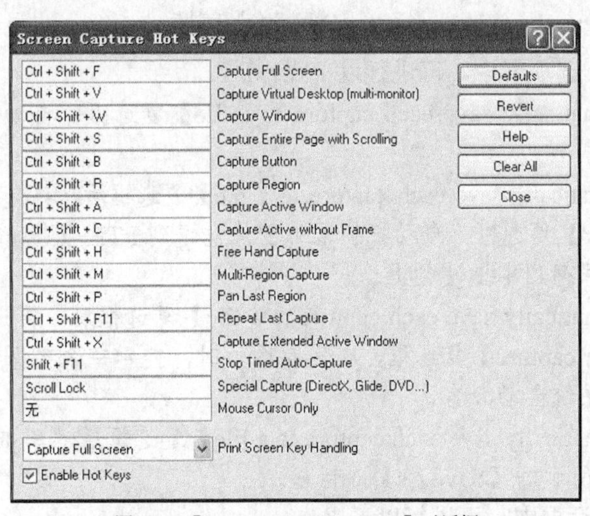

图 6-20 【Screen Capture Hot Keys】对话框

在【Screen Capture Hot Keys】对话框中，可进行以下操作。

- 在某一热键文本框中单击使该文本框中出现光标，按相应的热键，即可改变相应的热键。
- 在【Print Screen Key Handing】下拉列表框中选择一个功能，按下【Print

Screen】键时，完成相应的抓图功能。【Print Screen】键默认的抓图功能是抓取整个屏幕。

- 如果选择【Enable Hot Keys】复选框，可用热键进行抓图，否则，不能使用热键抓图，只能通过【HyperSnap 6】窗口中的菜单命令进行抓图。
- 单击 Defaults 按钮，恢复系统默认的热键设置。
- 单击 Clear All 按钮，清除所有热键的设置。
- 单击 Close 按钮，关闭该对话框。

二、 设置图片的保存位置

默认情况下，HyperSnap-DX 所抓的图只保存到剪贴板，用户还可以把所抓取的图片保存起来。选择【Capture】/【Capture Settings】命令，弹出【Capture Settings】对话框，打开【Quick Save】选项卡，如图 6-21 所示。

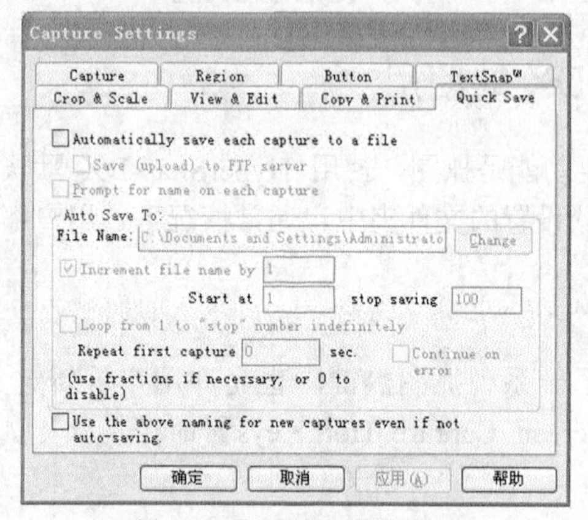

图 6-21 【Quick Save】选项卡

在【Quick Save】选项卡中，可进行以下操作。

- 选择【Automatically save each capture to a file】复选框，自动保存所抓取的每个图片。
- 选择【Automatically save each capture to a file】复选框后，再选择【Save(upload) to FTP server】复选框，自动把抓取的图片发送到 FTP 服务器上，否则自动把抓取的图片保存到本地硬盘上。
- 选择【Automatically save each capture to a file】复选框后，再选择【Prompt for name on each capture】复选框，在保存图片时，提示每个要保存图片文件的文件名，否则系统自动命名。
- 选择【Automatically save each capture to a file】复选框后，单击 Change 按钮，打开如图 6-22 所示的【Save As】对话框。

在【Save As】对话框中，可进行以下操作。

- 在【保存在】下拉列表中选择一个文件夹，抓取的图片保存到该文件夹中，也可在对话框左侧的预设位置中选择一个预设位置，抓取的图片保存到该位置中。
- 在【文件名】下拉列表框中选择或输入要保存文件的文件名首部（系统默认的首部为 snap），保存图片的文件名为首部后面添加一个序号（如 snap1、snap2 等）。

图 6-22 【Save As】对话框

- 在【保存类型】下拉列表中选择要保存图片文件的类型，系统默认的类型为 bmp 类型。
- 单击 保存(S) 按钮，保存所做的设置。

三、 抓图

HyperSnap-DX 的抓图方式有两种：用热键抓图和用菜单命令抓图。

【例 6-1】 用热键抓图。

用热键抓图的操作步骤如下。

1. 切换窗口，使要抓取的窗口成为当前窗口。
2. 根据要抓取的区域，按相应的热键。
3. 如果设置了自动保存图片文件，并每次提示文件名，则弹出一个对话框，在该对话框中设置要保存的文件名。

【例 6-2】 用菜单命令抓图。

用菜单命令抓图的操作步骤如下。

1. 切换窗口，使要抓取的窗口为当前窗口。
2. 切换【HyperSnap 6】为当前窗口，选择【Capture】命令，根据要抓取的区域，选择相应的命令。
3. 如果设置了自动保存图片文件，并每次提示文件名，则弹出一个对话框，在该对话框中设置要保存的文件名。

在抓图过程中，有以下几种情况。

- 如果抓取的是当前整个窗口或整个桌面，则无须其他动作，即可完成抓图操作。
- 如果抓取的是窗口控件（如按钮），用鼠标单击该控件即可抓取。
- 如果抓取的是窗口中的区域，需要用户在图像区域的左上角单击鼠标左键，再

在右下角单击鼠标左键，然后单击鼠标左键，即可抓取该区域中的图像。如果选择的区域不理想，单击鼠标右键即可取消本次操作。

小结

本章主要包括以下内容。

- 压缩与解压缩软件 WinRAR：介绍了压缩与解压缩软件 WinRAR 的启动与退出以及压缩与解压缩的操作方法。
- 文件下载软件迅雷：介绍了文件下载软件迅雷的启动与退出以及文件下载的操作方法。
- 图片浏览软件 ACDSee：介绍了图片浏览软件 ACDSee 的启动与退出以及图片浏览的操作方法。
- 图像捕捉软件 HyperSnap-DX：介绍了图像捕捉软件 HyperSnap-DX 的启动与退出以及图像捕捉的操作方法。

习题

1. 如何使用 WinRAR 来压缩文件？如何使用 WinRAR 来解压缩文件？
2. 如何使用迅雷下载文件？如何管理已经下载的文件？
3. 如何使用 ACDSee 来浏览图片？如何使用 ACDSee 来编辑图片？如何使用 ACDSee 来转换图片文件格式？
4. 如何使用 HyperSnap-DX 来捕捉整个桌面、当前窗口、一个命令按钮、一个矩形区域？

第7章　计算机网络基础

计算机网络是计算机技术与通信技术发展的产物。通过 Internet 可以实现全球范围内的信息交流与资源共享。

本章主要介绍计算机网络基础，包括以下内容。

- 计算机网络基础知识。
- 计算机局域网。
- Internet 的基础知识。
- Internet Explorer 7.0 的使用方法。
- Outlook Express 的使用方法。

7.1　计算机网络基础知识

计算机网络是在一定的历史条件下产生和发展的；计算机网络有其特有的功能和应用，也有其特有的组成与分类；计算机网络的连接需要传输媒介与连接设备；计算机网络有其特有的拓扑结构与通信协议。

7.1.1　计算机网络的产生与发展

计算机网络是指将地理位置不同、具有独立功能的多个计算机系统，通过各种通信介质和互连设备相互连接起来，配以相应的网络软件，以实现信息交换和资源共享的系统。

20 世纪 60 年代末，美国国防部的高级研究计划局（ARPA）开始研制 ARPANET。最初的 ARPANET 只连接了美国西部 4 所大学的计算机。此后，ARPANET 不断扩大，地理上不仅跨越美洲大陆，而且通过卫星连接到欧洲地区。

20 世纪 70 年代中期，国际电报电话咨询委员会（CCITT）制定了分组交换网络标准 X.25。20 世纪 70 年代末，国际标准化组织（ISO）制定了开放系统互连（OSI）参考模型。这些都为计算机网络走向正规化和标准化奠定了坚实的基础。

20 世纪 80 年代，随着微机的广泛普及和应用，对计算机进行短距离高速通信的要求也日益迫切，一种分布在有限地理范围内的计算机网络（简称局域网 LAN）应运而生。

20 世纪 80 年代中期，美国国家科学基金会（NSF）提供巨资，以 6 个科研服务的超级计算机中心为基础，建立了基于 TCP/IP 的全国性计算机网络 NSFNET。1986 年，NSFNET 取代了 ARPANET 成为今天的 Internet 基础。

20 世纪 90 年代，Internet 在美国获得了迅速发展和巨大成功，其他国家纷纷加入到 Internet 的行列，使 Internet 成为全球性的网络。至今，大约上百万个计算机网络、数百万台大型主机、数千万台计算机已连接到 Internet 中，上网人数以亿计算。

我国于 1994 年 4 月正式加入 Internet，互联网发展速度极为迅猛。目前，已建成中国公用计算机互联网（ChinaNet）、中国联通公用互联网（UniNet）、中国金桥信息网（ChinaGBN）、中国网通公用互联网（CNCNet）、中国移动互联网（CMNet）5个经营性互联网络以及中国教育和科研计算机网（CERNet）、中国科技网（CSTNet）、中国长城网（CGWNet）、中国国际经济贸易互联网（CIETNet）4个非经营性互联网络。

7.1.2 计算机网络的功能与应用

一、计算机网络的功能

尽管计算机网络采用的通信介质和互连设备以及具体用途有所不同，但计算机网络通常有以下5种功能。

- 交换信息：网络系统中的计算机之间能快速、可靠地相互交换信息。交换的信息不仅可以是文本信息，还可以是图形、图像、声音等多媒体信息。交换信息是计算机网络最基本的功能，也是其他功能实现的基础。
- 共享资源：网络系统中的计算机之间不仅能共享计算机硬件和软件资源，还可以共享数据库、文件等各种信息资源。通过共享资源，不仅能大大提高资源的利用率，而且还可以降低运营成本。
- 分布处理：把复杂的数据库分布到网络中的不同计算机上存储，把复杂的计算分布到网络中的不同计算机上处理，使复杂的数据库能够以最有效的方式组织和使用，使复杂的计算任务能够以最有效的方式完成。
- 负载均衡：根据网络上计算机资源的忙碌与空闲状况，合理地对它们进行调整与分配，以达到充分、高效地利用网络资源的目的。
- 提高可靠性：网络中的计算机一旦出现故障，可将其任务转移到网络中的其他计算机上，使工作照常进行，避免了单机情况下一台计算机出现故障整个系统瘫痪的局面。

二、计算机网络的应用领域

由计算机网络的功能可知，计算机网络可应用到社会生活的各个方面，以下是常见的应用领域。

- 情报检索：利用计算机网络，检索网络内计算机上的诸如科技文献、图书资料、发明专利等科技情报，不仅可以提高检索速度，而且可以提高检索质量。
- 远程教学：利用计算机网络，可对外地的学生进行授课、答疑、批改作业，使教育不受地域限制。
- 企业管理：利用基于计算机网络的管理信息系统，可及时、准确地掌握人员、生产、市场、财务等信息，及时对企业的经营管理进行决策。
- 电子商务：利用计算机网络来完成商务活动，如询价、签订合同、电子付款等，可大大提高商务效率，减少商务成本。
- 电子金融：利用计算机网络来完成金融活动，如证券交易、银行对账、信用卡支付等，可大大提高金融活动的效率。
- 电子政务：可以通过计算机网络公布政府工作的法规文件、发展计划、重大举措等，还可以通过计算机网络及时反馈信息，加强与群众的沟通联系。
- 现代通信：通过计算机网络不但能收发电子邮件，也可给移动电话发送短信息，大大丰富了人们的通信方式。

- 办公自动化：通过网络传阅通知、文件、简报等办公文书，不仅能减少办公差错，而且还能提高办公效率，节省办公经费。

7.1.3　计算机网络的组成与分类

一、　计算机网络的组成

计算机网络是一个复杂的系统，是由计算机、网络传输媒介、网络互连设备、网络软件等组成的。

- 计算机：网络中的计算机可以是巨型机，也可以是微机，网络中计算机的操作系统也可以多种多样。在计算机网络中，有两种类型角色的计算机：服务器和工作站。服务器提供各种网络上的服务，并实施网络的管理。工作站不仅可以作为独立的计算机使用，还可以共享网络资源。
- 网络传输介质：网络传输介质用来传输网络通信中的信息。网络传输介质可以是有线的，如双绞线、同轴电缆、光纤等，也可以是无线的，如微波通信、卫星通信等。网络传输介质传输的既可以是数字信号，也可以是模拟信号。如果是模拟信号，则必须进行数字信号和模拟信号之间的转换，如拨号上网所使用的调制解调器就是用来转换数字信号和模拟信号的。
- 网络互连设备：网络互连设备包括网络适配器、中继器、集线器、路由器等。网络适配器也叫网卡，是计算机之间相互通信的接口。中继器也称重发器，是对网络电缆上传输的信号进行放大和整形后再发送到其他电缆上的设备。集线器（Hub）是连接网络中某几个介质段（如双绞线和同轴电缆）的设备。路由器用于连接相同或不同类型网络的设备，可将不同传输介质的网络段连接起来。
- 网络软件：网络的正常运转需要网络软件的支持，最主要的网络软件是网络操作系统。网络操作系统是在操作系统的基础上增加网络服务和网络管理功能构成的，UNIX、Windows 2000 Server 是典型的网络操作系统。对于网络服务器，必须安装网络操作系统；对于工作站，只需要其操作系统支持网络即可。

二、　计算机网络的分类

根据计算机网络的分类标准不同，计算机网络常用的分类有如下 3 种。

- 按网络跨越范围分：计算机网络按跨越范围可分为广域网、局域网和城域网。广域网（WAN）跨越的范围大，可从几十千米到几千千米。局域网（LAN）的跨越范围一般在几十千米以内。城域网（MAN）介于广域网和局域网之间，通常在一个城市内。
- 按应用范围分：计算机网络按应用范围可分为公用网和专用网。公用网是为社会所有人服务并开放的网络，一般由国家有关部门或社会公益机构组建，如我国的 Chinanet。专用网是某部门或单位因特殊的工作需要所建立的网络，仅为本部门提供服务，不对外开放，军用网是专用网的典型范例。
- 按信号传输速率分：网络中信号的传输速率单位是 bit/s（“位/秒”），计算机网络按信号的传输速率可分为低速网、中速网和高速网。低速网的传输速率在

1.5Mbit/s 以下，中速网的传输速率在 1.5～45Mbit/s 之间，高速网的传输速率在 45Mbit/s 以上。现在常说的吉比特网可称为超高速网。

7.1.4 计算机网络的拓扑结构与 OSI 参考模型

一、 计算机网络的拓扑结构

计算机网络是由多台独立的计算机系统通过通信线路连接起来的。把计算机抽象为点，把通信线路抽象为线，这种用点和线描述的计算机网络结构称为拓扑结构。

根据拓扑结构的形状，可把计算机网络分成总线型、星型、树型、环型、全互联型以及不规则型网络，如图 7-1 所示。

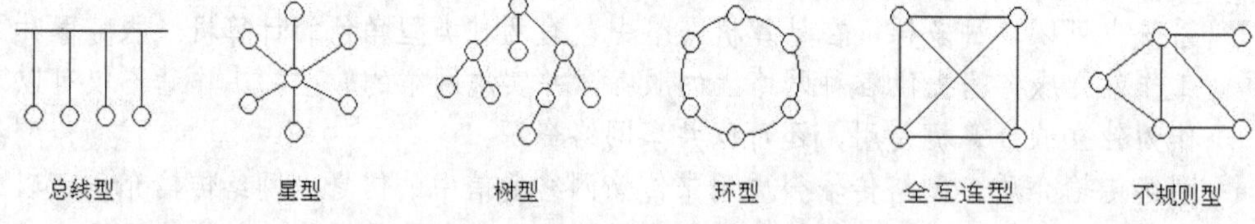

图 7-1 计算机网络拓扑结构类型

- 总线型：网络中的各个节点连接在一条公用的通信电缆上，任何时刻只允许一个节点占用线路。这种网络线路便于扩充，局部节点的故障不会影响整个网络，但在重负荷下网络传输效率明显降低。
- 星型：网络中所有节点都与一个特殊节点连接，这个特殊节点称作中心节点，任何通信都由发送端发送到中心节点，然后由中心节点转发到接收节点。这种网络控制比较简单，但可靠性差，容易出现故障。
- 树型：网络中所有的节点按照一定的层次关系自顶而下排列，最顶层只有一个节点。这类结构是星型结构的变种，特点是灵活、可靠，覆盖距离较远，但电缆成本较高。
- 环型：网络中所有的节点用通信电缆连接成封闭环路，每一节点与它左右相邻的节点连接。这种网络局部节点的故障会影响整个网络。
- 全互连型：网络中的任何节点都直接与其他节点相连，任何两个节点之间都有通信线路。这种网络是使用最方便但最不经济的结构。
- 不规则型：不属于以上任何结构类型，通常是以上某几种拓扑结构的组合。

二、 计算机网络的 OSI 参考模型

OSI 参考模型称连是国际标准化组织（ISO）制定的计算机网络体系结构标准，该标准描述了网络层次结构的模型，网络通信协议通常遵循这个标准。OSI 参考模型共分 7 层，从底到上分别为物理层、数据链路层、网络层、传输层、会话层、表示层和应用层。

- 物理层：提供机械、电气功能和构成特性。
- 数据链路层：实现数据的无差错传送。
- 网络层：处理网络间路由选择，确保数据及时传送。
- 传输层：提供建立、维护和取消传输连接功能，负责可靠地传输数据。
- 会话层：允许在不同机器上的用户建立会话关系。
- 表示层：提供格式化的数据表示和转换服务。

- 应用层：提供网络与用户应用软件之间的接口服务。

7.2　计算机局域网

局域网是指在较小的范围内，利用通信线路将计算机等其他设备互连起来，使用户共享计算机资源的网络。按照拓扑结构的不同，局域网可以分为总线型局域网、星型局域网和环型局域网 3 种基本类型。

7.2.1　局域网的发展过程

1973 年，Xerox 公司提出并实现了最初的以太网，网络速度是 3Mbit/s。1979 年，Xerox 公司、DEC 公司、Intel 公司联合起来（简称 DIX 联盟），致力于以太网技术的标准化和商品化，并促进该项技术在网络产品中的应用。这 3 家公司于 1980 年 9 月开发并发布了 10Mbit/s 的以太网标准。

与此同时，IEEE 标准委员会成立了著名的 802 计划，其目标是为局域网标准化提供广泛的工业标准。802 计划的第 1 次会议于 1980 年 2 月在加利福尼亚州的旧金山召开。该委员会被分成了几个工作组，其中 IEEE 802.3 致力于以太网，IEEE 802.4 致力于令牌总线网，IEEE 802.5 致力于令牌环网。

1983 年 6 月，IEEE 标准委员会通过了第 1 个 IEEE 802.3 标准。这个标准与 DIX 联盟的以太标准基本上使用系统的技术。后来 Synoptics Communications 公司开发了在双绞线上传输 10Mbit/s 以太网信号技术。IEEE 标准委员会于 1990 年 9 月通过了使用双绞线介质的以太标准。

DEC 公司在 20 世纪 80 年代初开发了第一个透明的局域网网桥，并与 1984 年发布了商品化产品。1990 年，IEEE 标准委员会发布了局域网桥接与交换标准 IEEE 802.1D。

1991—1992 年间，Grand Junction 网络公司开发了一种高速以太网，运行速度达到 100Mbit/s。1995 年，IEEE 标准委员会发布了百兆比特每秒以太网的标准 IEEE 802.3u。

1996 年，IEEE 802.3 成立了一个标准开发任务组，于 1998 年完成并通过了吉比特每秒以太网的标准 IEEE 802.3z。

7.2.2　局域网的主要传输介质

局域网的主要传输介质包括双绞线、同轴电缆、光纤和无线通信媒介。

一、　双绞线

双绞线由两根绝缘导线相互缠绕而成，一对或多对（常见的是 4 对）双绞线放置在保护套中便构成了双绞线电缆，它既可用于传输模拟信号，也可以用于传输数字信号。双绞线电缆又可分为屏蔽和非屏蔽两种。非屏蔽双绞线电缆由多股双绞线和一个塑料护套构成。电子工业协会对双绞线电缆进行了分类，其中 3 类型和 5 类型非屏蔽双绞线广泛应用在计算机网络中。3 类型适合于目前大部分计算机网络，5 类型则可以改善传输介质性能。在 100m 范围内，非屏蔽双绞线传输数据的速率为 1～100Mbit/s。目前，大部分非屏蔽双绞线由于受到衰减的影响，其有效范围在几百米以内。另外，非屏蔽双绞线易受电磁干扰和被窃听。屏蔽双绞线电缆的外层先由铝箔包住然后再用塑料套套住，它比非屏蔽双绞线成本高一些，理论上受外界影响较少，具有更高的传输率。屏蔽双绞线的有效范围也

在几百米以内。

二、 同轴电缆

同轴电缆由绕在同一轴线上的两个导体组成。典型的同轴电缆中央是一根比较硬的铜导线或多股导线，它由绝缘层与外层分开。此层绝缘体又被第二层导体包住，第二层导体可以是网状导体，用来屏蔽电磁等干扰。最后，电缆表面由坚硬的绝缘塑料包住。同轴电缆有 50 欧姆和 75 欧姆两种常用类型。50 欧姆同轴电缆又称基带同轴电缆，仅用于数字信号传输；75 欧姆同轴电缆又称为宽带同轴电缆，既可以传输模拟信号，又可以传输数字信号。同轴电缆的传输速率介于双绞线和光纤之间，它的有效距离通常在几千米范围之内。

三、 光纤

光纤一般为圆柱状，是由纤芯、包层和涂霜层组成。光纤可以由单根光纤组成，但通常是将多股光纤捆在一起组成光缆。光纤分多模和单模两种。单模光纤具有更高的容量，但它的造价比多模光纤高。光纤本身只能传输光信号，为了使光纤能传输电信号，光纤两端必须配有光发射机和光接收机。光发射机完成从电信号到光信号的转换；光接收机完成从光信号到电信号的转换。光纤的优点是传送信号的频带宽度极高、衰减极低、不泄漏信号、不受电磁波干扰、高频失真小，并且无须地线，适合在各种恶劣环境下应用。

四、 无线通信媒介

无线通信媒介通常是指无线电波、微波、红外线、激光等。无线电波能通过各种传输天线产生全方位广播或定向发射，无线电发射器决定了信号的频率及功率。微波数据通信系统有两种形式：地面系统和卫星系统。由于微波是直线传播（地球表面为曲面），所以它的传播距离受限，一般只有 50km 左右，所以必须在两个通信终端之间增加若干个中继站。红外线传输数据采用光发射二极管、激光二极管或光电二极管来进行站点之间的数据交换，既可以进行点到点通信，也可以广播式通信。

7.2.3 局域网的主要通信设备

局域网的主要通信设备包括网络适配卡、集线器和交换机。

一、 网络适配卡

网络适配器（Network Adapter）又称为网络接口卡（Network Interface Card，NIC），简称网卡。网卡是组建局域网的基本部件，一方面连接局域网中的计算机，另一方面连接局域网中的传输介质。网卡一般插在计算机内部的扩展槽上，并通过连接器（如 T 型连接器或 RJ45 接头）连接到网线上。每个网卡上都有一个固定的全球唯一的地址，又称网卡的物理地址，计算机网络就是靠此地址的不同从而区分开网络中的每台计算机。

网卡的功能主要有两个：一是将计算机的数据进行封装，并通过网线将数据发送到网络上；二是接收网络上传过来的数据，并传送到计算机中。

二、集线器

集线器又称集中器，主要功能是对接收到的信号进行再生整形放大，以扩大网络的传输距离，同时把所有站点集中在以它为中心的节点上。

当局域网需要在某几个介质段之间有一个连接的中央节点时，就需要使用集线器这种通信设备。集线器在局域网中充当电子总线的作用，在使用集线器的局域网中，当一方发送时，其他机器则不能发送。当一台机器出现故障时，集线器可以进行隔离，而不像使用同轴电缆总线那样影响整个网络。

集线器属于网络底层设备，当它要向某节点发送数据时，不是直接把数据发送到目的节点，而是把数据包发送到与集线器相连的所有节点。

三、交换机

交换机（Switch）是集线器的升级换代产品，从外观上来看，它与集线器基本上没有多大区别，都带有多个端口。

交换机拥有一条很高带宽的背部总线和内部交换矩阵，交换机的所有端口都挂接在这条背部总线上。交换机收到数据包以后，处理端口会查找内存中的 MAC 地址对照表，以确定拥有目的 MAC 地址的网卡挂接在哪个端口上，之后通过内部交换矩阵直接将数据包迅速传送到目的站点，而不是所有站点，因此通信效率高，且不易产生网络堵塞。

交换机和集线器在 OSI 参考模型中对应的层次是不一样的，集线器是同时工作在物理层和数据链路层的设备，而交换机至少是工作在数据链路层的设备，有些类型的交换机还可以工作在更高的层次上，如网络层或传输层。

7.2.4　局域网的资源共享

局域网的资源共享主要包括共享文件和共享打印机。一个用户要想共享自己的文件或打印机，让其他计算机的用户访问，首先这两台计算机必须连接到同一个局域网中，并且这两台计算机必须位于同一个工作组中，这需要设置网络。

一、设置网络

在桌面上双击【网上邻居】图标，打开【网上邻居】窗口，如图 7-2 所示。

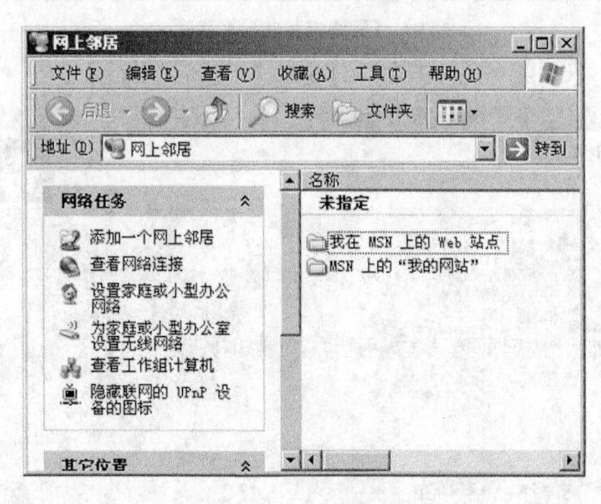

图 7-2 【网上邻居】窗口

在【网络任务】任务窗格中，单击【设置家庭或小型办公网络】连接，弹出如图 7-3 所示的【网络安装向导】对话框。

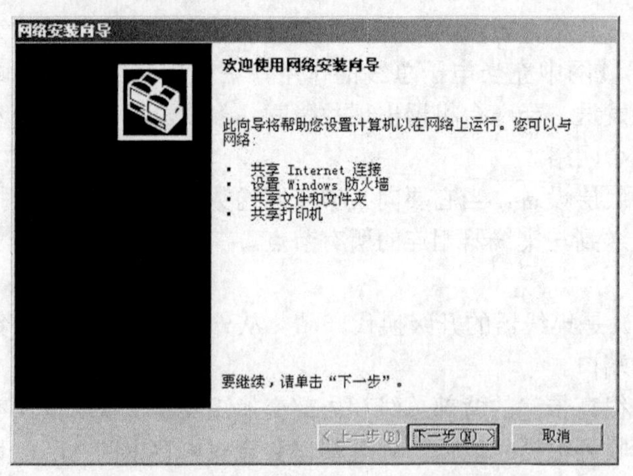

图 7-3 【网络安装向导】步骤 1

单击[下一步(N) >]按钮，【网络安装向导】对话框如图 7-4 所示。

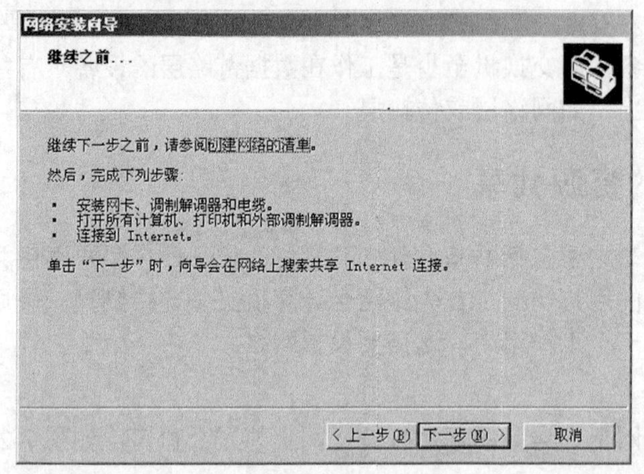

图 7-4 【网络安装向导】步骤 2

单击[下一步(N) >]按钮，【网络安装向导】对话框如图 7-5 所示。

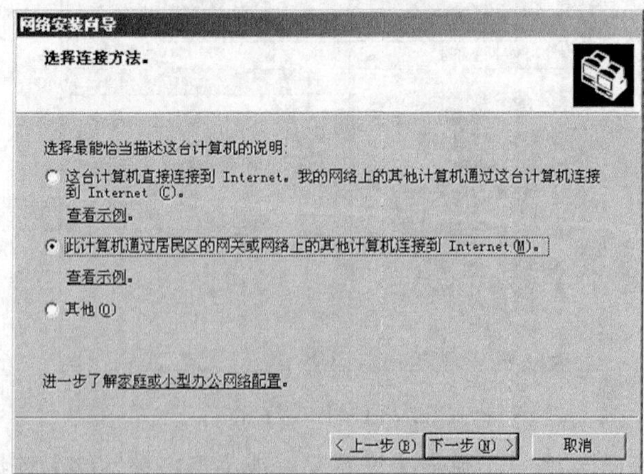

图 7-5 【网络安装向导】步骤 3

选择【此计算机通过居民区的网关或网络上的其他计算机连接到 Internet】单选钮，单击[下一步(N) >]按钮，【网络安装向导】对话框如图 7-6 所示。

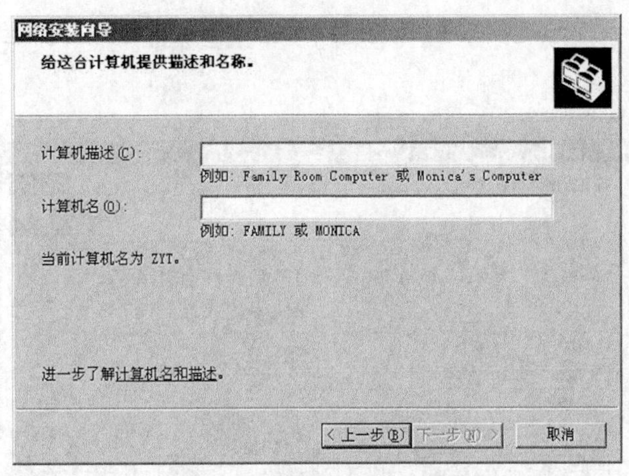

图 7-6 【网络安装向导】步骤 4

在【计算机描述】文本框中输入你的计算机的描述，在【计算机名】文本框中输入你的计算机名字。单击下一步(N) >按钮，【网络安装向导】对话框如图 7-7 所示。

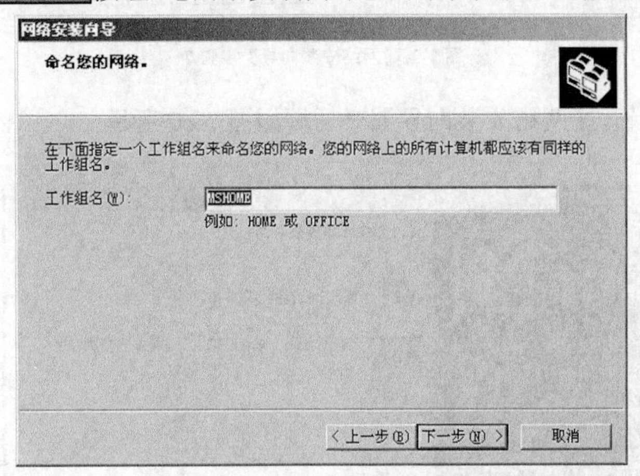

图 7-7 【网络安装向导】步骤 5

在【工作组名】文本框中输入工作组名，单击下一步(N) >按钮，【网络安装向导】对话框如图 7-8 所示。

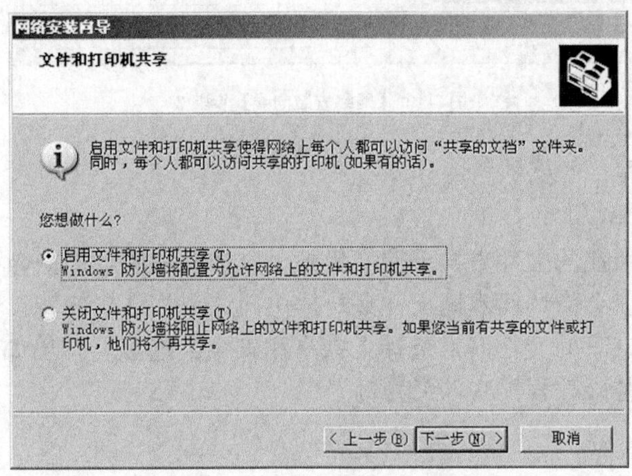

图 7-8 【网络安装向导】步骤 6

选择【启用文件和打印机共享】单选钮，单击 下一步(N) > 按钮，【网络安装向导】对话框如图 7-9 所示。

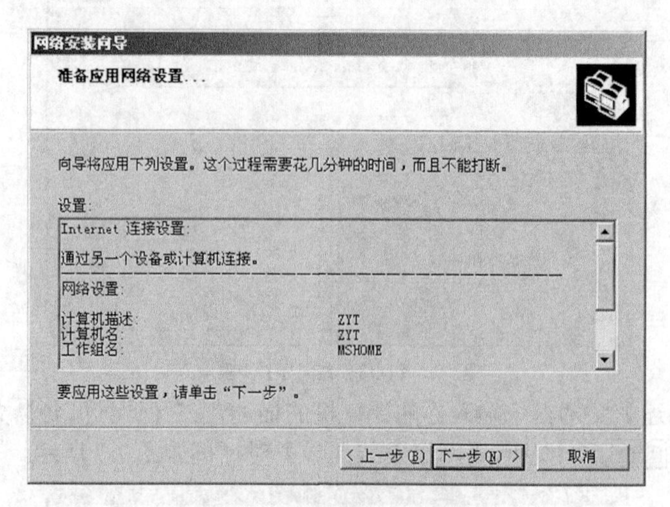

图 7-9 【网络安装向导】步骤 7

单击 下一步(N) > 按钮，【网络安装向导】对话框如图 7-10 所示。

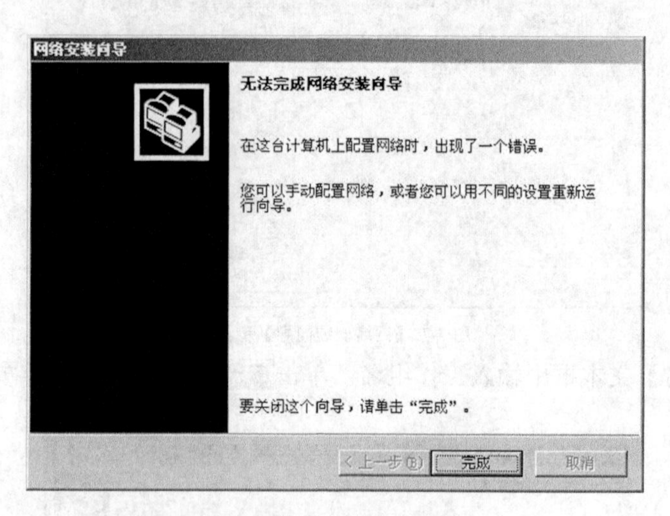

图 7-10 【网络安装向导】步骤 8

单击 完成 按钮，完成网络的设置。

二、 共享文件

用户把一个文件所在的文件夹共享后，另外一台计算机的用户就会在网络邻居中查看到该文件夹，这个用户就会像访问本地文件夹一样访问这个共享文件夹。设置共享文件夹的方法是：用鼠标右击要共享的文件夹，选择【共享和安全】选项，弹出如图 7-11 所示的对话框（以“大学计算机基础教程”文件夹为例）。

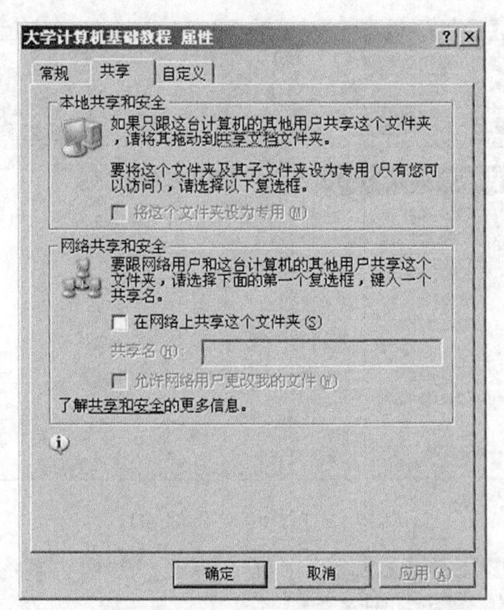

图 7-11 “共享”选项卡

在【网络共享和安全】组中，选择【在网络上共享这个文件夹】复选框，然后在【共项名】文本框中，输入一个共享名（网络用户所看到的名字）。如果需要网络用户修改你的文件，选择【允许网络用户更改我的文件】复选框。单击确定按钮，完成文件夹的共享。一个文件夹共享后，其文件夹图标会变成“手拖”样式，如图 7-12 所示。

图 7-12 共享后的文件夹

文件夹共享后，其他同工作组中的网络用户，打开【网上邻居】窗口（见图 7-2），在【网络任务】任务窗格中单击【查看工作组计算机】连接，窗口中就会列出本工作组中所有共享的文件夹。用户可以像使用本地文件夹一样使用这个文件夹，从而达到了文件共享的目的。

三、 共享打印机

要把与计算机相连的打印机共享，供其他网络用户使用，其方法是：打开【控制面板】，在【控制面板】窗口中双击【打印机和传真】图标，打开【打印机和传真】窗口，如图 7-13 所示。

在【打印机和传真】窗口中，选择要共享的打印机，在【打印机任务】任务窗格中选择【共享此打印机】连接，弹出【打印机属性】对话框，如图 7-14 所示。

在【打印机属性】对话框中，选择【共享这台打印机】单选钮，在【共享名】文本框中输入共享打印机的名称，然后单击确定按钮，完成共享打印机的工作。

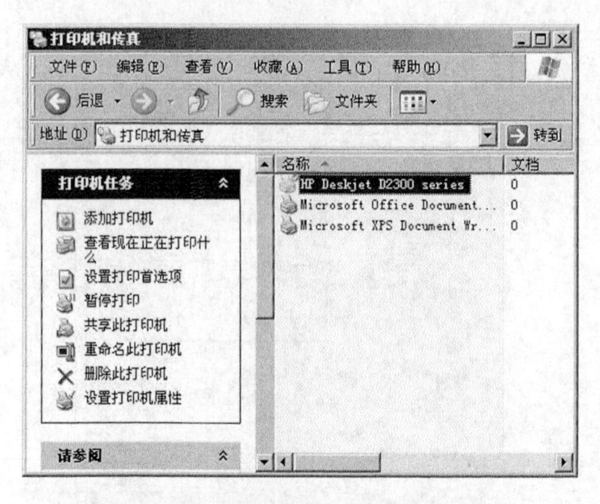

图 7-13 【打印机和传真】窗口

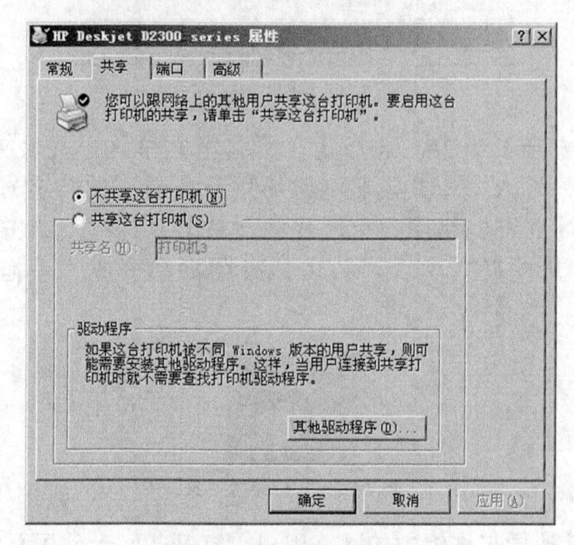

图 7-14 【打印机属性】对话框

设置打印机共享后，网络用户还不能使用该打印机，在网络的其他计算机上还需要添加该共享的打印机，其方法是：在【打印机任务】任务窗格中选择【添加打印机】连接，弹出【添加打印机向导】对话框，如图 7-15 所示。

单击下一步(N) >按钮，【添加打印机向导】对话框如图 7-16 所示。

选择【网络打印机或连接到其他计算机上的打印机】单选钮，单击下一步(N) >按钮，【添加打印机向导】对话框如图 7-17 所示。

如果你不知道共享打印机的网络路径，则可以选择【浏览打印机】单选钮，来查找局域网同一工作组内共享的打印机。如果已经知道打印机的网络路径，则输入这个网络路径，例如“\\192.168.18.6\EPSON670”，然后单击下一步(N) >按钮，系统会自动查找该共享打印机，查找到后，会弹出如图 7-18 所示的【连接打印机】对话框，让用户确认是否在本地计算机上添加相应的打印机驱动程序。单击是(Y)按钮后，【添加打印机向导】对话框如图 7-19 所示。

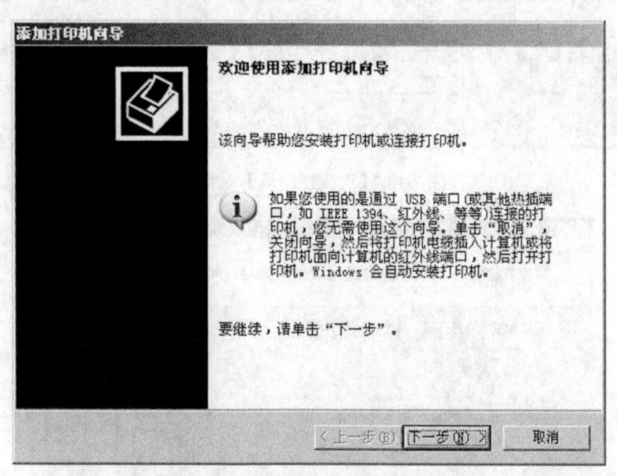

图 7-15 【添加打印机向导】步骤 1

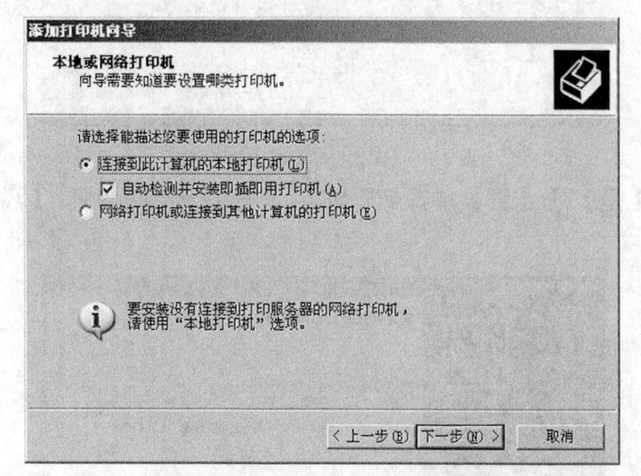

图 7-16 【添加打印机向导】步骤 2

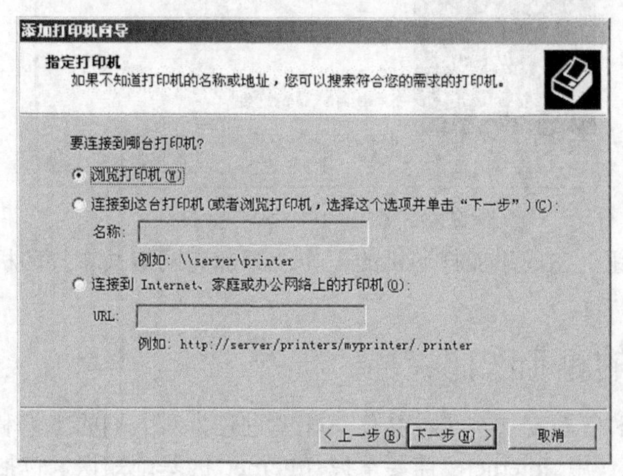

图 7-17 【添加打印机向导】步骤 3

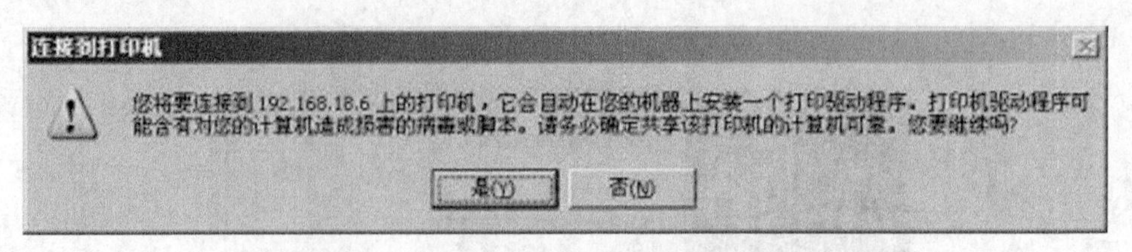

图 7-18 【连接打印机】对话框

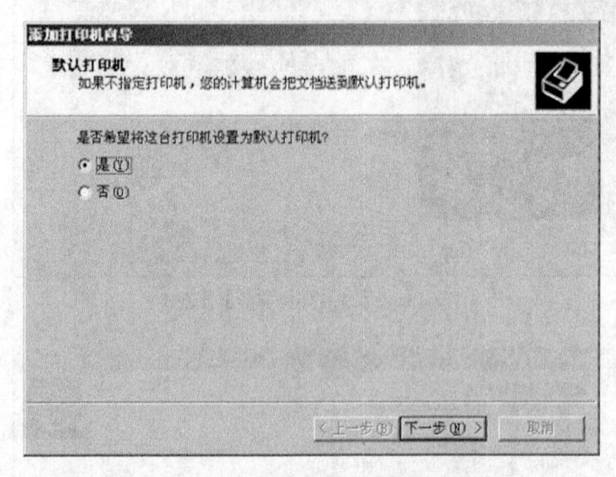

图 7-19 【添加打印机向导】步骤 4

根据需要选择【是】或【否】单选钮，然后单击下一步(N) >按钮，【添加打印机向导】对话框如图 7-20 所示。

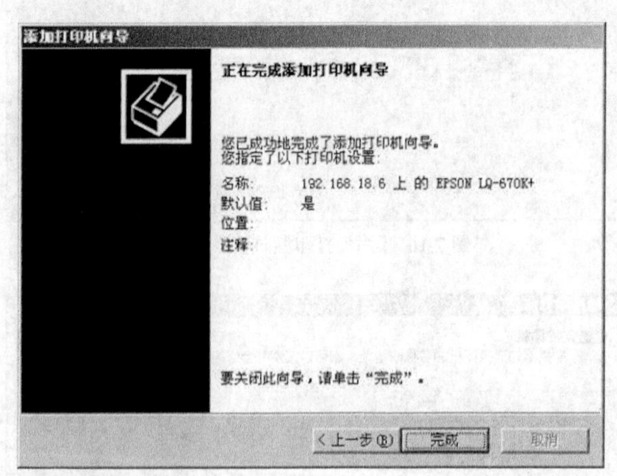

图 7-20 【添加打印机向导】步骤 5

单击完成按钮，完成添加打印机的工作。添加完网络共享打印机后，该打印机可以像本地打印机一样使用。

7.3 Internet 的基础知识

Internet 的发展和普及，加快了社会信息化的进程，对人们的工作和生活方式都产生了深刻的影响。有效地使用 Internet，需要掌握 Internet 的基础知识，包括 Internet 的基本概念、Internet 的服务内容和 Internet 的接入方式。

7.3.1 Internet 的基本概念

Internet 也称“因特网”，它将世界上的各种局域网和广域网相互连接，形成了一个全球范围的网络。每个网络都通过通信线路与 Internet 连接到一起，通信线路可以是电话线、数据专线、光纤、微波、通信卫星等。

Internet 有许多重要的基本概念需要理解，包括 TCP/IP、IP 地址、域名系统、Web 页、统一资源定位、E-mail 地址等。

一、TCP/IP

网络是由不同部门和单位组建的，要把各种不同的网络互连并实现通信，必须有统一的通信语言，称为网络协议。Internet 使用的网络协议是 TCP/IP。

TCP/IP 包含两个协议：传输控制协议（TCP）和网际协议（IP）。TCP 的作用是表达信息，并确保该信息能够被另一台计算机所理解；IP 的作用是将信息从一台计算机传送到另一台计算机。

用 TCP/IP 传送信息时，首先将要发送的信息分成许多个数据包，每个数据包都有包头和包体，包头是一些 TCP/IP 信息，包体则包括要传送的信息，然后通过物理线路进行发送，数据包到达接收方计算机后，打开数据包，取出包中的信息。所有数据包接收完后，最后将各个分成包的信息合成为完整的信息。

二、IP 地址

连接到采用 TCP/IP 的网络的每个设备（计算机或其他网络设备）都必须有唯一的地址，这就是 IP 地址，一个网络设备的 IP 地址在全球是唯一的。IP 地址是一个 4 字节（32 位）的二进制数，每字节可对应一个小于 256 的十进制整数，字节间用小圆点分隔，形如×××. ×××. ×××. ×××，如雅虎站点的 IP 地址是 204.71.200.75。

IP 地址用来标识通信过程中的源地址和目的地址，但源地址和目的地址可能处于不同的网络，因此，IP 地址包括网络号和主机号。网络号和主机号的位数不是固定的，根据网络规模和应用的不同，IP 地址分为 A～E 类，每类 IP 地址中网络号和主机号的位数如表 7-1 所示，常用的 IP 地址是 A、B、C 类 IP 地址。

表 7-1　　IP 地址的分类

类别	第一字节	第一字节数的范围	网络号位数	主机号位数
A	0×××××××	0～127	7	24
B	10××××××	128～191	14	16
C	110×××××	192～223	21	8
D	1110××××	224～239	多播地址	
E	11110×××	240～255	目前尚未使用	

A 类 IP 地址的网络号位数是 7 位，能表示的网络个数是 2^7 个，即 128 个；每个网络中主机号有 24 位，能表示的主机个数是 2^{24} 个，即 16 777 216 个。依此类推，可知道其他类 IP 地址中网络的个数和每个网络中主机的个数。由于 A 类 IP 地址的网络中主机个数甚多，称为大型网络，B 类 IP 地址的网络称为中型网络，C 类 IP 地址的网络称为小型网络。

如果从网络用户的地址角度分类，IP 地址又可分为动态地址和静态地址两类。动态地

址是用户连接到 Internet 时，所连接的网络服务器根据当时所连接的情况，分配给用户的一个 IP 地址。当用户下网后，这个 IP 地址又可分配给其他用户。静态地址是用户每次连接到 Internet 时，所连接的网络服务器都分配给用户一个固定的 IP 地址，即使用户下网，这个地址也不分配给其他用户。

为了确保 IP 地址在 Internet 上的唯一性，IP 地址由美国的国防数据网的网络信息中心（DDN NIC）分配。对于美国以外的国家和地区的 IP 地址，DDN NIC 又授权给世界各大区的网络信息中心分配。

三、 域名系统

IP 地址是一串数字，不便于记忆，于是人们提出采用域名代替 IP。域名便于理解和记忆，但是在 Internet 上是以 IP 地址来访问某台计算机的，因此需要把域名翻译成 IP 地址，这项工作是由域名服务器（DNS）完成的。

域名采用分层次的命名方法，每层都有一个子域名，通常采用英文缩写，子域名间用小圆点分隔，从右向左分别为最高层域名、机构名、网络名、主机名。例如，北京大学 Web 服务器的域名是 www.pku.edu.cn，含义是“Web 服务器.北京大学.教育机构.中国”。最高层域名为国家或地区代码（见表 7-2），没有国家或地区代码的域名（如 www.yahoo.com）称为顶级域名。

表 7-2　　常见的国家或地区代码

代码	国家/地区	代码	国家/地区
au	澳大利亚	hk	中国香港特别行政区
ca	加拿大	it	意大利
ch	瑞士	jp	日本
cn	中国	kr	韩国
de	德国	sg	新加坡
fr	法国	tw	中国台湾
gb	英国	us	美国

Internet 域名系统中常见的机构有 7 种，其机构名称及其含义如表 7-3 所示。

表 7-3　　机构名称及其含义

代码	含义	代码	含义
com	商业机构	edu	教育机构
net	网络机构	mil	军事机构
gov	政府机构	org	社团机构
int	国际机构		

四、 统一资源定位

在 Internet 上，每一个信息资源都有唯一的地址，该地址称为统一资源定位（URL）。URL 由资源类型、主机域名、资源文件路径和资源文件名 4 部分组成，其格式是“资源类型://主机域名/资源文件路径/资源文件名”。例如，“http://www.neea.edu.cn/zixue/zixue.htm”。

- http 表示资源信息是超文本信息。
- www.neea.edu.cn 是国家教育部考试中心主机的域名。
- zixue 是资源文件路径。
- zixue.htm 是资源文件名。

目前编入 URL 中的资源类型有 HTTP、FTP、Telnet、WAIS、News、Gopher 等，其中最常用的是 HTTP，表示超文本资源。如果 URL 中没有资源类型，则默认的类型是“HTTP”。如果 URL 中没有资源文件名，资源所在的主机取默认的资源文件名。通常情况下，资源文件名是“index.htm”，也可能是其他名字，随主机的不同而不同。

五、 Web 页

公司、学校、团体、机构乃至个人均可在 Internet 上建立自己的 Web 站点，这些站点通过 IP 地址或域名进行标识。Web 站点包含各种各样的文档，通常称作 Web 页或网页。每个 Web 页都有唯一的一个 URL 地址，通过该地址可以找到相应的文档。

Web 页是一个“超文本”页，“超文本”有两个含义，其一是指信息的表达形式，即在文本文件中加入图片、声音、视频等组成超文本文件；其二是指信息间的超链接，超文本将信息资源通过关键字方式建立链接，使信息不仅可按线性方式搜索访问，而且可按交叉方式搜索访问。

有一类特殊的 Web 页，它对 Web 站点中的其他文档具有导航或索引作用，此类 Web 页称为主页（Home Page）。用户在访问某一站点时，即使不给出主页的文档名，Web 服务器也会自动提供该站点的主页。

六、 E-mail 地址

与普通邮件的投递一样，E-mail（电子邮件）的传送也需要地址。电子邮件存放在网络的某台计算机上，所以电子邮件的地址一般由用户名和主机域名组成，其格式为：用户名@主机域名（如 John@yahoo.com）。电子邮件地址需要到相应机构的网络管理部门注册登记。注册登记后，在相应的电子邮件服务器上为用户建立一个用户名，形成一个电子邮件地址。用户也可以到某些站点申请免费的电子邮件地址（如 www.yahoo.com、www.hotmail.com 等）。

7.3.2 Internet 的服务内容

Internet 提供了形式多样的手段和工具，为广大的 Internet 用户提供服务。常见的服务有万维网（WWW）、电子邮件（E-mail）、文件传输（FTP）、远程登录（Telnet）、新闻组（News Group）、电子公告板系统（BBS）等。用户最常使用的是其中的万维网和电子邮件。

一、 WWW 服务

万维网（WWW，World Wide Web）是一个由“超文本”链接方式组成的信息链接系统。WWW 采用客户机/服务器系统，在客户机方（即 Internet 用户方）使用的程序叫 Web 浏览器，常用的 Web 浏览器有 Internet Explorer、Netscape Navigator 等。WWW 服务器通常称为 Web 站点，主要存放 Web 页面文件和 Web 服务程序。一个 Web 站点存放了许多页面，其中最引人注目的是 Web 站点的主页（Home Page），它是一个站点的首页，从该页出发可以链接到本站点的其他页面，也可以链接到其他站点。

每个 Web 站点都有一个 IP 地址和一个域名，当用户在 Web 浏览器的地址栏中输入一个站点的 IP 地址或域名后，浏览器将自动找到该站点的首页，显示页面的信息。

二、 电子邮件

电子邮件服务就是通过 Internet 收发邮件。Internet 提供了类似邮政机构的服务，将邮件以文件的形式发送到指定的接收者那里。与普通邮件相比，电子邮件有许多优点：首先，电子邮件速度快，发出一个电子邮件后，几乎是瞬间就能到达。其次，电子邮件价格低，特别是国际邮件，相对来讲更加便宜。还有，电子邮件的内容不仅可以是文本文件，还可以包括语音、图像、视频等信息。

三、 文件传输

连接在 Internet 上的许多计算机内都存有若干有价值的资料，用户如果需要这些资料，必须从远处的计算机上下载，这需要 Internet 的文件传输服务。在 Internet 上，要在不同机型、不同操作系统之间进行文件传输，需要建立一个统一的文件传输协议，这就是 FTP。FTP 是一种通信协议，可使用户通过 Internet 将文件从一个地点传输到另一个地点。

要从远程计算机上通过 FTP 进行文件传输，用户必须在该计算机上有账号，使用自己的账号登录到该计算机后，就可以传输文件。如果用户在该计算机上没有账号，也可通过匿名登录的方法，登录到该计算机，即使用 anonymous 为用户名登录，大多数 FTP 服务器支持匿名 FTP 服务。

四、 远程登录

远程登录就是用户通过 Internet 登录到远程的计算机上，用户的计算机作为该计算机的一个终端使用。最初连接在 Internet 上的绝大多数主机都运行 UNIX 操作系统，Telnet 是 UNIX 为用户提供远程登录主机的程序，现在的许多操作系统如 Windows 都提供 Telnet 功能。

使用 Telnet 远程登录时，用户必须在该计算机上有账号。使用 Telnet 登录远程主机时，用户应输入自己的用户名和口令，主机验证无误后，便登录成功，用户的计算机作为主机的一个终端，可对远程的主机进行操作。

五、 新闻组

新闻组通常又称作 USEnet。它是具有共同爱好的 Internet 用户相互交换意见的一种无形的用户交流网络，相当于一个全球范围的电子公告牌系统。网络新闻是按专题分类的，每一类为一个分组，而每一个专题组又分为若干子专题，子专题下还可以有更小的子专题。用户通过 Internet 随时阅读新闻服务器提供的分门别类的消息，并可以将自己的见解提供给新闻服务器，以便作为一条消息发送出去。

六、 电子公告板系统

电子公告板（BBS）是 Internet 上的一个信息资源服务系统。提供 BBS 服务的站点称为 BBS 站。登录 BBS 站成功后，根据它所提供的菜单，用户就可以浏览信息、发布信息、收发电子邮件、提出问题、发表意见、传送文件、网上交谈、游戏等。BBS 与 WWW 是信息服务中的两个分支，BBS 的应用比 WWW 早，由于它采用基于字符的界面，因此逐渐被 WWW、新闻组等其他信息服务形式所代替。

7.3.3 Internet 的接入方式

要享用 Internet 提供的服务，应首先接入 Internet。接入 Internet 有许多方法，常见的有拨号入网、专线入网和宽带入网。

一、 拨号入网

拨号入网主要适用于传输信息较少的单位或个人，其接入服务以电信局提供的公用电话网为基础，可细分为 PSTN 和 ISDN。

- PSTN（公共电话网）：速率为 56kbit/s，需要调制解调器（Modem）和电话线。这种入网方式投资少，容易安装，普通用户早期大都采用这种方式。
- ISDN（综合业务数字网）：速率为 64～128kbit/s，使用普通电话线，需要到电信局开通 ISDN 业务。ISDN 的特点是信息采用数字方式传输，拨通快。安装时需配备 ISDN 适配卡，费用比 PSTN 高。

二、 专线入网

专线入网主要是信息量较大的部门或单位采用，其接入服务是以专用线路为基础的。专线入网又分为 DDN 和 FR。

- DDN：速率为 64kbit/s～2Mbit/s，为用户提供全数字、全透明、高质量的数据传输通道，需要铺设专线，还要配置相应的路由器，投入较大，费用较高。
- FR（帧中继）：速率为 64kbit/s～2Mbit/s，一对多点的连接方式，采用分组交换方式，需要到电信局开通相应的服务，需要配置相应的帧中继设备。

三、 宽带入网

宽带入网方式推广和普及的速度非常快，普通用户或单位都可采用这种方式入网。宽带入网方式有 ADSL、LAN 和 Cable Modem。

- ADSL（非对称数字用户环路）：ADSL 利用传统的电话线，在用户端和服务器端分别添加适当的设备，大幅度提高上网速度。上行为低速传输，可达 640kbit/s～1Mbit/s，下行速率可达 8Mbit/s，上行、下行传输速率不一样，故称为“非对称”。ADSL 接入还具有频带宽（是普通电话的 256 倍以上）、安装方便、独享宽带、上网和通话两不误等特点。
- LAN（局域网）：即高速以太网接入，对于已布线的社区，用户可以速率为 10～1 000Mbit/s 的高速上网，从局端到小区大楼均采用单模光纤，末端采用五类线延伸到用户，用户只需要一块网卡就可方便地接入网络，无须其他昂贵的设备。目前，这种入网方式已被大多数用户接受和喜爱，并且用户数量越来越多，逐渐成为主流的入网方式。
- Cable Modem：Cable Modem 是一种允许用户通过有线电视网（CATV）进行高速数据接入的设备，具有专线上网连接的特点。CATV 网络普遍采用同轴电缆和光纤混合的网络结构，使用光纤作为 CATV 的骨干网，再用同轴电缆以树型总线结构分配到小区的每个用户。Cable Modem 上行速率可达 500kbit/s～2.5Mbit/s，下行速率可达 30Mbit/s。安装时需要一个 Cable Modem，比普通 Modem 贵许多。

7.4 Internet Explorer 7.0 的使用方法

Internet 上最强大的服务就是 WWW，要浏览 WWW 网站的网页必须使用浏览器，目前最常用的浏览器是 Microsoft 公司的 Internet Explorer（简称 IE）和 Netscape 公司的 Navigator。Windows XP 内含有 IE 7.0，不需要单独安装。

7.4.1 启动与退出 IE 7.0

IE 7.0 的启动与退出是 IE 7.0 的两种最基本操作。IE 7.0 必须启动后才能浏览网页、保存网页信息、收藏网址等，工作完毕后，应退出 IE 7.0，以释放占用的系统资源。

一、 启动 IE 7.0

启动 IE 7.0 有以下方法。

- 单击快速启动栏中 IE 7.0 的图标。
- 选择【开始】/【Internet Explorer】命令。
- 选择【开始】/【程序】/【Internet Explorer】命令。

IE 7.0 启动后，会打开【Internet Explorer】窗口，窗口中的内容随打开主页的不同而不同，图 7-21 所示为 IE 7.0 打开新浪网站中的一个网页。

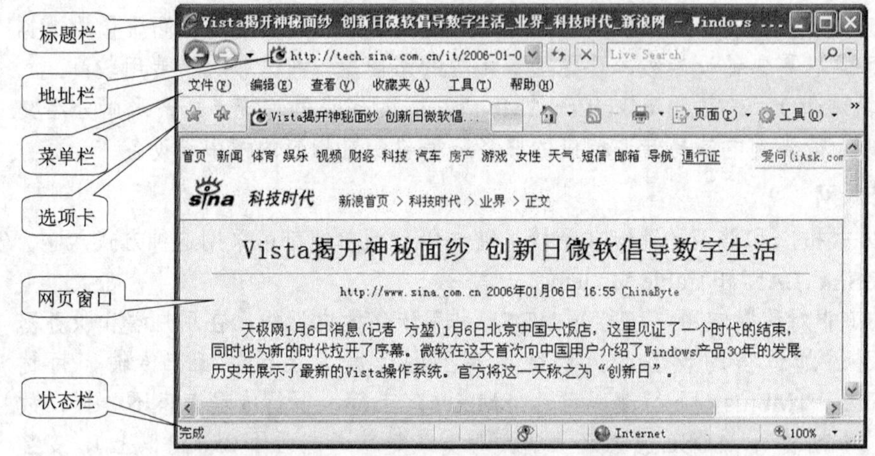

图 7-21 Internet Explorer 窗口

启动 IE 7.0 时，应特别注意以下情况。

- 如果用户通过拨号方式上网，启动 IE 7.0 时还没有拨号上网，IE 7.0 会自动启动拨号上网程序。
- IE 7.0 启动后，自动显示默认主页的内容，默认主页通常情况下是 Microsoft 网站（http://www.microsoft.com）的主页。
- 用户可以更改 IE 7.0 的默认主页，使其启动后就显示自己所喜欢的主页或一个空白网页。
- 有些网站会自动更改浏览器的默认主页，浏览过这类网站后，可使 IE 7.0 的默认主页为该网站的主页。
- 有些网站在打开时会弹出若干 IE 7.0 窗口，显示一些广告信息，如果用户不感兴趣可以关闭这些窗口。

二、 IE 7.0 窗口的组成

Internet Explorer 窗口包括标题栏、地址栏、菜单栏、选项卡、网页窗口和状态栏，它们的作用与普通窗口类似，其中地址栏、选项卡和状态栏需要特别说明。

- 地址栏：地址栏位于标题栏的下方，指示当前网页的 URL 地址。在地址栏内可输入一个 URL 地址，或从打开的下拉列表中选择一个 URL 地址，打开相应的网页。图 7-2 所示的地址栏中的 URL 地址是"http://tech.sina.com.cn/it/2006-01-06/1655813267.shtml"。

- 选项卡：IE 7.0 的先前版本在浏览网页时，如果是在新窗口中打开一个链接，会打开一个窗口，而 IE 7.0 则在新选项卡中打开链接。
- 状态栏：状态栏位于窗口的底部，显示系统的状态信息。当下载网页时，状态栏中显示下载任务以及下载进度指示，同时可看到窗口右上方的地球图标在转动。网页下载完后，状态为"完毕"。将鼠标指针移动到一个超链接时，状态栏中显示该链接的 URL 地址。

三、 退出 IE 7.0

关闭 IE 窗口即可退出 IE 7.0。关闭窗口的方法详见"2.1.5 窗口及其操作方法"一节。关闭 IE 窗口时，如果 IE 窗口中有两个或两个以上选项卡，系统会弹出如图 7-22 所示的【Internet Explorer】对话框，单击 关闭选项卡(T) 按钮，即可关闭所有选项卡，然后退出 IE 7.0。

图 7-22 【Internet Explorer】对话框

7.4.2 打开与浏览网页

一、 打开网页

在 IE 7.0 中，可用以下方法打开网页。

- 在地址栏中输入网页的 URL 地址（如 http://www.sina.com.cn/）并按 Enter 键。
- 如果要打开先前访问过的网页，可打开地址栏的下拉列表，从中选择相应的 URL 地址。
- 如果网页已被保存到收藏夹中，可单击☆按钮，或打开【收藏夹】菜单，从打开的子菜单中选择相应的网页标题。
- 如果想查看最近几天访问过的网页，选择【查看】/【浏览器栏】/【历史记录】命令，在浏览器左边会出现【历史】窗格，【历史】窗格中记录了最近几天访问过的网页，单击其中的一个，即可访问该网页。

二、 浏览网页

打开一个网页后，就可以浏览它了。最常用的浏览操作有：打开链接、返回前页、转入后页、刷新网页、中断下载和返回主页。

- 打开链接：网页中的某些文字或图形可作为超链接，将鼠标指针移动到某个超链接时，鼠标指针变成手形状。此时，单击鼠标可打开此链接，进入相应的网页。有的链接可能在当前选项卡中打开，有的链接可能在新选项卡中打开。
- 返回前页：如果在同一个 IE 窗口中打开链接，要返回前一个网页，单击按钮即可。

- 转入后页：返回前页后，想再回到先前的页，单击按钮即可。
- 刷新网页：如果希望重新下载网页信息，需要刷新网页，单击按钮即可。
- 中断下载：如果想中断网页的下载，单击按钮即可。
- 返回主页：如果想返回 IE 7.0 启动时的主页，单击按钮即可。

7.4.3 保存与收藏网页

一、 保存网页

浏览 Web 页上的网页时，用户可以将那些有价值的信息保存起来，以便在以后使用。可以保存网页的全部内容，也可以只保存网页中的图片，还可以只保存网页中的文本。

(1) 保存全部内容

在 IE 7.0 中，选择【文件】/【另存为】命令，弹出如图 7-23 所示的【保存网页】对话框（以“中国雅虎首页”为例）。

在【保存网页】对话框中，可进行以下操作。

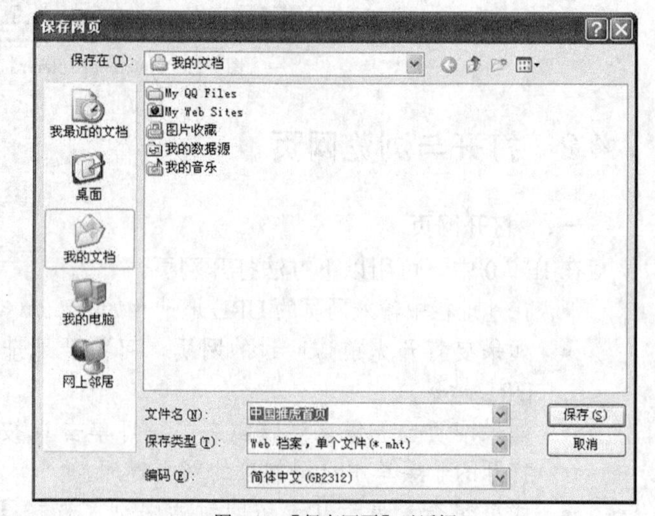

图 7-23 【保存网页】对话框

- 在【保存在】下拉列表中，选择网页要保存到的文件夹，也可在窗口左侧的预设位置列表中，选择要保存到的文件夹。
- 双击内容栏（该对话框中部的区域）中的一个文件夹图标，打开该文件夹作为网页保存的位置。
- 在【文件名】下拉列表框中，输入或选择要保存的文件名。
- 在【保存类型】下拉列表中，选择要保存文件的类型，有 4 种类型供选择：“网页，全部”、“Web 档案，单一文件”、“网页，仅 HTML”、“文本文件”。默认类型是“Web 档案，单一文件”，即在一个文件中保存 Web 页中的全部内容。
- 在【编码】下拉列表中选择编码类型，通常情况下，使用默认编码，即“简体中文（GB2312）”。
- 单击 保存(S) 按钮，按所做设置保存网页。

如果选择保存类型为“网页，全部”，保存全部内容后，会在指定文件夹下产生一个文件（如“中国雅虎首页.htm”）和一个文件夹（如“中国雅虎首页.files”，包含网页中所有的图片文件、脚本文件等）。如果选择保存类型为“Web 档案，单一文件”，会在指定文件夹下产生一个文件（如“中国雅虎首页.mht”）。

(2) 保存文本

在保存网页全部内容时，在如图 7-23 所示的【保存网页】对话框中，在【保存类型】下拉列表中选择“文本文件”，这样仅保存网页中的文本信息。

(3) 保存图片

如果仅想保存网页中的图片，可将鼠标指针移动到图片上，单击鼠标右键，在弹出的快捷菜单中选择【图片另存为】命令后，弹出如图 7-5 所示的【保存图片】对话框。保存图片的操作与保存网页的操作类似，这里不再重复。

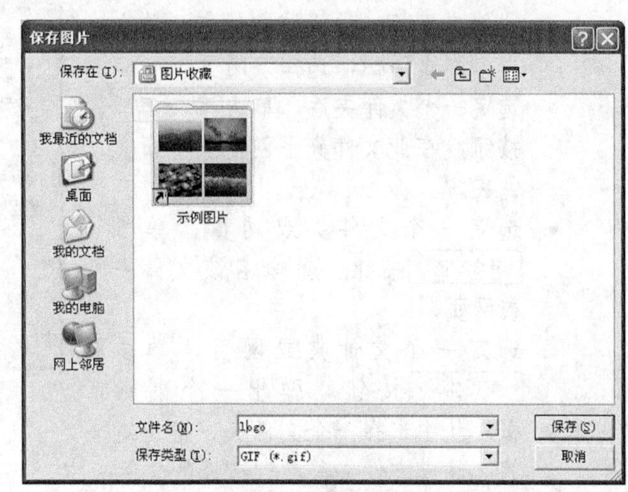

图 7-24 【保存图片】对话框

二、 收藏网页

用户可以将某个网页的地址保存起来，以便下一次浏览时直接从收藏夹中取出，而不必每次都输入网页的 URL 地址。

(1) 收藏网页

收藏网页方法是：单击按钮，或选择【收藏夹】/【添加到收藏夹】命令，弹出如图 7-25 所示的【添加收藏】对话框。在【添加收藏】对话框中，可进行以下操作。

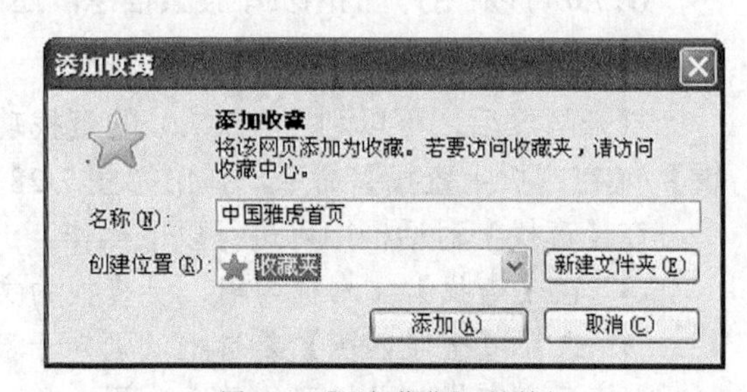

图 7-25 【添加收藏】对话框

- 在【名称】文本框中修改或输入网页的名称。
- 在【创建位置】下拉列表中选择要收藏到的文件夹。
- 单击 新建文件夹(E) 按钮，打开一个对话框，可以建立一个新文件夹，网页收藏到该文件夹中。
- 单击 添加(A) 按钮，按所做设置收藏当前网页。

假设已经将“中国雅虎首页”添加到收藏夹，选择【收藏】命令，在打开的菜单（见图 7-26）中选择“中国雅虎首页”，即可浏览该网页。

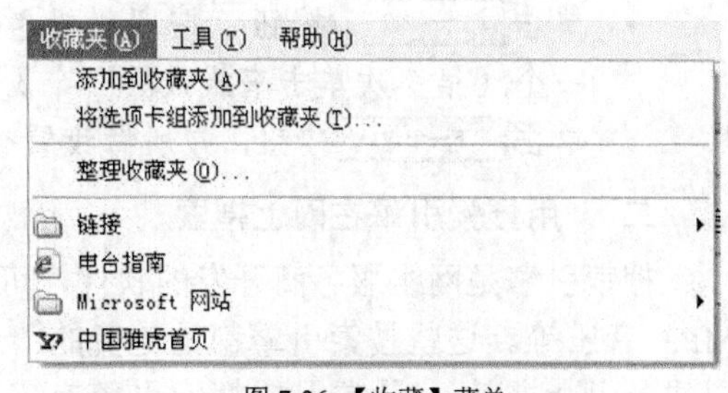

图 7-26 【收藏】菜单

(2) 整理收藏夹

如果收藏的网页很多，则需要分门别类进行整理。选择【收藏】/【整理收藏夹】命令，弹出如图 7-27 所示的【整理收藏夹】对话框，可进行以下操作。

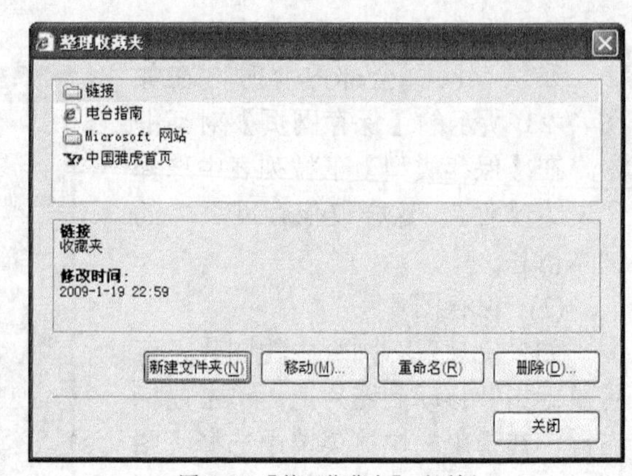

图 7-27 【整理收藏夹】对话框

- 在窗口顶部的列表框中，单击有关文件夹图标，选择该文件夹。单击一个网页图标，选择该网页。
- 选定一个文件夹后，单击新建文件夹(N)按钮，在此文件夹下创建一个新文件夹。
- 选定一个文件夹或网页，单击重命名(R)按钮，重命名该文件夹或网页。
- 选定一个文件夹或网页，单击移动(M)...按钮，弹出一个对话框，从中选择一个文件夹，把选定的文件或文件夹移动到选择的文件夹中。
- 选定一个文件夹或网页，单击删除(D)...按钮，删除该文件夹或网页。
- 单击关闭按钮，关闭【整理收藏夹】对话框。

7.4.4 网页与网上搜索

IE 7.0 可以在打开的网页中搜索信息，还可以利用 Internet 上的搜索引擎进行搜索。

一、 在打开的网页内搜索

打开网页后，可以利用 IE 7.0 的查找功能，在当前网页中搜索指定的文本。选择【编辑】/【在网页上查找】命令，弹出如图 7-28 所示的【查找】对话框。

在【查找】对话框中可进行以下操作。

图 7-28 【查找】对话框

- 在【查找】文本框内输入要查找的文本。
- 选择【全字匹配】复选框，则对于英文单词，查找与之相同的整个单词。
- 选择【区分大小写】复选框，则区分英文的大小写。
- 单击上一个(P)按钮，按所做设置查找上一个（第 1 次单击查找最后一个）。
- 单击下一个(N)按钮，按所做设置查找下一个（第 1 次单击查找第 1 个）。

二、 用搜索引擎在网上搜索

搜索引擎是网络服务商开发的软件，可用来迅速搜索与某个关键字匹配的网页、图片、MP3 音乐等。这些搜索引擎都是免费的，可自由使用。打开搜索服务商网站的首页，就可以进行网上搜索。最常用的搜索引擎有谷歌（www.google.com，见图 7-29，从 2010 年 3 月 23 日起，谷歌停止对大陆搜索服务，在浏览器地址栏中输入 www.google.com 后，不再重定位到 www.google.cn，而是重定位到 www.google.com.hk）、百度（www.baidu.com，见图 7-30）。

图 7-29　www.google.com 网站

图 7-30　www.baidu.com 网站

在网络服务商网站的首页中，通常要求用户先输入要搜索的关键字串，然后单击相应的搜索按钮，网络服务商网站调用该搜索引擎，快速搜索相应的数据库，查找出符合搜索条件的关键字串所在的网页，并以超链接的方式在网页中显示（图 7-31 是在谷歌网站首页输入“计算机等级考试”进行查询的结果），用户可根据需要打开一个链接，显示相应的网页。用户还可以在搜索结果中进一步搜索。

图 7-31　谷歌中“计算机等级考试”搜索结果

搜索引擎一般是通过搜索关键字来完成搜索的，即填入一个简单的关键字（例如“计算机等级考试”），然后查找包含此关键字的网页。这是使用搜索引擎最简单的查询方法。通过搜索语法，可更精确地搜索信息。前面介绍的几大搜索引擎，其搜索语法都大致相同，介绍如下。

(1) 匹配多个关键词

如果想查询同时包含多个关键词的网页，各个关键词之间用空格间隔或用加号（+）连接。例如，关键词“等级考试+C 语言”，表示搜索同时包含“等级考试”和“C 语言”的网页。

(2) 精确匹配关键词

如果输入的关键词很长，搜索引擎给出的搜索结果中的查询词可能是拆分的。如果对这种情况不满意，可以尝试不拆分查询词。给查询词加上双引号，就可以达到这种效果。例如，关键词“上海科技大学”，如果不加双引号（""），搜索结果被拆分，效果不是很好，但加上双引号后，“"上海科技大学"”，获得的结果就全是符合要求的了。

(3) 不含关键词

如果发现搜索结果中，有某一类网页是不希望看见的，而且，这些网页都包含特定的关键词，那么用减号语法，就可以去除所有这些含有特定关键词的网页。例如，搜索“神雕侠侣”，希望是关于武侠小说方面的内容，却发现包括有很多关于电视剧方面的网页。那么就可以这样查询：“神雕侠侣 – 电视剧”。注意，前一个关键词和减号之间必须有空格，否则减号会被当成连字符处理，而失去减号语法功能的意义。减号和后一个关键词之间有无空格均可。

以上搜索语法基本上在各个搜索引擎中通用，但各个搜索引擎还有各自的特点，这需要从相应网站的帮助信息中去了解。

7.4.5 常用基本设置

选择【工具】/【Internet 选项】命令，弹出【Internet 选项】对话框，默认的选项卡是【常规】选项卡，如图 7-32 所示。以下介绍最常用的【常规】选项卡和【安全】选项卡。

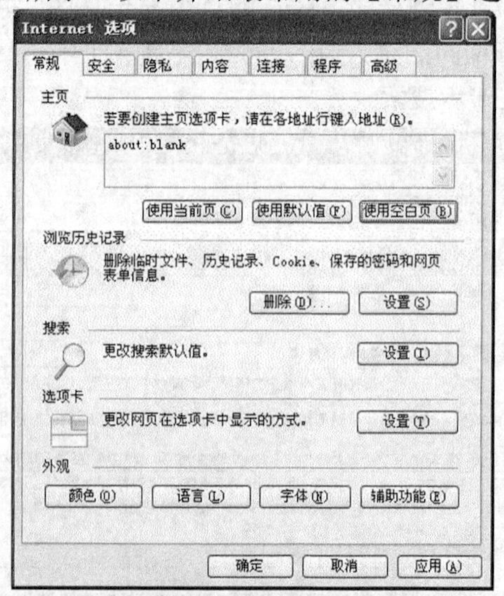

图 7-32 【常规】选项卡

(1)　【常规】选项卡

在【常规】选项卡中，可进行以下操作。

- 在【主页】组的列表框中，输入一个网站地址，下一次启动 IE 7.0 时，将自动打开该网站的主页。
- 单击【主页】组中的使用当前页(C)按钮，则把当前页设为主页。
- 单击【主页】组中的使用默认值(F)按钮，则把 Microsoft 设为主页。
- 单击使用空白页(B)按钮，则把主页设置为空白页。
- 单击【浏览历史记录】组中的删除(D)...按钮，弹出一个对话框，通过该对话框，可删除 IE 7.0 存留在磁盘上的临时文件。
- 单击【浏览历史记录】组中的设置(S)按钮，弹出一个对话框，在该对话框中可对临时文件夹的大小等进行设置。
- 单击【选项卡】组中的设置(T)按钮，弹出一个对话框，可在对话框中设置选项卡。

(2)　【安全】选项卡

打开【安全】选项卡，结果如图 7-33 所示。在【安全】选项卡中，可进行以下操作。

- 在【选择要查看的区域或更改安全设置】列表框中，选择一个图标，对该区域进行安全设置。
- 在【该区域的安全级别】组中，拖曳安全级别指示滑块，改变所选区域的安全级别，同时安全级别指示的右边显示详细解释。
- 单击自定义级别(C)...按钮，系统弹出【安全设置】对话框（见图 7-34），可在该对话框中自己定义安全级别的选项，所选区域的安全级别设置为该自定义的级别。

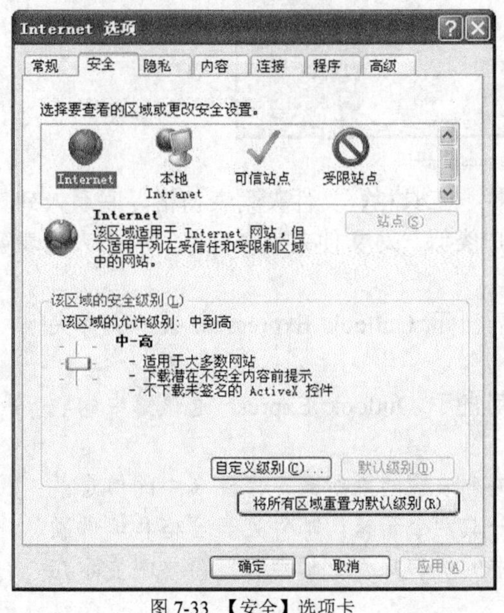

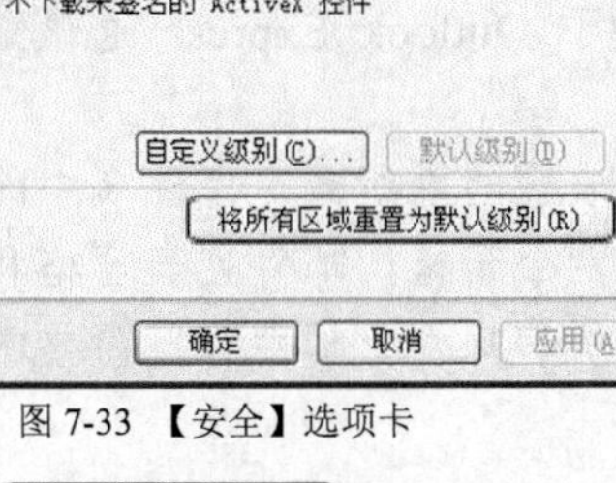

图 7-33　【安全】选项卡

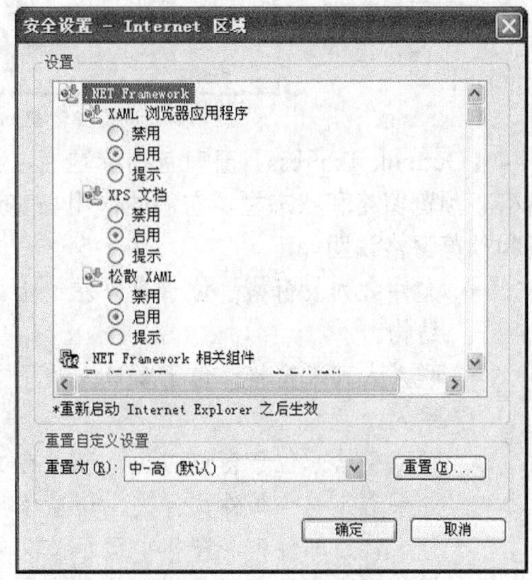

图 7-34　【安全设置】对话框

- 单击默认级别(D)按钮，恢复所选区域的默认安全级别。
- 单击将所有区域重置为默认级别(R)按钮，恢复所有区域的默认安全级别。

7.5 Outlook Express 的使用方法

Outlook Express 是 Microsoft 公司开发的电子邮件管理系统，是基于 Internet 标准的电子邮件和新闻阅读程序，用来完成电子邮件的收发和相关的管理工作。

7.5.1 启动与退出 Outlook Express

Outlook Express 的启动与退出是 Outlook Express 的两种基本操作。启动 Outlook Express 后才能收发电子邮件，工作完毕后应退出 Outlook Express，以释放其占用的系统资源。

一、 启动 Outlook Express

启动 Outlook Express 有以下方法。

- 在任务栏的快速启动区中，单击 Outlook Express 的图标。
- 选择【开始】/【Outlook Express】命令。
- 选择【开始】/【程序】/【Outlook Express】命令。

二、 Outlook Express 窗口的组成

Outlook Express 启动后，弹出如图 7-35 所示的【Outlook Express】窗口。

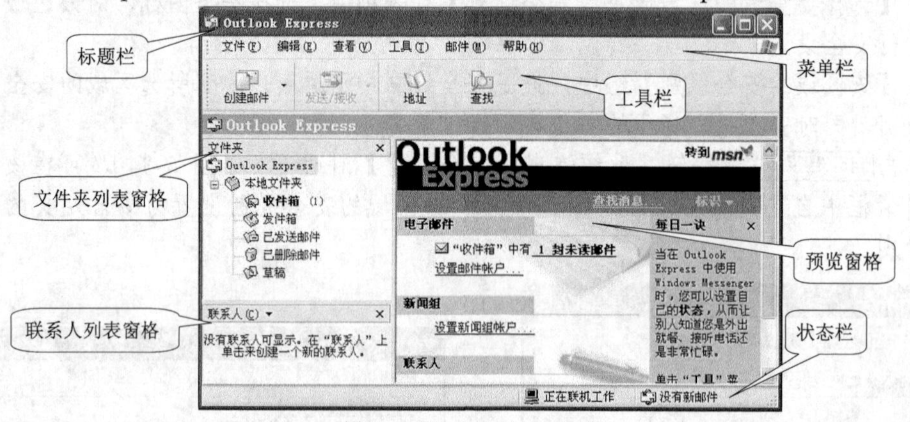

图 7-35 【Outlook Express】窗口

【Outlook Express】窗口包括标题栏、菜单栏、工具栏、文件夹列表窗格、联系人列表窗格、预览窗格和状态栏，它们的作用与普通窗口类似。对文件夹列表窗格、联系人列表窗格和预览窗格说明如下。

- 文件夹列表窗格：位于窗口左边上方，列出了 Outlook Express 相关的文件夹结构。
- 联系人列表窗格：位于窗口左边下方，列出了 Outlook Express 通讯簿中的联系人。
- 预览窗格：位于窗口右边，显示在文件夹列表窗格中所选定文件夹中的信息。如果选定一个邮件文件夹，该窗格又被分成两个窗格：邮件列表窗格和邮件预览窗格。邮件列表窗格中显示该文件夹中的所有邮件，邮件预览窗格中显示在邮件列表窗格中所选择邮件的内容。

三、 退出 Outlook Express

关闭 Outlook Express 窗口即可退出 Outlook Express。

7.5.2　申请与设置邮件账号

使用 Outlook Express 收发电子邮件时，必须至少有一个邮件账号，这个邮件账号可以是申请网络账号时得到的邮件账号，也可以是申请的免费邮件账号。有了邮件账号后，需要在 Outlook Express 中进行设置，然后才可以用 Outlook Express 收发电子邮件。

一、　申请邮件账号

在 Internet 上，许多大网站为用户提供了免费的电子邮件信箱，用户申请后可以免费使用，这给广大的 Internet 爱好者提供了便利，但是并不是所有的免费电子邮件信箱都可用 Outlook Express 收发邮件，只有提供 POP3（收信）和 SMTP（发信）邮件服务器的免费电子邮件信箱才可使用 Outlook Express 收发邮件。

以下是常见的提供免费电子信箱的网站以及 POP3 和 SMTP 服务器。

- 新浪（http://www.sina.com.cn），POP3 服务器：pop3.sina.com.cn，SMTP 服务器：smtp.sina.com.cn。
- 网易（http://www.163.com），POP3 服务器：pop3.163.com，SMTP 服务器：smtp.163.com。
- 搜狐（http://www.sohu.com），POP3 服务器：pop3.sohu.com，SMTP 服务器：smtp.sohu.com。
- 腾讯（http://www.qq.com），POP3 服务器：pop3.qq.com，SMTP 服务器：smtp.qq.com。

打开以上一个网站，找到申请免费邮箱的链接，会打开一个申请免费邮箱的页面，根据页面的提示，填写相应的内容，提交后即可申请一个免费邮箱。

二、　设置邮件账号

在申请网络账号时，Internet 服务提供商通常也提供电子邮件账号、电子邮件密码、POP3 邮件服务器域名或 IP 地址、SMTP 邮件服务器域名或 IP 地址。在申请免费电子信箱时，用户自己定义了电子邮件账号、电子邮件密码，免费电子信箱服务商提供了 POP3 邮件服务器域名、SMTP 邮件服务器域名。通过这些信息，用户可以设置 Outlook Express 的邮件账号。

以下是在 Outlook Express 中设置电子邮件账号的步骤。

1. 启动 Outlook Express，在【Outlook Express】窗口中选择【工具】/【帐户】命令，在弹出的【Internet 帐户】对话框中，打开【邮件】选项卡，如图 7-36 所示。

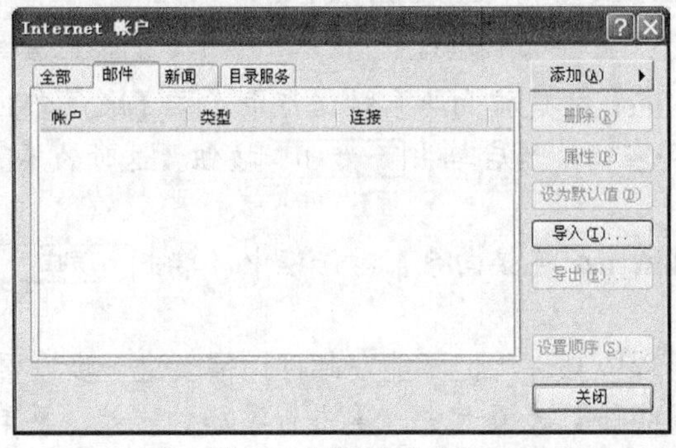

图 7-36 【邮件】选项卡

2. 在图 7-36 所示的【邮件】选项卡中，单击 添加(A) ▸ 按钮，在弹出的菜单中选择【邮件】命令，弹出如图 7-37 所示的【Internet 连接向导】对话框。
3. 在图 7-18 所示的【Internet 连接向导】对话框中，在【显示名】文本框中填写自己的姓名，填写完后，单击 下一步(N) > 按钮，这时的【Internet 连接向导】对话框如图 7-38 所示。

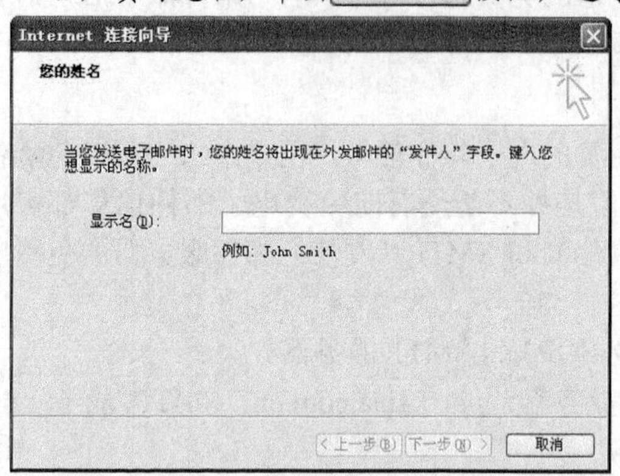

图 7-37 【Internet 连接向导】对话框——显示名

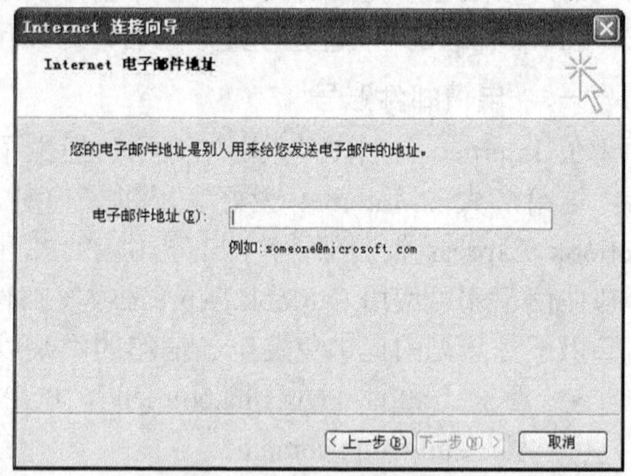

图 7-38 【Internet 连接向导】对话框——电子邮件地址

4. 在图 7-38 所示的【Internet 连接向导】对话框中，在【电子邮件地址】文本框中填写电子邮件地址，然后单击 下一步(N) > 按钮，这时的【Internet 连接向导】对话框如图 7-39 所示。
5. 在图 7-39 所示的【Internet 连接向导】对话框中，在【接收邮件服务器】和【发送邮件服务器】文本框中完整填写服务商提供的邮件接收服务器（POP3）域名和邮件发送服务器（SMTP）域名，然后单击 下一步(N) > 按钮，这时的【Internet 连接向导】对话框如图 7-40 所示。

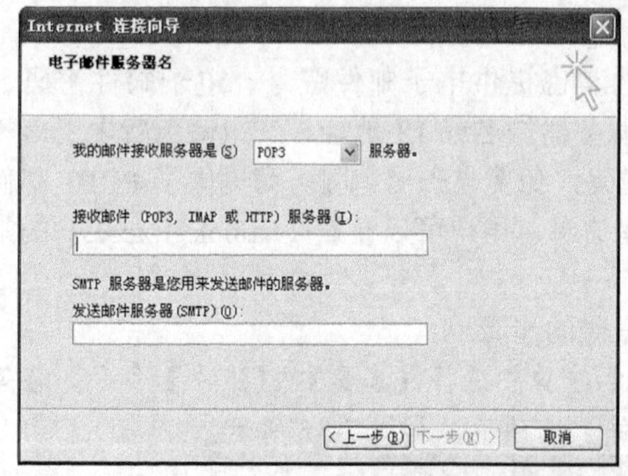

图 7-39 【Internet 连接向导】对话框——邮件服务器名

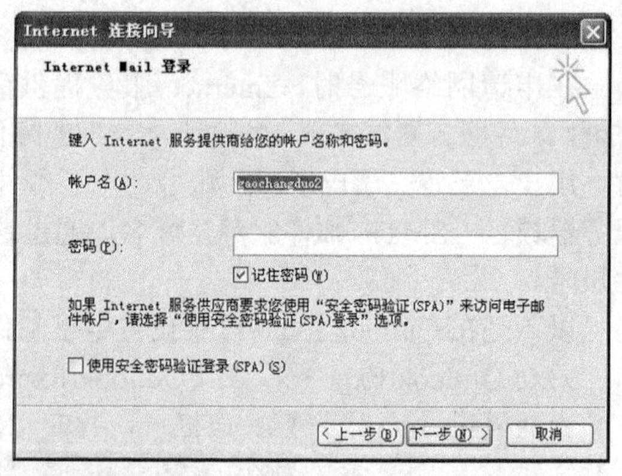

图 7-40 【Internet 连接向导】对话框——登录

6. 在图 7-40 所示的【Internet 连接向导】对话框中，在【帐户名】和【密码】文本框中完整填写邮件账户名和密码，然后单击 下一步(N) > 按钮，这时的【Internet 连接向导】对话框如图 7-41 所示。
7. 在图 7-41 所示的【Internet 连接向导】对话框中，单击 完成 按钮，完成邮件账号设置工作。

以上设置完成后，可以收邮件，但不能发邮件，需要进一步设置。

1. 在图 7-36 所示的【邮件】选项卡中，单击新添加的账号，再单击 属性(P) 按钮，在弹出的对话框中打开【服务器】选项卡，如图 7-42 所示。

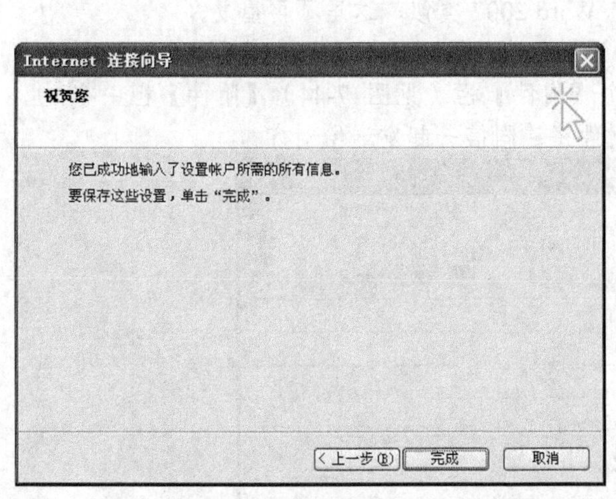

图 7-41 【Internet 连接向导】对话框——完成设置

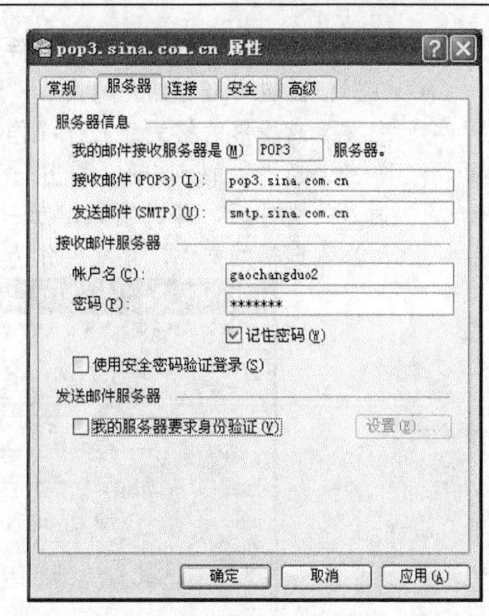

图 7-42 【服务器】选项卡

2.　在【服务器】选项卡中，选择【我的服务器要求身份验证】复选框。

3.　单击 确定 按钮。

至此，所设置的邮件账号就既能收电子邮件也能发电子邮件了。

7.5.3　撰写与发送电子邮件

设置好邮件账号后，就可以用 Outlook Express 给别人发送电子邮件了。在发送电子邮件前，应先撰写电子邮件。

一、撰写电子邮件

在 Outlook Express 窗口中，单击按钮，弹出如图 7-43 所示的【新邮件】窗口。在【新邮件】窗口中，可进行以下操作。

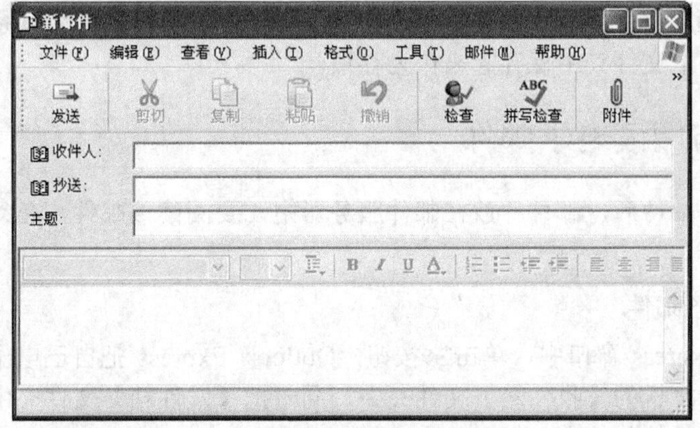

图 7-43 【新邮件】窗口

- 在【收件人】文本框中，输入收件人的邮件地址，此栏必须填写。
- 在【抄送】文本框中，输入其他收件人的邮件地址，即同一封信可发给多个人，此栏可以不填。

- 在【主题】文本框中，输入邮件的主题，也可以不填。
- 在书信区域中书写邮件的内容，还可利用书信区域上方的格式按钮，设置书信中文字或段落的格式。具体操作与 Word 2007 类似，这里不再重复。
- 单击工具栏上的按钮，弹出一个【插入附件】对话框，从该对话框中选择要插入的文件后，邮件窗口增加一个【附件】栏（见图 7-44），【附件】栏中有用户刚选择的文件，该文件作为附件将连同信一起发送给对方。

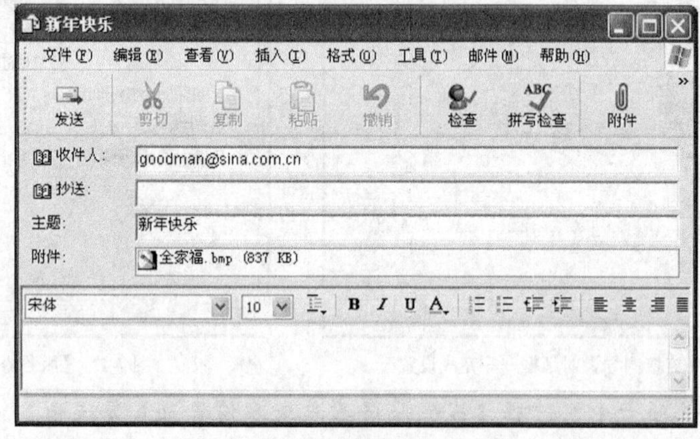

图 7-44 【邮件】窗口

- 选择【文件】/【保存】命令，把撰写的邮件保存到【草稿】文件夹中。
- 选择【文件】/【以后发送】命令，把撰写的邮件保存到“发件箱”文件夹中。
- 选择【文件】/【发送邮件】命令，如果联机，立即发送邮件。如果脱机，把撰写的邮件保存到【发件箱】文件夹中，下次联机时会自动发出。

二、 发送电子邮件

保存在【发件箱】文件夹中的邮件，实际上保存在本地的计算机中，并没有发送到对方的电子邮箱中。在 Outlook Express 窗口中，单击按钮，把【发件箱】文件夹中的所有邮件逐个发送到相应电子邮件的邮箱中，同时，还把自己电子邮箱中未接收的邮件接收到本地计算机的【收件箱】文件夹中。【发件箱】文件夹中的邮件正确发送后，系统会自动将其转移到【已发送邮件】文件夹中保存起来作为存根。

7.5.4 接收与阅读电子邮件

对方发来电子邮件后，邮件存放在邮件服务器中，要阅读该邮件，必须先将邮件接收到本地计算机中。

一、 接收电子邮件

在 Outlook Express 窗口中，单击按钮，Outlook Express 把自己电子邮箱中未接收的邮件接收到本地计算机的【收件箱】文件夹中，同时把【发件箱】文件夹中的所有邮件逐个发送到相应电子邮件的邮箱中。

在 Outlook Express 窗口的【文件夹列表】窗格中，如果有未读邮件，在【收件箱】文件夹右边有一个用括号括起来的数字，该数字就是未读邮件的数目，如图 7-45 所示的【收件箱】中，有一封未读邮件。

图 7-45 【收件箱】窗口

单击【收件箱】文件夹，Outlook Express 的预览窗格被分成两个窗格：邮件列表窗格和邮件预览窗格。在邮件列表窗格中，显示该文件夹中的所有邮件，其中，标题为加粗字体的邮件是未阅读的邮件，如图 7-45 所示的邮件列表中，“新年快乐”是未读邮件。在邮件列表窗格中单击某一邮件后，在邮件预览窗格中显示该邮件的内容。

二、 阅读电子邮件

在邮件列表窗格中，列出了相应文件夹的邮件列表，图 7-45 所示【收件箱】文件夹中的文件列表中包含发件人和主题。没有阅读过的邮件，其发件人和主题的字体设置为加粗。

在收件箱邮件列表中，单击一个邮件，在邮件预览窗格中显示该邮件。如果邮件内容在邮件预览窗格中不能全部显示，则邮件预览窗格会出现垂直或水平滚动条，拖曳相应的滚动条，即可显示邮件的其他内容。

如果一个邮件带有附件，则在邮件预览窗格的上方会出现一个 按钮，单击该按钮，弹出一个菜单，菜单中列出附件中所有文件的名称和一个【保存附件】命令。单击附件中的文件名，系统用默认的程序打开该文件。如果选择【保存附件】命令，系统会弹出一个对话框。用户可以利用该对话框，把附件中的文件保存到本地磁盘上。

7.5.5 回复与转发电子邮件

收到一个电子邮件后，用户可以回复发件人和发件人所抄送的人，还可以把该邮件转发给其他人。

一、 回复电子邮件

回复电子邮件有两种方式：答复和全部答复。

(1) 答复

在 Outlook Express 中，要给当前邮件的发件人回信，有以下方法。

- 单击 按钮。
- 选择【邮件】/【答复发件人】命令。
- 按 Ctrl+R 组合键。

执行以上任一操作后，将弹出如图 7-46 所示的【新邮件】窗口，这个窗口与如图 7-44 所示的【邮件】窗口类似，只不过在【收件人】文本框中已填写好了收件人的电子邮件地址，【抄送】文本框为空，【主题】文本框中为原主题前加“Re:”字样，书信区域中显示原信的内容，插入点光标在原信内容的前面。

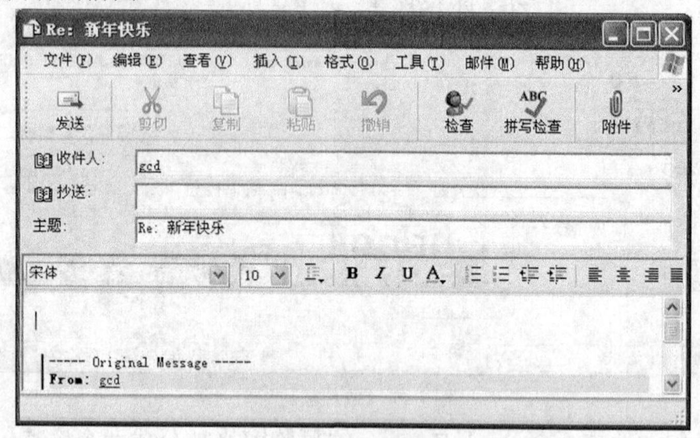

图 7-46 回复邮件

用户可以根据需要改动以上设置，在书信区域中书写相应的内容，然后单击按钮即可回复邮件。

(2) 全部答复

在 Outlook Express 中，要给当前邮件的发件人以及发件人所抄送的人发同样的信，有以下方法。

- 单击按钮。
- 选择【邮件】/【全部答复】命令。
- 按 Ctrl+Shift+R 组合键。

全部答复基本上与答复发件人相同，不同的是【抄送】文本框中不为空，是原【抄送】文本框中的内容。

二、 转发电子邮件

在 Outlook Express 中，要把当前邮件转发给别人，有以下方法。

- 单击按钮。
- 选择【邮件】/【转发】命令。
- 按 Ctrl+F 组合键。

转发邮件基本上与答复发件人相同，不同的是【收件人】框中为空，要求填写收件人的邮件地址。

7.5.6 邮件与通讯簿管理

长期使用 Outlook Express 收发邮件，邮件文件夹中会保留大量的邮件，必要时应对其进行整理。同时用户也有许多经常通信的朋友，有必要建立一个通讯簿，以便于联系和交流。

一、 邮件管理

在 Outlook Express 中，每个信箱文件夹实际上是一个文件夹，每个邮件实际上是一个文件。

(1) 邮件管理

- 删除邮件：选定一个邮件后，单击✕按钮，或选择【编辑】/【删除】命令，把选定的邮件移动到【已删除邮件】文件夹中。在【已删除邮件】文件夹中选定邮件后，执行以上操作，则将邮件彻底删除。
- 移动邮件：选定一个邮件后，将其拖曳到【文件夹列表】窗格中的一个文件夹上，把选定的邮件移动到该文件夹中。或者选择【编辑】/【移动到文件夹】命令，弹出一个对话框，从中选择一个信箱文件夹，把选定的邮件移动到该文件夹中。或者先把邮件剪切到剪贴板，再打开目的文件夹，然后把剪贴板上的邮件粘贴到目的文件夹中。
- 复制邮件：选定一个邮件后，按住 Ctrl 键将其拖曳到【文件夹列表】窗格中的一个文件夹上，把选定的邮件复制到该文件夹中。或者选择【编辑】/【复制到文件夹】命令，弹出一个对话框，从中选择一个信箱文件夹，把选定的邮件复制到该文件夹中。或者先把邮件复制到剪贴板，再打开目的文件夹，然后把剪贴板上的邮件粘贴到目的文件夹中。
- 标记邮件：选定一个邮件后，选择【编辑】/【标记为“已读”】命令，或选择【编辑】/【标记为“未读”】命令，选定的邮件将加上相应的标记。未读的邮件其标题的字体设置为加粗，已读的邮件则不加粗。在收件箱邮件列表中，选定一个邮件后，选择【邮件】/【标记邮件】命令，为选定的邮件增加一个标记。再选择以上命令，可取消标记。增加标记的邮件，在邮件列表窗格中的【收件人】左边标记一个小旗，如图 7-47 所示。

图 7-47　标记的邮件

(2) 信箱文件夹管理

- 建立信箱文件夹：选择【文件】/【文件夹】/【新建】命令，或选择【文件】/【新建】/【文件夹】命令，弹出一个对话框，从中选择一个信箱文件夹，为新文件夹取一个名字，在选择的信箱文件夹下建立一个文件夹。
- 移动信箱文件夹：选定一个信箱文件夹后，选择【文件】/【文件夹】/【移动】命令，弹出一个对话框，可从中选择一个信箱文件夹，把选定的信箱文件夹移动到选择的信箱文件夹中；或者拖曳要移动的信箱文件夹到另一个信箱文件夹上，把选定的信箱文件夹移动到该信箱文件夹中。需要注意的是，Outlook Express 原有的信箱文件夹不能移动。
- 删除信箱文件夹：选定一个信箱文件夹后，选择【文件】/【文件夹】/【删除】命令，或单击✕按钮，或者拖曳要删除的信箱文件夹到【已删除邮件】文件夹中，把选定的文件夹移动到【已删除邮件】文件夹中。需要注意的是，Outlook Express 原有的信箱文件夹不能删除。
- 重命名信箱文件夹：双击信箱文件夹名，在信箱文件夹名中出现插入点光标，输入新名，然后按 Enter 键；或选择【文件】/【文件夹】/【重命名】命令，之后的操作同前。需要注意的是，Outlook Express 原有的信箱文件夹不能重命名。
- 清空【已删除邮件】文件夹：选择【清空‘已删除邮件’文件夹】命令，把

【已删除邮件】文件夹清空。

二、 通讯簿管理

通讯簿可以存储多个邮件地址、家庭地址、电话号码、传真号码等联系信息，还可以把联系人分组，以便于查找。

(1) 打开通讯簿

在 Outlook Express 窗口中，打开通讯簿有以下方法。

- 选择【工具】/【通讯簿】命令。
- 单击按钮。

用任何一种方法，都弹出如图 7-48 所示的【通讯簿】窗口。

(2) 添加联系人

在【通讯簿】窗口中，添加联系人有以下方法。

- 选择【文件】/【新建联系人】命令。
- 单击按钮，从子菜单中选择【联系人】命令。

用任何一种方法，都弹出如图 7-49 所示的【属性】对话框。在【属性】对话框中，可进行以下操作。

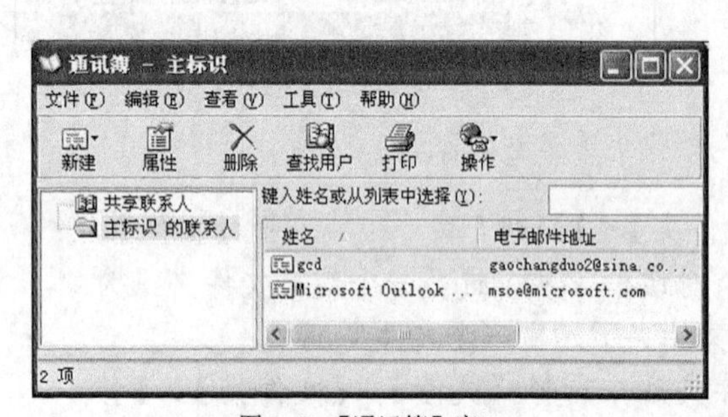

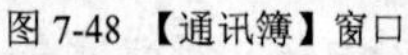

图 7-48 【通讯簿】窗口

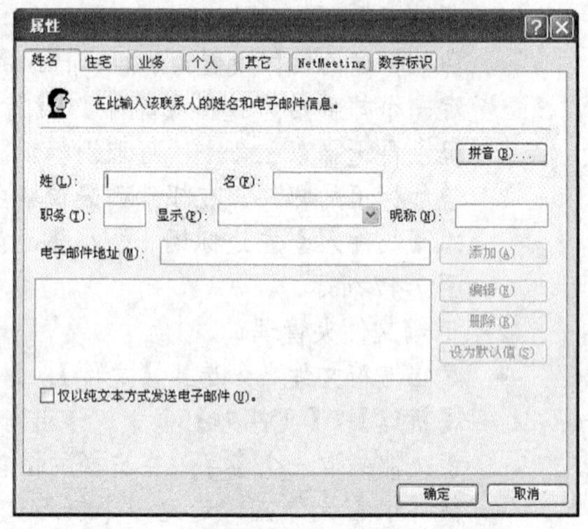

图 7-49 【属性】对话框

- 在【姓】、【名】和【职务】文本框中输入联系人的相应信息。输入的信息在【显示】下拉列表中显示出一种排列，可从下拉列表中选择一种排列样式。
- 在【昵称】文本框中输入联系人的昵称。
- 在【电子邮件地址】文本框中输入联系人的电子邮件地址。
- 单击 添加(A) 按钮，把电子邮件地址添加到【电子邮件地址】文本框下方的电子邮件地址列表框中，系统将第 1 个输入的电子邮件地址设为默认的地址，给此联系人发电子邮件时，默认采用此电子邮件地址。
- 在电子邮件地址列表框中选择一个电子邮件地址后，单击 编辑(E) 按钮，可修改该电子邮件地址。
- 在电子邮件地址列表框中选择一个电子邮件地址后，单击 删除(R) 按钮，可删除该电子邮件地址。
- 在电子邮件地址列表框中选择一个电子邮件地址后，单击 设为默认值(S) 按钮，把该电子邮件地址设为默认电子邮件地址。

- 单击其他选项卡，可在其中进行相应设置。
- 单击 确定 按钮，按所做设置添加一个联系人。

(3) 删除联系人

在图 7-48 所示的【通讯簿】窗口中，选择一个联系人后，删除该联系人有以下方法。

- 选择【文件】/【删除】命令。
- 单击×按钮。

用任何一种方法，都会弹出如图 7-50 所示的【通讯簿】对话框，询问是否删除该联系人。

(4) 创建联系人组

在图 7-48 所示的【通讯簿】窗口中，创建联系人组有以下方法。

- 选择【文件】/【新建联系人组】命令。
- 单击按钮，从子菜单中选择【联系人组】命令。

用任何一种方法，都会弹出如图 7-51 所示的【属性】对话框。在【属性】对话框中可进行以下操作。

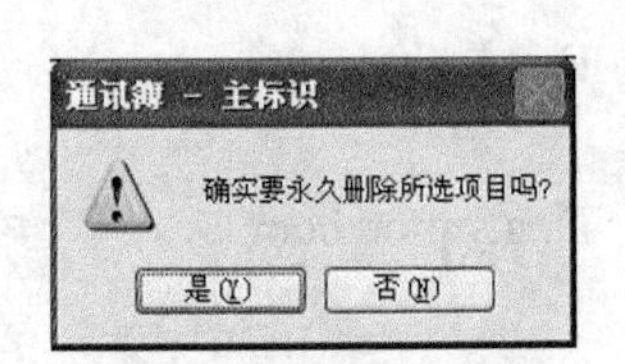

图 7-50 【通讯簿】对话框

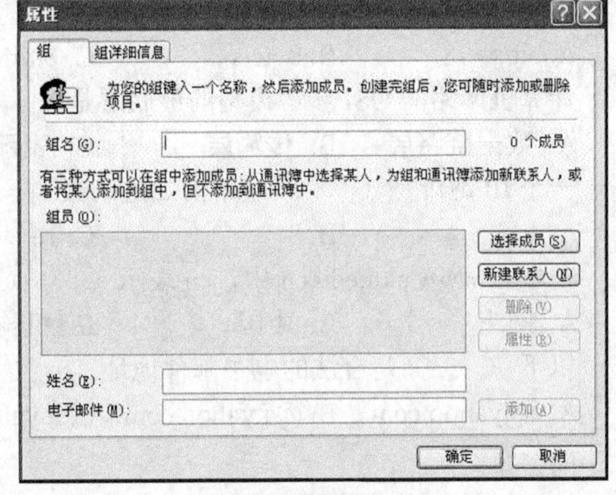

图 7-51 【属性】对话框

- 在【组名】文本框中输入联系人组名。
- 单击 选择成员(S) 按钮，弹出一个对话框，可从通讯簿中选择该组的组员，他们显示在【组员】列表框中。
- 单击 新建联系人(N) 按钮，建立一个新联系人作为组员，操作同前。
- 选择一个组员后，单击 删除(V) 按钮，从组中删除该组员。
- 选择一个组员后，单击 属性(R) 按钮，显示该组员的详细信息。
- 在【姓名】和【电子邮件】文本框中，输入一个联系人的相应信息，单击 添加(A) 按钮，把该联系人添加到组中。
- 单击 确定 按钮，按所做设置添加一个联系人组。

小结

本章主要包括以下内容。

- 计算机网络基础知识：介绍计算机网络的产生与发展、功能与应用、组成与分类、拓扑结构与 OSI 参考模型。

- Internet 的基础知识：介绍接入 Internet 的基本概念、服务内容和接入方式。
- 计算机局域网：介绍了局域网的发展过程、局域网的主要传输介质、局域网的主要通信设备、局域网的资源共享。
- Internet Explorer 7.0 的使用方法：介绍了启动与退出 IE 7.0、打开与浏览网页、保存与收藏网页、网页与网上搜索、常用基本设置的操作方法。
- Outlook Express 的使用方法：介绍了启动与退出 Outlook Express、申请与设置邮件账号、撰写与发送电子邮件、接收与阅读电子邮件、回复与转发电子邮件、邮件与通讯簿管理。

习题

一、选择题

1. 局域网的英文缩写是（　　）。

   A. WAN　　B. LAN　　C. MAN　　D. FAN

2. 网络中信号传输速率的单位是（　　）。

   A. bit/s　　B. byte/s　　C. bit/m　　D. byte/m

3. 计算机网络的 OSI 参考模型的最底层是（　　）。

   A. 数据链路层　　B. 传输层　　C. 表示层　　D. 物理层

4. 一个 IP 地址是（　　）字节的二进制数。

   A. 4　　B. 8　　C. 16　　D. 32

5. 在域名 www.pku.edu.cn 中，cn 表示（　　）。

   A. 网络　　B. 中国　　C. 机构　　D. 主机名

6. 以下（　　）是合法的电子邮件地址。

   A. a@yahoo.com　　B. @a.yahoo.com　　C. a.yahoo.com@　　D. a.yahoo.com

二、问答题

1. 计算机网络有哪些功能？计算机网络有哪些应用？
2. 计算机网络是由哪些部分组成的？计算机网络的拓扑结构有哪几类？
3. 计算机局域网有哪些主要传输介质？
4. 计算机局域网有哪些主要通信设备？
5. Internet 使用的网络协议是什么？Internet 主要提供哪些服务？
6. 接入 Internet 的方式有哪些？
7. 在 IE 7.0 中，如何保存当前网页的全部信息？如何收藏当前网页的网址？
8. 如何在 Outlook Express 中设置自己的邮件账号？
9. 在 Outlook Express 中，给一个人发送电子邮件有哪些步骤？